中国矿业大学“十四五”规划教材

实用数值计算方法

中国矿业大学应用与计算数学系　组织编写

主　编　王海军

副主编　陈兴同　凌思涛　金　花　陈美蓉

中国矿业大学出版社

·徐州·

内 容 提 要

全书共分 10 章，内容包括：绪论、线性方程组的直接解法、线性方程组的迭代解法、矩阵特征值问题的数值解法、函数插值法、数据拟合与函数逼近、数值积分法、非线性方程(组)的数值解法、常微分方程的差分方法、数值最优化方法。

本书不仅介绍了各种算法的数学原理，而且注重算法的实现与应用。书中各种算法都是用 Matlab 语言来描述的，每种算法都附有数值算例，同时每章后面还配有数值实例和大量的数值实验题与习题，这些是掌握正文内容的有益补充。

本书是为普通高等院校工科硕士研究生编写的教材，还可作为理工类院校本科学生学习数值计算方法的教材，也可供从事数值计算的科技人员参考。

图书在版编目(CIP)数据

实用数值计算方法 / 王海军主编. — 徐州 ：中国矿业大学出版社，2025.1

ISBN 978 - 7 - 5646 - 5743 - 7

Ⅰ. ①实… Ⅱ. ①王… Ⅲ. ①数值计算—计算方法—研究生—教材 Ⅳ. ①O241

中国国家版本馆 CIP 数据核字(2023)第 032133 号

书　　名　实用数值计算方法
主　　编　王海军
责任编辑　潘俊成
出版发行　中国矿业大学出版社有限责任公司
　　　　　　(江苏省徐州市解放南路　邮编 221008)
营销热线　(0516)83885370　83884103
出版服务　(0516)83995789　83884920
网　　址　http://www.cumtp.com　**E-mail**:cumtpvip@cumtp.com
印　　刷　江苏淮阴新华印务有限公司
开　　本　787 mm×1092 mm　1/16　**印张** 15.5　**字数** 387 千字
版次印次　2025 年 1 月第 1 版　2025 年 1 月第 1 次印刷
定　　价　42.00 元
(图书出现印装质量问题，本社负责调换)

前　言

数值计算方法又称数值分析或计算方法，是研究用计算机求解各种数学问题的一门数学分支，是进行科学研究与工程设计的基础。数值计算方法不仅涉及算法构造的数学原理和算法的理论分析，而且还涉及算法的计算机实现和实际应用。掌握数值计算方法的基本原理，熟练地利用计算机解决科学与工程中的计算问题，已成为高等院校理工科大学生、研究生必备的基本技能。本教材就是基于这样的考虑而编写的。

本教材具有下列特点：

(1) 门槛低，内容广。只要具有高等数学与线性代数的基本知识就可以学习本书，内容主要包括数值线性代数、数值逼近、数值微分和积分、最优化等数学问题的数值解法。

(2) 注重算法，兼顾理论。重点讲述算法的构造原理，强化数学软件的应用。同时兼顾理论知识，着重介绍方法的数学原理，弱化了烦琐的理论推导和证明。

(3) 理论联系实际。注重介绍数学问题的应用背景，对于主要算法给出数值算例。每章后面都配备了应用案例、数值实验题与习题，方便学习。

本教材是编者在多年教学工作经验的基础上编写的，同时参考了许多国内外优秀的教材和著作。全书主要由王海军、陈兴同、凌思涛、金花、陈美蓉、褚丹华等老师共同编写完成。

中国矿业大学研究生院、出版社对本书的编写与出版给予了大力支持，在此表示衷心的感谢。

由于本书成书时间仓促，作者水平所限，取材和叙述方式难免有不妥之处，恳请读者和专家指正。

作　者

2024 年 7 月

前　言

目　录

第1章 绪 论

20世纪90年代以来，科学计算、科学理论和科学实验一起被称为现代科学的三大支柱。科学计算已经成为科学研究和工程设计的一种基本手段，发生了由物理模型试验向数值模拟的转变。在气象预报、石油勘探、产品设计、工业控制等各行各业的应用领域，都有大量的科学计算问题，通过选择恰当的数值方法去求解(或数值模拟)科学和工程中的问题，促进了一大批相关学科(如计算结构力学、计算流体力学、计算化学等)的发展。同时，在现代科学研究及高新技术的发展中(如湍流理论研究、航天器设计、核电站的设计等领域)，数值模拟也已成为最有效的研究工具和手段。

第1节 课程研究的内容和构造算法的主要途径

1.1.1 课程研究的内容

随着计算机的发展，人们对计算方法的需求就显得越来越重要，同一个问题选择的计算方法不同，所得结果就完全不一样，人力、物力、财力等的消耗也不尽相同。数值计算是研究用计算机求解各种数学问题的计算方法及其理论的一门学科，它是数学的一个重要分支，其内容不像纯数学那样只研究理论，而是着重研究求解的数值方法及相关的理论。数值计算也称计算方法、数值分析或科学计算等。课程所要研究的主要问题，是构造用计算机解决实际问题的算法并分析算法。分析算法就是研究所构造的算法的收敛性、稳定性，进行误差估计等。本书所涉及的数学问题主要有线性方程组求解、非线性方程求解、函数插值、数据拟合、数值积分、常微分方程、矩阵特征值、最优化等。考虑到读者为工科学生，本书以讲授算法构造及算法应用为主，以分析算法为辅。

利用计算机解决实际问题一般需要经过以下几个环节：

建立数学模型 → 设计计算方法 → 编制程序 → 上机运行 → 检验结果

其中，从第二个环节到最后一个环节是本课程的主要任务。在这个过程中还要对算法进行理论分析，如收敛性分析、数值稳定性分析、计算复杂性分析等。

下面通过两个例子来初步了解一下本课程所研究的内容及其重要性。

例1.1 求方程 $x^2-2=0$ 的正根。

这是方程求根问题，显然其精确解(也称解析解)为 $x^*=\sqrt{2}$。但是$\sqrt{2}$只是表示一个实数的符号，在实际应用中，我们更关心它的近似值(也称数值解)是多少。为求得$\sqrt{2}$近似值，至少要做以下四个方面的工作：

第一，根据一定的理论，设计求数值解的计算方法(简称算法)。所谓算法是指用加、减、乘、除运算和逻辑运算等这些计算机能够直接处理的运算写成一系列的计算公式。

比如，用 Newton 迭代法求解方程 $x^2-2=0$ 的正根(详见第 8 章)：

$$任取初值\ x_0>0, x_{k+1}=\frac{1}{2}(x_k+\frac{2}{x_k}) \quad (k=0,1,2,\cdots) \tag{1.1}$$

式(1.1)是一个迭代算法，如果能证明 $x_k \to \sqrt{2}(k\to\infty)$，则当 k 较大时，有理由把 x_k 作为 $\sqrt{2}$ 的近似值。

第二，进行收敛性分析，即要证明 $x_k \to \sqrt{2}(k\to\infty)$。由迭代公式(1.1)得

$$x_{k+1}-\sqrt{2}=\frac{1}{2x_k}(x_k^2-2x_k\sqrt{2}+2)=\frac{1}{2x_k}(x_k-\sqrt{2})^2$$

因此，对任意 $x_0>0$，都有 $x_k>\sqrt{2}(k=1,2,\cdots)$。另外又有

$$x_k-x_{k+1}=\frac{1}{2x_k}(x_k^2-2)>0 \quad (k=1,2,\cdots)$$

所以 $\{x_k\}_{k=1}^{\infty}$ 是单调递减数列，且有下界 $\sqrt{2}$。根据单调有界定理，$\{x_k\}$ 必有极限(设极限为 A)。在式(1.1)两边取极限，即得 $A=\sqrt{2}$。这说明，迭代算法(1.1)对任意初值 $x_0>0$，都是收敛的。

第三，编程上机计算，输出结果。下面是用 Matlab 编写的程序：

```
format  long
x=1;
for  k=1:5
  k
  x=(x+2/x)/2
end
```

输出结果为：

k	x_k
1	1.50000000000000
2	1.41666666666667
3	1.41421568627451
4	1.41421356237469
5	1.41421356237309

第四，进行误差估计，即估计 x_k 与 $\sqrt{2}$ 的误差有多大，是否达到要求的精度。记

$$\varphi(x)=\frac{1}{2}\left(x+\frac{2}{x}\right)$$

则迭代公式(1.1)为 $x_{k+1}=\varphi(x_k)$ 且 $\varphi(\sqrt{2})=\sqrt{2}$。由于 $x_0=1, x_1=1.5$，由第二步收敛性分析知 $x_k\in[\sqrt{2},1.5](k=1,2,\cdots)$。又 $\varphi'(x)=\frac{1}{2}-\frac{1}{x^2}$，所以当 $x\in[\sqrt{2},1.5]$ 时，有

$$|\varphi'(x)|\leqslant\frac{1}{2}-\frac{1}{1.5^2}<0.06\equiv L$$

再由 Lagrange 中值定理，得

$$\left|x_{k+1}-\sqrt{2}\right|=\left|\varphi(x_k)-\varphi(\sqrt{2})\right|=\left|\varphi'(\xi)\right|\left|x_k-\sqrt{2}\right|<L\left|x_k-\sqrt{2}\right|$$

根据上式递推并注意到 $x_1=1.5$，有

$$\left|x_{k+1}-\sqrt{2}\right|<L^k\left|x_1-\sqrt{2}\right|<0.1\times L^k$$

对于所求的 x_5 有如下误差估计

$$\left|x_5-\sqrt{2}\right|<0.1\times L^4<0.13\times 10^{-5}$$

这只是一个非常保守的估计，实际上 $\left|x_5-\sqrt{2}\right|<0.52\times 10^{-14}$。

第五，由于我们在计算 x_k 时不是精确运算，而是用计算机进行的带有舍入的近似运算，因此还要对计算结果进行舍入误差分析等工作。

例 1.2　考察常微分方程的初值问题

$$\begin{cases}y'=f(x,y)=1-2xy\\y(0)=0\end{cases}\tag{1.2}$$

容易验证问题(1.2)的解析解为

$$y(x)=\mathrm{e}^{-x^2}\int_0^x\mathrm{e}^{t^2}\,\mathrm{d}t\tag{1.3}$$

由于解的表达式(1.3)中函数 $f(t)=\mathrm{e}^{t^2}$ 的原函数 $F(t)$ 不能用初等函数表示，因此无法用 Newton-Leibniz 公式计算定积分 $\int_0^x\mathrm{e}^{t^2}\,\mathrm{d}t$ 的值(实际上，e^{-x^2} 的值也无法直接得到)。在实际应用中，往往不需要知道解的精确表达式，只要知道解 $y(x)$ 在一些离散点上的近似值(即数值解)就够了。例如，我们需要知道 $y(0.1),y(0.2),\cdots,y(1)$ 的近似值。

采用二阶 Runge-Kutta 算法(详见第 9 章)

$x_0=0,y_0=0,h=0.01$

for　$n=0:99$

　　$k_1=1-2x_ny_n$

　　$k_2=1-2(x_n+h)(y_n+hk_1)$

　　$y_{n+1}=y_n+\dfrac{h}{2}(k_1+k_2)$

　　$x_{n+1}=x_n+h$

end

即可算得(具体程序略)

$$y(0.1)\approx y_{10}=0.099\,3,\ y(0.2)\approx y_{20}=0.194\,7,\cdots,\ y(1)\approx y_{100}=0.538\,1$$

理论分析表明，精确值 $y(x_n)$ 与计算值 y_n 的误差为

$$\left|y_n-y(x_n)\right|\leqslant Ch^2\ (C\text{ 为常数})\tag{1.4}$$

以后常把式(1.4)记为 $\left|y_n-y(x_n)\right|=O(h^2)$。

1.1.2　构造算法的主要途径

构造算法的主要途径大体有以下 6 种：

(1) 迭代技术；

(2) 解析问题离散化技术；

(3) 离散问题解析化技术;

(4) 非线性问题线性化技术;

(5) 优化技术;

(6) 加速技术。

例 1.1 采用的是迭代技术,例 1.2 采用的是解析问题离散化技术。第 3 章线性方程组的迭代解法、第 4 章矩阵特征值问题、第 8 章非线性方程(组)的数值解法和第 10 章数值最优化主要采用的是迭代技术;第 7 章数值积分法和第 9 章常微分方程数值解法主要采用的是解析问题离散化技术;第 5 章函数插值法和第 6 章数据拟合与函数逼近主要采用的是离散问题解析化技术。其他技术在以后各章中均有体现。

第 2 节　误　　差

1.2.1　误差的来源

在科学计算中,估计计算结果的精确度是十分重要的,而影响精确度的是各种各样的误差。误差按其来源大体可分为四种,即模型误差、观测误差、截断误差与舍入误差。

(1) 模型误差:由实际问题建立数学模型(如微分方程等),要忽略一些次要因素,简化许多条件。数学模型是对实际问题的近似反映,实际问题的解与数学模型的解之间的误差称为模型误差。

(2) 观测误差:数学模型中包括的一些参数(主要是物理量,如时间、长度、电压等)往往是通过观察、测量得到的。由于受测量工具的限制,测量值只能是近似的。称测量值与真值之间的误差为观测误差。

本课程不对模型误差与观测误差进行研究,主要研究截断误差和舍入误差。

(3) 截断误差:求解数学模型(即数学问题)所用的计算方法如果是一种近似的方法,那么只能得到数学问题的近似解。由此产生的误差称为截断误差,也称方法误差。

例 1.3　计算 e^x 的值。

由 Taylor 展开公式

$$e^x = 1 + x + \frac{x^2}{2!} + \cdots + \frac{x^n}{n!} + R_n(x)$$

其中,$R_n(x) = \frac{e^{\xi}}{(n+1)!}x^{n+1}$ 为 Lagrange 余项。如果把余项 $R_n(x)$ 舍掉,就得到计算 e^x 值的近似公式(计算方法)

$$e^x \approx P_n(x) \triangleq 1 + x + \frac{x^2}{2!} + \cdots + \frac{x^n}{n!}$$

该计算方法的截断误差为

$$e^x - P_n(x) = R_n(x) = \frac{e^{\xi}}{(n+1)!}x^{n+1}$$

例 1.4　计算导数 $f'(x_0)$。

由于 $f'(x_0) = \lim\limits_{h \to 0}\frac{f(x_0+h) - f(x_0)}{h}$,故当 $|h|$ 很小时,得到计算导数 $f'(x_0)$ 的近似

方法

$$f'(x_0) \approx \frac{f(x_0+h)-f(x_0)}{h} \equiv f[x_0, x_0+h]$$

由 Taylor 公式展开 $f(x_0+h)=f(x_0)+hf'(x_0)+\frac{h^2}{2}f''(\xi)$，得

$$f'(x_0)=\frac{f(x_0+h)-f(x_0)}{h}-\frac{h^2}{2}f''(\xi)$$

从而该方法的截断误差为

$$f'(x_0)-f[x_0, x_0+h]=-\frac{h}{2}f''(\xi)$$

截断误差反映的是计算方法(一般是近似的)的解与原问题的解之间的近似程度，与算法的收敛性有密切关系。

(4) 舍入误差：有了求解数学问题的计算方法(公式)后，用计算机进行数值计算时，由于计算机的字长有限，参与计算的数据以及计算结果只能用有限位数字存放，要进行“四舍五入”，这时产生的误差称为舍入误差。进一步说明如下：

计算机采用的是二进制，为更符合习惯，我们采用十进制模拟计算机来阐述问题。

计算机通常使用规格化浮点数系统来近似表示实数系。所谓规格化浮点数系统为

$$F=\{\pm 0.d_1d_2\cdots d_t \times 10^m\} \cup \{0\} \tag{1.5}$$

其中，$d_1, d_2, \cdots, d_t$ 是 $0,1,2,\cdots,9$ 中的数字且 $d_1 \neq 0$，$0.d_1d_2\cdots d_t$ 称为尾数，尾数位数 t(也称字长)总是固定的，m 为整数，满足 $L \leqslant m \leqslant U$，其中 L、U 是给定的整数，m 称为阶数。F 中的数称为机器数。

显然，机器数全体 F 是一个离散的有限集合。记机器数中的最小正数为 realmin，最大正数为 realmax，则任何一个机器数 $x(x\neq 0)$ 满足：realmin $\leqslant |x| \leqslant$ realmax。如果一个数(除零外)不在这个范围内，则产生溢出。以后假设所讨论的数均不产生溢出。

Matlab 中，尾数长在十进制下大约为 15 位，最小正数与最大正数分别为

$$\text{realmin} \approx 2.225\,1 \times 10^{-308}, \text{realmax} \approx 1.797\,7 \times 10^{308} \tag{1.6}$$

当一个实数 x 不能被机器精确表示时，一般采用四舍五入原则进行舍入，记 $fl(x)$ 为 x 经过舍入后的数。显然，$fl(x)$ 是 F 中最接近 x 的数，称 $x-fl(x)$ 为舍入误差。

例如，假设机器的尾数长度为 5 位，$\pi=0.314\,159\,26\cdots \times 10^1$，则 $fl(\pi)=0.314\,16 \times 10^1$，舍入误差 $\pi - fl(\pi) = -0.73\cdots \times 10^{-5}$。

约定：以后我们说“用 5 位浮点数计算”是指在尾数为 5 位的十进制浮点数系下计算。这只是为了方便来模拟计算机讨论问题而已。

为了刻画一个近似数的精确程度，常使用绝对误差、相对误差和有效数字这三个量。

1.2.2 绝对误差与相对误差

定义 1.1 设 $\hat{x}$ 是准确值 x 的一个近似值，则称

$$e(\hat{x}) = x - \hat{x} \tag{1.7}$$

为 $\hat{x}$ 的绝对误差，简称误差。一般 x 是未知的，只能估计误差的大小。如果

$$|e(\hat{x})| = |x - \hat{x}| \leqslant \varepsilon(\hat{x}) \tag{1.8}$$

则称 $\varepsilon(\hat{x})$为 $\hat{x}$ 的一个绝对误差限,也称绝对误差界,简称误差限或误差界。

习惯上常把误差限说成误差。

例 1.5 假设计算机的尾数为 t 位,$fl(x)=\pm 0.d_1d_2\cdots d_t\times 10^m$(规格化),则

$$|x-fl(x)|\leqslant 0.5\times 10^{-t}\times 10^m\equiv\varepsilon \tag{1.9}$$

其中,ε 就是任何一个数的舍入误差限。

用绝对误差来刻画近似值的精确程度是有局限性的,因为它没有考虑原数的大小。

例如,$x=100$ cm,$\hat{x}=99$ cm,绝对误差 $e(\hat{x})=1$ cm,而 $y=10\ 000$ cm,$\hat{y}=9\ 950$ cm,绝对误差 $e(\hat{y})=50$ cm,从表面上看,后者的误差是前者的 50 倍,但后者每厘米产生的误差是 0.005 cm,而前者每厘米产生的误差是 0.01 cm。

定义 1.2 设 $\hat{x}$ 是准确值 x 的一个近似值,则称

$$e_r(\hat{x})=\frac{x-\hat{x}}{x}\quad(x\neq 0) \tag{1.10}$$

为 $\hat{x}$ 的相对误差。如果

$$|e_r(\hat{x})|\leqslant\varepsilon_r(\hat{x}) \tag{1.11}$$

则称 $\varepsilon_r(\hat{x})$为 $\hat{x}$ 的一个相对误差限。

设 $\hat{x}$ 的绝对误差限为 $\varepsilon(\hat{x})$,即$|e(\hat{x})|=|x-\hat{x}|\leqslant\varepsilon(\hat{x})$,通常把

$$\varepsilon_r(\hat{x})=\frac{\varepsilon(\hat{x})}{|\hat{x}|} \tag{1.12}$$

作为 $\hat{x}$ 的一个相对误差限。

要确定一个近似数的精确程度,除了要看绝对误差的大小,还要看相对误差的大小。使用较多的是相对误差。通常所说的精度一般指相对误差。

例 1.6 承例 1.5,有式

$$|e_r|=\frac{|x-fl(x)|}{|x|}\leqslant\frac{0.5\times 10^{-t}\times 10^m}{0.1\times 10^m}=0.5\times 10^{-t+1}\equiv \text{eps}$$

eps 就是任何一个数的机器舍入的相对误差限,称之为机器精度。

Matlab eps$\approx 2.220\ 4\times 10^{-16}$。

1.2.3 有效数字

为了反映一个近似数的精确程度,除使用绝对误差和相对误差外,还经常使用有效数字。式(1.9)给出了一个数的舍入误差限,现在倒过来看给出下面定义:

定义 1.3 假设机器尾数为 t 位,x 的近似值 $\hat{x}=\pm 0.d_1d_2\cdots d_t\times 10^m$(规格化)。如果

$$|x-\hat{x}|\leqslant 0.5\times 10^{-n}\times 10^m \tag{1.13}$$

则称 $\hat{x}$(至少)具有 n 位有效数字。

例如,$x=0.509\ 966\ 6\times 10^{-1}$,机器尾数为 4 位,

$\hat{x}_1=0.500\ 0\times 10^{-1}$,$|x-\hat{x}_1|=0.99\cdots\times 10^{-3}\leqslant 0.5\times 10^{-1}\times 10^{-1}$,$\hat{x}_1$ 具有 1 位有效数字;

$\hat{x}_2=0.5090\times10^{-1}$，$|x-\hat{x}_2|=0.96\cdots\times10^{-4}\leqslant0.5\times10^{-2}\times10^{-1}$，$\hat{x}_2$ 具有 2 位有效数字；

$\hat{x}_3=0.5099\times10^{-1}$，$|x-\hat{x}_3|=0.66\cdots\times10^{-5}\leqslant0.5\times10^{-3}\times10^{-1}$，$\hat{x}_3$ 具有 3 位有效数字；

$\hat{x}_4=0.5100\times10^{-1}$，$|x-\hat{x}_4|=0.33\cdots\times10^{-5}\leqslant0.5\times10^{-4}\times10^{-1}$，$\hat{x}_4$ 具有 4 位有效数字。

有效数字是用绝对误差限定义的，它不仅反映了绝对误差的大小，还反映了相对误差的大小，见下面定理。

定理 1.1 设 x 的近似值 $\hat{x}=\pm0.d_1d_2\cdots d_t\times10^m$（规格化），如果 $\hat{x}$ 具有 n 位有效数字，则 $\hat{x}$ 的相对误差限为

$$|e_r(\hat{x})|=\left|\frac{x-\hat{x}}{x}\right|\leqslant\frac{1}{2d_1}\times10^{-n+1}\tag{1.14}$$

反之，如果 $\hat{x}$ 的相对误差满足

$$|e_r(\hat{x})|\leqslant\frac{1}{2(d_1+1)}\times10^{-n+1}\quad\left(\text{特别地，}|e_r(\hat{x})|\leqslant\frac{1}{2}\times10^{-n}\right)\tag{1.15}$$

则 $\hat{x}$ 至少具有 n 位有效数字。

定理的证明是容易的，留给读者完成。

定理 1.1 说明，如果 $\hat{x}$ 具有 n 位有效数字，则 $\hat{x}$ 的相对误差大约为10^{-n}量级；反之，如果 $\hat{x}$ 的相对误差为10^{-n}量级，则 $\hat{x}$ 大约有 n 位有效数字。

1.2.4 舍入误差分析

由于计算机每秒做几亿次运算，几乎每次运算都会产生舍入误差，因此，对舍入误差的跟踪和估计是非常困难的。目前已提出的舍入误差分析方法主要有向前误差分析法、向后误差分析法、区间分析法和概率分析法，下面只简要介绍前两种误差分析法。

1.2.4.1 向前误差分析法

假设 y 由原始数据 $x_1,x_2,\cdots,x_n$ 经过基本的算术运算得到，记为 $y=\varphi(x_1,x_2,\cdots,x_n)$。若 x_i 的近似值为 $\hat{x}_i$，误差限为 $\varepsilon(\hat{x}_i)$，计算得到 y 的近似值为 $\hat{y}$，向前误差分析法就是用 $\hat{x}_i$ 的误差$\varepsilon(\hat{x}_i)$直接估计 $\hat{y}$ 的误差 $\varepsilon(\hat{y})$。下面以二元函数求值为例，说明向前误差分析方法。

设 $z=f(x,y)$，假设 $\hat{x}$ 是 x 的近似值，误差限为 $\varepsilon(\hat{x})$，$\hat{y}$ 是 y 的近似值，误差限为 $\varepsilon(\hat{y})$，$\hat{z}=f(\hat{x},\hat{y})$，下面估计 $z-\hat{z}$ 的大小。由 Taylor 展开

$$\begin{aligned}z-\hat{z}&=f(x,y)-f(\hat{x},\hat{y})\\&=\frac{\partial f(\hat{x},\hat{y})}{\partial x}(x-\hat{x})+\frac{\partial f(\hat{x},\hat{y})}{\partial y}(y-\hat{y})+R\end{aligned}\tag{1.16}$$

其中，$R=\frac{1}{2}\left(\frac{\partial^2 f(\xi,\eta)}{\partial x^2}(x-\hat{x})^2+2\frac{\partial^2 f(\xi,\eta)}{\partial x\partial y}(x-\hat{x})(y-\hat{y})+\frac{\partial^2 f(\xi,\eta)}{\partial y}(y-\hat{y})^2\right)$。

假设 R 中二阶偏导数有界，则可以忽略 R，把式(1.16)写为

$$|z-\hat{z}|\approx\left|\frac{\partial f(\hat{x},\hat{y})}{\partial x}(x-\hat{x})+\frac{\partial f(\hat{x},\hat{y})}{\partial y}(y-\hat{y})\right|$$
$$\leqslant\left|\frac{\partial f(\hat{x},\hat{y})}{\partial x}\right|\varepsilon(\hat{x})+\left|\frac{\partial f(\hat{x},\hat{y})}{\partial y}\right|\varepsilon(\hat{y})$$

从而

$$\varepsilon(\hat{z})\approx\left|\frac{\partial f(\hat{x},\hat{y})}{\partial x}\right|\varepsilon(\hat{x})+\left|\frac{\partial f(\hat{x},\hat{y})}{\partial y}\right|\varepsilon(\hat{y}) \tag{1.17}$$

特别地，如果 $z=f(x,y)$ 为 x 与 y 的加、减、乘、除四则运算时，有(以后常把约等于号写成等号)

$$\varepsilon(\hat{x}\pm\hat{y})=\varepsilon(\hat{x})+\varepsilon(\hat{y}) \tag{1.18}$$

$$\varepsilon(\hat{x}\cdot\hat{y})=|\hat{y}|\varepsilon(\hat{x})+|\hat{x}|\varepsilon(\hat{y}) \tag{1.19}$$

$$\varepsilon(\hat{x}/\hat{y})=\frac{|\hat{y}|\varepsilon(\hat{x})+|\hat{x}|\varepsilon(\hat{y})}{|\hat{y}|^2} \tag{1.20}$$

由式(1.18)又得相对误差

$$\varepsilon_r(\hat{x}\pm\hat{y})=\frac{\varepsilon(\hat{x})+\varepsilon(\hat{y})}{|x\pm y|}=\frac{|x|\varepsilon_r(\hat{x})+|y|\varepsilon_r(\hat{y})}{|x\pm y|} \tag{1.21}$$

式(1.19)表明，两个数在做乘法时，如果有一个绝对值很大，则绝对误差会很大。式(1.20)表明，两个数在做除法时，如果分母的绝对值很小，则绝对误差会很大。式(1.21)表明，两个数在做减法时，如果这两个数很接近，则相对误差会很大，也就是会严重丢失有效数字。

例 1.7 测得某矩形场地的长 l 的值为 $\hat{l}=110\ \text{m}$，宽 d 的值为 $\hat{d}=80\ \text{m}$，已知 $|l-\hat{l}|\leqslant 0.2\ \text{m}$，$|d-\hat{d}|\leqslant 0.1\ \text{m}$，求面积 $\hat{S}=\hat{l}\hat{d}$ 的绝对误差限与相对误差限。

解 由公式(1.19)得 $\hat{S}$ 的绝对误差限为

$$\varepsilon(\hat{S})=|\hat{l}|\varepsilon(\hat{d})+|\hat{d}|\varepsilon(\hat{l})=110\times 0.1+80\times 0.2=27\ (\text{m}^2)$$

从而 $\hat{S}$ 的相对误差限为

$$\varepsilon_r(\hat{S})=\frac{\varepsilon(\hat{S})}{|\hat{S}|}=\frac{27}{110\times 80}=0.31\%$$

1.2.4.2 向后误差分析法

假设 y 由原始数据 $x_1,x_2,\cdots,x_n$ 经过基本算术运算得到，记为 $y=\varphi(x_1,x_2,\cdots,x_n)$。把计算得到的 y 的近似值 $\hat{y}$ 归结为有扰动的原始数据 $x_i+\Delta x_i$ 精确运算的结果，即

$$\hat{y}=\varphi(x_1+\Delta x_1,x_2+\Delta x_2,\cdots,x_n+\Delta x_n)$$

然后对 $|\Delta x_i|$ 进行估计：$|\Delta x_i|\leqslant|x_i|\varepsilon$，$\varepsilon$ 越小，说明舍入误差对算法的影响越小。这种误差分析方法称为向后误差分析法。

定理 1.2 设机器精度为 eps，则

$$fl(x)=x(1+\varepsilon)\quad(|\varepsilon|\leqslant \text{eps}) \tag{1.22}$$

进而，设 x,y 为机器数，用∘来表示＋、－、×、/中的任一种运算，则

$$fl(x\circ y)=(x\circ y)(1+\varepsilon)\quad(|\varepsilon|\leqslant \text{eps})\tag{1.23}$$

证 由例1.6，记 $\dfrac{fl(x)-x}{x}=\varepsilon$，则 $|\varepsilon|\leqslant$eps，所以 $fl(x)=x(1+\varepsilon)(|\varepsilon|\leqslant \text{eps})$。证毕。

对式(1.23)中的加法运算，有

$$fl(x+y)=(x+y)(1+\varepsilon)=x(1+\varepsilon)+y(1+\varepsilon)\equiv(x+\Delta x)+(y+\Delta y)$$

上式可以把 $x+y$ 浮点运算的结果 $fl(x+y)$ 看作有扰动的原始数据 $x+\Delta x$ 与 $y+\Delta y$ 精确运算的结果，而且 $|\Delta x|\leqslant|x|\text{eps}$，$|\Delta y|\leqslant|y|\text{eps}$。这就是一个向后误差分析结果。

关于舍入误差的分析，本书不做深入讨论，必要时给出有关结果。

第3节 有效算法要具备的条件

有效算法(也称实用算法)一般要具备下面三个条件：

(1)"快"——指计算机耗时少，计算速度快。包括计算步骤少，收敛速度快。

(2)"准"——指计算结果准确、可靠。即算法的数值稳定性好。

(3)"省"——指占用计算机内存少。

下面做进一步解释。

1.3.1 计算速度要快

为提高计算速度，固然可以通过改善计算机硬件来实现，但这不是本课程所要研究的。本课程研究的重点是通过"软"的方法来提高计算速度，这主要包括构造计算量少的方法和构造收敛速度快的方法。

考察多项式求值的问题：输入 x，计算

$$P_n(x)=a_nx^n+a_{n-1}x^{n-1}+\cdots+a_1x+a_0$$

的值。

方法一：采用自然顺序计算

$$P_n(x)=a_n\cdot\underbrace{x\cdot x\cdot\cdots\cdot x}_{n}+a_{n-1}\cdot\underbrace{x\cdot x\cdot\cdots\cdot x}_{n-1}+\cdots+a_1\cdot x+a_0$$

则乘法次数为 $M_1=n+(n-1)+\cdots+2+1=\dfrac{n(n+1)}{2}$，加法次数为 $A_1=n$。总的运算次数为

$$M_1+A_1=\frac{n(n+1)}{2}+n=\frac{1}{2}n^2+\frac{3}{2}n\equiv O(n^2)\text{flops}$$

方法二：采用秦九韶算法(又称 Hornor 算法)

$$P_n(x)=(\cdots((a_nx+a_{n-1})x+a_{n-2})x+\cdots+a_1)x+a_0\tag{1.24}$$

按括号从里向外计算，则需要的乘法次数为 $M_2=n$ 次，加法次数为 $A_2=n$。总的运算次数为

$$M_2+A_2=2n\equiv O(n)\text{flops}$$

由此看出，当 n 较大时，方法二比方法一的计算量要少得多。秦九韶算法也称嵌套乘法。这是最常用的算法之一。

算法 1.1(秦九韶算法)

(输入 x,计算 $P_n(x)=a_nx^n+a_{n-1}x^{n-1}+\cdots+a_1x+a_0$ 的值)

```
P = a_n;
for  k = 1:n
      P = P · x + a_{n-k};
end
```

例 1.8 考察求解线性方程组的问题

$$\boldsymbol{Ax}=\boldsymbol{b} \quad (\boldsymbol{A}\text{ 是 } n\times n \text{ 的非奇异矩阵})$$

方法一:采用 Cramer 法则,$x_k=\dfrac{D_k}{D}(k=1,2,\cdots,n)$求解。如果用行列式的展开公式来计算行列式,则计算量至少为

$$A_1=(n+1)\times n!\times(n-1)$$

方法二:采用 Gauss 消元法(详见第 2 章),则计算量大约是

$$A_2=\frac{1}{3}n^3+n^2-\frac{1}{3}n$$

现假设 $n=20$,则 $A_1=9.7\times10^{20}$,$A_2=3\ 060$,又假设计算机每秒钟做 1 亿$=10^8$ 次浮点运算,则按方法一需要 30 万年,按方法二需要 3×10^{-5}秒。

算法的计算量少,不仅可以提高计算速度,而且舍入误差积累也小。为提高计算速度,除了尽量减少计算次数外,还要尽量使用收敛速度快的方法。

例 1.9 计算 ln 2,要求误差小于10^{-7}。

方法一:由幂级数展开式

$$\ln(1+x)=x-\frac{x^2}{2}+\cdots+(-1)^{n-1}\frac{x^n}{n}+\cdots \quad (-1<x\leqslant1)$$

得到下面计算公式(取 $x=1$)

$$\ln 2\approx S_n=1-\frac{1}{2}+\cdots+(-1)^{n-1}\frac{1}{n}$$

误差$|\ln 2-S_n|\leqslant\dfrac{1}{n+1}<10^{-7}\Rightarrow n>10^7-1$。这说明,要达到误差要求,大约需要取级数的前一千万项求和。

方法二:由幂级数展开式

$$\ln\frac{1+x}{1-x}=2x\left(1+\frac{1}{3}x^2+\frac{1}{5}x^4+\cdots+\frac{1}{2m+1}x^{2m}+\cdots\right) \quad (-1<x<1)$$

得到下面计算公式$\left(\text{取 } x=\dfrac{1}{3}\right)$

$$\ln 2\approx S_m=\frac{2}{3}\left(1+\frac{1}{3}\times\frac{1}{3^2}+\frac{1}{5}\times\frac{1}{3^4}+\cdots+\frac{1}{2m+1}\times\frac{1}{3^{2m}}\right)$$

只需取前 7 项($m=6$)求和即可达到精度要求

$$|\ln 2-S_6|<\frac{2}{3}\times\frac{1}{2\times7+1}\times\frac{1}{3^{14}}\times\left(1+\frac{1}{9}+\frac{1}{9^2}+\cdots\right)=\frac{2}{3}\times\frac{1}{15}\times\frac{1}{3^{14}}\times\frac{9}{8}<10^{-7}$$

例 1.9 说明,如果用相同的计算量,方法二要比方法一的结果精确得多。实际上,按算法

一计算机不可能达到所要求的精度。详见后面数值实验部分的实验三。

1.3.2 计算结果要准确

例 1.10 用 5 位浮点数计算

$$A=12\ 345+\underbrace{0.4+\cdots+0.4}_{10}$$

方法一:采用自然顺序计算

$$fl(12\ 345+0.4)=fl(0.123\ 45\times10^5+0.000\ 004\times10^5)=0.123\ 45\times10^5$$

继续与下一个 0.4 相加,结果还是 $0.123\ 45\times10^5$,因此 $fl(A)=12\ 345$。

方法二:先把后面 10 个 0.4 相加

$$A=12\ 345+(0.4+\cdots+0.4)$$

结果 $fl(A)=fl(12\ 345+4)=12\ 349$。方法二比方法一的结果更精确。

从该例知,尽管理论上是恒等的数学式子,由于采用的计算方法不同(本例是计算顺序不同)而得到的结果不同,精确程度不同。造成这种现象的根本原因是有限位舍入计算,如果两个数量级相差很大的数相加,就可能造成“大数吃小数”的现象。因此,在数值计算中要尽量避免“大数吃小数”。$(a+b)+c$ 与 $a+(b+c)$ 在理论上是恒等的,但对于计算机来说,可能是不同的两个数,计算机不满足加法结合律。

例 1.11 用 4 位浮点数求解方程组:

$$\begin{cases}10^{-5}x_1+x_2=1 & (1)\\ 2x_1+x_2=2 & (2)\end{cases}$$

方法一(直接消元):方程(1)乘以 $-\dfrac{2}{10^{-5}}=-2\times10^5$,加到方程(2)上消去 x_1,得

$$fl(-2\times10^5+1)x_2=fl(-2\times10^5+2)\Rightarrow x_2=\frac{fl(-2\times10^5+2)}{fl(-2\times10^5+1)}=\frac{-2\times10^5}{-2\times10^5}=1$$

把 $x_2=1$ 代入方程(1),得 $x_1=0$。因此近似解为:$x_1=0,x_2=1$。

方法二(选主元消元):改变方程的次序

$$\begin{cases}2x_1+x_2=2 & (1)\\ 10^{-5}x_1+x_2=1 & (2)\end{cases}$$

方程(1)乘以 $-\dfrac{10^{-5}}{2}=-0.5\times10^{-5}$,加到方程(2)上消去 x_1,得

$$fl(-0.5\times10^{-5}+1)x_2=fl(-10^{-5}+1)\Rightarrow x_2=\frac{fl(-0.5\times10^{-5}+1)}{fl(-10^{-5}+1)}=\frac{1}{1}=1$$

把 $x_2=1$ 代入方程(1),得 $x_1=0.5$。因此近似解为:$x_1=0.5,x_2=1$。

实际上,方程组的精确解为:$x_1=0.499\ 997\cdots$,$x_2=1.000\ 005\cdots$。显然,方法二比方法一更好。此例告诉我们,要尽量避免绝对值很小的数作分母。否则,就会得到一个绝对值很大的数,一方面可能产生很大的绝对误差或产生溢出,另一方面,如果再用这个很大的数与其他数做加法,又可能造成“大数吃小数”的现象,进一步产生较大的误差。

例 1.12 用 5 位浮点数计算下面方程的两个根

$$x^2-56x+1=0(\text{已知 } fl(\sqrt{783})=27.982)$$

方法一:根据求根公式得

$$x_{1,2}=\frac{56\pm\sqrt{56^2-4}}{2}=28\pm\sqrt{783}$$

得

$$x_1=28+27.982=0.559\ 82\times10^2,x_2=28-27.982=0.180\ 00\times10^{-1}$$

方法二：x_1 的计算同上，x_2 的计算采用(分子有理化)

$$x_2=28-\sqrt{783}=\frac{1}{28+\sqrt{783}}=\frac{1}{0.559\ 82\times10^2}=0.178\ 63\times10^{-1}$$

实际上，精确解为

$$x_1=0.559\ 821\cdots\times10^2,x_2=0.178\ 628\cdots\times10^{-1}$$

显然，方法二比方法一计算得更准确。造成方法一误差大的原因是 x_2 为两个相近的数做减法，这样会造成有效数字的损失。因此，我们要尽量避免两个相近的数相减。

例 1.13 计算定积分

$$I(n)=\mathrm{e}^{-1}\int_0^1 x^n\mathrm{e}^x\,\mathrm{d}x\quad(n=1,2,\cdots,20)$$

用分部积分法易得到下面递推公式

$$I(0)=1-\mathrm{e}^{-1},I(n)=1-nI(n-1)\quad(n=1,2,\cdots)$$

且

$$\frac{\mathrm{e}^{-1}}{n+1}=\mathrm{e}^{-1}\int_0^1 x^n\,\mathrm{d}x<I(n)<\mathrm{e}^{-1}\mathrm{e}\int_0^1 x^n\,\mathrm{d}x=\frac{1}{n+1}$$

由此知，n 较大时，$I(n)\approx0$。

方法一：采取递推公式

$$I_0=fl(1-\mathrm{e}^{-1})\approx0.632\ 120\ 6,I_n=1-nI_{n-1}\quad(n=1,2,\cdots,20)$$

方法二：采取逆递推公式

$$\hat{I}_{20}=0,\hat{I}_{n-1}=\frac{1-\hat{I}_n}{n}\quad(n=20,19,\cdots,2,1)$$

用 Matlab 编程计算，列出部分结果如下：

n	I_n	$\hat{I}_n$	精确值 $I(n)$
0	0.632 120 6	0.632 120 6	0.632 120 6
1	0.367 879 4	0.367 879 4	0.367 879 4
3	0.207 276 6	0.207 276 6	0.207 276 6
5	0.145 532 9	0.145 532 9	0.145 532 9
10	0.083 877 1	0.083 877 1	0.083 877 1
13	0.066 947 8	0.066 947 7	0.066 947 7
16	0.055 459 3	0.055 719 0	0.055 719 3
18	−0.029 453 7	0.050 000 0	0.050 119 9
19	1.559 619 7	0.050 000 0	0.047 722 8
20	−30.192 394 9	0.000 000 0	0.045 544 9

说明：这里的精确值是用 Matlab 中高精度求积函数 quadl 得到的。

从计算结果看，I_n 随 n 的增大，误差不断增大，到 $n=18$ 时结果已严重失真，而 $\hat{I}_n$ 尽管开始的 $\hat{I}_{20}$ 误差较大，但随 n 的减小，误差不断减小，越来越精确。

下面我们从理论上分析造成这种现象的原因。

对于方法一，记初始误差为 $\varepsilon_0=|I(0)-I_0|>0$，再假设以后的计算过程不再产生舍入误差，那么这个初始误差对后面 I_n 的影响（误差传播）为

$$\varepsilon_n=|I(n)-I_n|=|(1-nI_{n-1})-(1-nI_{n-1})|=n\varepsilon_{n-1}=\cdots=n!\ \varepsilon_0$$

由此可知，当 $n=20$ 时，ε_{20} 把 ε_0 放大了 20! 倍。这就是造成方法一结果严重失真的原因。

对于方法二，其误差传播为

$$\hat{\varepsilon}_{n-1}=\frac{1}{n}\hat{\varepsilon}_n,\cdots,\hat{\varepsilon}_0=\frac{1}{n!}\hat{\varepsilon}_n$$

尽管初始有误差 $\hat{\varepsilon}_{20}$，但随着计算的进程，这个误差的影响不断缩小。

此例告诉我们，尽管方法是对的，程序也是对的，但计算结果不一定对。在设计算法时，一定要考虑算法的数值稳定性（见下面定义 1.4）。

定义 1.4　如果一个算法在计算过程中每步的结果受舍入误差的影响不大，则称该算法是数值稳定的，否则称为数值不稳定的。所谓受舍入误差的影响不大，是指每步计算结果的误差至多与原始误差有相同的数量级。也就是说，如果计算结果的相对误差是机器精度的一个不大的倍数就认为算法是数值稳定的。

数值不稳定的算法是不能使用的，一定要使用数值稳定的算法。对算法的数值稳定性分析是非常困难的，有必要时，要借助于科学实验来检验。

数值稳定性是对算法而言的，与数学问题本身无关。

1.3.3　占用计算机内存要少

例如，求解下面三对角方程组 $\boldsymbol{Ax}=\boldsymbol{b}$

$$\begin{bmatrix} b_1 & c_1 & & \\ a_2 & b_2 & \ddots & \\ & \ddots & \ddots & c_{n-1} \\ & & a_n & b_n \end{bmatrix}\begin{bmatrix} x_1 \\ x_2 \\ \vdots \\ x_n \end{bmatrix}=\begin{bmatrix} d_1 \\ d_2 \\ \vdots \\ d_n \end{bmatrix}$$

不需要把系数矩阵全部储存下来，只需储存非零元素，即可实现方程组的求解（详见第 2 章的追赶法）。在设计算法时要尽量减少对计算机内存的占用。

尽管现在计算机的内存越来越大，但实际上经常会遇到大规模的计算问题，此时遇到的矩阵大多是大型稀疏矩阵。对于大型稀疏矩阵的计算目前仍是研究的重要课题之一。

第 4 节　灵敏度分析

定义 1.5　如果一个数学问题当原始数据有微小扰动时，就会引起解发生较大的变化，则称该问题是病态的，否则，称该问题是良态的。

病态与良态是相对而言的，没有严格的界限，它反映了解对原始数据的敏感程度。病态与

否是该问题固有的性质，与采用何种计算方法没有关系。

例 1.14 设 $f(x)=(x-20)(x-19)\cdots(x-2)(x-1)=x^{20}-210x^{19}+\cdots$，则 $f(x)=0$ 有 20 个实根。当 x^{19} 项的系数改为 $-210-2^{-23}$ 时，则 $p(x)=f(x)-2^{-23}x^{19}=0$ 有 10 个复根。这说明原始数据(这里是系数)有微小扰动时，方程的根发生了巨大变化，所以上面方程求根问题是病态问题。一般地，代数方程求根问题多数是病态问题(参见后面数值实验部分的实验二)。

例 1.15 考察线性方程组

$$\begin{cases}x_1+0.99x_2=1\\0.99x_1+0.98x_2=b_2\end{cases}$$

当 $b_2=1$ 时，其精确解为 $\boldsymbol{x}=(100,-100)^{\mathrm{T}}$；当 $b_2=0.99$ 时，其精确解为 $\boldsymbol{x}=(1,0)^{\mathrm{T}}$。这说明原始数据(这里只是 b_2)有微小变化，就引起了解的巨大变化，所以它是一个病态问题。

例 1.16 考察下面微分方程

$$\begin{cases}y''-y=0\\y(0)=1,y'(0)=-1\end{cases}$$

不难验证，其解析解为 $y=\mathrm{e}^{-x}$，而且 $\lim\limits_{x\to+\infty}y=0$。如果把初值 $y(0)$ 改为 $y(0)=1+\varepsilon(\varepsilon\neq0)$，其余不变，则解析解变为 $y=\dfrac{\varepsilon}{2}\mathrm{e}^{x}+\left(1+\dfrac{\varepsilon}{2}\right)\mathrm{e}^{-x}$，而且 $\lim\limits_{x\to\infty}y=\infty$。这说明上面微分方程也是病态的。

如何定量地分析问题的病态性，通常用条件数来衡量，不同的问题要采取不同的条件数。下面以函数求值问题为例来讨论条件数。

在函数 $f(x)$ 求值时，当 x 有一个小扰动 $\Delta x=x-\hat{x}$ 时，其相对误差为 $\dfrac{\Delta x}{x}$，这时函数值的相对误差为 $\dfrac{f(x)-f(\hat{x})}{f(x)}$，由于

$$\left|\frac{f(x)-f(\hat{x})}{f(x)}\right|\approx\left|\frac{f'(x)\Delta x}{f(x)}\right|=\left|\frac{xf'(x)}{f(x)}\right|\left|\frac{\Delta x}{x}\right|$$

这里 $C\equiv\left|\dfrac{xf'(x)}{f(x)}\right|$ 可看作原始数据相对误差 $\left|\dfrac{\Delta x}{x}\right|$ 的放大倍数。尽管 $\left|\dfrac{\Delta x}{x}\right|$ 一般是很小的，但如果 C 非常大，就很可能造成函数值的相对误差 $\left|\dfrac{f(x)-f(\hat{x})}{f(x)}\right|$ 很大。因此，就称 C 为函数求值问题的条件数。如果 C 很大，则称该问题是病态的，C 越大就称问题病态越严重。否则，如果 C 不太大，就称该问题是良态的。

例 1.17 设 $f(x)=\arcsin x$，则

$$C=\frac{xf'(x)}{f(x)}=\frac{x}{\sqrt{1-x^2}\arcsin x}$$

当 $x\to1$ 时，$C\to+\infty$，因此，当 x 在 1 附近时，求值问题 $f(x)$ 是病态问题。

大部分领域都存在病态问题，由于病态问题对误差特别敏感，因此需要采用特殊的算法来求解。

小 结

本章主要阐述了误差的基本知识、误差的来源及分类、误差在数值运算中的传播规律和估算方法，通过例子帮助读者建立和理解算法稳定性的概念，并提出了减少误差的有关措施。

数值计算主要研究截断误差和舍入误差。由于计算机进行的都是有限位数的运算，因此有效数字的概念是非常重要和有用的，它与误差之间有着密切的关联。

近似值运算中，误差的传播与积累直接影响计算结果的精度，因此必须掌握它们的规律性。

数值实验

实验一 算法的数值稳定性

计算积分

$$I(n)=\int_0^1 \frac{x^n}{a+x}\mathrm{d}x \quad (a=15,n=1,2,\cdots,20)$$

易得到下面递推公式

$$I(n)=-aI(n-1)+\frac{1}{n}$$

并有估计式

$$\frac{1}{(a+1)(n+1)}<I(n)<\frac{1}{a(n+1)}$$

算法一：采用下面递推公式计算

$$I(n)=-aI(n-1)+\frac{1}{n} \quad (n=1,2,\cdots,20)$$

取初值 $I(0)=\ln\frac{a+1}{a}=\ln\frac{16}{15}$。

算法二：采用下面逆递推公式计算

$$I(n-1)=\frac{1}{a}\left(-I(n)+\frac{1}{n}\right) \quad (n=20,19,\cdots,1)$$

这里初值取 $I(20)\approx\frac{1}{2}\left(\frac{1}{(a+1)(20+1)}+\frac{1}{a(20+1)}\right)=\frac{31}{10\ 080}$。

输出计算结果，并从理论上对结果进行分析。

实验二 多项式求根的病态性

下面是一个 Matlab 程序：

```
C=[1, 2, 3, 4, 5, 6, 7];
P1=poly(C);
P2=P1;
P2(2)=P1(2)-0.002; % 给第二个系数一个小扰动
```

```
x=0:0.1:8;
y1=polyval(P1,x);
y2=polyval(P2,x);
plot(x,y1,x,y2)
axis([0 8 -300 300])
grid on
```

通过 Matlab 的 help 命令学习其中的函数，读懂上面的程序，并运行它，你会看到两个多项式的图形，你从中得到什么结论？如果小扰动从第二个系数向第八个系数移动，你又得到什么结论？

实验三 算法的收敛速度与精度

按两种方法计算 ln 2。

方法一：按例 1.9 方法一的计算程序为

```
s=0;n=0;t=1;
while t~= s
    t=s;
    n=n+1;
    s=s+1/n;
    n=n+1;
    s=s-1/n;
end
format long e
n,s,err=abs(s-log(2))
```

方法二：按例 1.9 方法二的计算程序为

```
x = 1/3;
s = 1;  n = 1;  t0 = x^2; t = 1;
while s+t ~= s
    n = n + 2 ;
    t = t0 * t ;
    s = s + t/n ;
end
format long e
n , s = 2 * x * s , err =abs(s-log(2))
```

对以上两个程序，请解释程序终止条件的含义，为什么会终止？运行两个程序，看看终止时求和了多少项？误差是多少？是否达到机器精度？

在两个程序开始加上 tic 命令，在程序最后加上 time=toc 命令，来比较一下两个方法的机器耗时。

习 题 一

1. 考虑自由落体运动时间 t 与距离 h 的关系 $h=\frac{1}{2}gt^2$，设 t 的测量误差 $|\Delta t|\leqslant 1$ s，证明：当 t 增加时，h 的绝对误差增加，而相对误差减少。

2. 在尾数位 $t=5$ 的机器下

(1) 设下面各近似值均具有 4 位有效数字

$$\hat{x}=0.142\ 80\times 10^{-2},\ \hat{y}=0.135\ 21\times 10^{2},\ \hat{z}=0.230\ 00\times 10^{-2}$$

试指出它们的绝对误差限和相对误差限。

(2) 设下面各近似值的绝对误差限均为 $\frac{1}{2}\times 10^{-3}$

$$\hat{x}=0.200\ 02\times 10,\ \hat{y}=0.320\ 00\times 10^{-1},\ \hat{z}=0.520\ 00\times 10^{-3}$$

试指出它们各有几位有效数字。

3. 下面是计算 $\sqrt{7}$ 的迭代法

$$x_0=2,\ x_{k+1}=\frac{1}{2}\left(x_k+\frac{7}{x_k}\right)\quad (k=1,2,\cdots)$$

证明：若 x_k 是 $\sqrt{7}$ 的具有 n 位有效数字的近似值，则 x_{k+1} 是 $\sqrt{7}$ 的具有 $2n$ 位有效数字的近似值。

4. 已知

$$(\sqrt{2}-1)^6=(3-2\sqrt{2})^3=99-70\sqrt{2}=\frac{1}{(1+\sqrt{2})^6}=\frac{1}{(3+2\sqrt{2})^3}=\frac{1}{99+70\sqrt{2}}$$

请指明用哪一个公式进行计算误差较小，并说明理由。

5. 对下面表达式进行恒等变换，使计算结果更精确

(1) $\frac{1-\cos x}{\sin x},\ x\neq 0,\ |x|\ll 1$；　　(2) $\frac{1}{1+2x}-\frac{1-x}{1+x},\ |x|\ll 1$；

(3) $\sqrt{x+\frac{1}{x}}-\sqrt{x-\frac{1}{x}},\ |x|\gg 1$；　　(4) $\int_x^{x+1}\frac{\mathrm{d}t}{1+t^2},\ |x|\gg 1$。

第2章 线性方程组的直接解法

在科学计算和工程应用中，人们常常要面对线性代数方程组的求解问题。一个由 n 个方程 n 个未知量构成的线性代数方程组模型可以表示为

$$\begin{cases} a_{11}x_1 + a_{12}x_2 + \cdots + a_{1n}x_n = b_1 \\ a_{21}x_1 + a_{22}x_2 + \cdots + a_{2n}x_n = b_2 \\ \quad\cdots\cdots \\ a_{n1}x_1 + a_{n2}x_2 + \cdots + a_{nn}x_n = b_n \end{cases} \tag{2.1}$$

或简记为矩阵形式

$$\boldsymbol{Ax} = \boldsymbol{b} \tag{2.2}$$

其中

$$\boldsymbol{A} = \begin{pmatrix} a_{11} & a_{12} & \cdots & a_{1n} \\ a_{21} & a_{22} & \cdots & a_{2n} \\ \vdots & \vdots & & \vdots \\ a_{n1} & a_{n2} & \cdots & a_{nn} \end{pmatrix}, \boldsymbol{x} = \begin{pmatrix} x_1 \\ x_2 \\ \vdots \\ x_n \end{pmatrix}, \boldsymbol{b} = \begin{pmatrix} b_1 \\ b_2 \\ \vdots \\ b_n \end{pmatrix}$$

线性代数方程组(2.2)通常简称为线性方程组，其右端向量 $\boldsymbol{b}$ 称为观测向量，$\boldsymbol{x}$ 是未知向量。本章假定系数矩阵 $\boldsymbol{A}$ 为非奇异的方阵，这时式(2.1)有唯一解，且理论上可以由克莱姆(Cramer)法则给出解的显式表达式。然而，用克莱姆法则表示 n 个未知量需要计算 $n+1$ 个行列式，而计算一个 n 阶行列式就需要进行$(n!-1)$次加法运算和 $n!(n-1)$次乘法运算，庞大的计算量使得克莱姆法则并不适合于实际的数值求解线性方程组。因此，从数值计算的角度来看，建立可以在计算机上实现的求解线性方程组的有效算法是很有意义的。

线性方程组的数值解法大致分为两类：直接法和迭代法。

(1) 直接法

直接法是指在不考虑计算过程产生舍入误差的情况下，经过有限步算术运算可以得到线性方程组精确解的方法。直接法适合于求解低阶稠密系数矩阵或某些大型稀疏系数矩阵(例如带状矩阵)的线性方程组。例如，高斯-约当(Gauss-Jordan)消元法和选主元消元法。本章将介绍基于这两种方法的矩阵三角分解法，以及针对三对角系数矩阵的追赶法。但实际计算中舍入误差是不可避免的，所以这些方法最终只能得到线性方程组的近似解。

(2) 迭代法

迭代法是指在预设格式下用某种极限过程逐步逼近线性方程组精确解的方法，这类方法适合于求解高阶稀疏矩阵的线性方程组。使用迭代法需要考虑算法的收敛性和收敛率的问题。下一章将进一步介绍三种经典的迭代方法：雅克比(Jacobi)迭代法，高斯-塞德尔(Gauss-Seidel)迭代法和超松弛(SOR)迭代法，以及共轭梯度法(又称为 CG 方法)。

第 1 节　矩阵三角分解法

高斯消元法的思想最早出现于我国的古籍《九章算术》。基于高斯消元和选主元高斯消元的矩阵三角分解法是人们用计算机求解线性方程组的常用方法。

为了实现一般线性方程组(2.1)系数矩阵的三角分解，引入高斯变换矩阵

$$\boldsymbol{L}_k \equiv \boldsymbol{I}_n - \boldsymbol{l}_k\boldsymbol{e}_k^{\mathrm{T}} = \begin{pmatrix} 1 & & & & & \\ & \ddots & & & & \\ & & 1 & & & \\ & & -l_{k+1,k} & 1 & & \\ & & \vdots & & \ddots & \\ & & -l_{n,k} & & & 1 \end{pmatrix} \tag{2.3}$$

其中

$$\boldsymbol{l}_k = (0,\cdots,0,l_{k+1,k},\cdots,l_{nk})^{\mathrm{T}}$$

称为高斯向量，$\boldsymbol{e}_k$ 表示单位矩阵的第 k 列。显然，高斯变换矩阵(2.3)是初等下三角矩阵，易知它有下面的性质。

性质 2.1　(1) 对于给定的向量 $\boldsymbol{x}=(x_1,x_2,\cdots,x_n)^{\mathrm{T}}$，如果 $x_k\neq 0$，取

$$l_{ik} = \frac{x_i}{x_k} \quad (i=k+1,\cdots,n)$$

则有

$$\boldsymbol{L}_k\boldsymbol{x} = (x_1,\cdots,x_k,0,\cdots,0)^{\mathrm{T}}$$

(2) 将一个矩阵左(右)乘以一个 $\boldsymbol{L}_k$ 相当于对矩阵进行了 $n-k$ 次初等行(列)变换，且 $\boldsymbol{L}_k$ 的逆矩阵

$$\boldsymbol{L}_k^{-1} = \boldsymbol{I}_n + \boldsymbol{l}_k\boldsymbol{e}_k^{\mathrm{T}}$$

仍然是初等下三角矩阵。

记一般线性方程组(2.1)的增广矩阵为

$$\overline{\boldsymbol{A}}^{(0)} \equiv (\boldsymbol{A},\boldsymbol{b}) = \left(\begin{array}{cccc|c} a_{11}^{(0)} & a_{12}^{(0)} & \cdots & a_{1n}^{(0)} & a_{1,n+1}^{(0)} \\ a_{21}^{(0)} & a_{22}^{(0)} & \cdots & a_{2n}^{(0)} & a_{2,n+1}^{(0)} \\ \vdots & \vdots & & \vdots & \vdots \\ a_{n1}^{(0)} & a_{n2}^{(0)} & \cdots & a_{nn}^{(0)} & a_{n,n+1}^{(0)} \end{array}\right) \tag{2.4}$$

对增广矩阵(2.4)进行第 1 步高斯消元。由性质 2.1 知，如果 $a_{11}^{(0)}\neq 0$，令

$$l_{i1} = \frac{a_{i1}^{(0)}}{a_{11}^{(0)}} \quad (i=2,\cdots,n)$$

可以确定高斯变换矩阵 $\boldsymbol{L}_1=\boldsymbol{I}_n-\boldsymbol{l}_1\boldsymbol{e}_1^{\mathrm{T}}$，且 $\boldsymbol{l}_1=(0,l_{21},\cdots,l_{n1})^{\mathrm{T}}$ 使得

$$\overline{\boldsymbol{A}}^{(1)} = \boldsymbol{L}_1\overline{\boldsymbol{A}}^{(0)} = \left(\begin{array}{cccc|c} a_{11}^{(0)} & a_{12}^{(0)} & \cdots & a_{1n}^{(0)} & a_{1,n+1}^{(0)} \\ 0 & a_{22}^{(1)} & \cdots & a_{2n}^{(1)} & a_{2,n+1}^{(1)} \\ \vdots & \vdots & & \vdots & \vdots \\ 0 & a_{n2}^{(1)} & \cdots & a_{nn}^{(0)} & a_{n,n+1}^{(1)} \end{array}\right)$$

其中

$$\boldsymbol{a}_{ij}^{(1)}=a_{ij}^{(0)}-\boldsymbol{l}_{i1}a_{1j}^{(0)}\quad(i=2,\cdots,n;j=2,\cdots,n+1)$$

依此类推，假设存在高斯变换矩阵 $\boldsymbol{L}_2,\cdots,\boldsymbol{L}_{k-1}$，经过 $k-1$ 步高斯消元，增广矩阵变换为

$$\overline{\boldsymbol{A}}^{(k-1)}=\boldsymbol{L}_{k-1}\cdots\boldsymbol{L}_2\overline{\boldsymbol{A}}^{(1)}=\left(\begin{array}{cccccc|c} a_{11}^{(0)} & a_{12}^{(0)} & \cdots & \cdots & \cdots & a_{1n}^{(0)} & a_{1,n+1}^{(0)} \\ & a_{22}^{(1)} & \cdots & \cdots & \cdots & a_{2n}^{(1)} & a_{2,n+1}^{(1)} \\ & & \ddots & & & \vdots & \vdots \\ & & & a_{kk}^{(k-1)} & \cdots & a_{kn}^{(k-1)} & a_{k,n+1}^{(k-1)} \\ & & & \vdots & & \vdots & \vdots \\ & & & a_{nk}^{(k-1)} & \cdots & a_{nn}^{(k-1)} & a_{n,n+1}^{(k-1)} \end{array}\right)\tag{2.5}$$

第 k 步高斯消元：如果 $a_{kk}^{(k-1)}\neq0$，令

$$l_{ik}=\frac{a_{ik}^{(k-1)}}{a_{kk}^{(k-1)}}\quad(i=k+1,\cdots,n)\tag{2.6}$$

可以确定一个高斯变换矩阵 $\boldsymbol{L}_k$[同式(2.3)]，使得

$$\overline{\boldsymbol{A}}^{(k)}=\boldsymbol{L}_k\overline{\boldsymbol{A}}^{(k-1)}=\left(\begin{array}{cccccc|c} a_{11}^{(0)} & \cdots & \cdots & \cdots & \cdots & a_{1n}^{(0)} & a_{1,n+1}^{(0)} \\ & \ddots & & & & \vdots & \vdots \\ & & a_{kk}^{(k-1)} & a_{k,k+1}^{(k-1)} & \cdots & a_{kn}^{(k-1)} & a_{k,n+1}^{(k-1)} \\ & & & a_{k+1,k+1}^{(k)} & \cdots & a_{k+1,n}^{(k)} & a_{k+1,n+1}^{(k)} \\ & & & \vdots & & \vdots & \vdots \\ & & & a_{n,k+1}^{(k)} & \cdots & a_{nn}^{(k)} & a_{n,n+1}^{(k)} \end{array}\right)\tag{2.7}$$

其中

$$a_{ij}^{(k)}=a_{ij}^{(k-1)}-l_{ik}a_{kj}^{(k-1)}\quad(i=k+1,\cdots,n;j=k+1,\cdots,n+1)\tag{2.8}$$

$\overline{\boldsymbol{A}}^{(k)}$ 的上标表示算法执行到第 k 步的结果。按此步骤，从 $k=1$ 出发经 $n-1$ 步消元后，增广矩阵可约化为

$$\overline{\boldsymbol{A}}^{(n-1)}=\boldsymbol{L}_{n-1}\cdots\boldsymbol{L}_2\boldsymbol{L}_1\overline{\boldsymbol{A}}^{(0)}=\left(\begin{array}{ccccc|c} a_{11}^{(0)} & \cdots & \cdots & \cdots & a_{1n}^{(0)} & a_{1,n+1}^{(0)} \\ & \ddots & & & \vdots & \vdots \\ & & a_{kk}^{(k-1)} & \cdots & a_{kn}^{(k-1)} & a_{k,n+1}^{(k-1)} \\ & & & \ddots & \vdots & \vdots \\ & & & & a_{nn}^{(n-1)} & a_{n,n+1}^{(n-1)} \end{array}\right)\tag{2.9}$$

通常把增广矩阵(2.9)的对角线元素 $a_{kk}^{(k-1)}(k=1,2,\cdots,n)$ 称为主元。显然，只有当 $a_{kk}^{(k-1)}\neq0(k=1,2,\cdots,n-1)$ 时，高斯顺序消元过程才能进行到底。根据增广矩阵(2.9)对应的同解上三角方程组，自下而上逐步回代即可求得原线性方程组的解

$$\begin{cases} x_n=\dfrac{a_{n,n+1}^{(n-1)}}{a_{nn}^{(n-1)}} \\ x_k=\left(a_{k,n+1}^{(k-1)}-\displaystyle\sum_{j=k+1}^{n}a_{kj}^{(k-1)}x_j\right)\Big/a_{kk}^{(k-1)} \end{cases}\quad(k=n-1,\cdots,2,1)\tag{2.10}$$

上述求解一般线性方程组的过程可以很方便地用计算机编程实现。注意到式(2.8)是一个逐步更新的过程，在第 k 步消元结束，旧的元素 $a_{ij}^{(k-1)}$ 被更新后的 $a_{ij}^{(k)}$ 取代后将不再有用，为了节省计算机存储空间，$a_{ij}^{(k)}$ 仍然被存储在增广矩阵的(i,j)位置，这里 $i=k+1,\cdots,n,j=k+$

$1,\cdots,n+1$.同样地，增广矩阵的第 k 列中对角元下方的元素全变为 0，系统里没有必要存储这些零元素，相应的(i,k)位置可以用于存储式(2.6)中计算的 $l_{ik}(i=k+1,\cdots,n)$。也就是说，每一步高斯向量中的非零元可以存储在增广矩阵被消元列的严格下三角位置。式(2.10)中的计算解 x_k 相应地可以存储在增广矩阵的$(k,n+1)$位置，即

$$\left(\begin{array}{cccccc|c} a_{11}^{(0)} & a_{12}^{(0)} & \cdots & \cdots & \cdots & a_{1n}^{(0)} & x_1 \\ l_{21} & a_{22}^{(1)} & \cdots & \cdots & \cdots & a_{2n}^{(1)} & x_2 \\ l_{31} & l_{32} & a_{33}^{(2)} & \cdots & \cdots & a_{3n}^{(2)} & x_3 \\ \vdots & \vdots & \vdots & & \vdots & \vdots & \vdots \\ l_{n-1,1} & l_{n-1,2} & l_{n-1,3} & \cdots & a_{n-1,n-1}^{(n-2)} & a_{n-1,n}^{(n-2)} & x_{n-1} \\ l_{n1} & l_{n2} & l_{n3} & \cdots & l_{n,n-1} & a_{nn}^{(n-1)} & x_n \end{array}\right) \tag{2.11}$$

如果只考虑系数矩阵，上述消元的过程实质上是对方阵进行三角分解的过程。由式(2.9)得

$$\boldsymbol{L}_{n-1}\cdots\boldsymbol{L}_2\boldsymbol{L}_1\boldsymbol{A}=\begin{pmatrix} a^{(0)} & \cdots & \cdots & \cdots & a_{1n}^{(0)} \\ & \ddots & & & \vdots \\ & & a_{kk}^{(k-1)} & \cdots & a_{kn}^{(k-1)} \\ & & & \ddots & \vdots \\ & & & & a_{n,n}^{(n-1)} \end{pmatrix}\equiv\boldsymbol{U} \tag{2.12}$$

令 $\boldsymbol{L}^{-1}=\boldsymbol{L}_{n-1}\cdots\boldsymbol{L}_2\boldsymbol{L}_1$。由性质 2.1 得

$$\boldsymbol{L}=\boldsymbol{L}_1^{-1}\boldsymbol{L}_2^{-1}\cdots\boldsymbol{L}_{n-1}^{-1}=(\boldsymbol{I}_n+\boldsymbol{l}_1\boldsymbol{e}_1^{\mathrm{T}})(\boldsymbol{I}_n+\boldsymbol{l}_2\boldsymbol{e}_2^{\mathrm{T}})\cdots(\boldsymbol{I}_n+\boldsymbol{l}_{n-1}\boldsymbol{e}_{n-1}^{\mathrm{T}})$$

$$=\begin{pmatrix} 1 & & & & & \\ l_{21} & 1 & & & & \\ l_{31} & l_{32} & 1 & & & \\ \vdots & \vdots & \vdots & \ddots & & \\ l_{n-1,1} & l_{n-1,2} & l_{n-1,3} & \cdots & 1 & \\ l_{n1} & l_{n2} & l_{n3} & \cdots & l_{n,n-1} & 1 \end{pmatrix} \tag{2.13}$$

于是，有

$$\boldsymbol{A}=\boldsymbol{L}\boldsymbol{U} \tag{2.14}$$

其中，$\boldsymbol{L}$ 是单位下三角矩阵(2.13)，$\boldsymbol{U}$ 是上三角矩阵(2.12)。矩阵的三角分解有时也称为 LU 分解。

下面给出高斯顺序消元法计算三角分解的具体算法。

算法 2.1(高斯顺序消元法计算三角分解)

```
for k=1:n-1
    A:(k+1:n,k)=A(k+1:n,k)/A(k,k);
    A:(k+1:n,k+1:n)=A(k+1:n,k+1:n)-A(k+1:n,k)A(k,k+1:n);
end
```

表 2.1 给出了算法 2.1 所需的计算量。一个很自然的问题：矩阵 $\boldsymbol{A}$ 满足什么条件，才能保证所有的主元均不为零，从而使得上述高斯消元过程能进行到底？从前面整个矩阵的三角分解过程可以给出答案。

表 2.1　算法 2.1 所需的算术运算次数

单次循环"＋"	单次循环"－"	单次循环"×"	单次循环"÷"	总 计
0	$(n-k)^2$	$(n-k)^2$	$(n-k)$	$\frac{2}{3}n^3+O(n^2)$

定理 2.1　高斯消元过程中主元 $a_{ii}^{(i-1)}(i=1,2,\cdots,k)$ 均不为零当且仅当矩阵 $\boldsymbol{A}$ 的 i 阶顺序主子阵 $\boldsymbol{A}_i(i=1,2,\cdots,k)$ 都是非奇异的。

由定理 2.1 和前面的高斯消元过程，可以给出一个矩阵三角分解存在的充分条件。

定理 2.2　若 $n\times n$ 矩阵 $\boldsymbol{A}$ 的各阶顺序主子阵 $\boldsymbol{A}_k\in\mathbb{R}^{k\times k}(k=1,2,\cdots,n-1)$ 均非奇异，则存在唯一的 $n\times n$ 单位下三角矩阵 $\boldsymbol{L}$ 和 $n\times n$ 上三角矩阵 $\boldsymbol{U}$，使得 $\boldsymbol{A}=\boldsymbol{LU}$。

证明　前述高斯消元过程已经证明了存在性，下证唯一性。

假设矩阵 $\boldsymbol{A}$ 存在分解

$$\boldsymbol{A}=\boldsymbol{LU}=\boldsymbol{L}_1\boldsymbol{U}_1$$

其中，$\boldsymbol{L}$、$\boldsymbol{L}_1$ 为单位下三角矩阵，$\boldsymbol{U}$、$\boldsymbol{U}_1$ 为上三角矩阵，则有

$$\boldsymbol{L}^{-1}\boldsymbol{L}_1=\boldsymbol{U}\boldsymbol{U}_1^{-1}$$

此式左端是单位下三角矩阵，右端是上三角矩阵，从而两端都必须是单位矩阵等式才成立，即 $\boldsymbol{L}=\boldsymbol{L}_1,\boldsymbol{U}=\boldsymbol{U}_1$。

综上所述，利用矩阵三角分解法求解一般线性方程组(2.2)可以分为如下三步：

① 用算法 2.1 计算系数矩阵 $\boldsymbol{A}$ 的 LU 分解 $\boldsymbol{A}=\boldsymbol{LU}$；

② 解下三角方程组 $\boldsymbol{Ly}=\boldsymbol{b}$；

③ 解上三角方程组 $\boldsymbol{Ux}=\boldsymbol{y}$。

第 2 节　列主元三角分解法

基于高斯顺序消元的矩阵三角分解是在主元都非零的假设下实现的，很多情况下这个假设不能成立，从而导致高斯顺序消元不能进行到底。实际上，即使矩阵非奇异，也不能保证高斯顺序消元能进行到底。有些情况尽管某个主元 $a_{kk}^{(k-1)}\neq0$，但是相对来讲非常小，使得式(2.6)中计算 l_{ik} 时产生很大的数，从而严重放大元素计算过程产生的舍入误差，导致最终的计算解严重失真。所以，应该在消元的每一步中选取较大的元素作为主元，以提高算法的数值稳定性，这就是选主元矩阵三角分解法，包括列主元和全主元矩阵三角分解法。当然，有些特殊矩阵是不需要选主元的，例如对称正定矩阵(见第 3 节)和严格对角占优矩阵(见定义 3.1)。

全主元矩阵三角分解法需要花费很大代价进行元素大小的逻辑比较，列主元矩阵三角分解法的数值稳定性和全主元消元法相当，但运算量要少得多，所以列主元矩阵三角分解法是求解中小型稠密线性方程组比较常用的方法，本节主要介绍后者。

例 2.1　基于高斯顺序消元的矩阵三角法按照 4 位十进制浮点数求解线性方程组

$$\begin{cases}0.001x_1+56.78x_2=56.79\\2.345x_1-6.780x_2=16.67\end{cases}$$

并与精确解 $x_1=10.00,x_2=1.000$ 进行比较。

解　由算法 2.1，取 $l_{21}=\dfrac{2.345}{0.001}=2\,345$ 按照 4 位十进制浮点数计算，得

$$L=\begin{pmatrix}1 & \\ 2\,345 & 1\end{pmatrix},\quad U=\begin{pmatrix}0.001 & 56.78\\ & -133\,100\end{pmatrix}$$

由 $L\begin{bmatrix}y_1\\y_2\end{bmatrix}=\begin{pmatrix}56.79\\16.67\end{pmatrix}$ 解得 $\begin{bmatrix}y_1\\y_2\end{bmatrix}=\begin{pmatrix}56.79\\-133\,200\end{pmatrix}$。进一步，由 $U\begin{bmatrix}x_1\\x_2\end{bmatrix}=\begin{bmatrix}y_1\\y_2\end{bmatrix}=\begin{pmatrix}56.79\\-133\,200\end{pmatrix}$ 可得计算解

$$x_1=-50.00,\quad x_2=1.001$$

可以看出，计算解已经完全失真。这是由于第一步消元选用了相对较小的主元 0.001 引起的。尽管使用高精度计算机计算可以提高计算解的精度，但是计算机的精度毕竟是有限的，因此通过改进算法提高解的精度才是最实际的做法。

对于一般线性方程组的增广矩阵 $\overline{A}^{(0)}$［见式(2.4)］，在进行第 k 步高斯消元时，可以从第 k 列对角元及以下元素中选取模最大的元素作为主元，这可以通过行交换实现。

首先，引入初等置换矩阵 I_{pq}，即交换单位矩阵 I 的 p,q 两行(列)得到的矩阵。目的是用置换矩阵来记录选主元过程中实施的行交换过程。

第 1 步，在 $\overline{A}^{(0)}$ 的第 1 列选取模最大的元素作为主元，即

$$|a_{i_1,1}^{(0)}|=\max_{1\leqslant i\leqslant n}|a_{i1}^{(0)}|$$

交换增广矩阵 $\overline{A}^{(0)}$ 的第 1 行和第 i_1 行，相当于对增广矩阵 $\overline{A}^{(0)}$ 左乘以置换矩阵 $I_{i_1 1}$。进一步确定高斯变换矩阵 L_1 进行高斯消元得到

$$\overline{A}^{(1)}=L_1 I_{i_1,1}\overline{A}^{(0)}$$

依此类推，假设已完成 $k-1$ 步列主元消元过程，即已经确定了 $k-1$ 个高斯变换矩阵 L_1，$L_2,\cdots,L_{k-1}$ 和 $k-1$ 个初等置换矩阵 $I_{i_1,1},I_{i_1,2},\cdots,I_{i_{k-1},k-1}$，使得

$$\overline{A}^{(k-1)}=L_{k-1}I_{i_{k-1},k-1}\cdots L_2 I_{i_2,2}L_1 I_{i_1,1}\overline{A}^{(0)}$$

$$=\left(\begin{array}{cccccc|c}
a_{11}^{(0)} & a_{12}^{(0)} & \cdots & \cdots & \cdots & a_{1n}^{(0)} & a_{1,n+1}^{(0)}\\
 & a_{22}^{(1)} & \cdots & \cdots & \cdots & a_{2n}^{(1)} & a_{2,n+1}^{(1)}\\
 & & \ddots & & & \vdots & \vdots\\
 & & & a_{kk}^{(k-1)} & \cdots & a_{kn}^{(k-1)} & a_{k,n+1}^{(k-1)}\\
 & & & \vdots & & \vdots & \vdots\\
 & & & a_{nk}^{(k-1)} & \cdots & a_{nn}^{(k-1)} & a_{n,n+1}^{(k-1)}
\end{array}\right)$$

第 k 步，从 $\overline{A}^{(k-1)}$ 的第 k 列对角元及以下的元素中选取模最大的元素作为主元，即

$$|a_{i_k,k}^{(k-1)}|=\max_{k\leqslant i\leqslant n}|a_{ik}^{(k-1)}|$$

交换增广矩阵 $\overline{A}^{(k-1)}$ 的第 k 行和第 i_k 行($i_k\geqslant k$)，相当于对增广矩阵 $\overline{A}^{(k-1)}$ 左乘以置换矩阵 $I_{i_k,k}$。进一步确定高斯变换矩阵 L_k，进行高斯消元得到

$$\overline{A}^{(k)}=L_k I_{i_k,k}\overline{A}^{(k-1)}=\left(\begin{array}{cccccc|c}
a_{11}^{(0)} & \cdots & \cdots & \cdots & \cdots & a_{1n}^{(0)} & a_{1,n+1}^{(0)}\\
 & \ddots & & & & \vdots & \vdots\\
 & & a_{kk}^{(k-1)} & a_{k,k+1}^{(k-1)} & \cdots & a_{kn}^{(k-1)} & a_{k,n+1}^{(k-1)}\\
 & & & a_{k+1,k+1}^{(k)} & \cdots & a_{k+1,n}^{(k)} & a_{k+1,n+1}^{(k)}\\
 & & & \vdots & & \vdots & \vdots\\
 & & & a_{n,k+1}^{(k)} & \cdots & a_{nn}^{(k)} & a_{n,n+1}^{(k)}
\end{array}\right)$$

按此步骤，从 $k=1$ 出发经 $n-1$ 步列主元高斯消元后，增广矩阵可约化为

$$\overline{\boldsymbol{A}}^{(n-1)}=\boldsymbol{L}_{n-1}\boldsymbol{I}_{i_{n-1},n-1}\cdots\boldsymbol{L}_2\boldsymbol{I}_{i_2,2}\boldsymbol{L}_1\boldsymbol{I}_{i_1,1}\overline{\boldsymbol{A}}^{(0)}=\left(\begin{array}{ccccc:c} a_{11}^{(0)} & \cdots & \cdots & \cdots & a_{1n}^{(0)} & a_{1,n+1}^{(0)} \\ & \ddots & & & \vdots & \vdots \\ & & a_{kk}^{(k-1)} & \cdots & a_{kn}^{(k-1)} & a_{k,n+1}^{(k-1)} \\ & & & \ddots & \vdots & \vdots \\ & & & & a_{nn}^{(n-1)} & a_{n,n+1}^{(n-1)} \end{array}\right) \tag{2.15}$$

利用回代过程求解线性方程组(2.1)同式(2.10)。注意：在整个计算过程中，在不至于混淆的情况下仍然沿用第一节矩阵和矩阵元素的表示符号。如果不考虑最后一列，上述列主元消元过程实质上是方阵的列主元三角分解或列主元 LU 分解过程。

由式(2.15)知

$$\boldsymbol{L}_{n-1}\boldsymbol{I}_{i_{n-1},n-1}\cdots\boldsymbol{L}_2\boldsymbol{I}_{i_2,2}\boldsymbol{L}_1\boldsymbol{I}_{i_1,1}\boldsymbol{A}=\begin{pmatrix} a_{11}^{(0)} & \cdots & \cdots & \cdots & a_{1n}^{(0)} \\ & \ddots & & & \vdots \\ & & a_{kk}^{(k-1)} & \cdots & a_{kn}^{(k-1)} \\ & & & \ddots & \vdots \\ & & & & a_{nn}^{(n-1)} \end{pmatrix}\equiv\boldsymbol{U} \tag{2.16}$$

令

$$\boldsymbol{P}=\boldsymbol{I}_{i_{n-1},n-1}\cdots\boldsymbol{I}_{i_2,2}\boldsymbol{I}_{i_1,1},\boldsymbol{L}=\boldsymbol{P}(\boldsymbol{L}_{n-1}\boldsymbol{I}_{i_{n-1},n-1}\cdots\boldsymbol{L}_2\boldsymbol{I}_{i_2,2}\boldsymbol{L}_1\boldsymbol{I}_{i_1,1})^{-1}$$

则有

$$\boldsymbol{PA}=\boldsymbol{LU} \tag{2.17}$$

注意：矩阵 $\boldsymbol{P}$ 是 $n-1$ 个初等置换矩阵的乘积，所以仍然是置换矩阵。可以证明，矩阵 $\boldsymbol{L}$ 仍然是单位下三角矩阵，并且严格下三角部分所有元素的模都不超过 1，这是由列选主元过程决定的。

下面证明 $\boldsymbol{L}$ 是单位下三角矩阵。事实上

$$\begin{aligned}\boldsymbol{L}&=\boldsymbol{I}_{i_{n-1},n-1}\cdots\boldsymbol{I}_{i_2,2}\boldsymbol{I}_{i_1,1}\boldsymbol{I}_{i_1,1}\boldsymbol{L}_1^{-1}\boldsymbol{I}_{i_2,2}\boldsymbol{L}_2^{-1}\cdots\boldsymbol{I}_{i_{n-1},n-1}\boldsymbol{L}_{n-1}^{-1}\\&=(\boldsymbol{I}_{i_{n-1},n-1}\cdots\boldsymbol{I}_{i_3,3}\boldsymbol{I}_{i_2,2}\boldsymbol{L}_1^{-1}\boldsymbol{I}_{i_2,2}\boldsymbol{I}_{i_3,3}\cdots\boldsymbol{I}_{i_{n-1},n-1})\\&\quad(\boldsymbol{I}_{i_{n-1},n-1}\cdots\boldsymbol{I}_{i_3,3}\boldsymbol{L}_2^{-1}\boldsymbol{I}_{i_3,3}\cdots\boldsymbol{I}_{i_{n-1},n-1})\cdots\\&\quad(\boldsymbol{I}_{i_{n-1},n-1}\cdots\boldsymbol{I}_{i_{k+1},k+1}\boldsymbol{L}_k^{-1}\boldsymbol{I}_{i_{k+1},k+1}\cdots\boldsymbol{I}_{i_{n-1},n-1})\cdots\\&\quad(\boldsymbol{I}_{i_{n-1},n-1}\boldsymbol{L}_{n-2}^{-1}\boldsymbol{I}_{i_{n-1},n-1})(\boldsymbol{L}_{n-1}^{-1})\end{aligned}$$

由性质 2.1 知，$\boldsymbol{L}_k^{-1}$ 是单位下三角矩阵且 $i_k>k(k=1,2,\cdots,n-1)$。不难验证上式括号中的每一项都是单位下三角矩阵，从而 $\boldsymbol{L}$ 是单位下三角矩阵。

列主元三角分解的具体算法如下：

算法 2.2(列主元高斯消元法计算三角分解)

for $k=1:n-1$

  $i_k=\arg\max\limits_{k\leqslant i\leqslant n}\{|\boldsymbol{A}(i,k)|\}$；

  $\boldsymbol{p}(k)=i_k$；   %用于记录置换矩阵

  $\boldsymbol{A}(k,:)\leftrightarrow\boldsymbol{A}(i_k,:)$；   %交换矩阵的两行

if $\boldsymbol{A}(k,k)\neq 0$

```
        A(k+1:n,k)=A(k+1:n,k)/A(k,k);
        A(k+1:n,k+1:n)=A(k+1:n,k+1:n)-A(k+1:n,k)A(k,k+1:n);
      else
          stop   %矩阵奇异
   end
end
```

同算法 2.1 一样，$\boldsymbol{L}$ 和 $\boldsymbol{U}$ 可以分别存储在矩阵 $\boldsymbol{A}$ 的严格下三角和上三角部分，由记录主行的数组 $\boldsymbol{p}(k)$ 可以得到置换矩阵 $\boldsymbol{P}$。

定理 2.3　对于 $n\times n$ 矩阵 $\boldsymbol{A}$，存在置换矩阵 $\boldsymbol{P}$，单位下三角矩阵 $\boldsymbol{L}$ 和上三角矩阵 $\boldsymbol{U}$，使得

$$\boldsymbol{PA}=\boldsymbol{LU}$$

并且 $\boldsymbol{L}$ 中的所有元素的模不大于 1。

综上所述，利用列主元矩阵三角法求解一般线性方程组(2.2)可以分为三步：

① 用算法 2.2 计算系数矩阵 $\boldsymbol{A}$ 的列主元 LU 分解 $\boldsymbol{PA}=\boldsymbol{LU}$；

② 解下三角方程组 $\boldsymbol{Ly}=\boldsymbol{Pb}$；

③ 解上三角方程组 $\boldsymbol{Ux}=\boldsymbol{y}$。

现在回顾例 2.1，首先选取主元为 2.345，$\tilde{l}_{21}=\dfrac{0.001}{2.345}=0.426\ 4\times10^{-3}$，仍然按照 4 位十进制浮点数计算，可得 $\boldsymbol{PA}=\tilde{\boldsymbol{L}}\tilde{\boldsymbol{U}}$，其中

$$\boldsymbol{P}=\begin{pmatrix}0&1\\1&0\end{pmatrix},\tilde{\boldsymbol{L}}=\begin{pmatrix}1&\\0.426\ 4\times10^{-3}&1\end{pmatrix},\tilde{\boldsymbol{U}}=\begin{pmatrix}2.345&-6.780\\&56.78\end{pmatrix}$$

由 $\tilde{\boldsymbol{L}}\begin{bmatrix}\tilde{y}_1\\\tilde{y}_2\end{bmatrix}=\boldsymbol{P}\begin{pmatrix}56.79\\16.67\end{pmatrix}$ 解得 $\begin{bmatrix}\tilde{y}_1\\\tilde{y}_2\end{bmatrix}=\begin{pmatrix}16.67\\56.78\end{pmatrix}$。进一步，由 $\tilde{\boldsymbol{U}}\begin{pmatrix}x_1\\x_2\end{pmatrix}=\begin{bmatrix}\tilde{y}_1\\\tilde{y}_2\end{bmatrix}=\begin{pmatrix}16.67\\56.78\end{pmatrix}$，可得计算解

$$x_1=10.00,x_2=1.000$$

可以看出，在消元过程中尽量避免选取较小主元的重要性。

另外，由 $\boldsymbol{AX}=\boldsymbol{I}_n$ 知，$\boldsymbol{X}=\boldsymbol{A}^{-1}$。矩阵 $\boldsymbol{A}$ 的逆矩阵 $\boldsymbol{X}$ 可以通过列主元消元法求解 n 个线性方程组

$$\boldsymbol{AX}(:,k)=\boldsymbol{I}_n(:,k)\quad(k=1,2,\cdots,n)$$

得到，也可以先利用算法 2.2 对分块矩阵

$$(\boldsymbol{A}\quad\boldsymbol{I}_n)$$

进行初等行变换，把 $\boldsymbol{A}$ 化为上三角形，进一步把对角元化为 1，再通过初等行变换用对角元把 $\boldsymbol{A}$ 每一列对角元上方的元素全变为 0，此时的 $\boldsymbol{I}_n$ 相应变为了 $\boldsymbol{A}^{-1}$，即

$$(\boldsymbol{A}\quad\boldsymbol{I}_n)\rightarrow(\boldsymbol{I}_n\quad\boldsymbol{A}^{-1})$$

例 2.2　求下面矩阵的逆矩阵

$$\boldsymbol{A}=\begin{bmatrix}1&2&3\\2&1&1\\0&-1&-1\end{bmatrix}$$

解　利用列主元消元法进行下面的初等行变换

$$(\boldsymbol{A}\quad \boldsymbol{I}_3)=\left(\begin{array}{ccc:ccc}1&2&3&1&0&0\\2&1&1&0&1&0\\0&-1&1&0&0&1\end{array}\right)\xrightarrow{r_1\leftrightarrow r_2}\left(\begin{array}{ccc:ccc}2&1&1&0&1&0\\1&2&3&1&0&0\\0&-1&1&0&0&1\end{array}\right)$$

$$\xrightarrow{r_2-\frac{1}{2}r_1}\left(\begin{array}{ccc:ccc}2&1&1&0&1&0\\0&\frac{3}{2}&\frac{5}{2}&1&-\frac{1}{2}&0\\0&-1&1&0&0&1\end{array}\right)\xrightarrow{r_3+\frac{2}{3}r_2}\left(\begin{array}{ccc:ccc}2&1&1&0&1&0\\0&\frac{3}{2}&\frac{5}{2}&1&-\frac{1}{2}&0\\0&0&\frac{8}{3}&\frac{2}{3}&-\frac{1}{3}&1\end{array}\right)$$

$$\xrightarrow{r_1\times\frac{1}{2},r_2\times\frac{2}{3},r_3\times\frac{3}{8}}\left(\begin{array}{ccc:ccc}1&\frac{1}{2}&\frac{1}{2}&0&\frac{1}{2}&0\\0&1&\frac{5}{3}&\frac{2}{3}&-\frac{1}{3}&0\\0&0&1&\frac{1}{4}&-\frac{1}{8}&\frac{3}{8}\end{array}\right)\xrightarrow{r_2-\frac{5}{3}r_3,r_1-\frac{1}{2}r_3}\left(\begin{array}{ccc:ccc}1&\frac{1}{2}&0&-\frac{1}{8}&\frac{9}{16}&-\frac{3}{16}\\0&1&0&\frac{1}{4}&-\frac{1}{8}&-\frac{5}{8}\\0&0&1&\frac{1}{4}&-\frac{1}{8}&\frac{3}{8}\end{array}\right)$$

$$\xrightarrow{r_1-\frac{1}{2}r_2}\left(\begin{array}{ccc:ccc}1&0&0&-\frac{1}{4}&\frac{5}{8}&\frac{1}{8}\\0&1&0&\frac{1}{4}&-\frac{1}{8}&-\frac{5}{8}\\0&0&1&\frac{1}{4}&-\frac{1}{8}&\frac{3}{8}\end{array}\right)$$

所以

$$\boldsymbol{A}^{-1}=\begin{pmatrix}-\frac{1}{4}&\frac{5}{8}&\frac{1}{8}\\\frac{1}{4}&-\frac{1}{8}&-\frac{5}{8}\\\frac{1}{4}&-\frac{1}{8}&\frac{3}{8}\end{pmatrix}$$

第 3 节　平方根法和追赶法

2.3.1　平方根法

一个 $n\times n$ 对称矩阵 $\boldsymbol{A}$ 称为对称正定的，如果对任意的 n 维非零向量 $\boldsymbol{x}$，都有 $\boldsymbol{x}^{\mathrm{T}}\boldsymbol{A}\boldsymbol{x}>0$。在结构力学等工程计算中常常需要求解对称正定的线性方程组，即线性方程组的系数矩阵是对称正定矩阵，这时可以根据系数矩阵的特殊性质设计更有效的方法来求解线性方程组(2.2)。

设对称矩阵 $\boldsymbol{A}$ 的各阶顺序主子阵都是非奇异的，根据定理 2.2，矩阵 $\boldsymbol{A}$ 存在唯一的 LU 分解[式(2.14)]。于是，可以进一步把 $\boldsymbol{U}$ 分解为对角矩阵和单位上三角矩阵的乘积，即

$$U=\begin{pmatrix}u_{11} & & & \\ & u_{22} & & \\ & & \ddots & \\ & & & u_{nn}\end{pmatrix}\begin{pmatrix}1 & \frac{u_{12}}{u_{11}} & \cdots & \frac{u_{1n}}{u_{11}} \\ & 1 & \cdots & \frac{u_{2n}}{u_{22}} \\ & & \ddots & \vdots \\ & & & 1\end{pmatrix}\equiv D\widetilde{U}$$

于是，有

$$A=LU=L(D\widetilde{U}) \tag{2.18}$$

再利用 A 的对称性，有

$$A=A^{\mathrm{T}}=\widetilde{U}^{\mathrm{T}}(DL^{\mathrm{T}}) \tag{2.19}$$

比较式(2.18)和式(2.19)，由 LU 分解的唯一性，知

$$\widetilde{U}^{\mathrm{T}}=L$$

进一步，若对称矩阵 A 是正定的，则 U 的对角元都是正数。在式(2.19)中，令

$$\widetilde{D}=\mathrm{diag}(\sqrt{u_{11}},\sqrt{u_{22}},\cdots,\sqrt{u_{nn}}),\widetilde{L}=\widetilde{U}^{\mathrm{T}}\widetilde{D}$$

则有 $A=\widetilde{L}\widetilde{L}^{\mathrm{T}}$。于是，有下面对称正定矩阵的三角分解或楚列斯基(Cholesky)分解定理。

定理 2.4　若 A 为 n 阶对称正定矩阵，则存在一个非奇异的下三角矩阵 L，使得

$$A=LL^{\mathrm{T}}$$

若规定 L 的对角元均为正数时，这种分解是唯一的，L 被称为 A 的 Cholesky 因子。

根据定理 2.4，求解线性方程组(2.2)可以按以下步骤进行：

① 计算系数矩阵的 Cholesky 分解 $A=LL^{\mathrm{T}}$；

② 求解下三角线性方程组 $Ly=b$；

③ 求解上三角线性方程组 $L^{\mathrm{T}}x=y$。

由于矩阵 A 是对称正定的，没有必要进行选主元三角分解，Cholesky 分解可以通过直接比较 $A=LL^{\mathrm{T}}$ 等号两边对应的元素来实现。因为

$$A=LL^{\mathrm{T}}=\begin{pmatrix}l_{11} & & & \\ l_{21} & l_{22} & & \\ \vdots & \vdots & \ddots & \\ l_{n1} & l_{n2} & \cdots & l_{nn}\end{pmatrix}\begin{pmatrix}l_{11} & l_{21} & \cdots & l_{n1} \\ & l_{22} & \cdots & l_{n2} \\ & & \ddots & \vdots \\ & & & l_{nn}\end{pmatrix}$$

$$l_{ii}>0 \quad (i=1,2,\cdots,n)$$

有关系式

$$a_{ij}=\sum_{k=1}^{j}l_{ik}l_{jk} \quad (1\leqslant j\leqslant i\leqslant n)$$

根据这个关系式可以逐列或逐行计算 L 中的非零元素。

首先，由 $a_{11}=l_{11}^2$，得

$$l_{11}=\sqrt{a_{11}}$$

进一步，由 $a_{i1}=l_{i1}l_{11}$，得

$$l_{i1}=a_{i1}/l_{11} \quad (i=2,\cdots,n)$$

于是得到了 L 的第 1 列元素。假设 L 的前 $k-1$ 列元素已经得出，则由

$$a_{kk}=\sum_{j=1}^{k}l_{kj}^2 \tag{2.20}$$

得

$$l_{kk}=\left(a_{kk}-\sum_{j=1}^{k-1}l_{kj}^2\right)^{\frac{1}{2}}$$

进一步，由

$$a_{ik}=\sum_{j=1}^{k-1}l_{ij}l_{kj}+l_{ik}l_{kk}\quad(i=k+1,\cdots,n)$$

得

$$l_{ik}=\left(a_{ik}-\sum_{p=1}^{k-1}l_{ip}l_{kp}\right)/l_{kk}\quad(i=k+1,\cdots,n)$$

于是得到了 $\boldsymbol{L}$ 的第 k 列元素。计算的元素 l_{ik} 可以存放在矩阵 $\boldsymbol{A}$ 的 (i,k) 位置，因为 a_{ik} 不会被使用。这种方法称为平方根法，具体算法如下：

算法 2.3 平方根法计算楚列斯基分解

```
for j=1:n
    for k=1:j-1
        A(j:n,j)=A(j:n,j)-A(j:n,k)A(j,k);
    end
    A(j:n,j)=A(j:n,j)/√A(j,j);
end
```

表 2.2 给出了算法 2.3 所需的计算量，约为高斯消元法的一半，并且由式(2.20)知

$$|l_{ik}|\leqslant\sqrt{a_{kk}}$$

表 2.2 算法 2.3 所需的算术运算次数

单次循环"√"	单次循环"−"	单次循环"×"	单次循环"÷"	总计
1	$(n-j+1)(j-1)$	$(n-j+1)(j-1)$	$n-j+1$	$\frac{1}{3}n^3+O(n^2)$

这说明 Cholesky 因子中的元素受 $\boldsymbol{A}$ 的元素控制，从而 Cholesky 分解尽管不选主元也是稳定的。但是该算法需要开方运算，为了避免开方，类似于式(2.18)可以计算对称正定矩阵 $\boldsymbol{A}$ 的 $\boldsymbol{LDL}^{\mathrm{T}}$ 分解

$$\boldsymbol{A}=\begin{pmatrix}1 & & & \\ l_{21} & 1 & & \\ \vdots & \vdots & \ddots & \\ l_{n1} & l_{n2} & \cdots & 1\end{pmatrix}\begin{pmatrix}d_1 & & & \\ & d_2 & & \\ & & \ddots & \\ & & & d_n\end{pmatrix}\begin{pmatrix}1 & l_{21} & \cdots & l_{n1} \\ & 1 & \cdots & l_{n2} \\ & & \ddots & \vdots \\ & & & 1\end{pmatrix}$$

其中，$\boldsymbol{D}$ 的对角元全为正数，$\boldsymbol{L}$ 为单位下三角矩阵。比较等式两边相应的元素，得

$$a_{ij}=\sum_{k=1}^{j-1}l_{ik}d_kl_{jk}+l_{ij}d_j\quad(1\leqslant j\leqslant i\leqslant n)$$

由此可以得到 l_{ij} 和 d_j 的计算公式。对于 $j=1,2,\cdots,n$，有

$$v_k = d_k l_{jk} \quad (k=1,\cdots,j-1)$$

$$d_j = a_{ij} - \sum_{k=1}^{j-1} l_{jk} v_k$$

$$l_{ij} = \left(a_{ij} - \sum_{k=1}^{j-1} l_{ik} v_k\right) / d_j \quad (i=j+1,\cdots,n)$$

这种分解方法也称为改进的平方根方法。计算得到的 l_{ij} 和 d_j 可以分别存储在 $\boldsymbol{A}$ 的 (i,j) 和 (j,j) 位置。具体算法如下：

算法 2.4　改进的平方根法计算分解

```
for k=1:n
  for j=1:k-1
      v(j)=A(k,j)A(j,j);
  end
    A(k,k)=A(k,k)-A(k,1:k-1)v(1:k-1);
    A(k+1:n,k)=(A(k+1:n,k)-A(k+1:n,1:k-1)v(1:k-1))/A(k,k);
end
```

算法 2.4 的运算量与算法 2.3 的相同，但不需要开方运算。

用 $\boldsymbol{LDL}^{\mathrm{T}}$ 分解求解线性方程组(2.2)的步骤如下：

① 用算法 2.3 计算系数矩阵的 $\boldsymbol{LDL}^{\mathrm{T}}$ 分解 $\boldsymbol{A}=\boldsymbol{LDL}^{\mathrm{T}}$；

② 计算下三角线性方程组 $\boldsymbol{Ly}=\boldsymbol{b}$；

③ 计算上三角线性方程组 $\boldsymbol{DL}^{\mathrm{T}}\boldsymbol{x}=\boldsymbol{y}$。

2.3.2　追赶法

在很多实际问题中，例如样条插值、有限元离散等，需要求解系数矩阵为对角占优三对角矩阵的线性方程组

$$\begin{pmatrix} b_1 & c_1 & & & \\ a_2 & b_2 & c_2 & & \\ & \ddots & \ddots & \ddots & \\ & & a_{n-1} & b_{n-1} & c_{n-1} \\ & & & a_n & b_n \end{pmatrix} \begin{pmatrix} x_1 \\ x_2 \\ \vdots \\ x_{n-1} \\ x_n \end{pmatrix} = \begin{pmatrix} d_1 \\ d_2 \\ \vdots \\ d_{n-1} \\ d_n \end{pmatrix} \tag{2.21}$$

简记为

$$\boldsymbol{Ax}=\boldsymbol{d} \tag{2.22}$$

这类方程组的系数矩阵含有大量的零元素，非零元也仅仅排列在三条对角线上。因此，可以利用本章第 1 节矩阵三角分解法的思想设计出更为快捷的解法。

考虑系数矩阵 $\boldsymbol{A}$ 的特殊性，利用定理 2.2，可以将它进行 LU 分解

$$\begin{bmatrix} b_1 & c_1 & & & \\ a_2 & b_2 & c_2 & & \\ & \ddots & \ddots & \ddots & \\ & & a_{n-1} & b_{n-1} & c_{n-1} \\ & & & a_n & b_n \end{bmatrix} = \begin{bmatrix} \alpha_1 & & & & \\ \gamma_2 & \alpha_2 & & & \\ & \ddots & \ddots & & \\ & & \gamma_{n-1} & \alpha_{n-1} & \\ & & & \gamma_n & \alpha_n \end{bmatrix} \begin{bmatrix} 1 & \beta_1 & & & \\ & 1 & \beta_2 & & \\ & & \ddots & \ddots & \\ & & & 1 & \beta_{n-1} \\ & & & & 1 \end{bmatrix}$$

可以看出，三对角矩阵可以分解为下双对角矩阵和单位上双对角矩阵的乘积。事实上，通过直接验证等式两端的对应非零元素可以发现，这种分解是合理的。由下式

$$b_1 = \alpha_1, c_1 = \alpha_1\beta_1 \Rightarrow \beta_1 = c_1/\alpha_1 = c_1/b_1$$

$$a_i = \gamma_i, b_i = \gamma_i\beta_{i-1} + \alpha_i \Rightarrow \alpha_i = b_i - a_i\beta_{i-1} \quad (i = 2,3,\cdots,n)$$

$$c_i = \alpha_i\beta_i \Rightarrow \beta_i = c_i/\alpha_i = c_i/(b_i - a_i\beta_{i-1}) \quad (i = 2,3,\cdots,n-1)$$

可以确定所有的 $\boldsymbol{L}$ 和 $\boldsymbol{U}$ 中的非零元素。

注意：由于 $\boldsymbol{A}$ 是对角占优矩阵，有 $|b_i| \geqslant |a_i| + |c_i| (i=2,3,\cdots,n-1)$。显然，$0<|\beta_1|<1$。假设 $0<|\beta_{i-1}|<1$，容易验证

$$|\alpha_i| = |b_i - a_i\beta_{i-1}| \geqslant |b_i| - |a_i\beta_{i-1}| > |b_i| - |a_i| \geqslant |c_i| \neq 0$$

即 $0<|\beta_i|<1$。

因此，求解线性方程组(2.22)可以根据这个特殊的 LU 分解按以下步骤进行：

① 计算 $\{\beta_i\}$

$$\beta_1 = c_1/b_1$$

$$\beta_i = c_i/(b_i - a_i\beta_{i-1}) \quad (i = 2,3,\cdots,n)$$

② 前代求解 $\boldsymbol{Ly}=\boldsymbol{d}$

$$y_1 = d_1/b_1$$

$$y_i = (d_i - a_i y_{i-1})/(b_i - a_i\beta_{i-1}) \quad (i = 2,3,\cdots,n)$$

③ 回代求解 $\boldsymbol{Ux}=\boldsymbol{y}$

$$x_n = y_n$$

$$x_i = y_i - \beta_i x_{i+1} \quad (i = n-1, n-2, \cdots, 1)$$

上述过程按照计算 $\{\beta_i\}_{i=1,2,\cdots,n-1}$ 到 $\{y_i\}_{i=1,2,\cdots,n}$ 再到 $\{x_i\}_{i=n,n-1,\cdots,1}$ 的顺序进行的，第①－②步称为追的过程，第③步称为赶的过程，因此被称为**追赶法**。这个方法充分利用了线性方程组系数矩阵非零元较少的特点，尽管也是矩阵三角分解法的应用，但是运算量却少得多，仅需要 $5n-4$ 次乘除法和 $3n-3$ 次加减法运算。

第 4 节　向量范数和矩阵范数

实际数值求解线性方程组的过程中，由于机器精度的限制和运算过程中产生的数据误差，不可能得到问题的精确解，得到的计算解和精确解的近似程度有多高，需要有一个量度进行刻画，这就是本节要介绍的范数的概念。由于线性方程组是关于矩阵和向量的运算，本节主要介绍向量范数和矩阵范数。

2.4.1　向量范数

类似于我们用模表示一个复数的大小，作为一种度量，向量范数可以用来描述向量的

大小。

定义 2.1　由$\mathbb{R}^n$到$\mathbb{R}$的一个非负实函数$\|\cdot\|$称为$\mathbb{R}^n$上的向量范数，如果对任意的向量$\boldsymbol{x},\boldsymbol{y}\in\mathbb{R}^n$和$\alpha\in\mathbb{R}$，有

① $\boldsymbol{x}\neq 0\Rightarrow\|\boldsymbol{x}\|>0$；（正定性）

② $\|\alpha\boldsymbol{x}\|=|\alpha|\|\boldsymbol{x}\|$；（齐次性）

③ $\|\boldsymbol{x}+\boldsymbol{y}\|\leqslant\|\boldsymbol{x}\|+\|\boldsymbol{y}\|$；（三角不等式）

常用的向量范数是$\mathbb{R}^n$上的 Hölder 范数（又称 p 范数），即对任意的$\boldsymbol{x}=(x_1,x_2,\cdots,x_n)^{\mathrm{T}}\in\mathbb{R}^n$，有

$$\|\boldsymbol{x}\|_p=\left(\sum_{i=1}^{n}|x_i|^p\right)^{\frac{1}{p}}\quad(p\geqslant 1)$$

通常取 $p=1,2,\infty$，对应的三种重要的向量范数分别称为 1 范数，2 范数和∞范数，其中

$$\|x\|_\infty=\max_{1\leqslant j\leqslant n}\{|x_i|\}$$

易验证这三种范数满足向量范数定义 2.1 的三条性质。这里只验证 2 范数满足的三角不等式性质。事实上，对任意的向量$\boldsymbol{x},\boldsymbol{y}\in\mathbb{R}^n$，利用 Cauchy-Schwarz 不等式

$$|\boldsymbol{x}^{\mathrm{T}}\boldsymbol{y}|\leqslant\|\boldsymbol{x}\|_2\|\boldsymbol{y}\|_2$$

有

$$\begin{aligned}\|\boldsymbol{x}+\boldsymbol{y}\|_2^2&=(\boldsymbol{x}+\boldsymbol{y})^{\mathrm{T}}(\boldsymbol{x}+\boldsymbol{y})=\|\boldsymbol{x}\|_2^2+\boldsymbol{x}^{\mathrm{T}}\boldsymbol{y}+\boldsymbol{y}^{\mathrm{T}}\boldsymbol{x}+\|\boldsymbol{y}\|_2^2\\&\leqslant\|\boldsymbol{x}\|_2^2+2\|\boldsymbol{x}\|_2\|\boldsymbol{y}\|_2+\|\boldsymbol{y}\|_2^2=(\|\boldsymbol{x}\|_2+\|\boldsymbol{y}\|_2)^2\end{aligned}$$

引理 2.1　向量范数$\|\cdot\|$作为$\mathbb{R}^n$上的实函数是连续的。

证明　令$\gamma=\left(\sum_{i=1}^{n}\|\boldsymbol{e}_i\|^2\right)^{\frac{1}{2}}$.对于任意的$\varepsilon>0$，存在$\delta=\dfrac{\varepsilon}{\gamma}>0$，当$\|\boldsymbol{y}-\boldsymbol{x}\|_2<\delta$时，由向量范数的定义和 Cauchy-Schwarz 不等式，有

$$\begin{aligned}|\|\boldsymbol{y}\|-\|\boldsymbol{x}\||&\leqslant\|\boldsymbol{y}-\boldsymbol{x}\|=\left\|\sum_{i=1}^{n}(y_i-x_i)\boldsymbol{e}_i\right\|\leqslant\sum_{i=1}^{n}|y_i-x_i|\|\boldsymbol{e}_i\|\\&\leqslant(\sum_{i=1}^{n}|y_i-x_i|^2)^{\frac{1}{2}}(\sum_{i=1}^{n}\|\boldsymbol{e}_i\|^2)^{\frac{1}{2}}=\gamma\|\boldsymbol{y}-\boldsymbol{x}\|_2<\varepsilon\end{aligned}$$

下面所述范数的等价性定理的具体证明可参阅文献[2]。

定理 2.5　（范数的等价性定理）设$\|\cdot\|_\alpha$和$\|\cdot\|_\beta$是$\mathbb{R}^n$上的任意两种向量范数，则存在正数 c_1 和 c_2，使得对一切$\boldsymbol{x}\in\mathbb{R}^n$，有

$$c_1\|\boldsymbol{x}\|_\alpha\leqslant\|\boldsymbol{x}\|_\beta\leqslant c_2\|\boldsymbol{x}\|_\alpha$$

根据定理 2.5，有

$$\|\boldsymbol{x}\|_\infty\leqslant\|\boldsymbol{x}\|_1\leqslant n\|\boldsymbol{x}\|_\infty$$

$$\|\boldsymbol{x}\|_2\leqslant\|\boldsymbol{x}\|_1\leqslant\sqrt{n}\|\boldsymbol{x}\|_2$$

$$\|\boldsymbol{x}\|_\infty\leqslant\|\boldsymbol{x}\|_2\leqslant\sqrt{n}\|\boldsymbol{x}\|_\infty$$

定义 2.2　设$\{\boldsymbol{x}^{(k)}\}$为$\mathbb{R}^n$中的一向量序列且$\boldsymbol{x}^*\in\mathbb{R}^n$。记$\boldsymbol{x}^{(k)}=(x_1^{(k)},x_2^{(k)},\cdots,x_n^{(k)})^{\mathrm{T}}$，$\boldsymbol{x}^*=(x_1^*,x_2^*,\cdots,x_n^*)^{\mathrm{T}}$。如果$\lim\limits_{k\to\infty}x_i^{(k)}=x_i^*\ (i=1,2,\cdots,n)$，则称$\boldsymbol{x}^{(k)}$收敛于$\boldsymbol{x}^*$，记为

$$\lim_{k\to\infty}\boldsymbol{x}^{(k)}=\boldsymbol{x}^*$$

由定理 2.5 可知，如果向量序列在某种范数意义下收敛，则在任意范数意义下向量序列都是收敛的。因此，实际应用中，可以根据需要选择合适的范数使用。

定理 2.6 设 $\boldsymbol{x}^{(k)}\in\mathbb{R}^n$，则 $\lim\limits_{k\to\infty}\boldsymbol{x}^{(k)}=\boldsymbol{x}^*$ 当且仅当 $\lim\limits_{k\to\infty}\|\boldsymbol{x}^{(k)}-\boldsymbol{x}^*\|=0$，其中 $\|\cdot\|$ 为 $\mathbb{R}^n$ 上的任意一种向量范数。

证明 首先，$\lim\limits_{k\to\infty}\boldsymbol{x}^{(k)}=\boldsymbol{x}^*$，当且仅当 $\lim\limits_{k\to\infty}\|\boldsymbol{x}^{(k)}-\boldsymbol{x}^*\|_2=0$，又由定理 2.5 知，存在正常数 c_1 和 c_2，使得

$$c_1\|\boldsymbol{x}^{(k)}-\boldsymbol{x}^*\|_2\leqslant\|\boldsymbol{x}^{(k)}-\boldsymbol{x}^*\|\leqslant c_2\|\boldsymbol{x}^{(k)}-\boldsymbol{x}^*\|_2$$

于是，有

$$\lim_{k\to\infty}\|\boldsymbol{x}^{(k)}-\boldsymbol{x}^*\|_2=0\Leftrightarrow\lim_{k\to\infty}\|\boldsymbol{x}^{(k)}-\boldsymbol{x}^*\|=0$$

2.4.2 矩阵范数

如果把 $\mathbb{R}^{n\times n}$ 中的矩阵理解成 $\mathbb{R}^{n^2}$ 上的向量，相应地可以把向量范数的概念直接推广到矩阵范数，向量范数的性质对于矩阵范数也同样成立。

定义 2.3 由 $\mathbb{R}^{n\times n}$ 到 $\mathbb{R}$ 的一个非负实函数 $\|\cdot\|$ 称为 $\mathbb{R}^{n\times n}$ 上的矩阵范数，如果对任意的矩阵 $\boldsymbol{A},\boldsymbol{B}\in\mathbb{R}^{n\times n}$ 和 $\alpha\in\mathbb{R}$，有

① $\boldsymbol{A}\neq0\Rightarrow\|\boldsymbol{A}\|>0$；（正定性）

② $\|\alpha\boldsymbol{A}\|=|\alpha|\|\boldsymbol{A}\|$；（齐次性）

③ $\|\boldsymbol{A}+\boldsymbol{B}\|\leqslant\|\boldsymbol{A}\|+\|\boldsymbol{B}\|$。（三角不等式）

常用的 $\mathbb{R}^{n\times n}$ 上的矩阵 Frobenius 范数是向量 2 范数的直接推广，定义为

$$\|\boldsymbol{A}\|_F=\left(\sum_{i,j=1}^{n}|a_{ij}|^2\right)^{\frac{1}{2}}$$

简称为矩阵的 F-范数。

定理 2.7 （范数的等价性定理）设 $\|\cdot\|_\alpha$ 和 $\|\cdot\|_\beta$ 是 $\mathbb{R}^{n\times n}$ 上的任意两种矩阵范数。则存在正数 s_1 和 s_2，使得对一切 $\boldsymbol{A}\in\mathbb{R}^{n\times n}$，有

$$s_1\|\boldsymbol{A}\|_\alpha\leqslant\|\boldsymbol{A}\|_\beta\leqslant s_2\|\boldsymbol{A}\|_\alpha$$

定义 2.4 设 $\{\boldsymbol{A}^{(k)}\}$ 为 $\mathbb{R}^{n\times n}$ 中的一矩阵序列，$\boldsymbol{A}^*\in\mathbb{R}^{n\times n}$。记 $\boldsymbol{A}^{(k)}=(a_{ij}^{(k)})$，$\boldsymbol{A}^*=(a_{ij}^*)(i,j=1,2,\cdots,n)$。如果 $\lim\limits_{k\to\infty}a_{ij}^{(k)}=a_{ij}^*(i,j=1,2,\cdots,n)$，则称 $\boldsymbol{A}^{(k)}$ 收敛于 $\boldsymbol{A}^*$，记为

$$\lim_{k\to\infty}\boldsymbol{A}^{(k)}=\boldsymbol{A}^*$$

定理 2.8 设矩阵序列 $\boldsymbol{A}^{(k)}\in\mathbb{R}^{n\times n}$，则 $\lim\limits_{k\to\infty}\boldsymbol{A}^{(k)}=\boldsymbol{A}^*$ 当且仅当 $\lim\limits_{k\to\infty}\|\boldsymbol{A}^{(k)}-\boldsymbol{A}^*\|=0$，其中 $\|\cdot\|$ 为 $\in\mathbb{R}^{n\times n}$ 上的任意一种矩阵范数。

根据矩阵的乘法运算，如果矩阵范数除了具备向量范数的三条性质以外，还具备另外一条性质：

④ 对任意的矩阵 $\boldsymbol{A},\boldsymbol{B}\in\mathbb{R}^{n\times n}$，有 $\|\boldsymbol{AB}\|\leqslant\|\boldsymbol{A}\|\|\boldsymbol{B}\|$。（相容性）

则矩阵范数是自相容的，简称相容的矩阵范数。F-范数是相容的矩阵范数。然而，并不是所有的矩阵范数都是相容的。例如

$$\|\boldsymbol{A}\|_{\tilde{\infty}}=\max_{i,j}|a_{ij}|\ \text{和}\ \|\boldsymbol{A}\|_{\tilde{1}}=\frac{1}{n}\sum_{i,j=1}^{n}|a_{ij}|$$

分别是向量 ∞ 范数和向量 1 范数的自然推广，但它们是不相容的矩阵范数。

除非特别说明，本书涉及的矩阵范数和向量范数都是相容范数。相容矩阵范数有下面的性质。

定理 2.9　设 $\|\cdot\|$ 为 $\mathbb{R}^{n\times n}$ 上的相容的矩阵范数，则在 $\mathbb{R}^n$ 上必存在和 $\|\cdot\|$ 相容的向量范数 $\|\cdot\|_v$。

证明　对任意给定的非零向量 $\boldsymbol{y}\in\mathbb{R}^n$，定义

$$\|\boldsymbol{x}\|_v=\|\boldsymbol{x}\boldsymbol{y}^T\|\quad(\boldsymbol{x}\in\mathbb{R}^n)$$

容易验证 $\|\cdot\|_v$ 是 $\mathbb{R}^n$ 上的向量范数，并且由

$$\|\boldsymbol{A}\boldsymbol{x}\|_v=\|\boldsymbol{A}\boldsymbol{x}\boldsymbol{y}^T\|\leqslant\|\boldsymbol{A}\|\|\boldsymbol{x}\boldsymbol{y}^T\|=\|\boldsymbol{A}\|\|\boldsymbol{x}\|_v$$

可知，$\|\cdot\|_v$ 是和 $\|\cdot\|$ 相容的向量范数。

定理 2.10　设 $\|\cdot\|$ 是 $\mathbb{R}^{n\times n}$ 上相容的矩阵范数，则对任一矩阵 $\boldsymbol{A}\in\mathbb{R}^{n\times n}$，有

$$|\lambda_i|\leqslant\|\boldsymbol{A}\|$$

其中，λ_i 表示矩阵 $\boldsymbol{A}$ 的任意一个特征值。

证明　设 $\boldsymbol{x}$ 是矩阵 $\boldsymbol{A}$ 属于 λ_i 的特征向量，即

$$\boldsymbol{A}\boldsymbol{x}=\lambda_i\boldsymbol{x}\quad(\boldsymbol{0}\neq\boldsymbol{x}\in\mathbb{R}^n)$$

由定理 2.9 知，存在和 $\|\cdot\|$ 相容的向量范数 $\|\cdot\|_v$，使得

$$|\lambda_i|\|\boldsymbol{x}\|_v=\|\lambda_i\boldsymbol{x}\|_v=\|\boldsymbol{A}\boldsymbol{x}\|_v\leqslant\|\boldsymbol{A}\|\|\boldsymbol{x}\|_v$$

又由 $\|\boldsymbol{x}\|_v>0$，定理得证。

设 λ_i 表示矩阵 $\boldsymbol{A}$ 的任意一个特征值，则 $\boldsymbol{A}$ 的谱半径定义为

$$\rho(\boldsymbol{A})=\max_{1\leqslant i\leqslant n}\{|\lambda_i|\}$$

设 $\|\cdot\|$ 是 $\mathbb{R}^{n\times n}$ 上相容的矩阵范数，由定理 2.10 知

$$\rho(\boldsymbol{A})\leqslant\|\boldsymbol{A}\|\tag{2.23}$$

反过来，对于任意的 $\varepsilon>0$，存在 $\mathbb{R}^{n\times n}$ 上相容的矩阵范数 $\|\cdot\|$，使得

$$\|\boldsymbol{A}\|\leqslant\rho(\boldsymbol{A})+\varepsilon\tag{2.24}$$

证明可参阅文献[16]。

定理 2.11　如果 $\|\boldsymbol{A}\|<1$，则 $\boldsymbol{I}\pm\boldsymbol{A}$ 为非奇异矩阵，且

$$\|(\boldsymbol{I}\pm\boldsymbol{A})^{-1}\|\leqslant\frac{1}{1-\|\boldsymbol{A}\|}$$

其中，$\|\cdot\|$ 是 $\mathbb{R}^{n\times n}$ 上相容的矩阵范数且满足 $\|\boldsymbol{I}\|=1$。

证明　(反证法)若 $\boldsymbol{I}-\boldsymbol{A}$ 为奇异矩阵，则 $(\boldsymbol{I}-\boldsymbol{A})\boldsymbol{x}=\boldsymbol{0}$ 有非零解，即存在 $\boldsymbol{0}\neq\boldsymbol{x}_0\in\mathbb{R}^n$，使得 $\boldsymbol{A}\boldsymbol{x}_0=\boldsymbol{x}_0$。于是，有

$$\|\boldsymbol{x}_0\|_v=\|\boldsymbol{A}\boldsymbol{x}_0\|_v\leqslant\|\boldsymbol{A}\|\|\boldsymbol{x}_0\|_v$$

则有 $\|\boldsymbol{A}\|\geqslant1$ 与假设矛盾。另外，由 $(\boldsymbol{I}-\boldsymbol{A})(\boldsymbol{I}-\boldsymbol{A})^{-1}=\boldsymbol{I}$，有

$$(\boldsymbol{I}-\boldsymbol{A})^{-1}=\boldsymbol{I}+\boldsymbol{A}(\boldsymbol{I}-\boldsymbol{A})^{-1}$$

两边取范数，有

$$\|(\boldsymbol{I}-\boldsymbol{A})^{-1}\|\leqslant\|\boldsymbol{I}\|+\|\boldsymbol{A}\|\|(\boldsymbol{I}-\boldsymbol{A})^{-1}\|$$

得

$$\|(\boldsymbol{I}-\boldsymbol{A})^{-1}\|\leqslant\frac{1}{1-\|\boldsymbol{A}\|}$$

可以通过向量范数定义矩阵范数。

定义 2.5 设 $\|\cdot\|_v$ 是 $\mathbb{R}^n$ 上的一个向量范数。定义

$$\|\boldsymbol{A}\| = \max_{\|\boldsymbol{x}\|_v=1} \|\boldsymbol{A}\boldsymbol{x}\|_v \quad (\boldsymbol{A} \in \mathbb{R}^{n\times n})$$

则 $\|\cdot\|$ 是 $\mathbb{R}^{n\times n}$ 上相容的矩阵范数，称为由向量范数诱导的矩阵范数。

除了 F-范数以外，还有以下三种常用的矩阵范数。

例 2.3 设 $\boldsymbol{A}=(a_{ij})\in \mathbb{R}^{n\times n}$，则有

(1) 列和范数：$\|\boldsymbol{A}\|_1 = \max\limits_{1\leqslant j\leqslant n}\sum\limits_{i=1}^{n}|a_{ij}|$；

(2) 行和范数：$\|\boldsymbol{A}\|_\infty = \max\limits_{1\leqslant i\leqslant n}\sum\limits_{j=1}^{n}|a_{ij}|$；

(3) 谱范数：$\|\boldsymbol{A}\|_2 = \sqrt{\lambda_{\max(\boldsymbol{A}^{\mathrm{T}}\boldsymbol{A})}}$。

其中，$\lambda_{\max}(\boldsymbol{A}^{\mathrm{T}}\boldsymbol{A})$ 表示矩阵 $\boldsymbol{A}^{\mathrm{T}}\boldsymbol{A}$ 的最大特征值。

证明 这里只证明(1)和(3)。

(1) 当 $\boldsymbol{A}=\boldsymbol{0}$ 时，显然成立。当 $\boldsymbol{A}\neq\boldsymbol{0}$ 时，记 $\boldsymbol{A}=(\boldsymbol{a}_1,\boldsymbol{a}_2,\cdots,\boldsymbol{a}_n)$，任取 $\boldsymbol{0}\neq\boldsymbol{x}=(x_1,x_2,\cdots,x_n)^{\mathrm{T}}\in\mathbb{R}^n$，有

$$\|\boldsymbol{A}\boldsymbol{x}\|_1 = \left\|\sum_{j=1}^{n}x_j\boldsymbol{a}_j\right\|_1 \leqslant \sum_{j=1}^{n}|x_j|\|\boldsymbol{a}_j\|_1 \leqslant \max_{1\leqslant j\leqslant n}\|\boldsymbol{a}_j\|_1\cdot\|\boldsymbol{x}\|_1$$

于是

$$\|\boldsymbol{A}\|_1 \leqslant \max_{1\leqslant j\leqslant n}\|\boldsymbol{a}_j\|_1$$

另一方面，如果 $\max\limits_{1\leqslant j\leqslant n}\|\boldsymbol{a}_j\|_1=\|\boldsymbol{a}_k\|_1$，则有

$$\frac{\|\boldsymbol{A}\boldsymbol{e}_k\|_1}{\|\boldsymbol{e}_k\|_1} = \|\boldsymbol{a}_k\|_1 = \max_{1\leqslant j\leqslant n}\|\boldsymbol{a}_j\|_1$$

从而

$$\|\boldsymbol{A}\|_1 \geqslant \max_{1\leqslant j\leqslant n}\|\boldsymbol{a}_j\|_1$$

所以(1)成立。

(3) 对一切 $\boldsymbol{x}\in\mathbb{R}^n$，有

$$\|\boldsymbol{A}\boldsymbol{x}\|_2^2 = (\boldsymbol{A}\boldsymbol{x},\boldsymbol{A}\boldsymbol{x}) = (\boldsymbol{A}^{\mathrm{T}}\boldsymbol{A}\boldsymbol{x},\boldsymbol{x}) \geqslant 0,$$

从而 $\boldsymbol{A}^{\mathrm{T}}\boldsymbol{A}$ 的特征值为非负实数，设 $(\lambda_i,\boldsymbol{u}_i)$ 为 $\boldsymbol{A}^{\mathrm{T}}\boldsymbol{A}$ 的特征对，满足

$$\lambda_1\geqslant\lambda_2\geqslant\cdots\geqslant\lambda_n\geqslant 0,(\boldsymbol{u}_i,\boldsymbol{u}_j)=\delta_{ij}$$

对任一非零向量 $\boldsymbol{x}\in\mathbb{R}^n$，存在不全零的常数 $c_1,c_2,\cdots,c_n$，使得

$$\boldsymbol{x} = \sum_{i=1}^{n}c_i\boldsymbol{u}_i$$

于是，有

$$\frac{\|\boldsymbol{A}\boldsymbol{x}\|_2^2}{\|\boldsymbol{x}\|_2^2} = \frac{(\boldsymbol{A}^{\mathrm{T}}\boldsymbol{A}\boldsymbol{x},\boldsymbol{x})}{(\boldsymbol{x},\boldsymbol{x})} = \frac{\sum\limits_{i=1}^{n}c_i^2\lambda_i}{\sum\limits_{i=1}^{n}c_i^2} \leqslant \lambda_1$$

另一方面，取 $\boldsymbol{x}=\boldsymbol{u}_1$，上式等号成立。所以

$$\|\boldsymbol{A}\|_2 = \max_{x\neq 0}\frac{\|\boldsymbol{A}\boldsymbol{x}\|_2}{\|\boldsymbol{x}\|_2} = \sqrt{\lambda_1} = \sqrt{\lambda_{\max}(\boldsymbol{A}^{\mathrm{T}}\boldsymbol{A})}$$

第 5 节　线性方程组的敏感度分析

在求解线性方程组 $\boldsymbol{Ax}=\boldsymbol{b}$ 时，受观测误差和舍入误差的影响，实际得到的计算解不是问题的真实解 $\boldsymbol{x}$。用于实际计算的数据 $\boldsymbol{A}$、$\boldsymbol{b}$ 可以看成是由原始数据经过微小扰动 $\delta\boldsymbol{A}$、$\delta\boldsymbol{b}$ 以后的数据 $\boldsymbol{A}+\delta\boldsymbol{A}$、$\boldsymbol{b}+\delta\boldsymbol{b}$，考察微小的数据扰动 $\delta\boldsymbol{A}$、$\delta\boldsymbol{b}$ 对计算解 $\boldsymbol{x}+\delta\boldsymbol{x}$ 产生的影响到底有多大的问题即是线性方程组的敏感度分析。是不是当 $\delta\boldsymbol{A}$、$\delta\boldsymbol{b}$ 很小时得到的 $\delta\boldsymbol{x}$ 自然也不会太大呢？尽管很多情况下是这样的，下面的例子表明，有些情况下事实并非如此，这取决于问题本身的性质。

例 2.4　线性方程组

$$\begin{pmatrix}1.0002 & 0.9998\\ 0.9998 & 1.0002\end{pmatrix}\begin{pmatrix}x_1\\ x_2\end{pmatrix}=\begin{pmatrix}2\\ 2\end{pmatrix}$$

的准确解为 $\boldsymbol{x}=(1,1)^{\mathrm{T}}$。

(1) 考察线性方程组的右端观测向量产生微小扰动以后的线性方程组

$$\begin{pmatrix}1.0002 & 0.9998\\ 0.9998 & 1.0002\end{pmatrix}\begin{bmatrix}\tilde{x}_1\\ \tilde{x}_2\end{bmatrix}=\begin{pmatrix}1.9998\\ 2.0002\end{pmatrix}$$

它的精确解变成了 $\tilde{\boldsymbol{x}}=(0.5,1.5)^{\mathrm{T}}$。于是，有

$$\frac{\|\delta\boldsymbol{b}\|_\infty}{\|\boldsymbol{b}\|_\infty}=\frac{1}{10000},\frac{\|\tilde{\boldsymbol{x}}-\boldsymbol{x}\|_\infty}{\|\boldsymbol{x}\|_\infty}=\frac{1}{2}$$

这时，解的相对误差是右端向量相对误差的 5 000 倍。

(2) 考察线性方程组的系数矩阵产生微小扰动以后的线性方程组

$$\begin{pmatrix}1.0000 & 0.9998\\ 1.0000 & 1.0002\end{pmatrix}\begin{bmatrix}\hat{x}_1\\ \hat{x}_2\end{bmatrix}=\begin{pmatrix}2\\ 2\end{pmatrix}$$

它的精确解变成了 $\hat{\boldsymbol{x}}=(2,0)^{\mathrm{T}}$。于是，有

$$\frac{\|\delta\boldsymbol{A}\|_\infty}{\|\boldsymbol{A}\|_\infty}=\frac{1}{10000},\frac{\|\hat{\boldsymbol{x}}-\boldsymbol{x}\|_\infty}{\|\boldsymbol{x}\|_\infty}=\frac{3}{2}$$

这时，解的相对误差是系数矩阵相对误差的 15 000 倍。

例 2.4 说明计算解对数据产生的误差是非常敏感的，即很小的数据误差会给解带来巨大的变化。一般来讲，如果线性方程组 $\boldsymbol{Ax}=\boldsymbol{b}$ 系数矩阵 $\boldsymbol{A}$ 和右端向量 $\boldsymbol{b}$ 的微小变化会引起解的巨大变化，这时称方程组是病态方程组，系数矩阵 $\boldsymbol{A}$ 称为病态矩阵；否则称为良态方程组，$\boldsymbol{A}$ 称为良态矩阵。

下面对线性方程组 $\boldsymbol{Ax}=\boldsymbol{b}$ 进行敏感度分析。

假设实际计算是对经过微小扰动后的线性方程组

$$(\boldsymbol{A}+\delta\boldsymbol{A})(\boldsymbol{x}+\delta\boldsymbol{x})=\boldsymbol{b}+\delta\boldsymbol{b} \tag{2.25}$$

来进行的。把 $\boldsymbol{Ax}=\boldsymbol{b}$ 代入式(2.25)，可得

$$(\boldsymbol{A}+\delta\boldsymbol{A})\delta\boldsymbol{x}=\delta\boldsymbol{b}-\delta\boldsymbol{A}\cdot\boldsymbol{x}\Rightarrow(\boldsymbol{I}+\boldsymbol{A}^{-1}\delta\boldsymbol{A})\delta\boldsymbol{x}=\boldsymbol{A}^{-1}\delta\boldsymbol{b}-\boldsymbol{A}^{-1}\delta\boldsymbol{A}\cdot\boldsymbol{x} \tag{2.26}$$

由于 $\delta\boldsymbol{A}$ 充分小，当 $\|\boldsymbol{A}^{-1}\|\|\delta\boldsymbol{A}\|<1$ 时，由定理 2.11 知，$\boldsymbol{I}+\boldsymbol{A}^{-1}\delta\boldsymbol{A}$ 是非奇异的，并且

$$\| (\boldsymbol{I}+\boldsymbol{A}^{-1}\delta\boldsymbol{A})^{-1} \| \leqslant \frac{1}{1-\|\boldsymbol{A}^{-1}\|\|\delta\boldsymbol{A}\|} \tag{2.27}$$

由式(2.26)知

$$\delta\boldsymbol{x}=(\boldsymbol{I}+\boldsymbol{A}^{-1}\delta\boldsymbol{A})^{-1}\boldsymbol{A}^{-1}(\delta\boldsymbol{b}-\delta\boldsymbol{A}\cdot\boldsymbol{x})$$

两边取范数并根据范数相容性，得

$$\begin{aligned}\|\delta\boldsymbol{x}\| &\leqslant \|(1+\boldsymbol{A}^{-1}\delta\boldsymbol{A})^{-1}\|\|\boldsymbol{A}^{-1}\|(\|\delta\boldsymbol{b}\|+\|\delta\boldsymbol{A}\|\|\boldsymbol{x}\|)\\ &\leqslant \frac{\|\boldsymbol{A}^{-1}\|}{1-\|\boldsymbol{A}^{-1}\|\|\delta\boldsymbol{A}\|}(\|\delta\boldsymbol{b}\|+\|\delta\boldsymbol{A}\|\|\boldsymbol{x}\|)\end{aligned}$$

假定 $\boldsymbol{x}\neq\boldsymbol{0}$。上式两边都除以 $\|\boldsymbol{x}\|$，并且由 $\|\boldsymbol{b}\|\leqslant\|\boldsymbol{A}\|\|\boldsymbol{x}\|$ 可得

$$\begin{aligned}\frac{\|\delta\boldsymbol{x}\|}{\|\boldsymbol{x}\|} &\leqslant \frac{\|\boldsymbol{A}^{-1}\|\|\boldsymbol{A}\|}{1-\|\boldsymbol{A}^{-1}\|\|\delta\boldsymbol{A}\|}\left(\frac{\|\delta\boldsymbol{A}\|}{\|\boldsymbol{A}\|}+\frac{\|\delta\boldsymbol{b}\|}{\|\boldsymbol{b}\|}\right)\\ &=\frac{\|\boldsymbol{A}^{-1}\|\|\boldsymbol{A}\|}{1-\|\boldsymbol{A}^{-1}\|\|\boldsymbol{A}\|\dfrac{\|\delta\boldsymbol{A}\|}{\|\boldsymbol{A}\|}}\left(\frac{\|\delta\boldsymbol{A}\|}{\|\boldsymbol{A}\|}+\frac{\|\delta\boldsymbol{b}\|}{\|\boldsymbol{b}\|}\right)\end{aligned} \tag{2.28}$$

在式(2.28)中，令 $\kappa(\boldsymbol{A})=\|\boldsymbol{A}^{-1}\|\|\boldsymbol{A}\|$，有下面的结论。

定理 2.12 若线性方程组 $\boldsymbol{A}\boldsymbol{x}=\boldsymbol{b}$ 的系数矩阵非奇异，线性方程组(2.25)是 $\boldsymbol{A}\boldsymbol{x}=\boldsymbol{b}$ 的扰动方程组，$\|\cdot\|$ 是相容的矩阵范数且 $\|\boldsymbol{I}\|=1$，$\|\boldsymbol{A}^{-1}\|\|\delta\boldsymbol{A}\|<1$。则 $\boldsymbol{A}+\delta\boldsymbol{A}$ 是非奇异的，且

$$\frac{\|\delta\boldsymbol{x}\|}{\|\boldsymbol{x}\|}\leqslant\frac{\kappa(\boldsymbol{A})}{1-\kappa(\boldsymbol{A})\dfrac{\|\delta\boldsymbol{A}\|}{\|\boldsymbol{A}\|}}\left(\frac{\|\delta\boldsymbol{A}\|}{\|\boldsymbol{A}\|}+\frac{\|\delta\boldsymbol{b}\|}{\|\boldsymbol{b}\|}\right) \tag{2.29}$$

在式(2.29)中，当 $\dfrac{\|\delta\boldsymbol{A}\|}{\|\boldsymbol{A}\|}$ 很小时，有

$$\frac{\kappa(\boldsymbol{A})}{1-\kappa(\boldsymbol{A})\dfrac{\|\delta\boldsymbol{A}\|}{\|\boldsymbol{A}\|}}\approx\kappa(\boldsymbol{A})$$

此时

$$\frac{\|\delta\boldsymbol{x}\|}{\|\boldsymbol{x}\|}\leqslant\kappa(\boldsymbol{A})\left(\frac{\|\delta\boldsymbol{A}\|}{\|\boldsymbol{A}\|}+\frac{\|\delta\boldsymbol{b}\|}{\|\boldsymbol{b}\|}\right)$$

由此可以看出，计算解相对误差的上界大约是已知数据产生相对误差的 $\kappa(\boldsymbol{A})$ 倍，通常把 $\kappa(\boldsymbol{A})$ 称为系数矩阵 $\boldsymbol{A}$ 的**条件数**。如果 $\kappa(\boldsymbol{A})$ 很大，尽管已知数据有很微小的扰动，计算解也有可能会产生很大的相对误差，此时的线性方程组是病态的；如果 $\kappa(\boldsymbol{A})$ 很小，对于已知数据产生很小的误差，计算解的误差也不会太大，从而计算解越有可信度，算法数值稳定性越好，此时的线性方程组是良态的。由此可见，条件数是决定线性方程组病态程度的一个量度。取不同的范数 $\|\cdot\|$ 可以得到不同的条件数，然而由范数的等价性知，不同范数意义下的条件数也是等价的。取 $\|\cdot\|_2$ 时的条件数是常用的条件数，此时

$$\kappa_2(\boldsymbol{A})=\|\boldsymbol{A}\|_2\|\boldsymbol{A}^{-1}\|_2$$

例 2.5 以希尔伯特(Hilbert)矩阵为系数矩阵的线性方程组 $\boldsymbol{A}\boldsymbol{x}=\boldsymbol{b}$ 是一个非常病态的线性方程组。希尔伯特矩阵

$$H_n = \begin{pmatrix} 1 & \frac{1}{2} & \cdots & \frac{1}{n} \\ \frac{1}{2} & \frac{1}{3} & \cdots & \frac{1}{n+1} \\ \vdots & \vdots & & \vdots \\ \frac{1}{n} & \frac{1}{n+1} & \cdots & \frac{1}{2n-1} \end{pmatrix}$$

的条件数如表 2.3 所示。

表 2.3　Hilbert 矩阵的条件数

n	3	4	5	6	7	…
$\kappa_2(\boldsymbol{H}_n)$	524.056 8	1.551 4e+04	4.766 1e+05	1.495 1e+07	4.753 7e+08	…

应用案例——水泥热量值的主成分估计

某种水泥在凝固时所释放的热量 $\boldsymbol{Y}$(卡/克)与水泥中下列三种化学成分有关：

x_1——$3CaO \cdot Al_2O_3$ 的成分(%)；

x_2——$3CaO \cdot SiO_2$ 的成分(%)；

x_3——$CaO \cdot Al_2O_3 \cdot Fe_2O_3$ 的成分(%)。

实验小组共观测了三组数据，见表 2.4 所列。试求水泥在凝固时所释放的热量 $\boldsymbol{Y}$ 关于 x_1，x_2，x_3 的回归方程。

表 2.4　水泥热量值的观测数据

序号	x_1	x_2	x_3	$\boldsymbol{Y}$
1	4	−2	−4	10
2	−2	17	10	3
3	−4	10	9	−7

解　这个问题用数学来讲就是求解下列线性方程组

$$\begin{pmatrix} 4 & -2 & -4 \\ -2 & 17 & 10 \\ -4 & 10 & 9 \end{pmatrix} \begin{pmatrix} x_1 \\ x_2 \\ x_3 \end{pmatrix} = \begin{pmatrix} 10 \\ 3 \\ -7 \end{pmatrix}$$

显然，方程组的系数矩阵 $\boldsymbol{A}$ 是对称正定的，用算法 2.4 计算 $\boldsymbol{A}$ 的 $\boldsymbol{LDL}^{\mathrm{T}}$ 分解，得

$$\boldsymbol{L} = \begin{pmatrix} 1.000 & & \\ -0.500\,0 & 1.000 & \\ -1.000 & 0.500\,0 & 1.000 \end{pmatrix}, \boldsymbol{D} = \begin{pmatrix} 4 & & \\ & 16 & \\ & & 1 \end{pmatrix}$$

从而，由 $\boldsymbol{Ly}=\boldsymbol{Y}$ 得 $\boldsymbol{y}=(10,8,-1)^{\mathrm{T}}$。进一步由 $\boldsymbol{DL}^{\mathrm{T}}\boldsymbol{x}=\boldsymbol{y}$ 求得线性方程组的解

$$\boldsymbol{x}=(2,1,-1)^{\mathrm{T}}$$

小　结

本章介绍了求解线性代数方程组的直接法，包括矩阵三角分解法和选主元的矩阵三角分解法，以及对称正定系数矩阵的矩阵分解法。这些方法适用于求解中小规模的线性方程组，在使用时要注意选取合适的方法以保持算法的数值稳定性和提高解的精度。尤其对具有特殊结构的系数矩阵，要注意利用矩阵的结构特征设计算法以降低运算量和提高运算效率，例如追赶法。另外，本章介绍了向量和矩阵范数的概念及性质，它们对线性方程组进行扰动分析时起着重要作用。从第 5 节可以看出，所研究问题的固有性质取决于问题本身，与算法的选取无关。所以，对具体问题进行理论分析是实际计算中的一个重要方面。

数值实验

实验一　用列主元三角分解对例 2.5 的线性方程组进行求解，分别取 $n=3,4,6,7,9,10$，右端向量 $\boldsymbol{b}$ 的元素为 $b_i=\sum_{j=1}^{n}a_{ij}\,(i=1,2,\cdots,n)$。

实验二　设计算法求解下列三对角线性方程组 $\boldsymbol{Ax}=\boldsymbol{b}$，其中

$$\boldsymbol{A}=\begin{pmatrix}8 & 2 & & & & & \\ 2 & 8 & 2 & & & & \\ & 2 & 8 & 2 & & & \\ & & \ddots & \ddots & \ddots & & \\ & & & 2 & 8 & 2 & \\ & & & & 2 & 8 & 2 \\ & & & & & 2 & 8\end{pmatrix}_{120\times 120}$$

$\boldsymbol{b}\in\mathbb{R}^{120}$ 是一个随机向量，其元素服从标准正态分布 $N(0,1)$。

习　题　二

1. 用矩阵三角分解法求解线性方程组

$$\begin{cases}-3x_1-2x_2+5x_3=4\\ 2x_1-3x_2+4x_3=-4\\ x_1+2x_2-2x_3=-1\end{cases}$$

2. 用列主元矩阵三角分解法消元求解线性方程组

$$(1)\begin{cases}x_1+x_2-3x_3+x_4=-2\\ 4x_1-3x_2+3x_3+x_4=6\\ x_1+x_2-x_3+3x_4=8\\ 3x_1-5x_2+2x_3-3x_4=-10\end{cases},\qquad (2)\begin{cases}2x_1+3x_2+6x_3=3\\ 2x_1+x_2+4x_3+2x_4=5\\ 4x_1+3x_2+13x_3+7x_4=17\\ 2x_1+x_2+7x_3+6x_4=13\end{cases}$$

3. 用追赶法求解三对角线性方程组 $\boldsymbol{Ax}=\boldsymbol{b}$，其中

$$\boldsymbol{A}=\begin{pmatrix}3&2&&&\\2&-5&2&&\\&2&5&2&\\&&2&-5&2\\&&&2&3\end{pmatrix},\boldsymbol{b}=\begin{pmatrix}5\\-5\\5\\-5\\8\end{pmatrix}$$

4. 证明矩阵 $\boldsymbol{A}$ 是对称正定的，并求出它的 Cholesky 分解式，使得 $\boldsymbol{A}=\boldsymbol{LL}^{\mathrm{T}}$，其中

$$\boldsymbol{A}=\begin{pmatrix}15&4&-6&2\\4&-18&8&0\\-6&8&16&-1\\2&0&-1&4\end{pmatrix}$$

5. 证明定理 2.1.

6. 设 $\boldsymbol{A}\in\mathbb{R}^{n\times n}$ 是对称正定矩阵，证明对于任意的 $\boldsymbol{x}\in\mathbb{R}^n$

$$\|\boldsymbol{x}\|_{A}=(\boldsymbol{x}^{\mathrm{T}}\boldsymbol{Ax})^{\frac{1}{2}}$$

是 $\mathbb{R}^n$ 上的向量范数。

7.设 $\boldsymbol{A}\in\mathbb{R}^{m\times n}$，证明对于任意的正交矩阵 $\boldsymbol{U}\in\mathbb{R}^{m\times n}$，$V\in\mathbb{R}^{m\times n}$，有

$$\|\boldsymbol{UAV}\|_2=\|\boldsymbol{A}\|_2,\ \|\boldsymbol{UAV}\|_{\mathrm{F}}=\|\boldsymbol{A}\|_{\mathrm{F}}$$

8. 证明对任意的矩阵 $\boldsymbol{A}\in\mathbb{R}^{n\times n}$ 和任意向量 $\boldsymbol{x}\in\mathbb{R}^n$，下列不等式成立

$$\|\boldsymbol{Ax}\|_2\leqslant n\|\boldsymbol{A}\|_\infty\|\boldsymbol{x}\|_2$$

9. 求矩阵 $\boldsymbol{A}$ 的逆矩阵和条件数 $\kappa_\infty(\boldsymbol{A})$，其中

$$\boldsymbol{A}=\begin{pmatrix}682&680\\340&341\end{pmatrix}$$

10. 对于第 9 题中的矩阵 $\boldsymbol{A}$，选择向量 $\boldsymbol{b},\delta\boldsymbol{b},\boldsymbol{x},\delta\boldsymbol{x}$，使得对于线性方程组 $\boldsymbol{Ax}=\boldsymbol{b}$ 及其扰动的线性方程组 $\boldsymbol{A}(\boldsymbol{x}+\delta\boldsymbol{x})=\boldsymbol{b}+\delta\boldsymbol{b}$，满足尽管 $\dfrac{\|\delta\boldsymbol{b}\|_\infty}{\|\boldsymbol{b}\|_\infty}\left(\text{或者}\dfrac{\|\delta\boldsymbol{x}\|_\infty}{\|\boldsymbol{x}\|_\infty}\right)$ 很小，但是 $\dfrac{\|\delta\boldsymbol{x}\|_\infty}{\|\boldsymbol{x}\|_\infty}\left(\text{或者}\dfrac{\|\delta\boldsymbol{b}\|_\infty}{\|\boldsymbol{b}\|_\infty}\right)$ 却很大。

第3章　线性方程组的迭代解法

如前所述，当线性方程组的系数矩阵为低阶稠密矩阵时，可以用直接法进行求解。而实际问题中遇到的往往是大型稀疏系数矩阵线性方程组。例如，偏微分方程数值求解最终都要转化为此类方程组。大型稀疏系数矩阵是指矩阵维数通常超过 10 000 阶且含有大量的零元素，这时直接法求解将不再适用。首先，计算机存储大量的零元素变得没有必要；其次，矩阵分解会产生大量的非零元，从而会破坏矩阵的稀疏性质，进一步增加计算机的存储量。

本章将要介绍的线性方程组的迭代解法通过选取初值和构造迭代序列，逐步逼近到线性方程组的近似解，避免了矩阵分解，更适用于大型稀疏系数矩阵的线性方程组求解。

迭代法需要考虑的问题包括：① 如何构造迭代序列，选取不同的迭代序列会产生不同的迭代方法；② 在什么条件下构造的迭代算法收敛，即算法收敛性问题；③ 在算法可以执行的情况下，算法的收敛速度如何，从而需要进行不同算法的比较。

除非特别说明，本章假设线性方程组

$$\boldsymbol{Ax}=\boldsymbol{b} \tag{3.1}$$

的系数矩阵 $\boldsymbol{A}=(a_{ij})\in\mathbb{R}^{n\times n}$ 是非奇异的。

第1节　单步线性定常迭代法

首先，介绍雅克比(Jacobi)迭代法和高斯-塞德尔(Gauss-Seidel)迭代法。

3.1.1　Jacobi 迭代法

将线性方程组(3.1)的系数矩阵分裂成如下形式

$$\boldsymbol{A}=\boldsymbol{D}-\boldsymbol{L}-\boldsymbol{U}$$

其中

$$\boldsymbol{D}=\mathrm{diag}(a_{11},a_{22},\cdots,a_{nn})$$

$$\boldsymbol{L}=\begin{pmatrix}0&&&&\\-a_{21}&0&&&\\-a_{31}&-a_{32}&0&&\\\vdots&\vdots&&\ddots&\\-a_{n1}&-a_{n2}&\cdots&-a_{n,n-1}&0\end{pmatrix},\boldsymbol{U}=\begin{pmatrix}0&-a_{12}&-a_{13}&\cdots&-a_{1n}\\&0&-a_{23}&\cdots&-a_{2n}\\&&\ddots&\ddots&\vdots\\&&&0&-a_{n-1,n}\\&&&&0\end{pmatrix}$$

线性方程组(3.1)可以变形为

$$\boldsymbol{Dx}=(\boldsymbol{L}+\boldsymbol{U})\boldsymbol{x}+\boldsymbol{b}$$

若 $a_{ii} \neq 0(i=1,2,\cdots,n)$，方程组(3.1)可进一步变形为

$$\boldsymbol{x}=\boldsymbol{D}^{-1}(\boldsymbol{L}+\boldsymbol{U})\boldsymbol{x}+\boldsymbol{D}^{-1}\boldsymbol{b} \tag{3.2}$$

令

$$\boldsymbol{B}_{\mathrm{J}}=\boldsymbol{D}^{-1}(\boldsymbol{L}+\boldsymbol{U})=\boldsymbol{I}_n-\boldsymbol{D}^{-1}\boldsymbol{A}$$

$$\boldsymbol{g}_{\mathrm{J}}=\boldsymbol{D}^{-1}\boldsymbol{b} \tag{3.3}$$

可以由式(3.2)构造迭代格式

$$\boldsymbol{x}_k=\boldsymbol{B}_{\mathrm{J}}\boldsymbol{x}_{k-1}+\boldsymbol{g}_{\mathrm{J}} \quad (k=1,2,\cdots) \tag{3.4}$$

利用式(3.4)通过选取初值 $\boldsymbol{x}_0=(x_1^{(0)},x_2^{(0)},\cdots,x_n^{(0)})^{\mathrm{T}}$ 形成的迭代方法称为 Jacobi 迭代法，$\boldsymbol{B}_{\mathrm{J}}$ 叫作 Jacobi 迭代法的迭代矩阵，$\boldsymbol{g}_{\mathrm{J}}$ 叫作 Jacobi 迭代法的常数项。

可以看出，Jacobi 迭代法第 k 步解的分量 $x_i^{(k)}(i=1,2,\cdots,n)$完全由第 $k-1$ 步解的信息得到，所以计算分量的次序可以改变，没有先后之分。每迭代一步需要计算一次矩阵向量积，如果算法收敛，第 k 步的解应该比第 $k-1$ 步的解更接近于真实解。从这个意义上讲，如果在计算 $x_i^{(k)}(i=1,2,\cdots,n)$时能够用当前步的部分其他已经计算的分量的信息替换上一步的部分分量信息，将会获得近似程度更高的近似解。这就是下面迭代法的基本思想。

3.1.2　Gauss-Seidel 迭代法

将线性方程组(3.1)变形为

$$\boldsymbol{Dx}=\boldsymbol{Lx}+\boldsymbol{Ux}+\boldsymbol{b} \tag{3.5}$$

若 $a_{ii} \neq 0(i=1,2,\cdots,n)$，则方程组(3.5)可进一步变形为

$$\boldsymbol{x}=\boldsymbol{D}^{-1}\boldsymbol{Lx}+\boldsymbol{D}^{-1}\boldsymbol{Ux}+\boldsymbol{D}^{-1}\boldsymbol{b} \tag{3.6}$$

由此可以构造迭代格式

$$\boldsymbol{x}=\boldsymbol{D}^{-1}\boldsymbol{L}\boldsymbol{x}_k+\boldsymbol{D}^{-1}\boldsymbol{U}\boldsymbol{x}_{k-1}+\boldsymbol{D}^{-1}\boldsymbol{b} \quad (k=1,2,\cdots) \tag{3.7}$$

利用式(3.7)通过选取初值 $\boldsymbol{x}_0=(x_1^{(0)},x_2^{(0)},\cdots,x_n^{(0)})^{\mathrm{T}}$ 形成的迭代方法称为 Gauss-Seidel 迭代法，简称为 G-S 迭代法。

显然，在迭代格式(3.7)中，计算 $\boldsymbol{x}_k$ 中的分量 $x_k^{(k)}(i=1,2,\cdots,n)$时，用到当前步部分分量 $x_j^{(k)}(j=1,2,\cdots,i-1)$的信息和第 $k-1$ 步部分分量 $x_j^{(k-1)}(j=i+1,\cdots,n)$的信息。所以，G-S迭代法中计算分量的次序是不能改变的。

因为 $a_{ii} \neq 0(i=1,2,\cdots,n)$，所以矩阵 $\boldsymbol{A}$ 的下三角部分 D-L 是非奇异的。令

$$\boldsymbol{B}_{\mathrm{G}}=(\boldsymbol{D}-\boldsymbol{L})^{-1}\boldsymbol{U}$$

$$\boldsymbol{g}=(\boldsymbol{D}-\boldsymbol{L})^{-1}\boldsymbol{b} \tag{3.8}$$

则 G-S 迭代格式(3.7)又可写为

$$\boldsymbol{x}_k=\boldsymbol{B}_{\mathrm{G}}\boldsymbol{x}_{k-1}+\boldsymbol{g}_{\mathrm{G}} \tag{3.9}$$

其中，矩阵 $\boldsymbol{B}_{\mathrm{G}}$ 称为 G-S 迭代法的迭代矩阵，$\boldsymbol{g}_{\mathrm{G}}$ 叫作 G-S 迭代法的常数项。

3.1.3　收敛性理论

Jacobi 迭代法(3.4)和 G-S 迭代法(3.9)具有统一的格式，即它们都可以表示为

$$\boldsymbol{x}_k=\boldsymbol{M}\boldsymbol{x}_{k-1}+\boldsymbol{g} \quad (k=1,2,\cdots) \tag{3.10}$$

的形式，其中 $\boldsymbol{M}$ 为迭代矩阵；$\boldsymbol{g}$ 为常数项。在迭代过程中，$\boldsymbol{M}$ 和 $\boldsymbol{g}$ 都是不变的，$\boldsymbol{x}_k$ 可以看成是关于 $\boldsymbol{x}_{k-1}$ 的线性函数，所以迭代格式(3.10)称为单步线性定常迭代法。

如果式(3.10)收敛，迭代序列$\{\boldsymbol{x}_k\}$最终收敛到$\boldsymbol{x}_*$，可以得到

$$\boldsymbol{x}_* = \boldsymbol{M}\boldsymbol{x}_* + \boldsymbol{g} \tag{3.11}$$

也就是说，$\boldsymbol{x}_*$是线性方程组(3.1)的解。下面讨论什么条件能保证式(3.10)收敛。

记$\{\boldsymbol{x}_k\}$的误差向量

$$\boldsymbol{\varepsilon}_k = \boldsymbol{x}_k - \boldsymbol{x}_* \quad (k=0,1,\cdots) \tag{3.12}$$

则有

$$\boldsymbol{x}_k \to \boldsymbol{x}_* \Longleftrightarrow \boldsymbol{\varepsilon}_k \to 0$$

由式(3.10)减去式(3.11)，得

$$\boldsymbol{\varepsilon}_k = \boldsymbol{M}\boldsymbol{\varepsilon}_{k-1} \quad (k=1,2,\cdots) \tag{3.13}$$

逐步递推可以得到

$$\boldsymbol{\varepsilon}_k = \boldsymbol{M}\boldsymbol{\varepsilon}_{k-1} = \boldsymbol{M}^2\boldsymbol{\varepsilon}_{k-2} = \cdots = \boldsymbol{M}^k\boldsymbol{\varepsilon}_0 \tag{3.14}$$

由式(3.14)可知，对于任意的初始向量$\boldsymbol{x}_0$，从而对于任意的初始误差向量$\boldsymbol{\varepsilon}_0$，误差向量$\boldsymbol{\varepsilon}_k\to 0$的充要条件是$\boldsymbol{M}^k\to 0$。

定理 3.1 对于$n\times n$阶矩阵$\boldsymbol{A}$，$\lim\limits_{k\to\infty}\boldsymbol{A}^k=0$的充要条件是其谱半径满足

$$\rho(\boldsymbol{A}) < 1$$

证明 必要性：已知$\lim\limits_{k\to\infty}\boldsymbol{A}^k=0$，设$\lambda$是$\boldsymbol{A}$的一个特征值且满足$|\lambda|=\rho(\boldsymbol{A})$，则$\lambda^k$是$\boldsymbol{A}^k$的一个特征值且满足$|\lambda|^k=\rho(\boldsymbol{A})^k$。由式(2.23)知

$$\rho(\boldsymbol{A})^k = |\lambda|^k \leqslant \rho(\boldsymbol{A}^k) \leqslant \|\boldsymbol{A}^k\| \to 0 \quad (k\to\infty)$$

由此可知，$\rho(\boldsymbol{A})<1$。

充分性：已知$\rho(\boldsymbol{A})<1$，由式(2.24)知，存在相容的矩阵范数$\|\cdot\|$，使得$\|\boldsymbol{A}\|<1$，则

$$0 \leqslant \|\boldsymbol{A}^k\| \leqslant \|\boldsymbol{A}\|^k \to 0 \quad (k\to\infty)$$

于是，有

$$\lim_{k\to\infty}\boldsymbol{A}^k = 0$$

根据定理 3.1，我们有下面的线性定常迭代法的收敛性基本定理。

定理 3.2 给定任意的初始向量$\boldsymbol{x}_0$，单步线性定常迭代式(3.10)收敛当且仅当迭代矩阵$\boldsymbol{M}$的谱半径满足

$$\rho(\boldsymbol{M}) < 1$$

进一步，如果存在一个相容矩阵范数满足$\|\boldsymbol{A}\|<1$，那么单步线性定常迭代式(3.10)收敛。

由定理 3.2 可知，线性定常迭代法的收敛性取决于迭代矩阵的谱半径是否小于 1，与初始向量的选取无关。单纯依靠迭代矩阵的谱半径来判定迭代算法是否收敛是不现实的，因为对大规模矩阵而言谱半径的计算相当困难。从矩阵本身的性质来判定迭代算法的收敛性是比较好的选择。

在解同一个线性方程组时，Jacobi 迭代法(3.4)和 G-S 迭代法(3.9)采用了不同的迭代矩阵，迭代矩阵的谱一般也不同，所以一种方法收敛不代表另一种方法也收敛。科学和工程计算中经常遇到的线性方程组的系数矩阵一般都具有特定性质，下面就几种情况下的线性方程组讨论两种迭代法的收敛性。

定理 3.3 若线性方程组(3.1)的系数矩阵$\boldsymbol{A}$是对称且其对角元都是正数，则 Jacobi 迭代法收敛的充要条件是$\boldsymbol{A}$和$2\boldsymbol{D}-\boldsymbol{A}$都正定。

证明　由式(3.3)知

$$\boldsymbol{B}_J=\boldsymbol{I}-\boldsymbol{D}^{-1}\boldsymbol{A}=\boldsymbol{D}^{-\frac{1}{2}}(\boldsymbol{I}-\boldsymbol{D}^{-\frac{1}{2}}\boldsymbol{A}\boldsymbol{D}^{-\frac{1}{2}})\boldsymbol{D}^{\frac{1}{2}} \tag{3.15}$$

则 Jacobi 迭代矩阵 $\boldsymbol{B}_J$ 相似于矩阵

$$\boldsymbol{I}-\boldsymbol{D}^{-\frac{1}{2}}\boldsymbol{A}\boldsymbol{D}^{-\frac{1}{2}} \tag{3.16}$$

由 $\boldsymbol{A}$ 的对称性知,式(3.16)是一个实对称矩阵,其特征值均为实数。从而 $\boldsymbol{B}_J$ 的特征值均为实数。由式(3.15)得

$$\begin{cases}\boldsymbol{I}-\boldsymbol{B}_J=\boldsymbol{D}^{-1}\boldsymbol{A}=\boldsymbol{D}^{-\frac{1}{2}}(\boldsymbol{D}^{-\frac{1}{2}}\boldsymbol{A}\boldsymbol{D}^{-\frac{1}{2}})\boldsymbol{D}^{\frac{1}{2}}\\ \boldsymbol{I}+\boldsymbol{B}_J=\boldsymbol{D}^{-\frac{1}{2}}(2\boldsymbol{I}-\boldsymbol{D}^{-\frac{1}{2}}\boldsymbol{A}\boldsymbol{D}^{-\frac{1}{2}})\boldsymbol{D}^{\frac{1}{2}}\end{cases} \tag{3.17}$$

由定理 3.2 知,Jacobi 迭代法收敛当且仅当 $\rho(\boldsymbol{B}_J)<1$,当且仅当式(3.17)矩阵 $\boldsymbol{I}-\boldsymbol{B}_J$、$\boldsymbol{I}+\boldsymbol{B}_J$的特征值均为正数。即矩阵 $\boldsymbol{D}^{-\frac{1}{2}}\boldsymbol{A}\boldsymbol{D}^{-\frac{1}{2}}$、$2\boldsymbol{I}-\boldsymbol{D}^{-\frac{1}{2}}\boldsymbol{A}\boldsymbol{D}^{-\frac{1}{2}}$ 的特征值均为正数,这说明矩阵 $\boldsymbol{A}$ 和 $2\boldsymbol{D}-\boldsymbol{A}$ 都是正定矩阵。

定理 3.4　若线性方程组(3.1)的系数矩阵 $\boldsymbol{A}$ 是对称正定的,则 G-S 迭代法对任意选定的初始向量 $\boldsymbol{x}_0$ 都收敛。

证明　令 λ 是式(3.8)G-S 迭代矩阵 $\boldsymbol{B}_G$ 的一个特征值,$\boldsymbol{u}$ 是相应的特征向量。即

$$(\boldsymbol{D}-\boldsymbol{L})^{-1}\boldsymbol{U}\boldsymbol{u}=\lambda\boldsymbol{u} \tag{3.18}$$

因为 $\boldsymbol{A}$ 是对称正定的,所以 $\boldsymbol{U}=\boldsymbol{L}^T$ 且有

$$\lambda(\boldsymbol{D}-\boldsymbol{L})\boldsymbol{u}=\boldsymbol{L}^T\boldsymbol{u}$$

等式两端左乘以 $\boldsymbol{u}^*$($\boldsymbol{u}$ 的共轭转置)可得

$$\lambda\boldsymbol{u}^*(\boldsymbol{D}-\boldsymbol{L})\boldsymbol{u}=\boldsymbol{u}^*\boldsymbol{L}^T\boldsymbol{u} \tag{3.19}$$

令

$$\boldsymbol{u}^*\boldsymbol{D}\boldsymbol{u}=\delta,\boldsymbol{u}^*\boldsymbol{L}\boldsymbol{u}=\alpha+i\beta$$

则有

$$\boldsymbol{u}^*\boldsymbol{L}^T\boldsymbol{u}=(\boldsymbol{u}^*\boldsymbol{L}^T\boldsymbol{u})^T=\overline{\boldsymbol{u}^*\boldsymbol{L}\boldsymbol{u}}=\alpha-i\beta$$

于是,式(3.19)可变形为

$$\lambda[\delta-(\alpha+i\beta)]=\alpha-i\beta$$

等式两边取模平方,可得

$$|\lambda|^2=\frac{\alpha^2+\beta^2}{(\delta-\alpha)^2+\beta^2} \tag{3.20}$$

另外,由矩阵 $\boldsymbol{A}$ 是对称正定的,得 $\delta>0$,且

$$0<\boldsymbol{u}^*\boldsymbol{A}\boldsymbol{u}=\boldsymbol{u}^*(\boldsymbol{D}-\boldsymbol{L}-\boldsymbol{L}^T)\boldsymbol{u}=\delta-2\alpha$$

于是

$$\begin{aligned}(\delta-\alpha)^2+\beta^2&=\delta^2-2\delta\alpha+\alpha^2+\beta^2\\&=\delta(\delta-2\alpha)+\alpha^2+\beta^2\\&>\alpha^2+\beta^2\end{aligned}$$

所以,$|\lambda|<1$。由定理 3.2 知,G-S 迭代法收敛。

通过系数矩阵的正定性判断算法的收敛性并不是很直观,如果能直接通过观察矩阵元素就可以判断算法的收敛性将是更加实用的做法。

定义 3.1　如果一个 $n\times n$ 矩阵 $\boldsymbol{A}$ 的元素满足

$$|a_{ii}| \geqslant \sum_{\substack{j=1 \\ j \neq i}}^{n} |a_{ij}| \quad (i=1,2,\cdots,n) \tag{3.21}$$

则称 $\boldsymbol{A}$ 是对角占优的。若式(3.21)中至少有一个 i 是严格不等式，则称 $\boldsymbol{A}$ 是弱对角占优的；若式(3.21)对所有的 i 都是严格不等式，则称 $\boldsymbol{A}$ 是严格对角占优的。

定义 3.2 对于一个 $n \times n$ 矩阵 $\boldsymbol{A}$，若存在置换矩阵 $\boldsymbol{P}$，使得

$$\boldsymbol{P}^{\mathrm{T}}\boldsymbol{A}\boldsymbol{P} = \begin{pmatrix} \boldsymbol{A}_{11} & \boldsymbol{A}_{12} \\ \boldsymbol{0} & \boldsymbol{A}_{22} \end{pmatrix} \tag{3.22}$$

其中，对角块矩阵 $\boldsymbol{A}_{11}$，$\boldsymbol{A}_{22}$ 均为方阵(可以不同阶)，则称 $\boldsymbol{A}$ 是可约矩阵；如果不存在这样的置换矩阵 $\boldsymbol{P}$ 使式(3.22)成立，则称 $\boldsymbol{A}$ 是不可约矩阵。

如果矩阵 $\boldsymbol{A}$ 可约，式(3.22)相当于对矩阵 $\boldsymbol{A}$ 的元素通过行或列交换次序进行了重新排列。这种情况下的线性方程组(3.1)可以写为

$$\boldsymbol{P}^{\mathrm{T}}\boldsymbol{A}\boldsymbol{P}(\boldsymbol{P}^{\mathrm{T}}\boldsymbol{x}) = \boldsymbol{P}^{\mathrm{T}}\boldsymbol{b} \tag{3.23}$$

记 $\boldsymbol{P}^{\mathrm{T}}\boldsymbol{x} = \begin{pmatrix} \boldsymbol{y}_1 \\ \boldsymbol{y}_2 \end{pmatrix}$，$\boldsymbol{P}^{\mathrm{T}}\boldsymbol{b} = \begin{pmatrix} \boldsymbol{d}_1 \\ \boldsymbol{d}_2 \end{pmatrix}$。可以将求解线性方程组 $\boldsymbol{A}\boldsymbol{x}=\boldsymbol{b}$ 转化为求解两个低阶的线性方程组

$$\begin{cases} \boldsymbol{A}_{11}\boldsymbol{y}_1 + \boldsymbol{A}_{12}\boldsymbol{y}_2 = \boldsymbol{d}_1 \\ \boldsymbol{A}_{22}\boldsymbol{y}_2 = \boldsymbol{d}_2 \end{cases}$$

定理 3.5 如果矩阵 $\boldsymbol{A}$ 为严格对角占优矩阵或为不可约弱对角占优矩阵，则 $\boldsymbol{A}$ 为非奇异矩阵。

证明 这里只证明第一种情况，第二种情况的证明可参阅文献[1]。

假设 $\boldsymbol{A}$ 为严格对角占优矩阵且 $\boldsymbol{A}$ 奇异，则齐次线性方程组 $\boldsymbol{A}\boldsymbol{x}=\boldsymbol{0}$ 有非零解 $\boldsymbol{x}$。不妨假设 $|x_i| = \|\boldsymbol{x}\|_\infty$，则 $x_i \neq 0$ 且有

$$a_{ii}x_i + \sum_{\substack{j=1 \\ j \neq i}}^{n} a_{ij}x_j = 0$$

此式两边取范数，有

$$|a_{ii}| = \frac{1}{|x_i|}\left|\sum_{\substack{j=1 \\ j \neq i}}^{n} a_{ij}x_j\right| \leqslant \left|\sum_{\substack{j=1 \\ j \neq i}}^{n} a_{ij}\right| \leqslant \sum_{\substack{j=1 \\ j \neq i}}^{n} |a_{ij}|$$

这与 $\boldsymbol{A}$ 为严格对角占优矩阵矛盾，故 $\boldsymbol{A}$ 为非奇异矩阵。

定理 3.6 如果矩阵 $\boldsymbol{A}$ 为严格对角占优矩阵或为不可约弱对角占优，则 Jacobi 迭代法和 G-S 迭代法都收敛。

证明 对于 Jacobi 迭代法只需证明 $\rho(\boldsymbol{B}_{\mathrm{J}})<1$。首先，$\boldsymbol{A}$ 为严格对角占优矩阵或为不可约弱对角占优，保证了其所有对角元 $|a_{ii}|>0$。假设 λ 是 $\boldsymbol{B}_{\mathrm{J}}$ 的一个特征值满足 $|\lambda| \geqslant 1$，则矩阵 $\lambda\boldsymbol{D}-\boldsymbol{L}-\boldsymbol{U}$ 一定是严格对角占优或不可约弱对角占优的，由定理 3.5 知 $\lambda\boldsymbol{D}-\boldsymbol{L}-\boldsymbol{U}$ 是非奇异的。由

$$\lambda\boldsymbol{I} - \boldsymbol{B}_{\mathrm{J}} = \lambda\boldsymbol{I} - \boldsymbol{D}^{-1}(\boldsymbol{L}+\boldsymbol{U}) = \boldsymbol{D}^{-1}(\lambda\boldsymbol{D}-\boldsymbol{L}-\boldsymbol{U})$$

得

$$\det(\lambda\boldsymbol{I} - \boldsymbol{B}_{\mathrm{J}}) = \det(\boldsymbol{D}^{-1})\det(\lambda\boldsymbol{D}-\boldsymbol{L}-\boldsymbol{U}) \neq 0$$

故 λ 不是 $\boldsymbol{B}_{\mathrm{J}}$ 的特征值，与假设矛盾。从而 $\boldsymbol{B}_{\mathrm{J}}$ 所有特征值的模都小于 1，即有 $\rho(\boldsymbol{B}_{\mathrm{J}})<1$。

对于 G-S 迭代法的收敛性，有

$$\lambda \boldsymbol{I}-\boldsymbol{B}_{\mathrm{G}}=\lambda \boldsymbol{I}-(\boldsymbol{D}-\boldsymbol{L})^{-1} \boldsymbol{U}=(\boldsymbol{D}-\boldsymbol{L})^{-1}(\lambda \boldsymbol{D}-\lambda \boldsymbol{L}-\boldsymbol{U})$$

通过考察矩阵 $\lambda \boldsymbol{D}-\lambda \boldsymbol{L}-\boldsymbol{U}$ 可以类似地证明。

3.1.4 收敛速度

采用不同算法求解同一种类型的线性方程组时，需要进行算法比较，从而确定一个最适合的算法。收敛速度是衡量一个算法是否高效的重要指标。

由单步线性定常迭代法误差向量的递推公式(3.14)知

$$\|\boldsymbol{\varepsilon}_k\| \leqslant \|\boldsymbol{M}^k\|\|\boldsymbol{\varepsilon}_0\| \tag{3.24}$$

一般而言，初始误差 $\|\boldsymbol{\varepsilon}_0\|$ 是未知但是不变的。通常用 $\|\boldsymbol{M}^k\|$ 的大小刻画迭代法的收敛速度。算法 k 次迭代的平均收敛速度定义为

$$R_k(\boldsymbol{M})=-\frac{\ln \|\boldsymbol{M}^k\|}{k} \tag{3.25}$$

当 k 充分大时，$\|\boldsymbol{M}^k\|$ 将会变得充分小，从而 $R_k(\boldsymbol{M})>0$。$R_k(\boldsymbol{M})$ 越大，说明算法的收敛速度越快。

定理 3.7　设 $\mathbf{A} \in \mathbb{R}^{n \times n}$，$\|\cdot\|$ 是任一矩阵范数。则

$$\lim_{k \rightarrow \infty}\|\mathbf{A}^k\|^{\frac{1}{k}}=\rho(\mathbf{A})$$

证明　由式(2.23)知

$$(\rho(\mathbf{A}))^k=\rho(\mathbf{A}^k) \leqslant \|\mathbf{A}^k\|$$

所以

$$\rho(\mathbf{A}) \leqslant \|\mathbf{A}^k\|^{\frac{1}{k}}$$

另外，对于任意的 $\varepsilon>0$，显然矩阵

$$\mathbf{A}_{\varepsilon}=\frac{1}{\rho(\mathbf{A})+\varepsilon} \mathbf{A}$$

满足 $\rho(\mathbf{A}_{\varepsilon})<1$。由定理 3.1 知，$\lim\limits_{k \rightarrow \infty} \mathbf{A}_{\varepsilon}^k=0$。因此，存在足够大的自然数 $K>0$，当 $k \geqslant K$ 时，有

$$\|\mathbf{A}_{\varepsilon}^k\|=\left\|\left(\frac{1}{\rho(\mathbf{A})+\varepsilon} \mathbf{A}\right)^k\right\| \leqslant 1$$

即

$$\|\mathbf{A}^k\| \leqslant(\rho(\mathbf{A})+\varepsilon)^k$$

从而，对于任意的 $\varepsilon>0$，存在足够大的自然数 $K>0$，当 $k>K$ 时，有

$$\rho(\mathbf{A}) \leqslant\|\mathbf{A}^k\|^{\frac{1}{k}} \leqslant \rho(\mathbf{A})+\varepsilon$$

即

$$\lim_{k \rightarrow \infty}\|\mathbf{A}^k\|^{\frac{1}{k}}=\rho(\mathbf{A})$$

算法整个迭代过程的收敛速度可以通过 $k \rightarrow \infty$ 来实现。定义

$$R_{\infty}(\boldsymbol{M})=\lim_{k \rightarrow \infty} R_k(\boldsymbol{M})$$

为算法的渐近收敛速度。由定理 3.7 和式(3.25)知，单步定常迭代法的渐近收敛速度为

$$R_{\infty}(\boldsymbol{M})=-\ln \rho(\boldsymbol{M})$$

第 2 节　超松弛迭代法

3.2.1　迭代格式

在 G-S 迭代法的迭代格式(3.7)中，$\boldsymbol{x}_k$ 中的分量 $x_i^{(k)}(i=1,2,\cdots,n)$可以看成是当前步部分分量

$$x_j^{(k)} \quad (j=1,2,\cdots,i-1)$$

的信息和第 $k-1$ 步部分分量

$$x_j^{(k-1)} \quad (j=i+1,\cdots,n)$$

的信息通过系数矩阵的元素加权求和得到的。如果能够引入一个参数 ω 来调整这两部分信息的权重，就可以对 G-S 迭代法进行修正。这种方法称为松弛迭代法，分为以下两个步骤：

(1) 首先用 G-S 迭代格式(3.7)计算辅助向量

$$\tilde{x}_i^{(k+1)}=\left(b_i-\sum_{j=1}^{i-1}a_{ij}x_j^{(k+1)}-\sum_{j=i+1}^{n}a_{ij}x_j^{(k)}\right)/a_{ii} \tag{3.26}$$

(2) 再由 $x_i^{(k)}$ 与 $\tilde{x}_i^{(k+1)}$ 取加权平均得到 $x_i^{(k+1)}$，即

$$x_i^{(k+1)}=(1-\omega)x_i^{(k)}+\omega\tilde{x}_i^{(k+1)}=x_i^{(k)}+\omega(\tilde{x}_i^{(k+1)}-x_i^{(k)}) \tag{3.27}$$

其中，$\Delta x_i^{(k)}=\tilde{x}_i^{(k+1)}-x_i^{(k)}$ 称为 $x_i^{(k)}$ 的修正项；参数 ω 称为松弛因子。当 $\omega>1$ 时，相应的迭代法叫作逐次超松弛迭代法(successive over relaxation method)，简称 SOR 方法；当 $\omega<1$ 时，叫作逐次低松弛迭代法(successive under relaxation method)；当 $\omega=1$ 时，就退化到 G-S 迭代法。

令 $\boldsymbol{x}_k=(x_1^{(k)},x_2^{(k)},\cdots,x_n^{(k)})^{\mathrm{T}}$，式(3.26)和式(3.27)写成矩阵形式，可得松弛迭代法的迭代格式为

$$\boldsymbol{x}_{k+1}=\boldsymbol{L}_\omega\boldsymbol{x}_k+\omega(\boldsymbol{D}-\omega\boldsymbol{L})^{-1}+\boldsymbol{b} \tag{3.28}$$

其中

$$\boldsymbol{L}_\omega=(\boldsymbol{D}-\omega\boldsymbol{L})^{-1}[(1-\omega)\boldsymbol{D}+\omega\boldsymbol{U}] \tag{3.29}$$

叫作松弛迭代法的迭代矩阵。

3.2.2　SOR 方法的收敛性分析

由单步定常迭代法的收敛性基本定理 3.2 可知，SOR 迭代法收敛的充要条件是

$$\rho(\boldsymbol{L}_\omega)<1 \tag{3.30}$$

显然，式(3.30)与 ω 有关。由式(3.30)可得下面的结论。

定理 3.8　SOR 迭代法收敛的必要条件是 $0<\omega<2$。

证明　假设 SOR 迭代法收敛，即式(3.30)成立。设 $\lambda_1,\lambda_2,\cdots,\lambda_n$ 是 $\boldsymbol{L}_\omega$ 的特征值，则有

$$|\det(\boldsymbol{L}_\omega)|=|\lambda_1\lambda_2\cdots\lambda_n|<1$$

另外，由式(3.29)知

$$\boldsymbol{L}_\omega=(\boldsymbol{I}-\omega\boldsymbol{D}^{-1}\boldsymbol{L})^{-1}[(1-\omega)\boldsymbol{I}+\omega\boldsymbol{D}^{-1}\boldsymbol{U}]$$

并且

$$\det(\boldsymbol{I}-\omega\boldsymbol{D}^{-1}\boldsymbol{L})^{-1}=1,\det[(1-\omega)\boldsymbol{I}+\omega\boldsymbol{D}^{-1}\boldsymbol{U}]=(1-\omega)^n$$

所以,有

$$|\det(\boldsymbol{L}_\omega)|=|(1-\omega)^n|<1$$

即有

$$|1-\omega|<1$$

所以,SOR 迭代法收敛的必要条件是 $0<\omega<2$。

定理 3.9 若线性方程组的系数矩阵是对称正定矩阵,则当 $0<\omega<2$ 时,SOR 迭代法收敛。

证明 类似于定理 3.4 的证明。

令 λ 是式(3.28)SOR 迭代矩阵 $\boldsymbol{L}_\omega$ 的一个特征值,$\boldsymbol{u}$ 是相应的特征向量。即

$$(\boldsymbol{D}-\omega\boldsymbol{L})^{-1}[(1-\omega)\boldsymbol{D}+\omega\boldsymbol{U}]\boldsymbol{u}=\lambda\boldsymbol{u} \tag{3.31}$$

因为 $\boldsymbol{A}$ 是对称正定的,所以 $\boldsymbol{U}=\boldsymbol{L}^{\mathrm{T}}$,且有

$$\lambda(\boldsymbol{D}-\omega\boldsymbol{L})\boldsymbol{u}=[(1-\omega)\boldsymbol{D}+\omega\boldsymbol{L}^{\mathrm{T}}]\boldsymbol{u}$$

等式两端左乘以 $\boldsymbol{u}^*$ 可得

$$\lambda\boldsymbol{u}^*(\boldsymbol{D}-\omega\boldsymbol{L})\boldsymbol{u}=\boldsymbol{u}^*[(1-\omega)\boldsymbol{D}+\omega\boldsymbol{L}^{\mathrm{T}}]\boldsymbol{u} \tag{3.32}$$

令

$$\boldsymbol{u}^*\boldsymbol{D}\boldsymbol{u}=\delta,\boldsymbol{u}^*\boldsymbol{L}\boldsymbol{u}=\alpha+\boldsymbol{i}\beta$$

则有

$$\boldsymbol{u}^*\boldsymbol{L}^{\mathrm{T}}\boldsymbol{u}=(\boldsymbol{u}^*\boldsymbol{L}^{\mathrm{T}}\boldsymbol{u})^{\mathrm{T}}=\overline{\boldsymbol{u}^*\boldsymbol{L}\boldsymbol{u}}=\alpha-\boldsymbol{i}\beta$$

于是,式(3.32)可变形为

$$\lambda[\delta-\omega(\alpha+\boldsymbol{i}\beta)]=(1-\omega)\delta+\omega(\alpha-\boldsymbol{i}\beta)$$

等式两边取模平方,可得

$$|\lambda|^2=\frac{[(1-\omega)\delta+\omega\alpha]^2+\omega^2\beta^2}{(\delta-\omega\alpha)^2+\omega^2\beta^2} \tag{3.33}$$

另外,由矩阵 $\boldsymbol{A}$ 是对称正定的,得 $\delta>0$ 且

$$0<\boldsymbol{u}^*\boldsymbol{A}\boldsymbol{u}=\boldsymbol{u}^*(\boldsymbol{D}-\boldsymbol{L}-\boldsymbol{L}^{\mathrm{T}})\boldsymbol{u}=\delta-2\alpha$$

于是

$$\begin{aligned}
&(\delta-\omega\alpha)^2+\omega^2\beta^2-[(1-\omega)\delta+\omega\alpha]^2-\omega^2\beta^2\\
&=\delta^2-2\omega\delta\alpha-(1-\omega)^2\delta^2-2(1-\omega)\omega\delta\alpha\\
&=\delta^2-(1-\omega)^2\delta^2-4\omega\delta\alpha+2\omega^2\delta\alpha\\
&=\delta^2\omega(2-\omega)-2\omega\delta\alpha(2-\omega)\\
&>\delta(\delta-2\alpha)(2-\omega)\omega
\end{aligned}$$

上式中最后一个不等式的每一项都大于零,所以,$|\lambda|<1$。由定理 3.2 知,SOR 迭代法收敛。

定理 3.10 若线性方程组的系数矩阵严格对角占优,或者不可约弱对角占优且松弛因子满足 $0<\omega\leqslant 1$,则 SOR 迭代法收敛。

该定理的证明类似于定理 3.6,这里从略。

例 3.1 考虑第 2 章的应用案例,采用超松弛迭代法求解线性方程组(2.30)。

解 由 SOR 迭代公式(3.26)和公式(3.27)可得

$$\begin{cases} x_1^{(k+1)} = (1-\omega)x_1^{(k)} + \dfrac{\omega}{4}(2x_2^{(k)} + 4x_3^{(k)} + 10) \\ x_2^{(k+1)} = (1-\omega)x_2^{(k)} + \dfrac{\omega}{17}(2x_1^{(k+1)} - 10x_3^{(k)} + 3) \qquad (k=0,1,2\cdots) \\ x_3^{(k+1)} = (1-\omega)x_3^{(k)} + \dfrac{\omega}{9}(4x_1^{(k+1)} - 10x_2^{(k+1)} - 7) \end{cases}$$

选取初值 $\boldsymbol{x}^{(0)}=(0,0,0,0)^{\mathrm{T}}$，松弛因子 $\omega=1.46$，要求解的精度满足

$$\|\boldsymbol{x}^{(k+1)} - \boldsymbol{x}^{(k)}\|_{\infty} < 10^{-6}$$

迭代过程产生的结果见表 3.1。

表 3.1　例 3.1 迭代结果

k	$\boldsymbol{x}_k$
1	$(4.500\,0,1.270\,6,-0.341\,2)^{\mathrm{T}}$
2	$(4.429\,4,-0.034\,9,0.086\,2)^{\mathrm{T}}$
3	$(3.480\,3,0.991\,3,-0.667\,3)^{\mathrm{T}}$
4	$(1.406\,8,0.529\,1,-0.798\,9)^{\mathrm{T}}$
…	…
66	$(2.000\,0,1.000\,0,-1.000\,0)^{\mathrm{T}}$

该方程组的精确解为 $\boldsymbol{x}_*=(2,1,-1)^{\mathrm{T}}$，只需迭代 66 次便可达到精度要求。

如果取 $\omega=1$(即 G-S 迭代法)和同一初值 $\boldsymbol{x}^{(0)}=(0,0,0)^{\mathrm{T}}$，要达到同样的精度，需要迭代 89 次。

第 3 节　共轭梯度法

实际问题中很多情况下线性方程组(3.1)的系数矩阵是对称正定的，共轭梯度法(conjugate gradient method)是求解这类线性方程组最常用的迭代方法之一，它是由 Hestenes 和 Stiefel 于 1952 年首先提出的[2]，经过近几十年的发展，该方法已经有了比较成熟的理论体系。共轭梯度法又称 CG 方法，后面的理论分析表明它至多 n 步一定可以得到线性方程组的解。从这个角度来讲的话，CG 方法又可以看成是直接法的一种。

容易验证，如果 $\boldsymbol{A}$ 是 n 阶对称正定矩阵，那么对于任意两个 n 维向量 $\boldsymbol{x},\boldsymbol{y}$ 可以定义 $\boldsymbol{A}$-内积

$$(\boldsymbol{x},\boldsymbol{y})_A = \boldsymbol{x}^{\mathrm{T}}\boldsymbol{A}\boldsymbol{y} \tag{3.34}$$

进一步，可以定义向量的 $\boldsymbol{A}$-范数

$$\|\boldsymbol{x}\|_A = \sqrt{(\boldsymbol{x},\boldsymbol{x})_A} \tag{3.35}$$

为了更好地了解共轭梯度法，首先介绍求解对称正定线性方程组的最速下降法。

3.3.1　最速下降法

假设系数矩阵 $\boldsymbol{A}$ 是 n 阶对称正定的，求解线性方程组(3.1)的解 $\boldsymbol{x}_*$ 等价于寻求下面的二次泛函

$$\varphi(\boldsymbol{x})=\boldsymbol{x}^{\mathrm{T}}\boldsymbol{A}\boldsymbol{x}-2\boldsymbol{b}^{\mathrm{T}}\boldsymbol{x} \tag{3.36}$$

的极小值点。

令 $\boldsymbol{r}=\boldsymbol{b}-\boldsymbol{A}\boldsymbol{x}$，由

$$\frac{\partial\varphi}{\partial x_i}=2(a_{i1}x_1+\cdots+a_{in}x_{in})-2b_i \quad (i=1,2,\cdots,n)$$

$\varphi(\boldsymbol{x})$的梯度可以表示为

$$\mathbf{grad}\ \varphi(\boldsymbol{x})=2(\boldsymbol{A}\boldsymbol{x}-\boldsymbol{b})=-2\boldsymbol{r} \tag{3.37}$$

若 $\varphi(\boldsymbol{x})$在 $\boldsymbol{x}_*$ 达到极小，则有 $\mathbf{grad}\ \varphi(\boldsymbol{x}_*)=0$，即 $\boldsymbol{A}\boldsymbol{x}_*=\boldsymbol{b}$。

反过来，若 $\boldsymbol{x}_*$ 是线性方程组(3.1)的解，则对任一向量 $\boldsymbol{y}$，有

$$\begin{aligned}\varphi(\boldsymbol{x}_*+\boldsymbol{y})&=(\boldsymbol{x}_*+\boldsymbol{y})^{\mathrm{T}}\boldsymbol{A}(\boldsymbol{x}_*+\boldsymbol{y})-2\boldsymbol{b}^{\mathrm{T}}(\boldsymbol{x}_*+\boldsymbol{y})\\&=\boldsymbol{x}_*^{\mathrm{T}}\boldsymbol{A}\boldsymbol{x}_*-2\boldsymbol{b}^{\mathrm{T}}\boldsymbol{x}_*+\boldsymbol{y}^{\mathrm{T}}\boldsymbol{A}\boldsymbol{y}\\&=\varphi(\boldsymbol{x}_*)+\boldsymbol{y}^{\mathrm{T}}\boldsymbol{A}\boldsymbol{y}\\&\geqslant\varphi(\boldsymbol{x}_*)\end{aligned}$$

即 $\boldsymbol{x}_*$ 是 $\varphi(\boldsymbol{x})$的极小值点。

下面考虑求解式(3.3)中二次泛函的极小值点。

首先，对于任意给定的初始向量 $\boldsymbol{x}_0$，选择一个方向 $\boldsymbol{p}_0$，在直线$\boldsymbol{x}=\boldsymbol{x}_0+\alpha\boldsymbol{p}_0$ 上寻找一点

$$\boldsymbol{x}_1=\boldsymbol{x}_0+\alpha_0\boldsymbol{p}_0$$

使得 $\varphi(\boldsymbol{x})$在直线 $\boldsymbol{x}=\boldsymbol{x}_0+\alpha\boldsymbol{p}_0$ 上所有点的函数值中达到最小，即

$$\varphi(\boldsymbol{x}_1)=\varphi(\boldsymbol{x}_0+\alpha_0\boldsymbol{p}_0)\leqslant\varphi(\boldsymbol{x}_0+\alpha\boldsymbol{p}_0)$$

接着从 $\boldsymbol{x}_1$ 出发，选择一个方向 $\boldsymbol{p}_1$，在直线 $\boldsymbol{x}=\boldsymbol{x}_1+\alpha\boldsymbol{p}_1$ 上确定一点

$$\boldsymbol{x}_2=\boldsymbol{x}_1+\alpha_1\boldsymbol{p}_1$$

使得 $\varphi(\boldsymbol{x})$在直线 $\boldsymbol{x}=\boldsymbol{x}_1+\alpha\boldsymbol{p}_1$ 上所有点的函数值中达到最小，即

$$\varphi(\boldsymbol{x}_2)=\varphi(\boldsymbol{x}_1+\alpha_1\boldsymbol{p}_1)\leqslant\varphi(\boldsymbol{x}_1+\alpha\boldsymbol{p}_1)$$

按照这样的路线依次继续下去，可以得到 $\alpha_0,\alpha_1,\cdots$ 和 $\boldsymbol{p}_0,\boldsymbol{p}_1,\cdots$ 两组序列。其中，序列$\{\alpha_k\},\{\boldsymbol{p}_k\}$分别被称为步长和方向向量。

一般地，在点 $\boldsymbol{x}_k$ 处选择方向向量 $\boldsymbol{p}_k$ 后，在直线 $\boldsymbol{x}=\boldsymbol{x}_k+\alpha\boldsymbol{p}_k$ 上通过选取步长 α_k 确定一点

$$\boldsymbol{x}_{k+1}=\boldsymbol{x}_k+\alpha_k\boldsymbol{p}_k \tag{3.38}$$

使得

$$\varphi(\boldsymbol{x}_{k+1})=\varphi(\boldsymbol{x}_k+\alpha_k\boldsymbol{p}_k)\leqslant\varphi(\boldsymbol{x}_k+\alpha\boldsymbol{p}_k)$$

关于步长 α_k 和方向向量 $\boldsymbol{p}_k$，采用不同的选取方法可以得到不同的算法。通常情况下负梯度方向是使 $\varphi(\boldsymbol{x})$下降速度最快的方向，于是由式(3.37)知，选取方向向量

$$\boldsymbol{p}_k=\boldsymbol{r}_k \tag{3.39}$$

下面在直线 $\boldsymbol{x}=\boldsymbol{x}_k+\alpha\boldsymbol{r}_k$ 上选取步长 α_k，确定点 $\boldsymbol{x}_{k+1}=\boldsymbol{x}_k+\alpha_k\boldsymbol{r}_k$，使得

$$\varphi(\boldsymbol{x}_{k+1})=\varphi(\boldsymbol{x}_k+\alpha_k\boldsymbol{r}_k)\leqslant\varphi(\boldsymbol{x}_k+\alpha\boldsymbol{r}_k) \tag{3.40}$$

由式(3.36)，令

$$\begin{aligned}f(\alpha)&=\varphi(\boldsymbol{x}_k+\alpha\boldsymbol{r}_k)\\&=(\boldsymbol{x}_k+\alpha\boldsymbol{r}_k)^{\mathrm{T}}\boldsymbol{A}(\boldsymbol{x}_k+\alpha\boldsymbol{r}_k)-2\boldsymbol{b}^{\mathrm{T}}(\boldsymbol{x}_k+\alpha\boldsymbol{r}_k)\\&=\alpha^2\boldsymbol{r}_k^{\mathrm{T}}\boldsymbol{A}r_k-2\alpha\boldsymbol{r}^{\mathrm{T}}\boldsymbol{r}_k+\varphi(\boldsymbol{x}_k)\end{aligned}$$

极小值点可以由

$$f'(\alpha)=2\alpha \boldsymbol{r}_k^{\mathrm{T}}\boldsymbol{A}\boldsymbol{r}_k-2\boldsymbol{r}_k^{\mathrm{T}}\boldsymbol{r}_k=0$$

来确定，由此得

$$\alpha_k=\frac{\boldsymbol{r}_k^{\mathrm{T}}\boldsymbol{r}_k}{\boldsymbol{r}_k^{\mathrm{T}}\boldsymbol{A}\boldsymbol{r}_k} \tag{3.41}$$

并且式(3.41)确定的 α_k 还满足 $\varphi(\boldsymbol{x}_{k+1})<\varphi(\boldsymbol{x}_k)$。事实上，只要 $\boldsymbol{r}_k\neq 0$，就有

$$\begin{aligned}\varphi(\boldsymbol{x}_{k+1})-\varphi(\boldsymbol{x}_k)&=\varphi(\boldsymbol{x}_k+\alpha_k\boldsymbol{r}_k)-\varphi(\boldsymbol{x}_k)\\&=\alpha_k^2\boldsymbol{r}_k^{\mathrm{T}}\boldsymbol{A}\boldsymbol{r}_k-2\alpha_k\boldsymbol{r}_k^{\mathrm{T}}\boldsymbol{r}_k\\&=-\frac{(\boldsymbol{r}_k^{\mathrm{T}}\boldsymbol{r}_k)^2}{\boldsymbol{r}_k^{\mathrm{T}}\boldsymbol{A}\boldsymbol{r}_k}<0\end{aligned}$$

所以算法可以一直进行下去，直至 $\boldsymbol{r}_k=0$，从而得到对称正定线性方程组的解。

下面结合式(3.39)和式(3.41)，给出求解对称正定线性方程组的最速下降法。

算法 3.1 选取初值 $\boldsymbol{x}_0$；$\boldsymbol{r}_0=\boldsymbol{b}-\boldsymbol{A}\boldsymbol{x}_0$；tol$>0$；

$k=0$

while $\|\boldsymbol{r}_k\|>$tol

  $k=k+1$

  $\alpha_{k-1}=\boldsymbol{r}_{k-1}^{\mathrm{T}}\boldsymbol{r}_{k-1}/\boldsymbol{r}_{k-1}^{\mathrm{T}}\boldsymbol{A}\boldsymbol{r}_{k-1}$；

  $\boldsymbol{x}_k=\boldsymbol{x}_{k-1}+\alpha_{k-1}\boldsymbol{r}_{k-1}$；

  $\boldsymbol{r}_k=\boldsymbol{b}-\boldsymbol{A}\boldsymbol{x}_k$；

end

3.3.2 共轭梯度法

由最速下降法的形成过程可知，方向向量 $\boldsymbol{p}_k$ 的选取和步长 α_k 的确定可以使二次泛函 $\varphi(\boldsymbol{x})$在当前步选定的方向上达到最小并且小于上一步的函数值，所以 $\boldsymbol{p}_k$ 是局部最优的下降方向。从全局来看，在花费不是太大的条件下每一步能选择一个更好的下降方向将会使得最速下降法得以改进，这就是下面介绍的共轭梯度法。

共轭梯度法的第一步与最速下降法相同。对于任意给定初始向量 $\boldsymbol{x}_0$ 选取负梯度方向为方向向量，即 $\boldsymbol{p}_0=\boldsymbol{r}_0$，则有

$$\alpha_0=\frac{\boldsymbol{r}_0^{\mathrm{T}}\boldsymbol{r}_0}{\boldsymbol{r}_0^{\mathrm{T}}\boldsymbol{A}\boldsymbol{r}_0}$$

$$\boldsymbol{x}_1=\boldsymbol{x}_0+\alpha_0\boldsymbol{r}_0$$

$$\boldsymbol{r}_1=\boldsymbol{b}-\boldsymbol{A}\boldsymbol{x}_1=\boldsymbol{r}_0-\alpha_0\boldsymbol{A}\boldsymbol{r}_0$$

一般地，共轭梯度法的第 $k+1(k\geqslant 1)$步不是在直线上寻求 $\varphi(\boldsymbol{x})$的最小值，而是在过点 $\boldsymbol{x}_k$ 且由向量 $\boldsymbol{r}_k$ 和 $\boldsymbol{p}_{k-1}$张成的二维平面上来寻求最小，这是与最速下降法本质的不同。注意，这里的向量 $\boldsymbol{r}_k$ 和 $\boldsymbol{p}_{k-1}$都是第 k 步的已知结果且 $\boldsymbol{r}_k^{\mathrm{T}}\boldsymbol{p}_{k-1}=0$(见定理 3.11)。我们把二维平面记为

$$\pi=\{\boldsymbol{x}=\boldsymbol{x}_k+\xi\boldsymbol{r}_k+\eta\boldsymbol{p}_{k-1}:\xi,\eta\in\mathbb{R}\}$$

下面在平面 π 上通过选取 ξ_0,η_0 确定方向向量 $\boldsymbol{p}_k$ 使得 $\varphi(\boldsymbol{x})$的下降速度最快。由式(3.36)，ξ_0,η_0 可由

$$\begin{aligned}g(\xi,\eta)&=\varphi(\boldsymbol{x}_k+\xi\boldsymbol{r}_k+\eta\boldsymbol{p}_{k-1})\\&=(\boldsymbol{x}_k+\xi\boldsymbol{r}_k+\eta\boldsymbol{p}_{k-1})^{\mathrm{T}}\boldsymbol{A}(\boldsymbol{x}_k+\xi\boldsymbol{r}_k+\eta\boldsymbol{p}_{k-1})-2\boldsymbol{b}^{\mathrm{T}}(\boldsymbol{x}_k+\xi\boldsymbol{r}_k+\eta\boldsymbol{p}_{k-1})\end{aligned} \tag{3.42}$$

通过

$$\begin{cases}\dfrac{\partial g}{\partial \xi}=2(\xi \boldsymbol{r}_k^{\mathrm{T}}\boldsymbol{A}\boldsymbol{r}_k+\eta\,\boldsymbol{r}_k^{\mathrm{T}}\boldsymbol{A}\boldsymbol{p}_{k-1}-\boldsymbol{r}_k^{\mathrm{T}}\boldsymbol{r}_k)=0\\ \dfrac{\partial g}{\partial \eta}=2(\xi \boldsymbol{r}_k^{\mathrm{T}}\boldsymbol{A}\boldsymbol{p}_{k-1}+\eta \boldsymbol{p}_{k-1}^{\mathrm{T}}\boldsymbol{A}\boldsymbol{p}_{k-1})=0\end{cases}\tag{3.43}$$

得到，并且上式蕴含着只要 $\boldsymbol{r}_k\neq 0$，必有 $\xi_0\neq 0$。从而 $\varphi(\boldsymbol{x})$在平面 π 内有唯一的极小值点

$$\tilde{\boldsymbol{x}}=\boldsymbol{x}_k+\xi_0\boldsymbol{r}_k+\eta_0\boldsymbol{p}_{k-1}\tag{3.44}$$

于是，方向向量可以取

$$\boldsymbol{p}_k=\frac{1}{\xi_0}(\tilde{\boldsymbol{x}}-\boldsymbol{x}_k)=\boldsymbol{r}_k+\frac{\eta_0}{\xi_0}\boldsymbol{p}_{k-1}\tag{3.45}$$

方向向量(3.45)满足 $\boldsymbol{p}_k^{\mathrm{T}}\boldsymbol{A}\boldsymbol{p}_{k-1}=0$，此时称 $\boldsymbol{p}_k,\boldsymbol{p}_{k-1}$ 相互共轭(见定理 3.11)。令 $\beta_{k-1}=\dfrac{\eta_0}{\xi_0}$，结合式(3.43)中第二式，知

$$\beta_{k-1}=\frac{\eta_0}{\xi_0}=-\frac{\boldsymbol{r}_k^{\mathrm{T}}\boldsymbol{A}\boldsymbol{p}_{k-1}}{\boldsymbol{p}_{k-1}^{\mathrm{T}}\boldsymbol{A}\boldsymbol{p}_{k-1}}\tag{3.46}$$

步长 α_k 的选取同式(3.41)，于是有解的更新

$$\boldsymbol{x}_{k+1}=\boldsymbol{x}_k+\alpha_k\boldsymbol{p}_k\tag{3.47}$$

总结上述过程，共轭梯度法的第 $k+1(k\geqslant 1)$步需要做如下更新

$$\begin{cases}\alpha_k=\dfrac{\boldsymbol{r}_k^{\mathrm{T}}\boldsymbol{p}_k}{\boldsymbol{p}_k^{\mathrm{T}}\boldsymbol{A}\boldsymbol{p}_k}\\ \boldsymbol{x}_{k+1}=\boldsymbol{x}_k+\alpha_k\boldsymbol{p}_k\\ \boldsymbol{r}_{k+1}=\boldsymbol{b}-\boldsymbol{A}\boldsymbol{x}_{k+1}\\ \beta_k=-\dfrac{\boldsymbol{r}_{k+1}^{\mathrm{T}}\boldsymbol{A}\boldsymbol{p}_k}{\boldsymbol{p}_k^{\mathrm{T}}\boldsymbol{A}\boldsymbol{p}_k}\\ \boldsymbol{p}_{k+1}=\boldsymbol{r}_{k+1}+\beta_k\boldsymbol{p}_k\end{cases}\tag{3.48}$$

实际计算时，式(3.48)的更新过程可以简化。首先

$$\boldsymbol{r}_{k+1}=\boldsymbol{b}-\boldsymbol{A}\boldsymbol{x}_{k+1}=\boldsymbol{b}-\boldsymbol{A}(\boldsymbol{x}_k+\alpha_k\boldsymbol{p}_k)=\boldsymbol{r}_k-\alpha_k\boldsymbol{A}\boldsymbol{p}_k\tag{3.49}$$

简化 α_k,β_k 需要利用关系式(见定理 3.11)

$$\boldsymbol{r}_k^{\mathrm{T}}\boldsymbol{r}_{k+1}=\boldsymbol{r}_k^{\mathrm{T}}\boldsymbol{p}_{k-1}=\boldsymbol{r}_{k+1}^{\mathrm{T}}\boldsymbol{p}_k=0\quad(k=1,2,\cdots)\tag{3.50}$$

则有

$$\boldsymbol{r}_{k+1}^{\mathrm{T}}\boldsymbol{A}\boldsymbol{p}_k=\frac{1}{\alpha_k}\boldsymbol{r}_{k+1}^{\mathrm{T}}(\boldsymbol{r}_k-\boldsymbol{r}_{k+1})=-\frac{1}{\alpha_k}\boldsymbol{r}_{k+1}^{\mathrm{T}}\boldsymbol{r}_{k+1}$$

$$\begin{aligned}\boldsymbol{p}_{k+1}^{\mathrm{T}}\boldsymbol{A}\boldsymbol{p}_k&=\frac{1}{\alpha_k}\boldsymbol{p}_k^{\mathrm{T}}(\boldsymbol{r}_k-\boldsymbol{r}_{k+1})=\frac{1}{\alpha_k}\boldsymbol{p}_k^{\mathrm{T}}\boldsymbol{r}_k\\&=\frac{1}{\alpha_k}\boldsymbol{r}_k^{\mathrm{T}}(\boldsymbol{r}_k+\beta_{k-1}\boldsymbol{p}_{k-1})=\frac{1}{\alpha_k}\boldsymbol{r}_k^{\mathrm{T}}\boldsymbol{r}_k\end{aligned}$$

由此可得

$$\alpha_k=\frac{\boldsymbol{r}_k^{\mathrm{T}}\boldsymbol{r}_k}{\boldsymbol{p}_k^{\mathrm{T}}\boldsymbol{A}\boldsymbol{p}_k},\beta_k=\frac{\boldsymbol{r}_{k+1}^{\mathrm{T}}\boldsymbol{r}_{k+1}}{\boldsymbol{r}_k^{\mathrm{T}}\boldsymbol{r}_k}\tag{3.51}$$

由式(3.49)和式(3.51)可得共轭梯度法如下：

算法 3.2 选取初始向量 $\boldsymbol{x}_0$；tol>0；

$\boldsymbol{r}_0=\boldsymbol{b}-\boldsymbol{A}\boldsymbol{x}_0$；

$k=0$；

while $\|\boldsymbol{r}_k\|>$tol

  $k=k+1$；

  if $k=1$

    $\boldsymbol{p}_0=\boldsymbol{r}_0$；

  else

    $\beta_{k-2}=\boldsymbol{r}_{k-1}^{\mathrm{T}}\boldsymbol{r}_{k-1}/\boldsymbol{r}_{k-2}^{\mathrm{T}}\boldsymbol{r}_{k-2}$；

    $\boldsymbol{p}_{k-1}=\boldsymbol{r}_{k-1}+\beta_{k-2}\boldsymbol{p}_{k-2}$；

  end

  $\alpha_{k-1}=\boldsymbol{r}_{k-1}^{\mathrm{T}}\boldsymbol{r}_{k-1}/\boldsymbol{p}_{k-1}^{\mathrm{T}}\boldsymbol{A}\boldsymbol{p}_{k-1}$；

  $\boldsymbol{x}_k=\boldsymbol{x}_{k-1}+\alpha_{k-1}\boldsymbol{p}_{k-1}$；

  $\boldsymbol{r}_k=\boldsymbol{r}_{k-1}-\alpha_{k-1}\boldsymbol{A}\boldsymbol{p}_{k-1}$；

end

从共轭梯度法可以看出，算法主要用到的是向量运算，每迭代一次只需要一次矩阵向量积运算，且不需要像 SOR 算法一样进行参数估计。

$k+1$ 维 Krylov 子空间定义为

$$\mathscr{K}(\boldsymbol{A},\boldsymbol{r}_0,k+1)=\mathrm{span}\{\boldsymbol{r}_0,\boldsymbol{A}\boldsymbol{r}_0,\cdots,\boldsymbol{A}^k\boldsymbol{r}_0\}$$

下面给出共轭梯度法产生向量组$\{\boldsymbol{r}_i\}$和$\{\boldsymbol{p}_i\}$的性质。

定理 3.11 共轭梯度法产生向量组$\{\boldsymbol{r}_i\}$和$\{\boldsymbol{p}_i\}$满足

(1) $\boldsymbol{p}_i^{\mathrm{T}}\boldsymbol{r}_j=0\quad(0\leqslant i<j\leqslant k)$；

(2) $\boldsymbol{r}_i^{\mathrm{T}}\boldsymbol{r}_j=0\quad(i\neq j,0\leqslant i,j\leqslant k)$；

(3) $\boldsymbol{p}_i^{\mathrm{T}}\boldsymbol{A}\boldsymbol{p}_j=0\quad(i\neq j,0\leqslant i,j\leqslant k)$；

(4) $\mathrm{span}\{\boldsymbol{r}_0,\cdots,\boldsymbol{r}_k\}=\mathrm{span}\{\boldsymbol{p}_0,\cdots,\boldsymbol{p}_k\}=\mathscr{K}(\boldsymbol{A},\boldsymbol{r}_0,k+1)$。

证明 用数学归纳法证明。当 $k=1$ 时，因为

$$\boldsymbol{p}_0=\boldsymbol{r}_0,\boldsymbol{r}_1=\boldsymbol{r}_0-\alpha_0\boldsymbol{A}\boldsymbol{p}_0,\boldsymbol{p}_1=\boldsymbol{r}_1+\beta_0\boldsymbol{p}_0$$

所以

$$\boldsymbol{r}_1^{\mathrm{T}}\boldsymbol{r}_0=\boldsymbol{r}_0^{\mathrm{T}}(\boldsymbol{r}_0-\alpha_0\boldsymbol{A}\boldsymbol{r}_0)=\boldsymbol{r}_0^{\mathrm{T}}\boldsymbol{r}_0-\alpha_0\boldsymbol{r}_0^{\mathrm{T}}\boldsymbol{A}\boldsymbol{r}_0=0$$

$$\boldsymbol{p}_1^{\mathrm{T}}\boldsymbol{A}\boldsymbol{p}_0=(\boldsymbol{r}_1+\beta_0\boldsymbol{r}_0)^{\mathrm{T}}\boldsymbol{A}\boldsymbol{r}_0=\boldsymbol{r}_1^{\mathrm{T}}\boldsymbol{A}\boldsymbol{r}_0-\frac{\boldsymbol{r}_1^{\mathrm{T}}\boldsymbol{A}\boldsymbol{r}_0}{\boldsymbol{r}_0^{\mathrm{T}}\boldsymbol{A}\boldsymbol{r}_0}\boldsymbol{r}_0^{\mathrm{T}}\boldsymbol{A}\boldsymbol{r}_0=0$$

此时定理结论成立。

假设在第 k 步时结论成立，下面验证第 $k+1$ 步时的结论。

(1) 当 $0\leqslant i\leqslant k-1$ 时，由归纳假设知

$$\boldsymbol{p}_i^{\mathrm{T}}\boldsymbol{r}_{k+1}=\boldsymbol{p}_i^{\mathrm{T}}(\boldsymbol{r}_k-\alpha_k\boldsymbol{A}\boldsymbol{p}_k)=\boldsymbol{p}_i^{\mathrm{T}}\boldsymbol{r}_k-\alpha_k\boldsymbol{p}_i^{\mathrm{T}}\boldsymbol{A}\boldsymbol{p}_k=0$$

又

$$\boldsymbol{p}_k^{\mathrm{T}}\boldsymbol{r}_{k+1}=\boldsymbol{p}_k^{\mathrm{T}}(\boldsymbol{r}_k-\alpha_k\boldsymbol{A}\boldsymbol{p}_k)=\boldsymbol{p}_k^{\mathrm{T}}\boldsymbol{r}_k-\frac{\boldsymbol{r}_k^{\mathrm{T}}\boldsymbol{p}_k}{\boldsymbol{p}_k^{\mathrm{T}}\boldsymbol{A}\boldsymbol{p}_k}\boldsymbol{p}_k^{\mathrm{T}}\boldsymbol{A}\boldsymbol{p}_k=0$$

所以(1)中的结论对 $k+1$ 步也成立。

(2) 由归纳假设知

$$\mathrm{span}\{\boldsymbol{r}_0,\cdots,\boldsymbol{r}_k\}=\mathrm{span}\{\boldsymbol{p}_0,\cdots,\boldsymbol{p}_k\}$$

又由(1)知

$$\boldsymbol{r}_{k+1}\perp \mathrm{span}\{\boldsymbol{p}_0,\cdots,\boldsymbol{p}_1\}$$

所以

$$\boldsymbol{r}_{k+1}\perp \mathrm{span}\{\boldsymbol{r}_0,\cdots,\boldsymbol{r}_1\}$$

即(2)中的结论成立。

(3) 由归纳假设和关系式

$$\boldsymbol{p}_{k+1}=\boldsymbol{r}_{k+1}+\beta_k\boldsymbol{p}_k,\boldsymbol{r}_{i+1}=\boldsymbol{r}_i-\alpha_i\boldsymbol{A}\boldsymbol{p}_i$$

知,对于 $i=0,1,\cdots,k-1$,有

$$\begin{aligned}\boldsymbol{p}_i^{\mathrm{T}}\boldsymbol{A}\boldsymbol{p}_{k+1}&=(\boldsymbol{A}\boldsymbol{p}_i)^{\mathrm{T}}\boldsymbol{p}_{k-1}\\&=\frac{1}{\alpha_i}(\boldsymbol{r}_i-\boldsymbol{r}_{i+1})^{\mathrm{T}}\boldsymbol{r}_{k-1}+\beta_k\boldsymbol{p}_i^{\mathrm{T}}\boldsymbol{A}\boldsymbol{p}_k\\&=\frac{1}{\alpha_i}\boldsymbol{r}_{k+1}^{\mathrm{T}}(\boldsymbol{r}_i-\boldsymbol{r}_{i+1})+\beta_k\boldsymbol{p}_i^{\mathrm{T}}\boldsymbol{A}\boldsymbol{p}_k\\&=0\end{aligned}$$

另外

$$\begin{aligned}\boldsymbol{p}_{k+1}^{\mathrm{T}}\boldsymbol{A}\boldsymbol{p}_k&=(\boldsymbol{r}_{k+1}+\beta_k\boldsymbol{p}_k)^{\mathrm{T}}\boldsymbol{A}\boldsymbol{p}_k\\&=\boldsymbol{r}_{k+1}^{\mathrm{T}}\boldsymbol{A}\boldsymbol{p}_k-\frac{\boldsymbol{r}_{k+1}^{\mathrm{T}}\boldsymbol{A}\boldsymbol{p}_k}{\boldsymbol{p}_k^{\mathrm{T}}\boldsymbol{A}\boldsymbol{p}_k}\boldsymbol{p}_k^{\mathrm{T}}\boldsymbol{A}\boldsymbol{p}_k\\&=0\end{aligned}$$

即(3)中的结论成立。

(4) 由归纳假设知

$$\boldsymbol{r}_k,\boldsymbol{p}_k\in\mathscr{K}(\boldsymbol{A},\boldsymbol{r}_0,k+1)=\mathrm{span}\{\boldsymbol{r}_0,\boldsymbol{A}\boldsymbol{r}_0,\cdots,\boldsymbol{A}^k\boldsymbol{r}_0\}$$

所以

$$\boldsymbol{r}_{k+1}=\boldsymbol{r}_k-\alpha_k\boldsymbol{A}\boldsymbol{p}_k\in\mathscr{K}(\boldsymbol{A},\boldsymbol{r}_0,k+2)=\mathrm{span}\{\boldsymbol{r}_0,\boldsymbol{A}\boldsymbol{r}_0,\cdots,\boldsymbol{A}^{k+1}\boldsymbol{r}_0\}$$

$$\boldsymbol{p}_{k+1}=\boldsymbol{r}_{k+1}+\beta_k\boldsymbol{p}_k\in\mathscr{K}(\boldsymbol{A},\boldsymbol{r}_0,k+2)=\mathrm{span}\{\boldsymbol{r}_0,\boldsymbol{A}\boldsymbol{r}_0,\cdots,\boldsymbol{A}^{k+1}\boldsymbol{r}_0\}$$

又由(2)和(3)的证明知,向量组 $\boldsymbol{r}_0,\cdots,\boldsymbol{r}_{k+1}$ 和 $\boldsymbol{p}_0,\cdots,\boldsymbol{p}_{k+1}$ 都是线性无关的,所以(4)的结论对于 $k+1$ 也同样成立。

由定理 3.11 知,在 Krylov 子空间

$$\mathscr{K}(\boldsymbol{A},\boldsymbol{r}_0,k+1)=\mathrm{span}\{\boldsymbol{r}_0,\boldsymbol{A}\boldsymbol{r}_0,\cdots,\boldsymbol{A}^k\boldsymbol{r}_0\}$$

中,向量组 $\boldsymbol{r}_0,\cdots,\boldsymbol{r}_k$ 和 $\boldsymbol{p}_0,\cdots,\boldsymbol{p}_k$ 分别称为正交基和共轭正交基。因此,共轭梯度法最多 n 步可以得到正定线性方程组的解。

定理 3.12　共轭梯度法产生的近似解 $\{\boldsymbol{x}_k\}$ 满足

$$\varphi(\boldsymbol{x}_k)=\min\{\varphi(\boldsymbol{x}):\boldsymbol{x}\in\boldsymbol{x}_0+\mathscr{K}(\boldsymbol{A},\boldsymbol{r}_0,k)\}$$

等价地

$$\|\boldsymbol{x}_k-\boldsymbol{x}_*\|_{\boldsymbol{A}}=\min\{\|\boldsymbol{x}-\boldsymbol{x}_*\|_{\boldsymbol{A}}:\boldsymbol{x}\in\boldsymbol{x}_0+\mathscr{K}(\boldsymbol{A},\boldsymbol{r}_0,k)\}$$

其中,$\boldsymbol{x}_*=\boldsymbol{A}^{-1}\boldsymbol{b}$ 表示线性方程组(3.1)的真解。

证明　因为 $(\boldsymbol{x}-\boldsymbol{x}_*,\boldsymbol{x}-\boldsymbol{x}_*)_{\boldsymbol{A}}=\varphi(\boldsymbol{x})+(\boldsymbol{x}_*,\boldsymbol{x}_*)_{\boldsymbol{A}}$,所以

$$\min\{\varphi(\boldsymbol{x}):\boldsymbol{x}\in\boldsymbol{x}_0+\mathcal{K}(\boldsymbol{A},\boldsymbol{r}_0,k)\}\Longleftrightarrow\min\{\|\boldsymbol{x}-\boldsymbol{x}_*\|_{\boldsymbol{A}}:\boldsymbol{x}\in\boldsymbol{x}_0+\mathcal{K}(\boldsymbol{A},\boldsymbol{r}_0,k)\}$$

由共轭梯度法知，若在某一步 s 达到了 $\boldsymbol{r}_s=0$，则得到了线性方程组的真解

$$\begin{aligned}\boldsymbol{x}_*&=\boldsymbol{x}_s=\boldsymbol{x}_{s-1}+\alpha_{s-1}\boldsymbol{p}_{s-1}\\&=\boldsymbol{x}_{s-2}+\alpha_{s-2}\boldsymbol{p}_{s-2}+\alpha_{s-1}\boldsymbol{p}_{s-1}\\&=\cdots\cdots\\&=\boldsymbol{x}_0+\alpha_0\boldsymbol{p}_0+\cdots+\alpha_{s-2}\boldsymbol{p}_{s-2}+\alpha_{s-1}\boldsymbol{p}_{s-1}\end{aligned}$$

当 $k<s$ 时，迭代解

$$\boldsymbol{x}_k=\boldsymbol{x}_0+\alpha_0\boldsymbol{p}_0+\cdots+\boldsymbol{a}_{k-1}\boldsymbol{p}_{k-1}\in\boldsymbol{x}_0+\mathcal{K}(\boldsymbol{A},\boldsymbol{r}_0,k)$$

从而

$$\boldsymbol{x}_*-\boldsymbol{x}_k=\alpha_k\boldsymbol{p}_k+\cdots+\alpha_{s-2}\boldsymbol{p}_{s-2}+\alpha_{s-1}\boldsymbol{p}_{s-1}\tag{3.52}$$

对任意的向量 $\boldsymbol{x}\in\boldsymbol{x}_0+\mathcal{K}(\boldsymbol{A},\boldsymbol{r}_0,k)$，由定理 3.10 知

$$\boldsymbol{x}=\boldsymbol{x}_0+\gamma_0\boldsymbol{p}_0+\cdots+\gamma_{k-1}\boldsymbol{p}_{k-1}$$

于是，有

$$\begin{aligned}\boldsymbol{x}_*-\boldsymbol{x}=&(\alpha_0-\gamma_0)\boldsymbol{p}_0+\cdots+(\alpha_{k-1}-\gamma_{k-1})\boldsymbol{p}_{k-1}+\\&\alpha_k\boldsymbol{p}_k+\cdots+\alpha_{s-2}\boldsymbol{p}_{s-2}+\alpha_{s-1}\boldsymbol{p}_{s-1}\end{aligned}\tag{3.53}$$

比较式(3.52)和式(3.53)，由定理 3.11 知

$$\begin{aligned}\|\boldsymbol{x}_*-\boldsymbol{x}\|_{\boldsymbol{A}}^2&=\|(\alpha_0-\gamma_0)\boldsymbol{p}_0+\cdots+(\alpha_{k-1}-\gamma_{k-1})\boldsymbol{p}_{k-1}\|_{\boldsymbol{A}}^2+\\&\quad\|\alpha_k\boldsymbol{p}_k+\cdots+\alpha_{s-2}\boldsymbol{p}_{s-2}+\alpha_{s-1}\boldsymbol{p}_{s-1}\|_{\boldsymbol{A}}^2\\&\geqslant\|\alpha_k\boldsymbol{p}_k+\cdots+\alpha_{s-2}\boldsymbol{p}_{s-2}+\alpha_{s-1}\boldsymbol{p}_{s-1}\|_{\boldsymbol{A}}^2\\&=\|\boldsymbol{x}_*-\boldsymbol{x}_k\|_{\boldsymbol{A}}^2\end{aligned}$$

定理得证。

3.3.3 收敛性分析

下面给出最速下降法和共轭梯度法的收敛性定理。

引理 3.1 设 n 阶方阵 $\boldsymbol{A}$ 的特征值满足

$$\lambda_1\geqslant\cdots\geqslant\lambda_n>0$$

$P_n(t)$是一个关于 t 的 n 次多项式，则对于任意的 $\boldsymbol{x}\in\mathbb{R}^n$ 有

$$\|P_n(\boldsymbol{A})\boldsymbol{x}\|_{\boldsymbol{A}}\leqslant\max_{1\leqslant i\leqslant n}|P_n(\lambda_i)|\|\boldsymbol{x}\|_{\boldsymbol{A}}$$

证明 设 $y_1,\cdots,y_n$ 是矩阵 $\boldsymbol{A}$ 对应于 $\lambda_1,\cdots,\lambda_n$ 的特征向量构成的 $\mathbb{R}^n$ 的一组标准正交基，则对任意的 $\boldsymbol{x}\in\mathbb{R}^n$，有

$$\boldsymbol{x}=\sum_{i=1}^n\alpha_i\boldsymbol{y}_i$$

从而，$P_n(\boldsymbol{A})\boldsymbol{x}=\sum\limits_{i=1}^n\alpha_iP_n(\lambda_i)\boldsymbol{y}_i$。

$$\begin{aligned}(P_n(\boldsymbol{A})\boldsymbol{x},P_n(\boldsymbol{A})\boldsymbol{x})_{\boldsymbol{A}}&=\Big(\sum_{i=1}^n\alpha_iP_n(\lambda_i)\boldsymbol{y}_i,\sum_{i=1}^n\alpha_iP_n(\lambda_i)\boldsymbol{y}_i\Big)_{\boldsymbol{A}}\Big(\sum_{i=1}^n\alpha_iP_n(\lambda_i)\boldsymbol{y}_i,\sum_{i=1}^n\lambda_i\alpha_iP_n(\lambda_i)\boldsymbol{y}_i\Big)_{\boldsymbol{A}}\\&=\sum_{i=1}^n\lambda_i\alpha_i^2P_n^2(\lambda_i)\leqslant\max_{1\leqslant i\leqslant n}P_n^2(\lambda_i)\sum_{i=1}^n\lambda_i\alpha_i^2=\max_{1\leqslant i\leqslant n}P_n^2\lambda_i(\boldsymbol{x},\boldsymbol{x})_{\boldsymbol{A}}\end{aligned}$$

由式(3.35)$\boldsymbol{A}$-范数定义知

$$\| P_n(\boldsymbol{A})\boldsymbol{x} \|_{\boldsymbol{A}} \leqslant \max_{1\leqslant i\leqslant n} | P_n(\lambda_i) | \| \boldsymbol{x} \|_{\boldsymbol{A}}$$

定理 3.13　设 n 阶方阵 $\boldsymbol{A}$ 的特征值满足

$$\lambda_1 \geqslant \cdots \geqslant \lambda_n > 0$$

则最速下降法产生的迭代序列 $\{\boldsymbol{x}_k\}$ 满足

$$\| \boldsymbol{x}_k - \boldsymbol{x}_* \|_{\boldsymbol{A}} \leqslant \left(\frac{\lambda_1 - \lambda_n}{\lambda_1 + \lambda_n}\right)^k \| \boldsymbol{x}_0 - \boldsymbol{x}_* \|_{\boldsymbol{A}} \tag{3.54}$$

其中，$\boldsymbol{x}_* = \boldsymbol{A}^{-1}\boldsymbol{b}$ 表示线性方程组(3.1)的真解。

证明　最速下降法第 k 步产生的 $\boldsymbol{x}_k$ 满足

$$\varphi(\boldsymbol{x}_k) \leqslant \varphi(\boldsymbol{x}_{k-1} + \alpha \boldsymbol{r}_{k-1}) \quad (\alpha \in \mathbb{R})$$

所以对任意的 $\alpha \in \mathbb{R}$，有

$$\begin{aligned}(\boldsymbol{x}_k - \boldsymbol{x}_*, \boldsymbol{x}_k - \boldsymbol{x}_*)_{\boldsymbol{A}} &= \varphi(\boldsymbol{x}_k) + (\boldsymbol{x}_*, \boldsymbol{x}_*)_{\boldsymbol{A}} \\ &\leqslant \varphi(\boldsymbol{x}_{k-1} + \alpha \boldsymbol{r}_{k-1}) + (\boldsymbol{x}_*, \boldsymbol{x}_*)_{\boldsymbol{A}} \\ &= (\boldsymbol{x}_{k-1} + \alpha \boldsymbol{r}_{k-1} - \boldsymbol{x}_*, \boldsymbol{x}_{k-1} + \alpha \boldsymbol{r}_{k-1} - \boldsymbol{x}_*)_{\boldsymbol{A}} \\ &= ((\boldsymbol{I}_n - \alpha \boldsymbol{A})(\boldsymbol{x}_{k-1} - \boldsymbol{x}_*), (\boldsymbol{I}_n - \alpha \boldsymbol{A})(\boldsymbol{x}_{k-1} - \boldsymbol{x}_*))_{\boldsymbol{A}}\end{aligned}$$

记 $P_\alpha(t) = 1 - \alpha t$，由引理 3.1 知

$$\begin{aligned}\| \boldsymbol{x}_k - \boldsymbol{x}_* \|_{\boldsymbol{A}} &\leqslant \| P_\alpha(\boldsymbol{A})(\boldsymbol{x}_{k-1} - \boldsymbol{x}_*) \|_{\boldsymbol{A}} \\ &\leqslant \max_{1\leqslant i\leqslant n} | P_\alpha(\lambda_i) | \| \boldsymbol{x}_{k+1} - \boldsymbol{x}_* \|_{\boldsymbol{A}}\end{aligned}$$

对一切 $\alpha \in \mathbb{R}$ 都成立。由 Chebyshev 多项式的性质[3]，得

$$\min_{\alpha} \max_{\lambda_1 \geqslant t \geqslant \lambda_n} | 1 - \alpha t | = \frac{\lambda_1 - \lambda_n}{\lambda_1 + \lambda_n} \tag{3.55}$$

所以有

$$\| \boldsymbol{x}_k - \boldsymbol{x}_* \|_{\boldsymbol{A}} \leqslant \frac{\lambda_1 - \lambda_n}{\lambda_1 + \lambda_n} \| \boldsymbol{x}_{k-1} - \boldsymbol{x}_* \|_{\boldsymbol{A}} \tag{3.56}$$

关系式(3.56)递推下去，可得定理的结论。

从定理 3.13 可以看出，最速下降法产生的序列最终收敛到线性方程组(3.1)的解，收敛速度取决于系数矩阵特征值的关系式

$$\frac{\lambda_1 - \lambda_n}{\lambda_1 + \lambda_n} \tag{3.57}$$

如果 $\lambda_1 \gg \lambda_n$，也就是系数矩阵的条件数很大的情况下，式(3.57)接近于 1，此时最速下降法将收敛得非常慢，所以不是求解线性方程组的常用方法。

下面给出共轭梯度法的收敛定理。

定理 3.14　在定理 3.13 的假设下，共轭梯度法产生的迭代序列 $\{x_k\}$ 满足

$$\| \boldsymbol{x}_{k-1} - \boldsymbol{x}_* \|_{\boldsymbol{A}} \leqslant 2\left(\frac{\sqrt{\kappa_2(\boldsymbol{A})} - 1}{\sqrt{\kappa_2(\boldsymbol{A})} + 1}\right)^k \| \boldsymbol{x}_0 - \boldsymbol{x}_* \|_{\boldsymbol{A}} \tag{3.58}$$

其中，$\kappa_2(\boldsymbol{A}) = \| \boldsymbol{A} \|_2 \| \boldsymbol{A}^{-1} \|_2$ 表示矩阵 $\boldsymbol{A}$ 的条件数。

证明　由定理 3.11 知，对任意的 $\boldsymbol{x} \in \boldsymbol{x}_0 + \mathcal{K}(\boldsymbol{A}, \boldsymbol{r}_0, k)$，有

$$\begin{aligned}\boldsymbol{x}_* - \boldsymbol{x} &= \boldsymbol{x}_* - \boldsymbol{x}_0 + \alpha_{k1}\boldsymbol{r}_0 + \alpha_{k2}\boldsymbol{A}\boldsymbol{r}_0 + \cdots + \alpha_{kk}\boldsymbol{A}^{k-1}\boldsymbol{r}_0 \\ &= \boldsymbol{A}^{-1}(\boldsymbol{r}_0 + \alpha_{k1}\boldsymbol{A}\boldsymbol{r}_0 + \alpha_{k2}\boldsymbol{A}^2\boldsymbol{r}_0 + \cdots + \alpha_{kk}\boldsymbol{A}^k\boldsymbol{r}_0) \\ &= \boldsymbol{A}^{-1}P_k(\boldsymbol{A})\boldsymbol{r}_0\end{aligned}$$

其中，$P_k(\lambda)=1+\sum_{j=1}^{k}a_{kj}\lambda^j$。

由定理 3.12 和引理 3.1 知

$$\begin{aligned}\|\boldsymbol{x}_k-\boldsymbol{x}_*\|_{\boldsymbol{A}}&=\min\{\|\boldsymbol{x}_k-\boldsymbol{x}_*\|_{\boldsymbol{A}}:x\in x_0+\mathcal{K}(\boldsymbol{A},\boldsymbol{r}_0,k)\}\\&=\min_{P_k\in\mathcal{P}_k}\|\boldsymbol{A}^{-1}P_k(\boldsymbol{A})\boldsymbol{r}_0\|_{\boldsymbol{A}}\\&=\min_{P_k\in\mathcal{P}_k}\|P_k(\boldsymbol{A})\boldsymbol{A}^{-1}\boldsymbol{r}_0\|_{\boldsymbol{A}}\\&\leqslant\min_{P_k\in\mathcal{P}_k}\max_{1\leqslant i\leqslant n}|P_k(\lambda_i)|\|\boldsymbol{A}^{-1}\boldsymbol{r}_0\|_{\boldsymbol{A}}\\&\leqslant\min_{P_k\in\mathcal{P}_k}\max_{\lambda_1\geqslant\lambda\geqslant\lambda_n}|P_k(\lambda_i)|\|\boldsymbol{x}_0-\boldsymbol{x}_*\|_{\boldsymbol{A}}\end{aligned}$$

其中，$\mathcal{P}_k$ 表示所有满足 $P_k(0)=1$ 的次数不超过 k 的实系数多项式的集合。由 Chebyshev 多项式逼近定理[3]知，$\min\limits_{P_k\in\mathcal{P}_k}\max\limits_{\lambda_1\geqslant\lambda\geqslant\lambda_n}|P_k(\lambda)|$有唯一解

$$\widetilde{P}_k(\lambda)=\frac{T_k\left(\dfrac{\lambda_1+\lambda_n-2\lambda}{\lambda_1-\lambda_n}\right)}{T_k\left(\dfrac{\lambda_1+\lambda_n}{\lambda_1-\lambda_n}\right)}$$

其中，$T_k(t)$是 k 次 Chebyshev 多项式。由 Chebyshev 多项式性质知

$$\max_{\lambda_1\geqslant\lambda\geqslant\lambda_n}|\widetilde{P}_k(\lambda)|=\frac{1}{T_k\left(\dfrac{\lambda_1+\lambda_n}{\lambda_1-\lambda_n}\right)}\leqslant 2\left[\frac{\sqrt{\kappa_2(\boldsymbol{A})}-1}{\sqrt{\kappa_2(\boldsymbol{A})}+1}\right]^k$$

于是，有

$$\|\boldsymbol{x}_k-\boldsymbol{x}_*\|_{\boldsymbol{A}}\leqslant 2\left[\frac{\sqrt{\kappa_2(\boldsymbol{A})}-1}{\sqrt{\kappa_2(\boldsymbol{A})}+1}\right]^k\|\boldsymbol{x}_0-\boldsymbol{x}_*\|_{\boldsymbol{A}}$$

定理得证。

从定理 3.14 的结论可以看出，在系数矩阵 $\boldsymbol{A}$ 的条件数不是很大的情况下，共轭梯度法的收敛速度要比最速下降法快得多。

例 3.2 用下面的公式生成一个对称正定矩阵

$$\boldsymbol{A}=\boldsymbol{M}+2r\boldsymbol{N}+\frac{100}{(n+1)^2}\boldsymbol{I}$$

其中，$r=0.01$，$\boldsymbol{M},\boldsymbol{N}\in\mathbb{R}^{n\times n}$为如下的三对角矩阵

$$\boldsymbol{M}=\begin{bmatrix}2.6&-1&&&\\-1&2.6&-1&&\\&\ddots&\ddots&\ddots&\\&&-1&2.6&-1\\&&&-1&2.6\end{bmatrix},\boldsymbol{N}=\begin{bmatrix}0&0.5&&&\\0.5&0&0.5&&\\&\ddots&\ddots&\ddots&\\&&0.5&0&0.5\\&&&0.5&0\end{bmatrix}$$

令 $\boldsymbol{x}_*=(0.5,0.5,\cdots,0.5)^{\mathrm{T}}\in\mathbb{R}^n$，可以形成观测向量 $\boldsymbol{b}=\boldsymbol{A}\boldsymbol{x}_*$。按此构造出一个对称正定线性方程组 $\boldsymbol{A}\boldsymbol{x}=\boldsymbol{b}$ 满足 $\boldsymbol{x}_*$ 为它的精确解。分别用最速下降法和共轭梯度法求解上述对称正定线性方程组(表 3.2，表 3.3)，并对比两种算法在不同情况下的迭代次数，其中

$$\mathrm{res}=\|\boldsymbol{b}-\boldsymbol{A}\boldsymbol{x}\|_2$$

表 3.2　两种方法求解不同规模线性方程组的迭代次数(res$=10^{-15}$)

n	4	8	16	32	48
最速下降法	17	44	80	108	116
共轭梯度法	2	4	8	16	24

表 3.3　固定阶数 $n=16$,两种方法达到不同精度所需要的迭代次数

res	10^{-3}	10^{-6}	10^{-9}	10^{-12}
最速下降法	16	32	48	64
共轭梯度法	8	8	8	8

从表 3.2 和表 3.3 可以看出,最速下降法的收敛速度是比较缓慢的,共轭梯度法的收敛速度较快。

第 4 节　广义极小残量法

如果线性方程组(3.1)的系数矩阵 $\boldsymbol{A}$ 是非对称的,共轭梯度法将不再适用。对于一般的非奇异系数矩阵对应的线性方程组的求解,一个最基本且常用的 Krylov 子空间方法是广义极小残量法,又称 GMRES 方法[4]。

从上一节知道,共轭梯度法求解对称正定线性方程组第 k 步的近似解 $\boldsymbol{x}_k$ 是在仿射空间 $\boldsymbol{x}_0+\mathcal{K}(\boldsymbol{A},\boldsymbol{r}_0,k)$ 中寻找使其极小化二次泛函 $\varphi(\boldsymbol{x})$,即

$$\varphi(\boldsymbol{x}_k)=\min\{\varphi(\boldsymbol{x}):x\in\boldsymbol{x}_0+\mathcal{K}(\boldsymbol{A},\boldsymbol{r}_0,k)\}\tag{3.59}$$

也就是说,第 k 步的残量 $\boldsymbol{r}_k=\boldsymbol{b}-\boldsymbol{A}\boldsymbol{x}_k$ 满足条件

$$\boldsymbol{r}_k\perp\mathcal{K}(\boldsymbol{A},\boldsymbol{r}_0,k)\}\tag{3.60}$$

式(3.60)称为 Galerkin 条件,这就是残量正交化方法的思想,这种思想可以推广到当 $\boldsymbol{A}$ 不是对称正定的情形。

如果线性方程组的系数矩阵 $\boldsymbol{A}$ 不是对称正定的,$\varphi(\boldsymbol{x})$在仿射空间 $\boldsymbol{x}_0+\mathcal{K}(\boldsymbol{A},\boldsymbol{r}_0,k)$内不一定存在极小值,这时可以考虑在仿射空间中寻找近似解 $\boldsymbol{x}_k$ 使其残量达到极小化,即

$$\|\boldsymbol{b}-\boldsymbol{A}\boldsymbol{x}_k\|_2=\min\{\|\boldsymbol{b}-\boldsymbol{A}\boldsymbol{x}\|_2:\boldsymbol{x}\in\boldsymbol{x}_0+\mathcal{K}(\boldsymbol{A},\boldsymbol{r}_0,k)\}\tag{3.61}$$

采用不同的方法求解优化问题(3.61),就会产生不同的求解线性方程组的方法。下面要介绍的基于 Arnoldi 过程求解非对称线性方程组的 GMRES 方法就是其中的一种。

3.4.1　Arnoldi 进程

Arnoldi 进程是指通过正交变换将一个稠密的方阵约化为上 Hessenberg 矩阵的过程。在求解线性方程组时,Arnoldi 进程可以用来生成 Krylov 子空间的正交基。

算法 3.3　选取初始向量 $\boldsymbol{v}_1$,满足 $\|\boldsymbol{v}_1\|_2=1$,tol>0。

for $j=1,2,\cdots,k$

　for $i=1,2,\cdots,j$

$$\boldsymbol{w}_j=\boldsymbol{A}\boldsymbol{v}_j-\sum_{i=1}^{j}(\boldsymbol{A}\boldsymbol{v}_j,\boldsymbol{v}_i)\boldsymbol{v}_i;\ \%\text{Gram-Schmidt 正交化}$$

```
    h_{j+1,j} = ‖w_j‖_2;
    if  h_{j+1,j} < tol
            break;
    else
            v_{j+1} = w_j / h_{j+1,j};
        end
    end
end
```

性质 3.1 假设算法 3.3 进行 k 步不中断，产生的向量序列 $\boldsymbol{v}_1,\boldsymbol{v}_2,\cdots,\boldsymbol{v}_k$ 构成 Krylov 子空间

$$\mathscr{K}(\boldsymbol{A},\boldsymbol{v}_1,k)=\mathrm{span}\{\boldsymbol{v}_1,\boldsymbol{A}\boldsymbol{v}_1,\cdots,\boldsymbol{A}^{k-1}\boldsymbol{v}_1\} \tag{3.62}$$

的一组标准正交基。

证明 显然，算法生成的 $\boldsymbol{v}_j(j=1,2,\cdots,k)$ 是标准正交的。下面证明对任意的 $\boldsymbol{v}_j(j=1,2,\cdots,k)$ 都可以写成 $g_{j-1}(\boldsymbol{A})\boldsymbol{v}_1$ 的形式，其中 $g_{j-1}(t)$ 表示度数为 $j-1$ 的多项式，且满足 $g_{j-1}(0)=1$。显然 $\boldsymbol{v}_1=g_0(\boldsymbol{A})\boldsymbol{v}_1$ 结论成立。假设结论对于 $s-1(s\leqslant k)$ 时成立，考察 $\boldsymbol{v}_s$。由算法知

$$h_{s+1,s}\boldsymbol{v}_s=\boldsymbol{A}\boldsymbol{v}_{s-1}-\sum_{i=1}^{s-1}h_{is}\boldsymbol{v}_i=\boldsymbol{A}g_{s-1}(\boldsymbol{A})\boldsymbol{v}_1-\sum_{i=1}^{s-1}h_{is}g_{i-1}(\boldsymbol{A})\boldsymbol{v}_1 \tag{3.63}$$

式(3.63)表明，$\boldsymbol{v}_s$ 可以表示为度数为 s 的多项式。所以，向量序列 $\boldsymbol{v}_1,\boldsymbol{v}_2,\cdots,\boldsymbol{v}_k$ 构成 Krylov 子空间(3.62)的一组基。

令 $\boldsymbol{V}_k=(\boldsymbol{v}_1,\boldsymbol{v}_2,\cdots,\boldsymbol{v}_k)$，$\overline{\boldsymbol{H}}_k=(h_{ij})\in\mathbb{R}^{(k+1)\times k}$ 是上 Hessenberg 矩阵，$\boldsymbol{H}_k$ 是由 $\overline{\boldsymbol{H}}_k$ 去掉最后一行形成的 k 阶方阵，其中 h_{ij} 由算法 3.3 生成，容易验证下面的关系式

$$\begin{cases}\boldsymbol{A}\boldsymbol{V}_k=\boldsymbol{V}_k\boldsymbol{H}_k+\boldsymbol{w}_k\boldsymbol{e}_k^{\mathrm{T}}=\boldsymbol{V}_{k+1}\overline{\boldsymbol{H}}_k\\ \boldsymbol{V}_k^{\mathrm{T}}\boldsymbol{A}\boldsymbol{V}_k=\boldsymbol{H}_k\end{cases} \tag{3.64}$$

算法 3.3 是基于标准的 Gram-Schmidt 正交化生成 Krylov 子空间的标准正交基，为了减小舍入误差的影响，下面给出基于修正的 Gram-Schmidt 正交化方法的 Arnoldi 进程。

算法 3.4 选取初始向量 $\boldsymbol{v}_1$，满足 $\|\boldsymbol{v}_1\|_2=1$，tol>0.

```
for j = 1,2,…,k
    w_j = A v_j;
    for i = 1,2,…,j
        w_j = w_j − Σ_{i=1}^{j} (w_j, v_j) v_i;  %修正的 Gram-Schmidt 正交化
    end
    h_{j+1,j} = ‖w_j‖_2
        if h_{j+1,j} < tol
            break;
        else
            v_{j+1} = w_j / h_{j+1,j};
        end
end
```

尽管算法 3.4 是算法 3.3 的修正版本，这两个算法在数学上是等价的。另外，还有一种

改进版本是基于 Housholder 变换的 Arnoldi 进程，这里不再列出，感兴趣的读者可以参阅文献[3]。

3.4.2 GMRES 方法

GMRES 方法是基于 Arnoldi 进程形成的 Krylov 子空间(3.62)，在仿射空间 $x_0+\mathscr{K}(\boldsymbol{A},\boldsymbol{v}_1,k)$ 中寻找近似解 $\boldsymbol{x}_k$ 使得残差向量达到极小化，即式(3.61)成立，这里 $\boldsymbol{v}_1=\boldsymbol{r}_0/\|\boldsymbol{r}_0\|_2$。

由式(3.64)知，仿射空间 $\boldsymbol{x}_0+\mathscr{K}(\boldsymbol{A},\boldsymbol{v}_1,k)$ 中任意的向量 $\boldsymbol{x}_k$ 可以写成

$$\boldsymbol{x}_k=\boldsymbol{x}_0+\boldsymbol{V}_k\boldsymbol{y} \tag{3.65}$$

所以，残差向量可以表示为

$$\begin{aligned}\boldsymbol{r}_k&=\boldsymbol{b}-\boldsymbol{A}\boldsymbol{x}_k=\boldsymbol{b}-\boldsymbol{A}(\boldsymbol{x}_0+\boldsymbol{V}_k\boldsymbol{y})\\&=\boldsymbol{r}_0-\boldsymbol{A}\boldsymbol{V}_k\boldsymbol{y}\\&=\beta\boldsymbol{v}_1-\boldsymbol{V}_{k+1}\overline{\boldsymbol{H}}_k\boldsymbol{y}\\&=\boldsymbol{V}_{k+1}(\beta\boldsymbol{e}_1-\overline{\boldsymbol{H}}_k\boldsymbol{y})\end{aligned} \tag{3.66}$$

由于 $\boldsymbol{V}_{k+1}$是列正交的，残差向量范数为

$$\|\boldsymbol{r}_k\|_2=\|\boldsymbol{V}_{k+1}(\beta\boldsymbol{e}_1-\overline{\boldsymbol{H}}_k\boldsymbol{y})\|_2=\|\beta\boldsymbol{e}_1-\overline{\boldsymbol{H}}_k\boldsymbol{y}\|_2 \tag{3.67}$$

由此可见，寻找式(3.65)近似解 $\boldsymbol{x}_k$ 使得残差向量达到极小化的问题，等价于寻找向量 $\boldsymbol{y}_k$ 使得式(3.67)达到极小化，而式(3.67)问题的规模远远小于初始的线性方程组的问题规模，通常可以用 QR 分解(见第 4 章第 3 节)直接求解。

下面给出求解线性方程组的 GMRES 算法。

算法 3.5　GMRES 算法

执行算法 3.3 或算法 3.4，生成 Arnoldi 基和矩阵 $\overline{\boldsymbol{H}}_k$；

计算 $\underset{yk}{\operatorname{argmin}}\|\beta\boldsymbol{e}_1-\overline{\boldsymbol{H}}_k\boldsymbol{y}\|_2$；

输出 $\boldsymbol{x}_k=\boldsymbol{x}_0+\boldsymbol{V}_k\boldsymbol{y}_k$。

GMRES 算法每形成一个向量需要用到前面所有已生成的向量，因此每迭代一步需要增加一个向量的存储空间和计算量。如果系数矩阵的规模很大，存储量和计算量是必须要考虑的问题，解决方法是 GMRES 每迭代 k 步就将新生成的向量作为初始向量重启动 Arnoldi 过程，即重启动的 GMRES 方法，记为 GMRES(k)。重启动 GMRES 方法只需要 k 个向量的存储空间，不足之处是算法的收敛性难以保障，以及 k 的大小不好确定。

算法 3.6　重启动的 GMRES(k)算法

执行算法 3.5；

if $\|\boldsymbol{r}_k\|_2<\mathrm{tol}$

　　stop；

else

　　$\boldsymbol{x}_0=\boldsymbol{x}_k$；

end

关于 GMRES 算法的收敛性定理有下面的结论，证明可参阅文献[3]。

定理 3.15　(1) 设系数矩阵 $\boldsymbol{A}$ 的对称部分$(\boldsymbol{A}+\boldsymbol{A}^{\mathrm{T}})/2$ 是对称正定矩阵，GMRES(m)算法对任意的 $m\geqslant1$ 都收敛；

(2) 若系数矩阵 $\boldsymbol{A}$ 是可对角化矩阵，即 $\boldsymbol{A}=\boldsymbol{X\Lambda X}^{-1}$，其中 $\boldsymbol{\Lambda}=\mathrm{diag}(\lambda_1,\lambda_2,\cdots,\lambda_n)$ 是由 $\boldsymbol{A}$ 的特征值为对角元的对角矩阵。则 GMRES 算法第 m 步的残量范数满足

$$\|\boldsymbol{r}_m\|_2 \leqslant \kappa_2(\boldsymbol{X})\|\boldsymbol{r}_0\|_2 \min_{\substack{P\in P_m \\ P(0)=1}} \max_{\lambda_1\geqslant\lambda_i\geqslant\lambda_n} |P(\lambda_i)|$$

其中，$\kappa_2(\boldsymbol{X})=\|\boldsymbol{X}\|_2\|\boldsymbol{X}^{-1}\|_2$。

应用案例——泊松方程边值问题

泊松方程常见于电磁学、流体力学和理论物理等领域，其求解往往要通过有限差分或有限元离散成一个代数方程组，进而通过迭代法求解一个近似模型。考虑一维泊松方程边值问题

$$-\frac{\mathrm{d}^2u(x)}{\mathrm{d}x^2}=f(x) \quad (0<x<1)$$

其中，$f(x)=2\pi^2\sin(\pi x)$，$u(x)$满足狄利克雷边界条件 $u(0)=u(1)=0$。在 0 和 1 之间插入 n 个等距节点 $x_i(0\leqslant i\leqslant n+1)$。记 $h=\dfrac{1}{n+1}$，$x_i=ih$。利用中心差分对此微分方程边值问题进行离散可以得到线性代数方程组

$$\begin{pmatrix} 2 & -1 & & & \\ -1 & 2 & -1 & & \\ & \ddots & \ddots & \ddots & \\ & & -1 & 2 & -1 \\ & & & -1 & 2 \end{pmatrix}\begin{pmatrix} u_1 \\ u_2 \\ \vdots \\ u_{n-1} \\ u_n \end{pmatrix}=h^2\begin{pmatrix} f_1 \\ f_2 \\ \vdots \\ f_{n-1} \\ f_n \end{pmatrix}$$

其中，$u_i=u(x_i)$；$f_i=f(x_i)$，分别取步长 $h=0.1$、$h=0.01$，选用合适的迭代方法求解此线性方程组并进行数值结果比较。

本例选用四种方法求解线性方程组，其中共轭梯度法的初始向量选取元素全为 1 的向量，SOR 方法的松弛因子选取 $\omega=1.2$。迭代方法的停机准则设定为残差范数 $\|\boldsymbol{b}-\boldsymbol{Ax}\|_2<1\mathrm{e}-12$ 和最大迭代步为 5 000。

步长 $h=0.1$ 时四种方法的数值结果见表 3.4，收敛曲线见图 3.1。

表 3.4 四种迭代法的数据结果($h=0.1$)

迭代方法	迭代步数	运行时间/s
Jacobi	535	0.049 6
Gauss-Seidel	259	0.033 1
SOR($w=1.2$)	165	0.014 6
CG($x_0=\mathrm{ones}(n,1)$)	5	0.010 3

可以看出，共轭梯度法对于求解此类对称正定线性方程组的优势明显。步长 $h=0.01$ 时，Jacobi 迭代法、G-S 迭代法和 SOR 迭代法在 5 000 步内都没能达到收敛精度要求，而共轭梯度法仅需 50 步便可达到要求，CPU 用时0.011 4 s，收敛曲线见图 3.2。

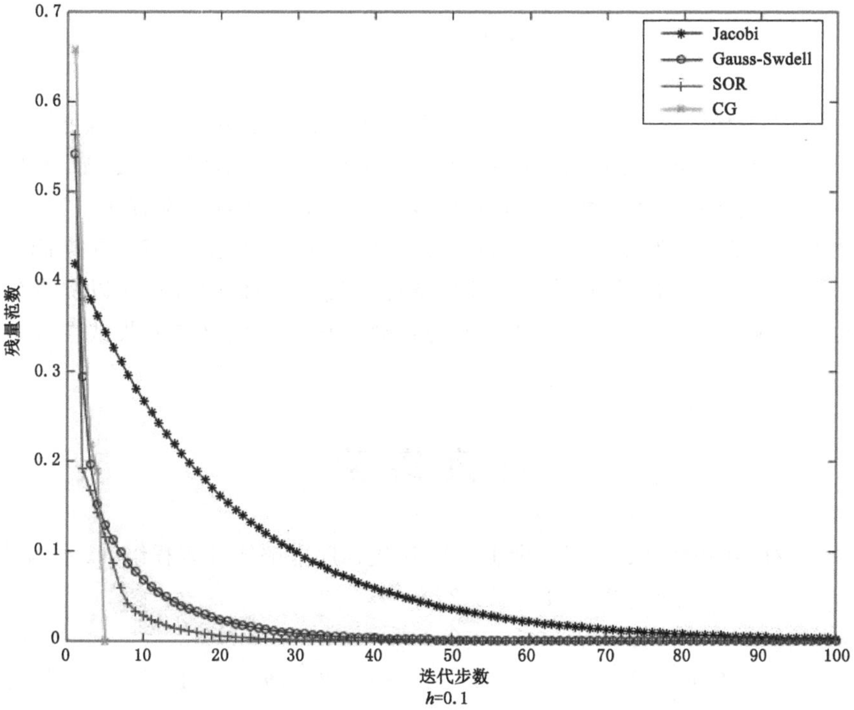

图 3.1　四种迭代法的收敛曲线($h=0.1$)

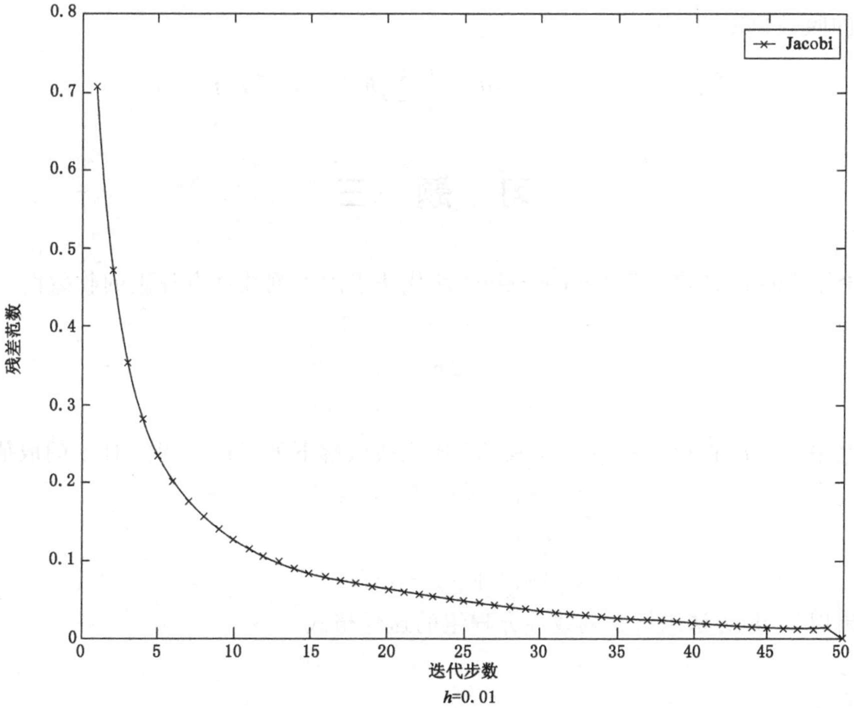

图 3.2　共轭梯度法的收敛曲线($h=0.01$)

小 结

本章针对较大规模的线性方程组求解问题介绍了几种基本的迭代方法，包括经典的线性定常迭代法和 Krylov 子空间迭代法。Krylov 子空间迭代法中共轭梯度法和广义极小残量法分别是求解对称正定线性方程组和一般非对称线性方程组的两种基本方法。当然，随着科学的发展，线性方程组的求解有了更多先进的迭代法，例如 HSS 方法[5]，各种子空间迭代法[3]和随机方法[6]等。如何构造预条件矩阵以设计预条件迭代法，如何改进算法以提高算法的收敛率，这些都是迭代法求解线性方程组的重要研究课题。讨论迭代算法的收敛性也是很重要的方面。

数 值 实 验

实验一 针对不同的维数 n，写一个 Jacobi 迭代程序求解线性方程组 $\boldsymbol{Ax}=\boldsymbol{b}$，其中

$$\boldsymbol{A}=\begin{pmatrix} n+2 & 2 & 2 & \cdots & 2 \\ 2 & n+3 & 2 & \cdots & 2 \\ 2 & 2 & n+4 & \cdots & 2 \\ \vdots & \vdots & \vdots & & \vdots \\ 2 & 2 & 2 & \cdots & 2n \end{pmatrix},\boldsymbol{b}=\begin{pmatrix} 2 \\ 3 \\ 4 \\ \vdots \\ n+1 \end{pmatrix}$$

实验二 测试用共轭梯度法求解系数矩阵为 Hilbert 矩阵 $\boldsymbol{H}=(h_{ij})\in\mathbb{R}^{n\times n}$ 的线性方程组 $\boldsymbol{Hx}=\boldsymbol{b}$ 的收敛速度，其中

$$h_{ij}=(i+j+1)^{-1},b=\frac{1}{4}\sum_{j=1}^{n}h_{ij}\quad(1\leqslant i,j\leqslant n)$$

习 题 三

1. 讨论用 Jacobi 迭代法和 Gauss-Seidel 迭代法求解下列线性方程组的收敛性

$$\begin{cases} x_1+x_2-x_3=1 \\ 3x_1-2x_2-x_3=2 \\ 2x_1+x_2-3x_3=4 \end{cases}$$

2. 讨论用 Jacobi 迭代法和 Gauss-Seidel 迭代法求解下列线性方程组时 a 的取值范围

$$\begin{cases} x_1-ax_2+ax_3=5 \\ 2ax_1+x_2=2 \\ ax_1+x_3=4 \end{cases}$$

3. 写出用 SOR 方法求解下列线性方程组的迭代格式

$$\begin{cases}6x_1+2x_2+3x_3-x_4=2\\2x_1+6x_2-3x_3-2x_4=-3\\3x_1-2x_2+6x_3-x_4=3\\-x_1-2x_2-x_3+6x_4=10\end{cases}$$

分别选取三个不同的松弛因子 $\omega=1,1.02,1.5$，考察当计算解达到 $\|\boldsymbol{x}^k-\boldsymbol{x}_*\|_\infty<1.0\times10^{-6}$ 时所需的迭代步数，其中 $\boldsymbol{x}_*=\left(0,\dfrac{1}{2},1,2\right)^{\mathrm{T}}$ 为真解。

4. 若对线性方程组

$$\begin{cases}x_1+3x_2=1\\2x_1-4x_2=8\end{cases}$$

使用下列迭代格式

$$\boldsymbol{x}^{(k+1)}=\boldsymbol{x}^{(k)}+\alpha(\boldsymbol{A}\boldsymbol{x}^{(k)}-\boldsymbol{b})\quad(k=0,1,\cdots)$$

进行求解，试确定实数 α 的取值范围使得迭代收敛，α 取何值时收敛速度最快？

5. 用共轭梯度法求解下列线性方程组

$$\begin{cases}6x_1-2x_2+x_3+2x_4=-3\\-2x_1-5x_2+x_3+x_4=-6\\x_1+x_2-5x_3=6\\2x_1-5x_2+8x_4=-5\end{cases}$$

6. 不直接利用 $\boldsymbol{A}^{\mathrm{T}}\boldsymbol{A}$，写出共轭梯度法求解线性方程组 $\boldsymbol{A}^{\mathrm{T}}\boldsymbol{A}\boldsymbol{x}=\boldsymbol{A}^{\mathrm{T}}\boldsymbol{b}$ 的有效算法。

7. 选取初值为零向量，用 GMRES 方法求解线性方程组 $\boldsymbol{A}\boldsymbol{x}=\boldsymbol{b}$，其中

$$\boldsymbol{A}=\begin{pmatrix}0&1&&&\\&0&1&&\\&&0&1&\\&&&0&1\\1&&&&0\end{pmatrix},\boldsymbol{b}=\begin{pmatrix}0\\0\\0\\0\\1\end{pmatrix}$$

8. 设 $\boldsymbol{A}$ 是一个只有 k 个互异特征值的 n 阶实对称矩阵，$\boldsymbol{r}$ 是任一 n 维实向量，证明子空间

$$\mathrm{span}\{\boldsymbol{r},\boldsymbol{A}\boldsymbol{r},\cdots,\boldsymbol{A}^{n-1}\boldsymbol{r}\}$$

的维数至多是 k。

第4章　矩阵特征值问题的数值解法

理论上来讲，求一个 n 阶矩阵的特征值问题可以等价地转化为一个求 n 次特征多项式根的问题。然而，数学上已经证明，对于 $n \geqslant 5$ 次的多项式的根一般不能用有限次加、减、乘、除以及开根号运算求得。所以，矩阵特征值的计算不能依靠直接法，只有通过迭代法来求矩阵的近似特征值。目前，关于不同类型矩阵特征值问题的计算已有很多成熟的算法，关于超大规模矩阵特征值问题的计算也一直是人们研究的热点。

本章主要以对称矩阵和非对称矩阵为例介绍几种求解矩阵特征值常用的基本方法。

第1节　基本概念和性质

对于一个 $n \times n$ 实（复）矩阵 $\boldsymbol{A}$，λ 被称为 $\boldsymbol{A}$ 的一个复特征值，非零向量 $\boldsymbol{x}$ 是 $\boldsymbol{A}$ 的相应于 λ 的一个特征向量，如果它们满足

$$\boldsymbol{A}\boldsymbol{x} = \lambda \boldsymbol{x} \tag{4.1}$$

或者

$$(\lambda \boldsymbol{I} - \boldsymbol{A})\boldsymbol{x} = 0 \tag{4.2}$$

矩阵 $\boldsymbol{A}$ 的特征值可以通过求解特征方程 $\det(\lambda \boldsymbol{I} - \boldsymbol{A}) = 0$ 得到，所有特征值的全体称为 $\boldsymbol{A}$ 的谱集。

记

$$p_\lambda(\boldsymbol{A}) = \det(\lambda \boldsymbol{I} - \boldsymbol{A}) \tag{4.3}$$

为 $\boldsymbol{A}$ 的特征多项式，则 $p_\lambda(\boldsymbol{A})$ 一个 n 次多项式，由代数基本定理知，它在复数域上存在 n 个根，即 $\boldsymbol{A}$ 有 n 个特征值。若把式(4.3)写成因式分解的形式

$$p_\lambda(\boldsymbol{A}) = (\lambda - \lambda_1)^{n1}\ (\lambda - \lambda_2)^{n2} \cdots (\lambda - \lambda_p)^{np} \tag{4.4}$$

其中，$n_1 + n_2 + \cdots + n_p = n, \lambda_i \neq \lambda_j (i \neq j)$，则 n_i 称为 λ_i 的代数重数。相应地，

$$m_i = n - \mathrm{rank}(\lambda_i \boldsymbol{I} - \boldsymbol{A})$$

称为 λ_i 的几何重数，且有 $m_i \leqslant n_i (i = 1, 2, \cdots, p)$。若 $m_i = n_i$，则称 λ_i 是 $\boldsymbol{A}$ 的一个半单特征值；特别地，若 $n_i = 1$，则必有 $m_i = 1$，此时 λ_i 称为 $\boldsymbol{A}$ 的一个单特征值。否则，λ_i 称为 $\boldsymbol{A}$ 的一个重特征值。

对于两个矩阵 $\boldsymbol{A}, \boldsymbol{B} \in \mathbb{C}^{n \times n}$，如果存在非奇异矩阵 $\boldsymbol{P} \in \mathbb{C}^{n \times n}$，使得

$$\boldsymbol{P}^{-1}\boldsymbol{A}\boldsymbol{P} = \boldsymbol{B} \tag{4.5}$$

则称矩阵 $\boldsymbol{A}, \boldsymbol{B}$ 是相似矩阵，并且它们有相同的特征多项式，从而有相同的特征值。事实上，

$$\begin{aligned} p_\lambda(\boldsymbol{B}) &= \det(\lambda \boldsymbol{I} - \boldsymbol{B}) = \det(\lambda \boldsymbol{P}^{-1}\boldsymbol{P} - \boldsymbol{P}^{-1}\boldsymbol{A}\boldsymbol{P}) \\ &= \det(\boldsymbol{P}^{-1})\det(\lambda \boldsymbol{I} - \boldsymbol{A})\det(\boldsymbol{P}) = p_\lambda(\boldsymbol{A}) \end{aligned}$$

式(4.5)称为相似变换。在相似变换的意义下，$\boldsymbol{B}$ 最简单的形式是 Jordan 标准形，可以通过以下定理给出。

定理 4.1(Jordan 分解定理)　设矩阵 $\boldsymbol{A}\in\mathbb{C}^{n\times n}$ 有 r 个互不相同的特征值 $\lambda_1,\lambda_2,\cdots,\lambda_r$，其代数重数分别为 $n_1,n_2,\cdots,n_r$，则存在一个非奇异矩阵 $\boldsymbol{P}\in\mathbb{C}^{n\times n}$，使得

$$\boldsymbol{P}^{-1}\boldsymbol{AP}=\begin{pmatrix}\boldsymbol{J}(\lambda_1) & & & \\ & \boldsymbol{J}(\lambda_2) & & \\ & & \ddots & \\ & & & \boldsymbol{J}(\lambda_r)\end{pmatrix}\equiv\boldsymbol{J}$$

其中

$$\boldsymbol{J}(\lambda_i)=\mathrm{diag}(\boldsymbol{J}_1(\lambda_i),\cdots,\boldsymbol{J}_{m_i}(\lambda_i))\in\mathbb{C}^{n_i\times n_i}\quad(i=1,\cdots,r)$$

$$\boldsymbol{J}_j(\lambda_i)=\begin{pmatrix}\lambda_i & 1 & & \\ & \lambda_i & \ddots & \\ & & \ddots & 1\\ & & & \lambda_i\end{pmatrix}\in\mathbb{C}^{n_j(\lambda_i)\times n_j(\lambda_i)}\quad(j=1,\cdots,m_i)$$

$$n_1(\lambda_i)+n_2(\lambda_i)+\cdots+n_{m_i}(\lambda_i)=n_i\quad(i=1,\cdots,r)$$

除了 $\boldsymbol{J}_j(\lambda_i)$ 的排列次序可以改变外，$\boldsymbol{J}$ 是唯一确定的。

定理中的矩阵 $\boldsymbol{J}$ 称为 $\boldsymbol{A}$ 的 Jordan 标准形，其中每个子矩阵 $\boldsymbol{J}_j(\lambda_i)$ 称为 Jordan 块。显然，关于特征值 λ_i 的 Jordan 块的个数等于它的几何重数。若 λ_i 是半单特征值，则它的所有 Jordan块都是 1 阶的。进一步地，若矩阵 $\boldsymbol{A}$ 的所有特征值都是半单的，则 $\boldsymbol{A}$ 可以相似对角化，此时，称 $\boldsymbol{A}$ 是非亏损的。

如果限定变换矩阵为酉矩阵(一定是可逆矩阵)，则有如下定理。

定理 4.2(Schur 分解定理)　设矩阵 $\boldsymbol{A}\in\mathbb{C}^{n\times n}$，则存在酉矩阵 $\boldsymbol{U}\in\mathbb{C}^{n\times n}$，使得

$$\boldsymbol{U}^*\boldsymbol{AU}=\boldsymbol{T}\in\mathbb{C}^{n\times n}$$

其中，$\boldsymbol{T}$ 是上三角矩阵，并且 $\boldsymbol{T}$ 的对角元的排列顺序可以通过调整 $\boldsymbol{U}$ 的列而变化。

如果 $\boldsymbol{A}$ 是实矩阵，为了避免复数运算，可以通过正交相似变换对 $\boldsymbol{A}$ 进行实 Schur 分解，约化为实 Schur 标准形。

定理 4.3(实 Schur 分解定理)　设矩阵 $\boldsymbol{A}\in\mathbb{R}^{n\times n}$，则存在实正交矩阵 $\boldsymbol{Q}\in\mathbb{R}^{n\times n}$，使得

$$\boldsymbol{Q}^{\mathrm{T}}\boldsymbol{AQ}=\begin{pmatrix}T_{11} & T_{12} & \cdots & T_{1r}\\ & T_{22} & \cdots & T_{2r}\\ & & \ddots & \vdots\\ & & & T_{rr}\end{pmatrix}\in\mathbb{R}^{n\times n}$$

其中，$T_{ii}(i=1,2,\cdots,r)$ 是 1×1 或 2×2 矩阵，对于 2×2 矩阵的情况，其特征值是一对共轭复数，并且 $\boldsymbol{T}$ 的对角块排列顺序可以通过调整 $\boldsymbol{Q}$ 的列块而变化。

由定理 4.3 可以直接得到下面关于实对称矩阵的谱分解定理。

定理 4.4(谱分解定理)　设矩阵 $\boldsymbol{A}\in\mathbb{R}^{n\times n}$ 满足 $\boldsymbol{A}^{\mathrm{T}}=\boldsymbol{A}$，则 $\boldsymbol{A}$ 的特征值均为实数，并且存在正交矩阵 $\boldsymbol{Q}\in\mathbb{R}^{n\times n}$，使得

$$\boldsymbol{Q}^{\mathrm{T}}\boldsymbol{AQ}=\boldsymbol{\Lambda}=\mathrm{diag}(\lambda_1,\lambda_2,\cdots,\lambda_n)$$

下面的著名定理刻画了矩阵特征值的分布情况。

定理 4.5(Gerschgorin 圆盘定理) 设 $\boldsymbol{A}=(a_{ij})\in \mathbb{C}^{n\times n}$,则

$$\lambda(\boldsymbol{A})\subset\bigcup_{i=1}^{n}G_i(\boldsymbol{A})$$

其中

$$G_i(\boldsymbol{A})=\left\{z\in\mathbb{C}:|z-a_{ii}|\leqslant\sum_{\substack{j=1\\j\neq i}}^{n}|a_{ij}|\right\}\quad(i=1,\cdots,n)$$

在实际计算中,计算得到的特征值 $\widehat{\lambda}$ 是矩阵 $\boldsymbol{A}$ 经过扰动后的矩阵 $\boldsymbol{A}+\boldsymbol{E}$ 的特征值,这里假设扰动矩阵 $\boldsymbol{E}$ 的范数很小。下面定理给出了矩阵特征值受矩阵元素扰动的影响程度,证明可参阅文献[7]。

定理 4.6(Bauer-Fike 定理) 设 $\widehat{\lambda}$ 是矩阵 $\boldsymbol{A}+\boldsymbol{E}$ 的特征值,且 $\boldsymbol{P}^{-1}\boldsymbol{AP}=\mathrm{diag}(\lambda_1,\cdots,\lambda_n)$,则

$$\min_{\lambda\in\lambda(\boldsymbol{A})}|\lambda-\widehat{\lambda}|\leqslant\kappa_p(\boldsymbol{P})\ \|\boldsymbol{E}\|_p$$

其中,$\|\cdot\|_p$ 表示任意矩阵 p 范数。

第 2 节　幂法和反幂法

矩阵按模最大的特征值又称主特征值。幂法是计算一个矩阵主特征值和相应特征向量的一种迭代方法。反幂法是将幂法的思想应用于逆矩阵,从而可以求得矩阵按模最小的特征值和相应的特征向量。实际应用中,当知道矩阵的某个近似特征值以后,通常用反幂法来求其相应的特征向量。

4.2.1　幂法

假设 n 阶矩阵 $\boldsymbol{A}$ 的特征值 $\lambda_i(i=1,2,\cdots,n)$满足

$$|\lambda_1|>|\lambda_2|\geqslant\cdots\geqslant|\lambda_n|$$

且有相应 n 个线性无关的特征向量 $\boldsymbol{x}_1,\boldsymbol{x}_2,\cdots,\boldsymbol{x}_n$,任取一个非零向量 $\boldsymbol{u}_0\in\mathbb{C}^n$,它可以唯一地表示为

$$\boldsymbol{u}_0=\alpha_1\boldsymbol{x}_1+\alpha_2\boldsymbol{x}_2+\cdots+\alpha_n\boldsymbol{x}_n\quad(\alpha_i\in\mathbb{C})\tag{4.6}$$

下面介绍求 λ_1 和 $\boldsymbol{x}_1$ 的方法。假设 $\alpha_1\neq0$,构造向量序列

$$\begin{cases}\boldsymbol{u}_1=\boldsymbol{A}\boldsymbol{u}_0\\\boldsymbol{u}_2=\boldsymbol{A}\boldsymbol{u}_1=\boldsymbol{A}^2\boldsymbol{u}_0\\\qquad\cdots\cdots\\\boldsymbol{u}_k=\boldsymbol{A}\boldsymbol{u}_{k-1}=\boldsymbol{A}^k\boldsymbol{u}_0\end{cases}\tag{4.7}$$

于是,有

$$\begin{aligned}\boldsymbol{u}_k&=\boldsymbol{A}^k\boldsymbol{u}_0=\boldsymbol{A}^k(\alpha_1\boldsymbol{x}_1+\alpha_2\boldsymbol{x}_2+\cdots+\alpha_n\boldsymbol{x}_n)\\&=\alpha_1\lambda_1^k\boldsymbol{x}_1+\alpha_2\lambda_2^k\boldsymbol{x}_2+\cdots+\alpha_n\lambda_n^k\boldsymbol{x}_n\\&=\lambda_1^k\left[\alpha_1\boldsymbol{x}_1+\alpha_2\left(\frac{\lambda_2}{\lambda_1}\right)^k\boldsymbol{x}_2+\cdots+\alpha_n\left(\frac{\lambda_n}{\lambda_1}\right)^k\boldsymbol{x}_n\right]\end{aligned}$$

$$=\lambda_1^k(\alpha_1\boldsymbol{x}_1+\boldsymbol{\varepsilon}_k) \tag{4.8}$$

其中

$$\boldsymbol{\varepsilon}_k=\alpha_2\left(\frac{\lambda_2}{\lambda_1}\right)^k\boldsymbol{x}_2+\cdots+\alpha_n\left(\frac{\lambda_n}{\lambda_1}\right)^k\boldsymbol{x}_n \tag{4.9}$$

根据假设$\frac{|\lambda_j|}{|\lambda_1|}<1(j=2,\cdots,n)$，所以$\lim\limits_{k\to\infty}\boldsymbol{\varepsilon}_k=0$，从而

$$\lim_{k\to\infty}\frac{\boldsymbol{A}^k\boldsymbol{u}_0}{\lambda_1^k}=\alpha_1\boldsymbol{x}_1 \tag{4.10}$$

由此可见，当 $\alpha_1\neq0$ 且 k 充分大时，向量$\frac{\boldsymbol{A}^k\boldsymbol{u}_0}{\lambda_1^k}$就是 $\boldsymbol{A}$ 相应于 λ_1 的一个近似特征向量。但是，用$\frac{\boldsymbol{A}^k\boldsymbol{u}_0}{\lambda_1^k}$来表示 $\boldsymbol{A}$ 的近似特征向量并不现实，这是因为：首先，我们事先并不知道 $\boldsymbol{A}$ 的特征值 λ_1；其次，对于充分大的 k，$\boldsymbol{A}^k$ 的计算量太大。

事实上，λ_1^k 只是改变向量 $\boldsymbol{A}^k\boldsymbol{u}_0$ 的长度，不改变其方向，于是可以选用其他常数来约化 $\boldsymbol{A}^k\boldsymbol{u}_0$ 以防止溢出(通常选取向量中模最大的分量元素)；另外，$\boldsymbol{A}^k\boldsymbol{u}_0$ 的计算可以迭代地进行，而不需要事先将 $\boldsymbol{A}^k$ 计算出来。

关于主特征值 λ_1 的计算，用$(\boldsymbol{u}_k)_i$ 表示 $\boldsymbol{u}_k$ 的第 i 个分量，则

$$\frac{(\boldsymbol{u}_{k+1})_i}{(\boldsymbol{u}_k)_i}=\lambda_1\cdot\frac{\alpha_1(\boldsymbol{x}_1)_i+(\boldsymbol{\varepsilon}_{k+1})_i}{\alpha_1(\boldsymbol{x}_1)_i+(\boldsymbol{\varepsilon}_k)_i} \tag{4.11}$$

于是，有

$$\lim_{k\to\infty}\frac{(\boldsymbol{u}_{k+1})_i}{(\boldsymbol{u}_k)_i}=\lambda_1 \tag{4.12}$$

这说明，向量序列中两相邻向量分量的比值最终收敛到矩阵的主特征值。由式(4.9)知，收敛速度取决于比值$\frac{|\lambda_2|}{|\lambda_1|}$的大小，而且它总是小于 1 的，比值越接近于 1 收敛越慢，反之收敛越快。

令 $\max\{\boldsymbol{u}\}$ 表示向量 $\boldsymbol{u}$ 中模最大的分量元素。基于上面的分析，我们给出幂法的迭代格式

$$\begin{cases}\boldsymbol{y}_k=\boldsymbol{A}\boldsymbol{u}_{k-1}\\ \mu_k=\max\{\boldsymbol{y}_k\}\qquad(k=1,2,\cdots)\\ \boldsymbol{u}_k=\boldsymbol{y}_k/\mu_k\end{cases} \tag{4.13}$$

其中，初始向量 $\boldsymbol{u}_0$ 的选取通常要满足 $\|\boldsymbol{u}_0\|_\infty=1$。

如果矩阵 $\boldsymbol{A}$ 的主特征值 λ_1 为半单特征值且其代数重数为 r，对应的 r 个线性无关的特征向量为 $\boldsymbol{x}_1,\boldsymbol{x}_2,\cdots,\boldsymbol{x}_r$，则由式(4.8)得

$$\boldsymbol{u}_k=\boldsymbol{A}^k\boldsymbol{u}_0=\lambda_1^k\left[\sum_{i=1}^r\alpha_i\boldsymbol{x}_i+\sum_{i=r+1}^n\alpha_i\left(\frac{\lambda_i}{\lambda_1}\right)^k\boldsymbol{x}_i\right] \tag{4.14}$$

且

$$\lim_{k\to\infty}\frac{\boldsymbol{A}^k\boldsymbol{u}_0}{\lambda_1^k}=\sum_{i=1}^r\alpha_i\boldsymbol{x}_i \tag{4.15}$$

这说明，当 $\sum_{i=1}^{r}\alpha_i \boldsymbol{x}_i \neq 0$ 且 k 充分大时，向量$\dfrac{\boldsymbol{A}^k\boldsymbol{u}_0}{\lambda_1^k}$仍然是 $\boldsymbol{A}$ 相应于λ_1 的一个近似特征向量，且式(4.12) 仍然成立。

总结上述讨论，下面给出幂法的收敛性定理。

定理 4.7　设$\boldsymbol{A}\in\mathbb{R}^{n\times n}$有 p 个互不相同的特征值，满足

$$|\lambda_1| > |\lambda_2| \geqslant \cdots \geqslant |\lambda_p|$$

并且主特征值λ_1 是半单的。如果初始向量 $\boldsymbol{u}_0$ 和λ_1 的特征子空间不垂直，则由迭代格式(4.13)产生的向量序列$\{\boldsymbol{u}_k\}$收敛到λ_1 的一个特征向量 $\boldsymbol{x}_1$，并且数列$\{\mu_k\}$收敛到λ_1。

4.2.2　反幂法

假设 n 阶非奇异矩阵$\boldsymbol{A}$ 的特征值$\lambda_i(i=1,2,\cdots,n)$满足

$$|\lambda_1| \geqslant |\lambda_2| \geqslant \cdots \geqslant |\lambda_n| > 0$$

且有相应的 n 个特征向量 $\boldsymbol{x}_1,\boldsymbol{x}_2,\cdots,\boldsymbol{x}_n$，则 $\boldsymbol{A}^{-1}$的特征值$\dfrac{1}{\lambda_i}(i=1,2,\cdots,n)$满足

$$\frac{1}{|\lambda_n|} \geqslant \frac{1}{|\lambda_{n-1}|} \geqslant \cdots \geqslant \frac{1}{|\lambda_1|}$$

相应的特征向量为 $\boldsymbol{x}_n,\boldsymbol{x}_{n-1},\cdots,\boldsymbol{x}_1$。

如果矩阵 $\boldsymbol{A}$ 的按模最小特征值和其余特征值严格分离，则 $\boldsymbol{A}^{-1}$的特征值满足

$$\frac{1}{|\lambda_n|} > \frac{1}{|\lambda_{n-1}|} \geqslant \cdots \geqslant \frac{1}{|\lambda_1|}. \tag{4.16}$$

将 4.2.1 中的幂法应用于矩阵 $\boldsymbol{A}^{-1}$便可求得它的主特征值 $1/\lambda_n$，从而求得 $\boldsymbol{A}$ 的按模最小特征值，这种方法称为反幂法。根据式(4.13)，任取非零的初始向量 $\boldsymbol{y}_0=\boldsymbol{u}_0$ 且满足 $\alpha_n\neq 0$ 和 $\|\boldsymbol{u}_0\|_\infty=1$，反幂法的迭代格式为

$$\begin{cases}\boldsymbol{y}_k=\boldsymbol{A}^{-1}\boldsymbol{u}_{k-1}\\ \mu_k=\max\{\boldsymbol{y}_k\} \quad (k=1,2,\cdots)\\ \boldsymbol{u}_k=\boldsymbol{y}_k/\mu_k\end{cases} \tag{4.17}$$

式(4.17)中的迭代向量 $\boldsymbol{y}_k$ 可以通过解线性方程组

$$\boldsymbol{A}\boldsymbol{y}_k=\boldsymbol{u}_{k-1} \tag{4.18}$$

得到，从而可以避免求 $\boldsymbol{A}^{-1}$。为了节省运算量，可以事先做好系数矩阵 $\boldsymbol{A}$ 的选主元三角分解

$$\boldsymbol{PA}=\boldsymbol{LU} \tag{4.19}$$

其中，$\boldsymbol{P}$ 是置换矩阵。这样在每一步循环中，求解 $\boldsymbol{y}_k$ 相当于求解两个三角形方程组

$$\begin{cases}\boldsymbol{L}\boldsymbol{z}_k=\boldsymbol{P}\boldsymbol{u}_{k-1}\\ \boldsymbol{U}\boldsymbol{y}_k=\boldsymbol{z}_k\end{cases}$$

根据定理 4.7，有下面的收敛性定理成立。

定理 4.8　设$\boldsymbol{A}\in\mathbb{R}^{n\times n}$为非奇异矩阵且有$n$ 个线性无关的特征向量$\boldsymbol{x}_1,\boldsymbol{x}_2,\cdots,\boldsymbol{x}_n$，相应的特征值满足

$$|\lambda_1| \geqslant |\lambda_2| \geqslant \cdots \geqslant |\lambda_{n-1}| > |\lambda_n| > 0 \tag{4.20}$$

则对任何非零的初始向量 $\boldsymbol{u}_0(\alpha_n\neq 0)$，由迭代格式(4.17)产生的向量序列$\{\boldsymbol{u}_k\}$收敛到$\lambda_n$ 的一个特征向量 $\boldsymbol{x}_n$，并且数列$\{\mu_k\}$收敛到 $1/\lambda_n$，收敛速度取决于比值$|\lambda_n|/|\lambda_{n-1}|$的大小。

在实际应用中，如果能通过某种方法得到了矩阵 $\boldsymbol{A}$ 的一个特征值 λ_i 的近似特征值 $\tilde{\lambda}_i$，就可以对 $\boldsymbol{A}-\tilde{\lambda}_i\boldsymbol{I}$ 应用反幂法求特征值 λ_i 相应的近似特征向量，这也称为带位移的反幂法。单纯从收敛速度的角度考虑，当 $\tilde{\lambda}_i$ 和 λ_i 的近似程度越高，算法的收敛速度会越快，然而 $\boldsymbol{A}-\tilde{\lambda}_i\boldsymbol{I}$ 的奇异性也会越高，在迭代过程中类似于式(4.18)的线性方程组的病态程度也会越高。实际计算中，如果 $\tilde{\lambda}_i$ 和 λ_i 非常靠近，通常只需一次迭代就可以找到 λ_i 相应的比较好的近似特征向量，因此 $\boldsymbol{A}-\tilde{\lambda}_i\boldsymbol{I}$ 的病态性不会影响反幂法的收敛速度，更详细的分析参见文献[16]。

例 4.1　层次分析法(The Analytic Hierarchy Process，简称 AHP)是一种靠求解判断矩阵按模最大特征值来得出因素之间相对重要性的多准则决策方法。考虑下面的实际问题：地质灾害危险性评价是了解地质灾害危险性程度和分析地质灾害发生原因的有效手段，可以为地质灾害防治提供基本依据，便于合理制定地质灾害防治规划。因此，层次分析法常被用来进行地质灾害危险性程度分析。

假设在用层次分析法进行地质灾害危险性程度分析过程中，得到的判断矩阵

$$\boldsymbol{A}=\begin{pmatrix}1 & 2 & 5\\ 1/2 & 1 & 7\\ 1/5 & 1/7 & 1\end{pmatrix}$$

现要求用幂法来求解判断矩阵 $\boldsymbol{A}$ 的最大特征值 $\lambda_{\max}$ 及其对应的特征向量，精度设为 $\varepsilon=0.000\,1$。

根据迭代格式(4.13)可得

$$\begin{cases}\boldsymbol{y}_k=\boldsymbol{A}\boldsymbol{u}_{k-1}\\ \mu_k=\max(\boldsymbol{y}_k) \quad (k=1,2,3,\cdots)\\ \boldsymbol{u}_k=\boldsymbol{y}_k/\mu_k\end{cases}$$

取初始向量 $\boldsymbol{u}_0=(0,0,1)^{\mathrm{T}}$，迭代过程见表 4.1。

表 4.1

k	$\boldsymbol{y}_k^{\mathrm{T}}$	μ_k	$\boldsymbol{u}_k^{\mathrm{T}}$
1	$(5,7,1)^{\mathrm{T}}$	7	$(0.714\,3,1.000\,0,0.142\,9)^{\mathrm{T}}$
2	$(3.428\,6,2.357\,1,0.428\,6)^{\mathrm{T}}$	3.428 6	$(1.000\,0,0.687\,5,0.125\,0)^{\mathrm{T}}$
3	$(3.000\,0,2.062\,5,0.423\,2)^{\mathrm{T}}$	3	$(1.000\,0,0.687\,5,0.141\,1)^{\mathrm{T}}$
4	$(3.080\,4,2.175\,0,0.439\,3)^{\mathrm{T}}$	3.080 4	$(1.000\,0,0.706\,1,0.142\,6)^{\mathrm{T}}$
5	$(3.125\,2,2.204\,3,0.443\,5)^{\mathrm{T}}$	3.125 2	$(1.000\,0,0.705\,3,0.141\,9)^{\mathrm{T}}$
6	$(3.120\,2,2.198\,7,0.442\,7)^{\mathrm{T}}$	3.120 2	$(1.000\,0,0.704\,7,0.141\,9)^{\mathrm{T}}$
7	$(3.118\,7,2.197\,8,0.442\,5)^{\mathrm{T}}$	3.118 7	$(1.000\,0,0.704\,7,0.141\,9)^{\mathrm{T}}$
8	$(3.118\,9,2.198\,0,0.442\,6)^{\mathrm{T}}$	3.118 9	$(1.000\,0,0.704\,7,0.141\,9)^{\mathrm{T}}$
9	$(3.119\,0,2.198\,0,0.442\,6)^{\mathrm{T}}$	3.119 0	$(1.000\,0,0.704\,7,0.141\,9)^{\mathrm{T}}$
10	$(3.119\,0,2.198\,0,0.442\,6)^{\mathrm{T}}$	3.119 0	$(1.000\,0,0.704\,7,0.141\,9)^{\mathrm{T}}$

由表 4.1 可以看出，当 $k=10$ 时，$|\mu_{10}-\mu_9|=|3.119\,0-3.119\,0|<\varepsilon$ 迭代终止，得到 $\lambda_{\max}=\mu_{10}=3.118\,9$，$\boldsymbol{w}=\boldsymbol{u}_{10}=(1.000\,0,0.704\,7,0.141\,9)^{\mathrm{T}}$。作为比较，用 MATLAB 的 eig 函数计算出判断矩阵 $\boldsymbol{A}$ 的特征值为 $3.119\,0$，$-0.059\,5\pm0.606\,2\boldsymbol{i}$。因此，最大特征值与用幂法计算出的最大特征值一致。

第 3 节　初等正交变换及其应用

本节介绍两种最基本的初等正交变换——Householder 变换和 Givens 变换，并考虑这两种正交变换在矩阵分解中的应用，这里介绍一种重要的正交分解算法，即 QR 分解。QR 分解对于求解最小二乘问题、线性方程组以及矩阵特征值问题都有着举足轻重的作用，是设计相关问题算法的基础。

4.3.1　Householder 变换

我们知道，在不考虑列选主元的情况下，将一个矩阵逐列进行 Gauss 消元可以将其约化为一个上三角形矩阵，这等价于将矩阵左乘以有限个高斯矩阵。从数值稳定性的角度考虑，我们希望寻找有限个正交矩阵能完成上述约化过程，Householder 矩阵可以实现这一目标。

定义 4.1　设向量 $\boldsymbol{w}\in\mathbb{R}^n$ 满足 $\|\boldsymbol{w}\|_2=1$。定义 Householder 矩阵（或 Householder 变换）为

$$\boldsymbol{H}=\boldsymbol{I}_n-2\boldsymbol{w}\boldsymbol{w}^{\mathrm{T}} \tag{4.21}$$

其中，$\boldsymbol{w}$ 称为 Householder 向量。若 $\boldsymbol{w}\in\mathbb{R}^n$ 为一般的非零向量，则

$$\boldsymbol{H}=\boldsymbol{I}_n-\beta\boldsymbol{w}\boldsymbol{w}^{\mathrm{T}} \tag{4.22}$$

是一个 Householder 矩阵，其中 $\beta=\dfrac{2}{\boldsymbol{w}^{\mathrm{T}}\boldsymbol{w}}$。

可以直接验证，Householder 矩阵具有以下简单而实用的性质：

(1) 对称性：$\boldsymbol{H}^{\mathrm{T}}=\boldsymbol{H}$；

(2) 正交性：$\boldsymbol{H}^{\mathrm{T}}\boldsymbol{H}=\boldsymbol{I}_n$；

(3) 对合性：$\boldsymbol{H}^2=\boldsymbol{I}_n$；

(4) 反射性：对于任意的 $\boldsymbol{x}\in\mathbb{R}^n$，它可以表示为 $\boldsymbol{x}=\boldsymbol{v}+\alpha\boldsymbol{w}(\alpha\in\mathbb{R})$，其中 $\boldsymbol{v}\in\mathrm{span}\,\{\boldsymbol{w}\}^{\perp}$，则有

$$\boldsymbol{H}\boldsymbol{x}=\boldsymbol{H}(\boldsymbol{v}+\alpha\boldsymbol{w})=\boldsymbol{v}-\alpha\boldsymbol{w} \tag{4.23}$$

所以，$\boldsymbol{H}$ 又称为镜像反射矩阵，其几何意义如图 4.1 所示。

(5) 对于两个不同的向量 $\boldsymbol{a},\boldsymbol{b}\in\mathbb{R}^n$ 且 $\|\boldsymbol{a}\|_2=\|\boldsymbol{b}\|_2$，存在 Householder 向量

$$\boldsymbol{w}=\frac{\boldsymbol{a}-\boldsymbol{b}}{\|\boldsymbol{a}-\boldsymbol{b}\|_2} \tag{4.24}$$

使得 $\boldsymbol{H}\boldsymbol{a}=\boldsymbol{b}$。

由性质(5)可知，对于任意非零向量，都可以通过适当地选取 $\boldsymbol{w}$ 构造一个 n 阶 Householder 矩阵，使得向量中的某些指定分量变为零，从而实现类似 Gauss 消元法可以达到的目标。

定理 4.9　对于非零向量 $\boldsymbol{x}\in\mathbb{R}^n$，存在 Householder 向量

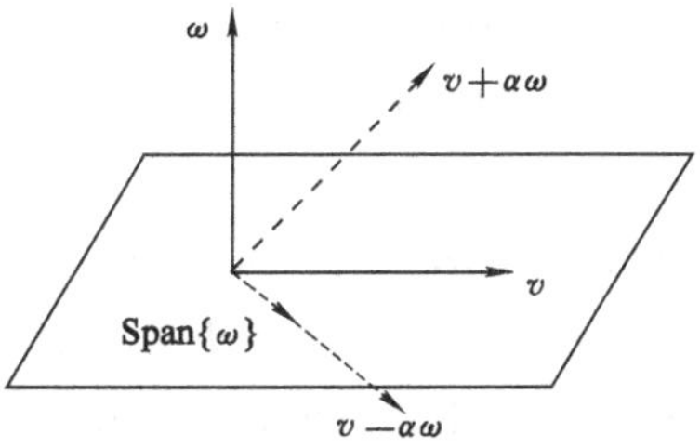

图 4.1

$$w = \frac{x - \alpha e_1}{\| x - \alpha e_1 \|_2} \tag{4.25}$$

使得式(4.21)中的 Householder 矩阵 $\boldsymbol{H}$ 满足

$$\boldsymbol{H}\boldsymbol{x} = \alpha \boldsymbol{e}_1 \tag{4.26}$$

其中,$\alpha = \pm \| \boldsymbol{x} \|_2$;$\boldsymbol{e}_1$ 表示单位矩阵的第一列。

在实际计算中,如果向量 $\boldsymbol{x}$ 和 $\alpha\boldsymbol{e}_1$ 非常接近,那么由式(4.25)计算的 $\boldsymbol{w}$ 就会产生严重的消去误差。为了避免相减相消,α 的符号选取非常重要。考虑 $\boldsymbol{x}$ 的第一个分量元素的符号,一般取 $\alpha = -\mathrm{sign}(x_1) \| \boldsymbol{x} \|_2$,此时

$$\begin{cases} \boldsymbol{w} = \boldsymbol{x} + \mathrm{sign}(x_1) \ \| \boldsymbol{x} \|_2 \boldsymbol{e}_1 \\ \beta^{-1} = \| \boldsymbol{x} \|_2 (\| \boldsymbol{x} \|_2 + |x_1|) \end{cases} \tag{4.27}$$

其中

$$\mathrm{sign}(x_1) = \begin{cases} 1, & x_1 \geqslant 0 \\ -1, & x_1 < 0 \end{cases}$$

另外,为了节约存储空间,可以规范化向量 $\boldsymbol{w}$ 使其第一个分量为 1。这样,$\boldsymbol{w}$ 其余的 $n-1$ 个分量可以存储在 $\boldsymbol{x}$ 的后 $n-1$ 个化为 0 的分量位置上,而 $\boldsymbol{w}$ 的第一个分量 1 就不需要存储了。

下面给出计算 Householder 向量的基本算法。

算法 4.1　给定非零向量 $\boldsymbol{x} \in \mathbb{R}^n$。本算法计算 Householder 变换矩阵 $\boldsymbol{H} = \boldsymbol{I}_n - \beta \boldsymbol{w}\boldsymbol{w}^{\mathrm{T}}$,使得 $\boldsymbol{H}\boldsymbol{x}$ 除了第一个分量外的其余分量都消为零,其中 $\boldsymbol{w}$ 满足 $\boldsymbol{w}(1)=1$。

```
function:[w,β]=house(x)
    n=length(x);α=norm(x);w=x;
    c=1/(x(1)+sign(x(1))*α);
    w(2:n)=w(2:n)*c;w(1)=1;
    β̃=c^2*α*(α+abs(x(1)));
    β=1/β̃;
end
```

算法中不需要显式地形成 $\boldsymbol{H}$,只需要输出 $\boldsymbol{w}$,β 即可,这是因为 Householder 变换可以按下式进行

$$\boldsymbol{H}\boldsymbol{x} = (\boldsymbol{I}_n - \beta \boldsymbol{w}\boldsymbol{w}^{\mathrm{T}})\boldsymbol{x} = \boldsymbol{x} - \beta(\boldsymbol{w}^{\mathrm{T}}\boldsymbol{x})\boldsymbol{w} \tag{4.28}$$

于是,对一个 $m \times n$ 的长方矩阵 $\boldsymbol{A} = (\boldsymbol{a}_1, \boldsymbol{a}_2, \cdots, \boldsymbol{a}_n)$ 进行一次 Householder 变换可按下述方法进行

$$\begin{cases} \boldsymbol{HA} = (\boldsymbol{Ha}_1, \boldsymbol{Ha}_2, \cdots, \boldsymbol{Ha}_n) \\ \boldsymbol{Ha}_j = \boldsymbol{a}_j - \beta(\boldsymbol{w}^{\mathrm{T}}\boldsymbol{a}_j)\boldsymbol{w} \quad (j = 1, 2, \cdots, n) \end{cases} \tag{4.29}$$

总体来看,由于

$$\boldsymbol{HA} = (\boldsymbol{I}_m - \beta \boldsymbol{w}\boldsymbol{w}^{\mathrm{T}})\boldsymbol{A} = \boldsymbol{A} - \beta \boldsymbol{w}\,(\boldsymbol{A}^{\mathrm{T}}\boldsymbol{w})^{\mathrm{T}} \tag{4.30}$$

Householder 变换实际上是对矩阵进行了一次秩 1 更新。类似地,如果对 $\boldsymbol{A}$ 右乘以 Householder 矩阵,相当于对矩阵的行进行一次 Householder 变换。

4.3.2 Givens 变换

Householder 变换可以把一个向量中若干个相邻分量化为零,而 Givens 变换可以把向量中某一个指定元素化为零。Givens 变换也是一种正交变换,它是通过平面旋转变换矩阵 $\boldsymbol{G}$ 来实现的,$\boldsymbol{G}$ 也称为 Givens 矩阵。在二维空间中,顺时针方向的 Givens 矩阵可以通过 θ 表示为

$$\boldsymbol{G}(\theta) = \begin{pmatrix} c & s \\ -s & c \end{pmatrix}, c = \cos\theta, s = \sin\theta$$

在 n 维空间中,它可以表示为

$$\boldsymbol{G}_{ij}(\theta) = \begin{pmatrix} 1 & & & & & & \\ & \ddots & & & & & \\ & & c & \cdots & s & & \\ & & \vdots & & \vdots & & \\ & & -s & \cdots & c & & \\ & & & & & \ddots & \\ & & & & & & 1 \end{pmatrix} \begin{matrix} \\ \\ i \\ \\ j \\ \\ \\ \end{matrix} \tag{4.31}$$
$$\qquad\qquad\qquad\qquad i \qquad\qquad j$$

给定向量 $\boldsymbol{x} \in \mathbb{R}^n$,令 $\boldsymbol{G}_{ij}(\theta)\boldsymbol{x} = \boldsymbol{y}$,则有

$$\begin{cases} y_i = cx_i + sx_j \\ y_j = -sx_i + cx_j \\ y_k = x_k \quad (k \neq i, j) \end{cases} \tag{4.32}$$

由此,如果 $\sigma = \sqrt{x_i^2 + x_j^2} \neq 0$,取

$$c = x_i/\sigma, s = x_j/\sigma, \tag{4.33}$$

则有 $y_i = \sigma, y_j = 0$,从而实现了将向量 $\boldsymbol{x}$ 的第 j 个分量消为零的目标。此旋转变换的矩阵表示形式为

$$\begin{pmatrix} c & s \\ -s & c \end{pmatrix} \begin{bmatrix} x_i \\ x_j \end{bmatrix} = \begin{pmatrix} \sigma \\ 0 \end{pmatrix} \tag{4.34}$$

实际计算 Givens 变换时,为了防止 σ 上溢,一般采用下面的算法。

算法 4.2 给定 a, b,计算 Givens 矩阵中的参数 c, s, σ,形成旋转变换(4.34)。

```
function:[c,s]=givens(a,b)
if b=0
  c=1;s=0;
  elseif |b|>|a|
```

```
      t=a/b;s=1/sqrt(1+t^2);c=st;
      else
      t=b/a;c=1/sqrt(1+t^2);s=ct;
   end
end
```

可以用多个 Givens 矩阵将一个向量 $\boldsymbol{x}\in\mathbb{R}^n$ 的某些指定的分量化为零。例如

$$\boldsymbol{G}_{1n}\cdots\boldsymbol{G}_{13}\boldsymbol{G}_{12}\boldsymbol{x}=\|\boldsymbol{x}\|_2\boldsymbol{e}_1 \tag{4.35}$$

或

$$\boldsymbol{G}_{12}\boldsymbol{G}_{23}\cdots\boldsymbol{G}_{n-1,n}\boldsymbol{x}=\|\boldsymbol{x}\|_2\boldsymbol{e}_1 \tag{4.36}$$

都可以将向量 $\boldsymbol{x}$ 的后 $n-1$ 个分量化为零，这等同于 Householder 变换(4.26)的效果。如果用一个 Givens 矩阵 $\boldsymbol{G}_{ij}$ 左(或右)乘以矩阵 $\boldsymbol{A}\in\mathbb{R}^{m\times n}$，相当于只改变 $\boldsymbol{A}$ 的第 i,j 两行(或列)的元素。

4.3.3　QR 分解

Householder 镜像变换和 Givens 旋转变换都属于正交变换，有着良好的数值性态。下面介绍这两种变换在计算矩阵 QR 分解中的应用。

定理 4.10(QR 分解)　设 $\boldsymbol{A}\in\mathbb{R}^{m\times n}(m\geqslant n)$，则存在 n 阶置换矩阵 $\boldsymbol{\Pi}$，使得

$$\boldsymbol{A\Pi}=\boldsymbol{Q}\begin{pmatrix}\boldsymbol{R}\\0\end{pmatrix} \tag{4.37}$$

其中，$\boldsymbol{Q}\in\mathbb{R}^{m\times m}$ 是正交矩阵；$\boldsymbol{R}\in\mathbb{R}^{n\times n}$ 是上三角矩阵；如果 $\boldsymbol{A}$ 为非奇异方阵且 $\boldsymbol{R}$ 的对角元均为正数时，则式(4.37)的分解是唯一的。

证明　对 n 用数学归纳法。当 $n=1$ 时，由定理 4.9 知结论成立。假设结论对所有的 $p\times(n-1)$ 矩阵成立，其中 $p\geqslant n-1$。对于 $\boldsymbol{A}\in\mathbb{R}^{m\times n}(m\geqslant n)$，存在置换矩阵 $\boldsymbol{\Pi}_n$，使得 $\tilde{\boldsymbol{A}}=\boldsymbol{A\Pi}_n$ 的第一列 $\tilde{\boldsymbol{a}}_1\neq 0$。令 $\|\tilde{\boldsymbol{a}}_1\|_2=r_{11}$，$\tilde{\boldsymbol{q}}_1=\tilde{\boldsymbol{a}}_1/r_{11}$，存在 m 阶正交矩阵 $\tilde{\boldsymbol{Q}}=(\tilde{\boldsymbol{q}}_1,\tilde{\boldsymbol{Q}}_2)$，使得

$$\tilde{\boldsymbol{Q}}^{\mathrm{T}}\tilde{\boldsymbol{A}}=\tilde{\boldsymbol{Q}}^{\mathrm{T}}\boldsymbol{A\Pi}_n=\begin{bmatrix}r_{11} & *\\ 0 & \boldsymbol{A}_1\end{bmatrix}$$

由归纳假设，对于 $(m-1)\times(n-1)$ 矩阵 $\boldsymbol{A}_1$，存在 $n-1$ 阶置换矩阵 $\tilde{\boldsymbol{\Pi}}_1$ 和 $m-1$ 阶正交矩阵 $\tilde{\boldsymbol{Q}}_1$，使得

$$\boldsymbol{A}_1\tilde{\boldsymbol{\Pi}}_1=\tilde{\boldsymbol{Q}}_1\begin{pmatrix}\boldsymbol{R}_1\\0\end{pmatrix}$$

其中，$\boldsymbol{R}_1$ 是 $n-1$ 阶上三角矩阵。令

$$\boldsymbol{\Pi}=\boldsymbol{\Pi}_n\begin{bmatrix}1 & 0\\0 & \tilde{\boldsymbol{\Pi}}_1\end{bmatrix},\boldsymbol{Q}=\tilde{\boldsymbol{Q}}\begin{bmatrix}1 & 0\\0 & \tilde{\boldsymbol{Q}}_1\end{bmatrix},\boldsymbol{R}=\begin{bmatrix}r_{11} & *\\0 & \boldsymbol{R}_1\\0 & 0\end{bmatrix}$$

则有式(4.37)成立。

唯一性：设 $\boldsymbol{A}$ 是 $n\times n$ 且非奇异的，假定 $\boldsymbol{A\Pi}=\boldsymbol{QR}=\tilde{\boldsymbol{Q}}\tilde{\boldsymbol{R}}$，其中 $\boldsymbol{Q},\tilde{\boldsymbol{Q}}\in\mathbb{R}^{m\times m}$ 是正交矩阵，$\boldsymbol{R},\tilde{\boldsymbol{R}}\in\mathbb{R}^{n\times n}$ 对角元均为正数上三角矩阵，于是

$$\widetilde{Q}^{\mathrm{T}}Q=\widetilde{R}R^{-1}$$

等式两边既是正交矩阵又是对角元均为正数的上三角矩阵，所以只能是单位矩阵，从而有

$$\widetilde{Q}=Q,\widetilde{R}=R$$

即分解是唯一的。

定理 4.10 中的置换矩阵 $\boldsymbol{\Pi}$ 对于在具体算法实现时保持算法的数值稳定性是十分重要的。例如，矩阵

$$A=\begin{pmatrix}1 & -1 & 1\\ 0 & 0 & 1\\ -1 & 1 & 1\end{pmatrix}$$

的前两列线性相关，如果不通过置换矩阵进行列交换，QR 分解将不能进行下去，分解过程也会失去数值稳定性。当然，如果 A 是列满秩且条件数不大时，可以不进行选主列，这时对应的 $\boldsymbol{\Pi}=I_n$。另外，在 QR 分解的式(4.37)右端可以通过插入对角元为±1 的对角矩阵

$$D=\mathrm{diag}(\underbrace{\pm 1,\cdots,\pm 1}_{n},\underbrace{1,\cdots,1}_{m-n})$$

使得

$$A\boldsymbol{\Pi}=QD\cdot D\begin{pmatrix}R\\0\end{pmatrix}=\widehat{Q}\begin{pmatrix}\widehat{R}\\0\end{pmatrix}\tag{4.38}$$

并且满足 $\widehat{Q}\in\mathbb{R}^{m\times m}$ 是正交矩阵；$\widehat{R}\in\mathbb{R}^{n\times n}$ 是具有非负对角元的上三角矩阵。

在定理 4.10 中，若矩阵 A 是列满秩的，令 R 是对角元为正数的上三角矩阵且 $Q=(\underset{n}{Q_1},\underset{m-n}{Q_2})$，则有下面的瘦型 QR 分解定理。

定理 4.11(Thin-QR **分解**)　设 $A\in\mathbb{R}^{m\times n}$ 是列满秩矩阵，则 A 有唯一的 Thin-QR 分解

$$A\boldsymbol{\Pi}=Q_1R\tag{4.39}$$

其中，$Q_1\in\mathbb{R}^{m\times n}$ 是列正交矩阵，$R\in\mathbb{R}^{n\times n}$ 是对角元为正数的上三角矩阵。

下面给出通过选主列 Householder 变换对 $A\in\mathbb{R}^{m\times n}$ 进行 QR 分解的具体实现过程，不妨假设 $\mathrm{rank}(A)=r$。

首先记 $A^{(1)}=A$。若已经进行了 $k-1$ 步，即有一系列 Householder 变换矩阵 $H_1,\cdots,H_{k-1}$ 和置换矩阵 $\boldsymbol{\Pi}_1,\cdots,\boldsymbol{\Pi}_{k-1}$，使得

$$\begin{aligned}A^{(k)}&=H_{k-1}\cdots H_1A\Pi_1\cdots\Pi_{k-1}\\&=\begin{pmatrix}A_{11}^{(k)} & A_{12}^{(k)}\\ 0 & A_{22}^{(k)}\end{pmatrix}\begin{matrix}k-1\\ m-k+1\end{matrix}\\&\qquad\ \ k-1\quad n-k+1\end{aligned}$$

其中，$A_{11}^{(k)}$ 是非奇异的上三角矩阵。假定

$$A_{22}^{(k)}=(a_k^{(k)},\cdots,a_n^{(k)})$$

则选取置换矩阵 $\boldsymbol{\Pi}_k$ 用来交换第 p,k 两列，其中 p 是 $A^{(k)}$ 的列向量中满足

$$\|a_p^{(k)}\|_2=\max_{k\leqslant j\leqslant n}\|a_j^{(k)}\|_2$$

的最小的列指标。为了符号统一，把 $A_{22}^{(k)}$ 经过列交换后的第 1 列仍然记为 $a_k^{(k)}$。利用算法 4.1 生成 $m-k+1$ 阶的 Householder 矩阵 $\widetilde{H}_k$，使得

$$\widetilde{\boldsymbol{H}}_k \boldsymbol{a}_k^{(k)} = r_{kk}\boldsymbol{e}_1, r_{kk} = \pm \| \boldsymbol{a}_{kk}^{(k)} \|_2$$

这里 $\boldsymbol{e}_1 = (1,0,\cdots,0)^{\mathrm{T}} \in \mathbb{R}^{m-k+1}$。然后计算 $\widetilde{\boldsymbol{H}}_k \boldsymbol{A}_{22}^{(k)}$。

在第 k 步，记 $\boldsymbol{H}_k = \mathrm{diag}(\boldsymbol{I}_{k-1}, \widetilde{\boldsymbol{H}}_k)$，则有

$$\begin{aligned}\boldsymbol{A}^{(k+1)} &= \boldsymbol{H}_k \boldsymbol{A}^{(k)} \boldsymbol{\Pi}_k = \boldsymbol{H}_k \boldsymbol{H}_{k-1} \cdots \boldsymbol{H}_1 \boldsymbol{A} \boldsymbol{\Pi}_1 \cdots \boldsymbol{\Pi}_{k-1} \boldsymbol{\Pi}_k \\ &= \begin{pmatrix} \boldsymbol{A}_{11}^{(k+1)} & \boldsymbol{A}_{12}^{(k+1)} \\ 0 & \boldsymbol{A}_{22}^{(k+1)} \end{pmatrix} \begin{matrix} k \\ m-k \end{matrix} \\ &\qquad\ \ \begin{matrix} k & \quad n-k \end{matrix}\end{aligned}$$

其中，$\boldsymbol{A}_{11}^{(k+1)}$ 是非奇异的上三角矩阵且 $1 \leqslant k \leqslant r$。

经过 r 步变换之后，有

$$\boldsymbol{A}^{(r+1)} = \boldsymbol{H}_r \cdots \boldsymbol{H}_1 \boldsymbol{A} \boldsymbol{\Pi}_1 \cdots \boldsymbol{\Pi}_r = \begin{pmatrix} \boldsymbol{R} \\ 0 \end{pmatrix} \begin{matrix} n \\ m-n \end{matrix}$$

记 $\boldsymbol{\Pi} = \boldsymbol{\Pi}_1 \cdots \boldsymbol{\Pi}_r$，$\boldsymbol{Q} = (\boldsymbol{H}_r \cdots \boldsymbol{H}_1)^{\mathrm{T}}$，则有式(4.39)成立。

事实上，$\boldsymbol{R}$ 可以进一步写为

$$\boldsymbol{R} = \begin{pmatrix} \boldsymbol{R}_1 \\ 0 \end{pmatrix} \begin{matrix} r \\ n-r \end{matrix}$$

其中，$\boldsymbol{R}_1$ 为 $r \times n$ 阶上梯形矩阵且行满秩。若记 $\boldsymbol{Q} = (\underset{r}{\boldsymbol{Q}_1}, \underset{n-r}{\boldsymbol{Q}_2})$，则有 $\boldsymbol{A\Pi} = \boldsymbol{Q}_1 \boldsymbol{R}_1$，由此得到矩阵 $\boldsymbol{A}$ 的酉分解

$$\boldsymbol{A} = \boldsymbol{Q}_1 \widetilde{\boldsymbol{R}}_1$$

其中，$\widetilde{\boldsymbol{R}}_1 = \boldsymbol{R}_1 \boldsymbol{\Pi}^{\mathrm{T}}$。

算法 4.3(选主列 Householder 变换计算 QR 分解)　给定秩为 r 的矩阵 $\boldsymbol{A} \in \mathbb{R}^{m \times n}$，本算法计算选主列的 QR 分解，使得 $\boldsymbol{A\Pi} = \boldsymbol{QR}$。

```
r=rank(A);
for k=1:n
    确定 p(k≤p≤n),使得
    ‖A(k:m,p)‖₂ = max_{k≤j≤n} {‖A(k:m,j)‖₂};
    A(:,k)↔A(:,p);
      π(k)=p;(记录置换矩阵 Πk)
    if k<r
        [w,β]=house(A(k:m,k));
        A(k:m,k:n)=(I_{m-k+1}-βww^T)A(k:m,k:n);
        b(k)=β;(用于记录 Householder 矩阵)
        A(k+1:m,k)=w(2:m-k+1);
    end
end
```

如果矩阵 $\boldsymbol{A} \in \mathbb{R}^{m \times n}$ 是列满秩矩阵，并且不考虑选主列，则 Householder QR 分解的运算量约为 $2n^2(m-n/3)$。Householder 变换过程也可以通过 Givens 变换来实现，而 Givens QR 分解的

运算量约为 $3mn^2-n^3$，远大于 Householder QR 分解的运算量，但如果 $\boldsymbol{A}$ 有较多的零元素，则可以考虑灵活使用 Givens 变换来降低运算量。另外，QR 分解过程也可以由 Gram-Schmidt 正交化过程来实现，关于选主列的修正 Gram-Schmidt 正交化 QR 分解算法详见文献[17]。

第 4 节　QR 方法

QR 方法是计算中小规模矩阵特征值和特征向量的常用方法，它是通过正交相似变换将一个给定矩阵逐步约化为上三角矩阵或拟上三角矩阵的迭代方法，具有二次收敛率。对于实对称矩阵的特征值问题，相应地有对称 QR 方法，具有三次收敛率[8]。QR 方法计算矩阵特征值的思想最早是由 Francis 于 1961 年提出来的，因此也称为 Francis QR 方法[9]。

4.4.1　基本迭代思想

对于给定的矩阵 $\boldsymbol{A}\in\mathbb{R}^{n\times n}$，记 $\boldsymbol{A}_0=\boldsymbol{A}$。QR 方法的基本迭代格式为

$$\begin{cases}\boldsymbol{A}_{k-1}=\boldsymbol{Q}_k\boldsymbol{R}_k\\ \boldsymbol{A}_k=\boldsymbol{R}_k\boldsymbol{Q}_k\\ k=1,2,\cdots\end{cases}\tag{4.40}$$

其中，$\boldsymbol{Q}_k$ 为正交矩阵；$\boldsymbol{R}_k$ 为上三角矩阵。易知更新前后的矩阵满足正交相似关系，即

$$\boldsymbol{A}_k=\boldsymbol{Q}_k^{\mathrm{T}}\boldsymbol{A}_{k-1}\boldsymbol{Q}_k\tag{4.41}$$

进一步，矩阵序列 $\boldsymbol{A}_k$ 都与矩阵 $\boldsymbol{A}$ 正交相似，即

$$\begin{aligned}\boldsymbol{A}_k&=\boldsymbol{Q}_k^{\mathrm{T}}\boldsymbol{A}_{k-1}\boldsymbol{Q}_k=\cdots=(\boldsymbol{Q}_1\boldsymbol{Q}_2\cdots\boldsymbol{Q}_k)^{\mathrm{T}}\boldsymbol{A}(\boldsymbol{Q}_1\boldsymbol{Q}_2\cdots\boldsymbol{Q}_k)\\&\equiv\widetilde{\boldsymbol{Q}}_k^{\mathrm{T}}\boldsymbol{A}\widetilde{\boldsymbol{Q}}_k\end{aligned}\tag{4.42}$$

其中，$\widetilde{\boldsymbol{Q}}_k=\boldsymbol{Q}_1\boldsymbol{Q}_2\cdots\boldsymbol{Q}_k$ 是正交矩阵。从而，它们有相同的特征值。记 $\widetilde{\boldsymbol{R}}_k=\boldsymbol{R}_k\boldsymbol{R}_{k-1}\cdots\boldsymbol{R}_1$，则有 $\boldsymbol{A}=\boldsymbol{Q}_1\boldsymbol{R}_1=\widetilde{\boldsymbol{Q}}_1\widetilde{\boldsymbol{R}}_1$。假设有分解式

$$\boldsymbol{A}^{k-1}=\widetilde{\boldsymbol{Q}}_{k-1}\widetilde{\boldsymbol{R}}_{k-1}$$

成立，由式(4.42)并结合 $\boldsymbol{A}_{k-1}=\boldsymbol{Q}_k\boldsymbol{R}_k$，知

$$\begin{aligned}\boldsymbol{A}^k&=\boldsymbol{A}\boldsymbol{A}^{k-1}=\boldsymbol{A}\widetilde{\boldsymbol{Q}}_{k-1}\widetilde{\boldsymbol{R}}_{k-1}=\widetilde{\boldsymbol{Q}}_{k-1}\boldsymbol{A}_{k-1}\widetilde{\boldsymbol{R}}_{k-1}\\&=\widetilde{\boldsymbol{Q}}_{k-1}\boldsymbol{Q}_k\boldsymbol{R}_k\widetilde{\boldsymbol{R}}_{k-1}=\widetilde{\boldsymbol{Q}}_k\widetilde{\boldsymbol{R}}_k\end{aligned}\tag{4.43}$$

由此得到了 $\boldsymbol{A}^k$ 的 QR 分解式。

由关系式(4.43)可以建立 QR 方法和幂法的关系。记 $\widetilde{\boldsymbol{Q}}_k$ 的第一列为 $\widetilde{\boldsymbol{q}}_1^{(k)}$，$\widetilde{\boldsymbol{R}}_k$ 的元素为 $r_{ij}^{(k)}$，则有

$$\boldsymbol{A}^k\boldsymbol{e}_1=r_{11}^{(k)}\widetilde{\boldsymbol{q}}_1^{(k)}\tag{4.44}$$

由幂法知道，取 $\boldsymbol{e}_1$ 为初始向量，如果 $\boldsymbol{A}$ 的按模最大特征值 λ_1 与其他特征值严格分离，则 $\widetilde{\boldsymbol{q}}_1^{(k)}$ 收敛到 $\boldsymbol{A}$ 的一个属于 λ_1 的特征向量。

下面给出 QR 方法的收敛性定理，定理的证明详见文献[7]。

定理 4.12　设 $\boldsymbol{A}=(a_{ij})\in\mathbb{R}^{n\times n}$。如果 $\boldsymbol{A}$ 的特征值满足 $|\lambda_1|>|\lambda_2|>\cdots>|\lambda_n|>0$，并

且 $\boldsymbol{A}$ 有标准形 $\boldsymbol{A}=\boldsymbol{X}\mathrm{diag}(\lambda_1,\lambda_2,\cdots,\lambda_n)\boldsymbol{X}^{-1}$，$\boldsymbol{X}^{-1}$ 有三角分解 $\boldsymbol{X}^{-1}=\boldsymbol{LU}$，则 QR 方法(4.40)产生的矩阵序列 $\boldsymbol{A}_k=(a_{ij}^{(k)})$ 收敛于一个上三角矩阵，同时对角线元素 $a_{ii}^{(k)}$ 收敛于特征值 $\lambda_i(i=1,2,\cdots,n)$。

例 4.2　用层次分析法来对地质灾害危险性程度进行分析时，假设在例 4.1 中增加影响因子，得到判断矩阵

$$\boldsymbol{A}=\begin{pmatrix} 1 & 2 & 5 & 7 & 6 & 9 \\ 1/2 & 1 & 2 & 4 & 3 & 5 \\ 1/5 & 1/2 & 1 & 2 & 1 & 3 \\ 1/7 & 1/4 & 1/2 & 1 & 1/2 & 2 \\ 1/6 & 1/3 & 1 & 2 & 1 & 2 \\ 1/9 & 1/4 & 1/3 & 1/2 & 1/2 & 1 \end{pmatrix}$$

利用基本迭代格式(4.40)计算有

$$\boldsymbol{A}_7=\begin{pmatrix} 6.068\,0 & -1.212\,9 & 9.298\,8 & -7.359\,1 & 4.919\,0 & -8.838\,8 \\ 0.002\,8 & -0.385\,2 & -0.425\,5 & 0.267\,7 & -0.342\,2 & -0.052\,1 \\ -0.000\,2 & 0.976\,4 & 0.232\,4 & -0.378\,2 & 0.144\,3 & -0.774\,3 \\ 0.000\,4 & -0.242\,7 & -0.075\,0 & 0.201\,9 & -0.158\,8 & 0.115\,9 \\ -0.000\,1 & 0.086\,9 & 0.140\,7 & 0.412\,5 & -0.065\,3 & -0.219\,5 \\ 0.000\,0 & -0.000\,4 & -0.000\,1 & 0.000\,2 & -0.000\,0 & -0.051\,9 \end{pmatrix}$$

$$\boldsymbol{A}_{50}=\begin{pmatrix} 6.067\,4 & 9.555\,9 & -5.927\,4 & 1.403\,2 & 6.161\,1 & 8.834\,0 \\ -0.000\,0 & -0.191\,2 & -1.097\,6 & 0.114\,1 & 0.558\,2 & 0.562\,0 \\ 0.000\,0 & 0.374\,9 & 0.173\,6 & 0.156\,2 & -0.055\,9 & -0.580\,9 \\ -0.000\,0 & -0.000\,0 & -0.000\,0 & 0.042\,0 & -0.506\,9 & 0.095\,5 \\ 0.000\,0 & 0.000\,0 & 0.000\,0 & 0.062\,7 & -0.039\,6 & 0.020\,7 \\ 0.000\,0 & 0.000\,0 & 0.000\,0 & -0.000\,0 & -0.000\,0 & -0.052\,2 \end{pmatrix}$$

可以看出，此时矩阵 $\boldsymbol{A}$ 已经被约化为一个拟上三角矩阵了。注意，显示出的 0.000 0，并不表示该数为 0，而是表示该数小数点之后的前 4 位为 0。作为比较，通过 MATLAB 函数 eig 计算出 $\boldsymbol{A}$ 的特征值为

$$6.067\,4 \quad -0.008\,8\pm 0.615\,0\boldsymbol{i} \quad 0.001\,2\pm 0.173\,6\boldsymbol{i} \quad -0.052\,2$$

4.4.2　上 Hessenberg 约化

考虑 QR 迭代格式(4.40)的具体实现过程。首先对矩阵 $\boldsymbol{A}_{k-1}$ 进行 QR 分解，这可以通过一系列的左 Householder 变换(或 Givens 变换)作用到矩阵 $\boldsymbol{A}_{k-1}$ 形成上三角矩阵 $\boldsymbol{R}_k$，即

$$\boldsymbol{P}_{n-1}^{(k)}\cdots\boldsymbol{P}_2^{(k)}\boldsymbol{P}_1^{(k)}\boldsymbol{A}_{k-1}=\boldsymbol{R}_k \tag{4.45}$$

然后对 $\boldsymbol{R}_k$ 进行一系列的右变换形成更新后的矩阵 $\boldsymbol{A}_k$，即

$$\boldsymbol{A}_k=\boldsymbol{R}_k(\boldsymbol{P}_1^{(k)})^{\mathrm{T}}(\boldsymbol{P}_2^{(k)})^{\mathrm{T}}\cdots(\boldsymbol{P}_{n-1}^{(k)})^{\mathrm{T}} \tag{4.46}$$

可以看出，每一步迭代过程中都要对一个 $n\times n$ 矩阵进行 QR 分解形成上三角矩阵，这需要大约 $O(n^3)$ 运算量。为了减少运算量，需要首先将矩阵 $\boldsymbol{A}$ 通过正交相似变换约化为上 Hessenberg 矩阵(即矩阵 $\boldsymbol{A}=(a_{ij})$ 中元素当 $i>j+1$ 时满足 $a_{ij}=0$)，然后对上 Hessenberg 矩阵进行 QR 迭代。这既保证不改变矩阵的特征值，又能保持数值稳定性。由于上

Hessenberg 矩阵的特殊结构，QR 分解式(4.45)只需 $n-1$ 次 Givens 变换即可。例如，当 $n=5$ 时，记 $\boldsymbol{A}_{k-1}\equiv\boldsymbol{H}_1$。式(4.45)的具体实现过程为

$$\boldsymbol{H}_1=\begin{pmatrix}\times&\times&\times&\times&\times\\ \otimes&\times&\times&\times&\times\\ &\times&\times&\times&\times\\ &&\times&\times&\times\\ &&&\times&\times\end{pmatrix}\xrightarrow{\boldsymbol{G}_{12}(\theta_1)\boldsymbol{H}_1}\boldsymbol{H}_2=\begin{pmatrix}\times&\times&\times&\times&\times\\ &\times&\times&\times&\times\\ &\otimes&\times&\times&\times\\ &&\times&\times&\times\\ &&&\times&\times\end{pmatrix}\xrightarrow{\boldsymbol{G}_{23}(\theta_2)\boldsymbol{H}_2}$$

$$\boldsymbol{H}_3=\begin{pmatrix}\times&\times&\times&\times&\times\\ &\times&\times&\times&\times\\ &&\times&\times&\times\\ &&\otimes&\times&\times\\ &&&\times&\times\end{pmatrix}\xrightarrow{\boldsymbol{G}_{34}(\theta_3)\boldsymbol{H}_3}\boldsymbol{H}_4=\begin{pmatrix}\times&\times&\times&\times&\times\\ &\times&\times&\times&\times\\ &&\times&\times&\times\\ &&&\times&\times\\ &&&\otimes&\times\end{pmatrix}\xrightarrow{\boldsymbol{G}_{45}(\theta_4)\boldsymbol{H}_4}$$

$$\boldsymbol{H}_5=\begin{pmatrix}\times&\times&\times&\times&\times\\ &\times&\times&\times&\times\\ &&\times&\times&\times\\ &&&\times&\times\\ &&&&\times\end{pmatrix}\equiv\boldsymbol{R}_k$$

接下来的式(4.46)实现过程为

$$\boldsymbol{H}_5=\begin{pmatrix}\times&\times&\times&\times&\times\\ &\times&\times&\times&\times\\ &&\times&\times&\times\\ &&&\times&\times\\ &&&&\times\end{pmatrix}\xrightarrow{\boldsymbol{H}_5\boldsymbol{G}_{12}^{\mathrm{T}}(\theta_1)}\widetilde{\boldsymbol{H}}_4=\begin{pmatrix}\times&\times&\times&\times&\times\\ *&\times&\times&\times&\times\\ &&\times&\times&\times\\ &&&\times&\times\\ &&&&\times\end{pmatrix}\xrightarrow{\widetilde{\boldsymbol{H}}_4\boldsymbol{G}_{23}^{\mathrm{T}}(\theta_2)}$$

$$\widetilde{\boldsymbol{H}}_3=\begin{pmatrix}\times&\times&\times&\times&\times\\ *&\times&\times&\times&\times\\ &*&\times&\times&\times\\ &&&\times&\times\\ &&&&\times\end{pmatrix}\xrightarrow{\widetilde{\boldsymbol{H}}_3\boldsymbol{G}_{34}^{\mathrm{T}}(\theta_3)}\widetilde{\boldsymbol{H}}_2=\begin{pmatrix}\times&\times&\times&\times&\times\\ *&\times&\times&\times&\times\\ &*&\times&\times&\times\\ &&*&\times&\times\\ &&&&\times\end{pmatrix}\xrightarrow{\widetilde{\boldsymbol{H}}_2\boldsymbol{G}_{45}^{\mathrm{T}}(\theta_4)}$$

$$\widetilde{\boldsymbol{H}}_1=\begin{pmatrix}\times&\times&\times&\times&\times\\ *&\times&\times&\times&\times\\ &*&\times&\times&\times\\ &&*&\times&\times\\ &&&*&\times\end{pmatrix}\equiv\boldsymbol{A}_k$$

可以看出，QR 方法作用于上 Hessenberg 矩阵，保持矩阵的上 Hessenberg 结构不变，这样每个迭代步都可以用上述方法进行变换，总的运算量可以由一般情况下的 $O(n^3)$ 降到 $O(n^2)$。

下面介绍如何对一个矩阵 $\mathbf{A}=(a_{ij})\in\mathbb{R}^{n\times n}$ 通过 Householder 变换进行上 Hessenberg 约化。

首先，对 $\mathbf{A}^{(1)}=\mathbf{A}$ 进行分块

$$
\boldsymbol{A}^{(1)} = \begin{pmatrix} a_{11}^{(1)} & \boldsymbol{A}_{12}^{(1)} \\ \boldsymbol{x}_1 & \boldsymbol{A}_{22}^{(1)} \end{pmatrix} \begin{matrix} 1 \\ n-1 \end{matrix} \tag{4.47}
$$
$$
\begin{matrix} 1 & n-1 \end{matrix}
$$

利用定理 4.9,通过非零向量 $\boldsymbol{x}_1$ 选取 Householder 变换 $\widetilde{\boldsymbol{H}}_1$,使得

$$
\begin{cases} \widetilde{\boldsymbol{H}}_1 \boldsymbol{x}_1 = \alpha_1 \boldsymbol{e}_1 \\ \alpha_1 = -\operatorname{sign}(x_1(1)) \, \| \boldsymbol{x}_1 \|_2 \end{cases} \tag{4.48}
$$

故取

$$
\boldsymbol{H}_1 = \begin{pmatrix} 1 & 0 \\ 0 & \widetilde{\boldsymbol{H}}_1 \end{pmatrix} \begin{matrix} 1 \\ n-1 \end{matrix} \tag{4.49}
$$
$$
\begin{matrix} 1 & n-1 \end{matrix}
$$

对 $\boldsymbol{A}^{(1)}$ 进行正交相似变换,使得

$$
\begin{aligned}
\boldsymbol{A}^{(2)} = \boldsymbol{H}_1 \boldsymbol{A}^{(1)} \boldsymbol{H}_1 &= \begin{pmatrix} a_{11}^{(1)} & A_{12}^{(1)} \widetilde{\boldsymbol{H}}_1 \\ \widetilde{\boldsymbol{H}}_1 x_1 & \widetilde{\boldsymbol{H}}_1 A_{22}^{(1)} \widetilde{\boldsymbol{H}}_1 \end{pmatrix} \\
&= \begin{pmatrix} a_{11}^{(1)} & a_{12}^{(2)} & * \\ \alpha_1 & a_{22}^{(2)} & * \\ 0 & \boldsymbol{x}_2 & \boldsymbol{A}_{22}^{(2)} \end{pmatrix} \begin{matrix} 1 \\ 1 \\ n-2 \end{matrix}
\end{aligned} \tag{4.50}
$$
$$
\begin{matrix} 1 & 1 & n-2 \end{matrix}
$$

如果 $\boldsymbol{x}_1 = 0$,则取 $\boldsymbol{H}_1$ 为单位矩阵,继续直接进行下一步。

类似地,通过非零向量 $\boldsymbol{x}_2$ 选取 Householder 变换 $\widetilde{\boldsymbol{H}}_2$,使得

$$
\begin{cases} \widetilde{\boldsymbol{H}}_2 \boldsymbol{x}_2 = \alpha_2 \boldsymbol{e}_1 \\ \alpha_2 = -\operatorname{sign}(x_2(1)) \, \| \boldsymbol{x}_2 \|_2 \end{cases} \tag{4.51}
$$

取

$$
\boldsymbol{H}_2 = \begin{pmatrix} 1 & 0 & 0 \\ 0 & 1 & 0 \\ 0 & 0 & \widetilde{\boldsymbol{H}}_2 \end{pmatrix} \begin{matrix} 1 \\ 1 \\ n-2 \end{matrix}
$$
$$
\begin{matrix} 1 & 1 & n-2 \end{matrix} \tag{4.52}
$$

对 $\boldsymbol{A}^{(2)}$ 进行正交相似变换,使得

$$
\begin{aligned}
\boldsymbol{A}^{(3)} = \boldsymbol{H}_2 \boldsymbol{A}^{(2)} \boldsymbol{H}_2 &= \begin{pmatrix} a_{11}^{(1)} & a_{12}^{(2)} & * \\ \alpha_1 & a_{22}^{(2)} & * \\ 0 & \widetilde{\boldsymbol{H}}_2 x_2 & \widetilde{\boldsymbol{H}}_2 \boldsymbol{A}_{22}^{(2)} \widetilde{\boldsymbol{H}}_2 \end{pmatrix} \\
&= \begin{pmatrix} a_{11}^{(1)} & a_{12}^{(2)} & a_{13}^{(3)} & * \\ \alpha_1 & a_{22}^{(2)} & a_{23}^{(3)} & * \\ 0 & \alpha_2 & a_{33}^{(3)} & * \\ 0 & 0 & x_3 & \boldsymbol{A}_{22}^{(3)} \end{pmatrix} \begin{matrix} 1 \\ 1 \\ 1 \\ n-3 \end{matrix}
\end{aligned} \tag{4.53}
$$
$$
\begin{matrix} 1 & 1 & 1 & n-3 \end{matrix}
$$

如果 $\boldsymbol{x}_2=0$,则取 $\boldsymbol{H}_2$ 为单位矩阵,继续进行下一步。

如上过程进行 $n-2$ 步,可以找到 $n-2$ 个 Householder 变换矩阵 $\boldsymbol{H}_1,\boldsymbol{H}_2,\cdots,\boldsymbol{H}_{n-2}$,使得

$$\boldsymbol{A}^{(n-1)}=\boldsymbol{H}_{n-2}\cdots\boldsymbol{H}_2\boldsymbol{H}_1\boldsymbol{A}\boldsymbol{H}_1\boldsymbol{H}_2\cdots\boldsymbol{H}_{n-2}$$

$$=\begin{pmatrix} a_{11}^{(1)} & a_{12}^{(2)} & a_{13}^{(3)} & \cdots & a_{1,n-1}^{(n-1)} & a_{1n}^{(n-1)} \\ \alpha_1 & a_{22}^{(2)} & a_{23}^{(3)} & \cdots & a_{2,n-1}^{(n-1)} & a_{2n}^{(n-1)} \\ & \alpha_2 & a_{33}^{(3)} & \cdots & a_{3,n-1}^{(n-1)} & a_{3n}^{(n-1)} \\ & & \ddots & \ddots & \vdots & \vdots \\ & & & \alpha_{n-2} & a_{n-1,n-1}^{(n-1)} & a_{n-1,n}^{(n-1)} \\ & & & & a_{n,n-1}^{(n-1)} & a_{nn}^{(n-1)} \end{pmatrix} \tag{4.54}$$

显然,$\boldsymbol{A}^{(n-1)}$是一个上 Hessenberg 矩阵。令 $\boldsymbol{Q}=\boldsymbol{H}_1\boldsymbol{H}_2\cdots\boldsymbol{H}_{n-2}$,则有

$$\boldsymbol{Q}^{\mathrm{T}}\boldsymbol{A}\boldsymbol{Q}=\boldsymbol{A}^{(n-1)} \tag{4.55}$$

此约化过程可以由下面的算法实现。

算法 4.4(上 Hessenberg 约化)

for $k=1:n-2$

  $[\boldsymbol{w},\beta]=\text{house}(\boldsymbol{A}(k+1:n,k))$;

  $\boldsymbol{A}(k+1:n,k:n)=(\boldsymbol{I}-\beta\boldsymbol{w}\boldsymbol{w}^{\mathrm{T}})\boldsymbol{A}(k+1:n,k:n)$;

  $\boldsymbol{A}(1:n,k+1:n)=\boldsymbol{A}(1:n,k+1:n)(\boldsymbol{I}-\beta\boldsymbol{w}\boldsymbol{w}^{\mathrm{T}})$;

end

该算法的运算量约为 $10n^3/3$,如果计算正交变换矩阵 $\boldsymbol{Q}=\boldsymbol{H}_1\boldsymbol{H}_2\cdots\boldsymbol{H}_{n-2}$,还需增加 $4n^3/3$ 的运算量。

如果 $\boldsymbol{A}$ 是实对称矩阵,则 $\boldsymbol{A}^{(n-1)}$ 也是实对称的,从而是三对角矩阵。此时,算法 4.4 就是通过 Householder 变换将实对称矩阵进行三对角约化的过程。因此,实对称矩阵的特征值问题可以转化为对称三角矩阵的特征值问题来考虑。

4.4.3 带原点位移的 QR 方法

本节考虑用 QR 方法计算上 Hessenberg 矩阵

$$\boldsymbol{H}=\begin{pmatrix} h_{11} & h_{12} & \cdots & h_{1n} \\ h_{21} & h_{22} & \cdots & h_{2n} \\ & \ddots & \ddots & \vdots \\ & & h_{n,n-1} & h_{nn} \end{pmatrix}\in\mathbb{R}^{n\times n} \tag{4.56}$$

的特征值问题。定理 4.12 中对角线元素 $a_{ii}^{(k)}$ 收敛于特征值λ_i 的收敛速度是依赖于特征值的分离程度的,例如,$a_{nn}^{(k)}\to\lambda_n(k\to\infty)$的速度依赖于$|\lambda_n|/|\lambda_{n-1}|$的大小。为了加速算法的收敛,通过引入原点位移 s(假设是 λ_n 的近似),对矩阵 $\boldsymbol{H}-s\boldsymbol{I}$ 运用 QR 方法,从而形成带原点位移的 QR 方法。

记 $\boldsymbol{H}_0=\boldsymbol{H}$,设第 k 步迭代的位移为 s_{k-1},则带原点位移的 QR 方法的迭代格式为

$$\boldsymbol{H}_{k-1}-s_{k-1}\boldsymbol{I}=\boldsymbol{Q}_k\boldsymbol{R}_k \tag{4.57}$$

$$\boldsymbol{H}_k=\boldsymbol{R}_k\boldsymbol{Q}_k+s_{k-1}\boldsymbol{I} \tag{4.58}$$

$$k=1,2,\cdots$$

易知更新前后的矩阵仍然满足正交相似关系

$$H_k = Q_k^{\mathrm{T}}(H_{k-1} - s_{k-1}I)Q_k + s_{k-1}I = Q_k^{\mathrm{T}}H_{k-1}Q_k \tag{4.59}$$

不失一般性，设迭代过程中的 H_k 都是不可约的。否则，如果某一步有

$$H_k = \begin{pmatrix} H_{11}^{(k)} & H_{12}^{(k)} \\ 0 & H_{22}^{(k)} \end{pmatrix} \begin{matrix} p \\ n-p \end{matrix} \tag{4.60}$$

$$\quad p \quad n-p$$

则 QR 迭代可以分别对 $H_{11}^{(k)}$ 和 $H_{22}^{(k)}$ 进行。下面讨论迭代过程中位移的选取问题。

我们希望迭代(4.57)中 s_{k-1} 更接近于 H_{k-1} 的一个特征值，而由 QR 分解过程中 Givens 旋转矩阵的取法知道，R_k 的前 $n-1$ 个对角元 $r_{ii}^{(k)}$ 非零，这是因为

$$r_{ii}^{(k)} \geqslant |h_{i+1,i}^{(k-1)}| \neq 0 \quad (i = 1, 2, \cdots, n-1) \tag{4.61}$$

考虑极端的情况：若 s_{k-1} 是 H_{k-1} 的一个特征值，则 $Q_k^{\mathrm{T}}(H_{k-1} - s_{k-1}I) = R_k$ 是奇异矩阵，从而 $r_{nn}^{(k)} = 0$。进一步，由式(4.58)知，$H_k = R_kQ_k + s_{k-1}I$ 的最后一行只有一个非零元

$$h_{nn}^{(k)} = s_{k-1} \tag{4.62}$$

可以作为 H_k 的一个特征值。这使得我们在选取迭代位移时通常取 $h_{nn}^{(k-1)}$。

算法 4.5(上 Hessenberg 的 QR 方法)

$h_{11} = h_{11} - h_{nn}$;

for　$k = 1:n-1$

　　$h_{k+1,k+1} = h_{k+1,k+1} - h_{nn}$;

　　$[c_k, s_k] = \mathrm{givens}(h_{kk}, h_{k+1,k})$; %算法 3.2

　　for　$j = k:n$

$$\begin{pmatrix} h_{kj} \\ h_{k+1,j} \end{pmatrix} = \begin{pmatrix} c_k & s_k \\ -s_k & c_k \end{pmatrix} \begin{pmatrix} h_{kj} \\ h_{k+1,j} \end{pmatrix}; \text{\%左变换}$$

　　end

end

for $k = 1:n-1$

　　for　$i = 1:k+1$

$$(h_{ik}, h_{i,k+1}) = (h_{ik}, h_{i,k+1}) \begin{pmatrix} c_k & -s_k \\ s_k & c_k \end{pmatrix}; \text{\%右变换}$$

　　end

　　$h_{kk} = h_{kk} + h_{nn}$;

end

$h_{nn} = h_{nn} + h_{nn}$;

当算法 4.5 进行到 $h_{n,n-1}^{(k)}$ 充分小时，便得到了 H 的一个近似特征值 $\lambda_n \approx h_{nn}^{(k)}$，然后将上 Hessenberg 矩阵降阶，继续运用算法 4.5。这个算法是在实数域内选择位移，不能用于计算 H 的近似复特征值，如果 H 具有复共轭特征值，这种方法起不到加速作用，这时需要采取双步位移 QR 方法进行迭代。

例 4.3　对于例 4.2 中的矩阵，先用算法 4.4 将 A 化成如下的上 Hessenberg 矩阵

$$
\boldsymbol{H}_0=\begin{pmatrix}
1.0000 & -8.4451 & -0.0187 & -6.7185 & -5.1269 & 7.2289\\
-0.5921 & 5.2162 & -1.0941 & 4.5719 & 3.5669 & -4.8311\\
0 & 0.5340 & -0.2917 & 0.8590 & 0.2401 & -0.3972\\
0 & -0.0000 & -0.5917 & 0.0700 & -0.2680 & -0.6248\\
-0.0000 & 0.0000 & 0 & 0.2293 & -0.0037 & 0.0493\\
-0.0000 & -0.0000 & 0 & 0 & 0.0929 & 0.0092
\end{pmatrix}
$$

然后，再取位移 μ_m 为 $\boldsymbol{H}_m$ 的右下角元素进行带原点位移的 QR 迭代，可得

$$
\boldsymbol{H}_1=\begin{pmatrix}
6.1547 & -10.7258 & 0.8316 & -3.5257 & -6.1065 & 8.8373\\
0.0494 & 0.0825 & -1.0816 & 0.1113 & 0.5174 & -0.6647\\
0.0000 & 0.3350 & -0.1976 & 0.2722 & 0.1651 & 0.2449\\
0.0000 & -0.0000 & -0.1620 & 0.0388 & -0.4273 & -0.2473\\
0.0000 & -0.0000 & 0.0000 & 0.0689 & -0.0259 & -0.0102\\
0.0000 & -0.0000 & 0.0000 & 0.0000 & 0.0002 & -0.0522
\end{pmatrix}
$$

注意：只进行了 1 步带原点位移的 QR 迭代，就已经有一个特征值 −0.052 2 显现。对比例 4.2 中不带位移的 QR 迭代，迭代 7 步之后还没有一个特征值收敛，可见位移的加速收敛作用是显著的。事实上，在上述的迭代过程中，上 Hessenberg 化也在一定程度上起到了加速收敛的作用。

4.4.4 双步位移的 QR 方法

记 $\boldsymbol{H}_0^{(1)}=\boldsymbol{H}$。假设实上 Hessenberg 矩阵按模最小的特征值是一对复共轭特征值，在第 k 步选取位移 $s_{k-1}^{(1)},s_{k-1}^{(2)}$ 为 $\boldsymbol{H}_{k-1}^{(1)}$ 右下角二阶矩阵

$$
\widetilde{\boldsymbol{H}}_2^{(k-1)}=\begin{pmatrix} h_{n-1,n-1}^{(k-1)} & h_{n-1,n}^{(k-1)}\\ h_{n,n-1}^{(k-1)} & h_{nn}^{(k-1)}\end{pmatrix}
$$

的共轭复特征值，则有

$$
s_{k-1}^{(1)}+s_{k-1}^{(2)}=\operatorname{trace}(\widetilde{\boldsymbol{H}}_2^{(k-1)})\equiv s_{k-1}\in\mathbb{R}
$$

$$
s_{k-1}^{(1)}\cdot s_{k-1}^{(2)}=\det(\widetilde{\boldsymbol{H}}_2^{(k-1)})\equiv t_{k-1}\in\mathbb{R}
$$

进行两次带原点位移的 QR 迭代，形成双步位移 QR 方法的迭代格式为

$$
\begin{cases}\boldsymbol{H}_{k-1}^{(1)}-s_{k-1}^{(1)}\boldsymbol{I}=\boldsymbol{Q}_k^{(1)}\boldsymbol{R}_k^{(1)}\\ \boldsymbol{H}_{k-1}^{(2)}=\boldsymbol{R}_k^{(1)}\boldsymbol{Q}_k^{(1)}+s_{k-1}^{(1)}\boldsymbol{I}\end{cases}\tag{4.63}
$$

和

$$
\begin{cases}\boldsymbol{H}_{k-1}^{(2)}-s_{k-1}^{(2)}\boldsymbol{I}=\boldsymbol{Q}_k^{(2)}\boldsymbol{R}_k^{(2)}\\ \boldsymbol{H}_{k}^{(1)}=\boldsymbol{R}_k^{(2)}\boldsymbol{Q}_k^{(2)}+s_{k-1}^{(2)}\boldsymbol{I}\\ k=1,2,\cdots\end{cases}\tag{4.64}
$$

易推得更新前后的矩阵仍然满足正交相似关系

$$
\boldsymbol{H}_{k-1}^{(2)}=(\boldsymbol{Q}_k^{(1)})^{\mathrm T}(\boldsymbol{H}_{k-1}^{(1)}-s_{k-1}^{(1)}\boldsymbol{I})\boldsymbol{Q}_k^{(1)}+s_{k-1}^{(1)}\boldsymbol{I}=(\boldsymbol{Q}_k^{(1)})^{\mathrm T}\boldsymbol{H}_{k-1}^{(1)}\boldsymbol{Q}_k^{(1)}\tag{4.65}
$$

$$
\boldsymbol{H}_{k}^{(1)}=(\boldsymbol{Q}_k^{(2)})^{\mathrm T}(\boldsymbol{H}_{k-1}^{(2)}-s_{k-1}^{(2)}\boldsymbol{I})\boldsymbol{Q}_k^{(2)}+s_{k-1}^{(2)}\boldsymbol{I}=(\boldsymbol{Q}_k^{(2)})^{\mathrm T}\boldsymbol{H}_{k-1}^{(2)}\boldsymbol{Q}_k^{(2)}\tag{4.66}
$$

进一步，有

$$
\boldsymbol{H}_k^{(1)}=(\boldsymbol{Q}_k^{(1)}\boldsymbol{Q}_k^{(2)})^{\mathrm T}\boldsymbol{H}_{k-1}^{(1)}\boldsymbol{Q}_k^{(1)}\boldsymbol{Q}_k^{(2)}\tag{4.67}
$$

令

$$M_{k-1}=(H_{k-1}^{(1)}-s_{k-1}^{(1)}I)(H_{k-1}^{(1)}-s_{k-1}^{(2)}I)$$
$$Q_k=Q_k^{(1)}Q_k^{(2)}$$
$$R_k=R_k^{(2)}R_k^{(1)}$$

则有

$$H_k^{(1)}=Q_k^{\mathrm{T}}H_{k-1}^{(1)}Q_k \tag{4.68}$$

由式(4.65)知

$$H_{k-1}^{(2)}-s_{k-1}^{(2)}I=(Q_k^{(1)})^{\mathrm{T}}(H_{k-1}^{(1)}-s_{k-1}^{(2)}I)Q_k^{(1)}=Q_k^{(2)}R_k^{(2)}$$

进一步,有

$$\begin{aligned}M_{k-1}&=(H_{k-1}^{(1)}-s_{k-1}^{(1)}I)(H_{k-1}^{(1)}-s_{k-1}^{(2)}I)\\&=(H_{k-1}^{(1)}-s_{k-1}^{(2)}I)Q_k^{(1)}R_k^{(1)}\\&=Q_k^{(1)}Q_k^{(2)}R_k^{(2)}(Q_k^{(1)})^{\mathrm{T}}\cdot Q_k^{(1)}R_k^{(1)}\\&=Q_k^{(1)}Q_k^{(2)}R_k^{(2)}R_k^{(1)}\\&=Q_kR_k\end{aligned} \tag{4.69}$$

由此可见,双步位移 QR 方法的迭代格式本质是关于 M_k 的 QR 方法。注意到

$$\begin{aligned}M_{k-1}&=(H_k^{(1)})^2-(s_{k-1}^{(1)}+s_{k-1}^{(2)})H_{k-1}^{(1)}+s_{k-1}^{(1)}s_{k-1}^{(2)}I\\&=(H_k^{(1)})^2-s_{k-1}H_{k-1}^{(1)}+t_{k-1}I\end{aligned} \tag{4.70}$$

仍然是一个实矩阵。为了避免复数运算,根据式(4.68)和式(4.69)可得下面的算法:

对于 $k=1,2,\cdots$

(1) 由式(4.70)计算实矩阵 M_{k-1};

(2) 由式(4.69)计算 M_{k-1}的 QR 分解;

(3) 由式(4.68)计算 $H_k^{(1)}=Q_k^{\mathrm{T}}H_{k-1}^{(1)}Q_k$。

很遗憾,这个算法并不实用,仅算法的第一步就需要 $O(n^3)$的运算量。类似于带原点位移的 QR 方法,可以利用上 Hessenberg 矩阵的特殊结构设计更实用的双位移 QR 方法,运算量可以降到 $O(n^2)$。为此,引入下面的隐式 Q 定理,详细证明见文献[16]。

定理 4.13　设 $A\in\mathbb{R}^{n\times n}$有如下两个上 Hessenberg 分解

$$U^{\mathrm{T}}AU=H\quad V^{\mathrm{T}}AV=G \tag{4.71}$$

其中,U,V 都是正交矩阵;G,H 都是上 Hessenberg 矩阵。若 U,V 有相同的第一列,且 H 的次对角元 $h_{i+1,i}$ 非零,则存在对角元为±1 的对角矩阵 D,使得

$$U=VD,H=DGD \tag{4.72}$$

从定理 4.13 可以看出,对于不可约 Hessenberg 矩阵,只要 U,V 有相同的第一列,生成的 Hessenberg 矩阵 G,H 在相差符号的情况下元素是一样的,这使得算法第三步的正交相似变换可以更灵活地选择正交矩阵 Q_k。

由式(4.69)的 $M_{k-1}=Q_kR_k$ 知,M_{k-1} 和 Q_k 的第一列共线。Q_k 的第一列可以通过求 Householder 变换 P_{k-1},使得

$$P_{k-1}M_{k-1}e_1=r_{11}^{(k)}e_1 \tag{4.73}$$

即

$$M_{k-1}e_1=r_{11}^{(k)}P_{k-1}e_1 \tag{4.74}$$

由此可以取 P_{k-1}的第一列作为 Q_k 的第一列。由式(4.73)确定 P_{k-1}是容易的,因为由

式(4.70)直接计算,可得

$$M_{k-1}e_1=(m_1^{(k-1)},m_2^{(k-1)},m_3^{(k-1)},0,\cdots,0)^{\mathrm{T}} \tag{4.75}$$

其中

$$\begin{cases}m_1^{(k-1)}=(h_{11}^{(k-1)})^2+h_{12}^{(k-1)}h_{21}^{(k-1)}-s_{k-1}h_{11}^{(k-1)}+t_{k-1}\\ m_2^{(k-1)}=h_{21}^{(k-1)}(h_{11}^{(k-1)}+h_{22}^{(k-1)}-s_{k-1})\\ m_3^{(k-1)}=h_{21}^{(k-1)}h_{32}^{(k-1)}\end{cases} \tag{4.76}$$

下面给出双步位移 QR 方法的迭代过程。

算法 4.6(双步位移的 QR 方法)

```
m=n-1;
s=H(m,m)+H(n,n);
t=H(m,m)H(n,n)-H(m,n)H(n,m);
x=H(1,1)H(1,1)+H(1,2)H(2,1)-sH(1,1)+t;
y=H(2,1)(H(1,1)+H(2,2)-s);
z=H(2,1)H(3,2);
for k=1:n-2
    [w,β]=house([x;y;z]);
    q=max{1,k-1};
    H(k:k+2,q:n)=(I-βww^T)H(k:k+2,q:n);
    r=min{k+3,n}
    H(1:r,k:k+2)=H(1:r,k:k+2)(I-βww^T);
    x=H(k+1,k);
    y=H(k+2,k+1);
    if k<n-2
       z=H(k+3,k);
    end
end
[w,β]=house([x;y]);
H(n-1:n,n-2:n)=(I-βww^T)H(n-1:n,n-2:n);
H(1:n,n-1:n)=H(1:n,n-1:n)(I-βww^T);
```

该算法需要的运算量为 $10n^2$,并且算法过程没有明显地用到 $s_{k-1}^{(1)},s_{k-1}^{(2)}$。

第 5 节　Jacobi 方法

由于实对称矩阵的应用广泛且有很好的性质,关于这类矩阵的特征值求解也有很多比较完善的算法。第 4 节介绍的 QR 方法可以直接应用到实对称矩阵,这时,上 Hessenberg 约化相应变为三对角约化(算法 4.4)。由于实对称矩阵没有复特征值,不需要采用双位移策略,单步位移的 QR 方法有著名的带 Wilkinson 位移的隐式对称 QR 迭代[7]。此外,还有二分法、分而治之法等。

本节重点介绍求解实对称矩阵特征值问题的一种经典方法——Jacobi 方法。这种方法的基本思想是通过正交旋转变换，按照某种次序将矩阵的非对角元逐步约化为零，从而得到矩阵的近似特征值。虽然这种方法的收敛速度没有带位移 QR 方法快，但是它具有编程简单且易于并行实现的特点，尤其对于一些接近对角形矩阵的特征值问题而言更是不错的选择。

设用于正交旋转变换的(p,q)平面 Jacobi 旋转矩阵为

$$\boldsymbol{J}_{pq}(\theta)=\boldsymbol{I}+(\cos\theta-1)(\boldsymbol{e}_p\boldsymbol{e}_p^{\mathrm{T}}+\boldsymbol{e}_q\boldsymbol{e}_q^{\mathrm{T}})+\sin\theta(\boldsymbol{e}_p\boldsymbol{e}_q^{\mathrm{T}}-\boldsymbol{e}_q\boldsymbol{e}_p^{\mathrm{T}})\quad(p<q)\tag{4.77}$$

用 $\boldsymbol{J}_{pq}(\theta)$对 $\boldsymbol{A}$ 进行一次正交旋转变换可以表示为

$$\boldsymbol{B}=(b_{ij})=\boldsymbol{J}_{pq}^{\mathrm{T}}(\theta)\boldsymbol{A}\boldsymbol{J}_{pq}(\theta)\tag{4.78}$$

这里 $\boldsymbol{B}$ 相较于 $\boldsymbol{A}$ 只有第 p,q 行和列的元素发生了变化，其余元素均不变。旋转角 θ 由变换

$$\begin{pmatrix}b_{pp} & 0\\ 0 & b_{qq}\end{pmatrix}=\begin{pmatrix}\cos\theta & \sin\theta\\ -\sin\theta & \cos\theta\end{pmatrix}^{\mathrm{T}}\begin{pmatrix}a_{pp} & a_{pq}\\ a_{qp} & a_{qq}\end{pmatrix}\begin{pmatrix}\cos\theta & \sin\theta\\ -\sin\theta & \cos\theta\end{pmatrix}\tag{4.79}$$

确定，这里 p,q 满足 $1\leqslant p<q\leqslant n$。

记 $c=\cos\theta,s=\sin\theta$。比较等式(4.79)两边的元素，直接计算得

$$\begin{cases}b_{pp}=c^2a_{pp}-2sca_{pq}+s^2a_{qq}\\ b_{qq}=s^2a_{pp}+2sca_{pq}+c^2a_{qq}\\ 0=(c^2-s^2)a_{pq}+sc(a_{pp}-a_{qq})\end{cases}\tag{4.80}$$

式(4.80)中，如果 $a_{pq}=0$，可以取 $c=1,s=0$。如果 $a_{pq}\neq 0$，记

$$\tau=\frac{a_{qq}-a_{pp}}{2a_{pq}},t=\tan\theta=\frac{s}{c}\tag{4.81}$$

可将式(4.80)变形为一个关于 t 的一元二次方程

$$t^2+2\tau t-1=0\tag{4.82}$$

由求根公式直接可得 $t=-\tau\pm\sqrt{1+\tau^2}$，这里选取模较小的根以保证 $|\theta|\leqslant\frac{\pi}{4}$，即取

$$t=\frac{\operatorname{sign}(\tau)}{|\tau|+\sqrt{1+\tau^2}}$$

当 t 确定了，就可以确定 c,s 为

$$c=\frac{1}{\sqrt{1+t^2}},s=ct$$

于是只要确定了 p,q，平面旋转矩阵 $\boldsymbol{J}_{pq}(\theta)$就确定下来了。

下面讨论如何确定 p,q。记 n 阶实对称矩阵 $\boldsymbol{A}$ 的非对角元“范数”为

$$E(\boldsymbol{A})=\left(\|\boldsymbol{A}\|_{\mathrm{F}}^2-\sum_{i=1}^{n}a_{ii}^2\right)^{\frac{1}{2}}=\left(\sum_{i=1}^{n}\sum_{\substack{j=1\\ j\neq i}}^{n}a_{ij}^2\right)^{\frac{1}{2}}\tag{4.83}$$

前述正交相似变换的目标是在迭代过程中极小化 $E(\boldsymbol{B})$。事实上，由范数的性质知 $\|\boldsymbol{B}\|_{\mathrm{F}}=\|\boldsymbol{A}\|_{\mathrm{F}}$。又由式(4.79)知

$$b_{pp}^2+b_{qq}^2=a_{pp}^2+a_{qq}^2+2a_{pq}^2$$

于是，有

$$E(\boldsymbol{B})^2=\|\boldsymbol{B}\|_{\mathrm{F}}^2-\sum_{i=1}^{n}b_{ii}^2$$

$$
\begin{aligned}
&= \|\boldsymbol{A}\|_F^2 - \sum_{i=1}^{n} a_{ii}^2 + (a_{pp}^2 + a_{qq}^2 - b_{pp}^2 - b_{qq}^2) \\
&= E(\boldsymbol{A})^2 - 2a_{pq}^2
\end{aligned}
$$

此式告诉我们，极小化 $E(\boldsymbol{B})$ 的问题等价于选择 p,q，使得

$$
|a_{pq}| = \max_{1 \leqslant i < j \leqslant n} |a_{ij}| \tag{4.84}
$$

也就是说，在迭代过程中选择矩阵非对角元中按模最大的元素所在的行和列进行平面旋转。

总结上述分析，经典的 Jacobi 方法的迭代步骤为：

(1) 由式(4.84)确定 p,q；

(2) 由式(4.79)确定 c,s；

(3) 由式(4.77)确定 Jacobi 旋转矩阵；

(4) 由式(4.78)进行旋转变换。

经典的 Jacobi 方法的迭代矩阵最终收敛到一个以某种顺序排列的特征值作为对角元的对角矩阵。这个方法的不足之处在于每次迭代都都需要对迭代矩阵的 $n(n-1)/2$ 个元素进行比较，运算量远大于进行旋转变换的运算量 $O(n)$。通常将 $N=n(n-1)/2$ 次 Jacobi 迭代称为一次扫描。为了节省运算量，每次迭代不去寻找最优的旋转矩阵，而是在一次扫描中，按照某种预先指定的顺序对迭代矩阵的每个非对角元恰好消去一次，就形成了循环 Jacobi 方法。通常选择 p,q 可以按照下面的顺序来完成扫描：

$$
(1,2),\cdots,(1,n);(2,3),\cdots,(2,n);\cdots;(n-1,n)
$$

已经证明，这种循环 Jacobi 方法具有渐近二次收敛性，远远快于经典的 Jacobi 方法[6]，更多关于对称矩阵特征值问题的介绍可以参见文献[7]。

应用案例——地质学中的主成分分析

在当今科学飞速发展的大数据时代，人们经常要面对很多高维数据，这些高维数据包含很多字段，但是其中一些字段的数据对于结果是没有意义的，或者意义极小，在进行具体问题分析时，这些数据也会参与计算，这样就会大大提高问题求解的花费并对最终分析结果造成不利的影响。因此，要根据实际情况，把数据进行降维，使得计算过程更轻便。

主成分分析(Principal Component Analysis，简称 PCA)就是一种常用的数据降维方法。在该方法中，有一个至关重要的步骤就是确定不同主成分的重要性，并以此来筛选出重要性占比较大的主成分。用数值计算方法的语言来讲就是计算相关系数矩阵的特征值。

现在考虑一个实际问题：地质学中，在对弃耕地盐渍化状况进行研究过程中，需要对勘测到的大量数据进行降维。此时，可以用主成分分析方法来解决该问题。在降维过程中得到不同因素之间的相关系数见表 4.2。

表 4.2

	x_1	x_2	x_3	x_4	x_5	x_6
x_1	1	−0.327	−0.714	−0.336	0.309	0.408

表 4.2(续)

	x_1	x_2	x_3	x_4	x_5	x_6
x_2	−0.327	1	−0.035	0.644	0.42	0.255
x_3	−0.714	−0.035	1	0.07	−0.74	−0.755
x_4	−0.336	0.644	0.07	1	0.383	0.069
x_5	0.309	0.42	−0.74	0.383	1	0.734
x_6	0.408	0.255	−0.755	0.069	0.734	1

由此形成相关系数矩阵

$$\boldsymbol{A}=\begin{pmatrix} 1 & -0.327 & -0.714 & -0.336 & 0.309 & 0.408 \\ -0.327 & 1 & -0.035 & 0.644 & 0.42 & 0.255 \\ -0.714 & -0.035 & 1 & 0.07 & -0.74 & -0.755 \\ -0.336 & 0.644 & 0.07 & 1 & 0.383 & 0.069 \\ 0.309 & 0.42 & -0.74 & 0.383 & 1 & 0.734 \\ 0.408 & 0.255 & -0.755 & 0.069 & 0.734 & 1 \end{pmatrix}$$

对 $\boldsymbol{A}$ 应用经典 Jacobi 方法可得结果如表 4.3 所示，其中第二列表示每扫描一次其非对角元范数(4.83)。

表 4.3　Jacobi 方法的计算结果

扫描次数	$O(E(\boldsymbol{A}_{kN}))$
0	1
1	10^{-1}
2	10^{-1}
3	10^{-2}
4	10^{-2}

小　　结

本章介绍了对矩阵特征值问题扰动分析的基本定理和求解矩阵特征值问题的基本方法，包括幂法和反幂法，基于正交变换的 QR 方法和经典的 Jacobi 方法。

当矩阵的按模最大的特征值与按模次大特征值大小比值比较大时，幂法的收敛速度具有很好的表现，这一点从幂法的收敛性定理可以看出来。反幂法是将幂法应用于矩阵的逆，用来求矩阵按模最小特征值及相应特征向量，实际中常用位移反幂法来求矩阵某个已有先验信息的特征值或提高近似特征值的精度。

QR 方法求一般矩阵特征值利用了矩阵可以酉相似于上三角形的性质，是一种求中小规模矩阵的一种有效迭代方法。为此本章介绍了两种常用的正交变换方法——Housholder 变换和 Givens 变换，并实现了矩阵的 Hessenberg 约化，进而用 QR 方法求矩阵的特征值。另外介绍了单位移和双位移策略提高 QR 迭代的收敛速度，以及如何进行位移的选取。

对称矩阵的特征值问题有更特殊的求解方法，本章介绍一种经典的 Jacobi 方法。基本原理是通过正交旋转变换将矩阵的能量逐步集中到矩阵对角线元素上，最终求得矩阵所有特征值。这种方法更适合于稀疏矩阵的特征值问题。

关于矩阵特征值问题更详细的讨论可以参阅文献[10]。

数值实验

实验一 求下面多项式方程按模最大的根

$$x^8+101x^7+208.01x^6+10\,891.01x^5+9\,802.08x^4+79\,108.9x^3-99\,902x^2+790x-1\,000=0$$

实验二 用 QR 方法求下面矩阵的特征值

$$\boldsymbol{A}=\begin{pmatrix}\frac{1}{3} & \frac{1}{4} & \cdots & \frac{1}{8}\\ \frac{1}{4} & \frac{1}{5} & \cdots & \frac{1}{9}\\ \vdots & \vdots & & \vdots\\ \frac{1}{8} & \frac{1}{9} & \cdots & \frac{1}{13}\end{pmatrix}$$

习 题 四

1. 用幂法求下列矩阵的主特征值和相应的特征向量

(1) $\begin{pmatrix}2 & 0 & 2\\ 2 & -1 & 3\\ 4 & -6 & 12\end{pmatrix}$；(2) $\begin{pmatrix}-11 & 5 & 12\\ 14 & -6 & -14\\ -10 & 5 & 11\end{pmatrix}$

2. 用反幂法求下列矩阵按模最小的特征值和相应的特征向量

(1) $\begin{pmatrix}13 & -5 & -7\\ 4 & 1 & -4\\ 10 & -5 & -4\end{pmatrix}$；(2) $\begin{pmatrix}3 & 0 & -1\\ 0 & 3 & 0\\ -1 & 0 & 3\end{pmatrix}$

3. 设 n 阶矩阵 $\boldsymbol{A}$ 为实对称矩阵，λ 是 $\boldsymbol{A}$ 的按模最大特征值，$\boldsymbol{A}$ 的相应于 λ 的特征向量为 $\boldsymbol{x}$。证明矩阵 $\boldsymbol{B}=\boldsymbol{A}-\lambda\dfrac{\boldsymbol{x}\boldsymbol{x}^{\mathrm{T}}}{\boldsymbol{x}^{\mathrm{T}}\boldsymbol{x}}$ 至少有一个特征值为 0，并且其余的 $n-1$ 个特征值均为 $\boldsymbol{A}$ 的特征值，它们可以取到相同的特征向量。

4. 给出计算实对称矩阵按模次大特征值的方案设计。

5. 证明：n 阶复 Hermite 矩阵 $\boldsymbol{M}=\boldsymbol{A}+\boldsymbol{B}i$ 的特征值一定是 $2n$ 阶实矩阵

$$\boldsymbol{N}=\begin{pmatrix}\boldsymbol{A} & \boldsymbol{B}\\ -\boldsymbol{B} & \boldsymbol{A}\end{pmatrix}$$

的特征值，并考察两个矩阵相应特征向量之间有何联系。

6. 设 $\boldsymbol{A}$ 是 n 阶方阵，$\boldsymbol{x}$ 是 n 维列向量，构造矩阵 $\boldsymbol{X}=[\boldsymbol{x},\boldsymbol{A}\boldsymbol{x},\cdots,\boldsymbol{A}^{n-1}\boldsymbol{x}]$。证明：如果 $\boldsymbol{X}$ 是非奇异矩阵，那么 $\boldsymbol{X}^{-1}\boldsymbol{A}\boldsymbol{X}$ 是上 Hessenberg 矩阵。

7. 设矩阵 $\boldsymbol{H}$ 是上 Hessenberg 矩阵，并且经列主元 Gauss 消元法有分解式 $\boldsymbol{PH}=\boldsymbol{LU}$，其中 $\boldsymbol{P}$ 是置换矩阵，$\boldsymbol{L}$ 是单位下三角矩阵，$\boldsymbol{U}$ 是上三角矩阵。证明：矩阵 $\widetilde{\boldsymbol{H}}=\boldsymbol{U}(\boldsymbol{P}^{\mathrm{T}}\boldsymbol{L})$ 和 $\boldsymbol{H}$ 相似，并且仍是上 Hessenberg 矩阵。

8. 给定两个实向量 $\boldsymbol{x}=(3,-4)^{\mathrm{T}}$，$\boldsymbol{y}=(-1,1)^{\mathrm{T}}$，确定 c,s 满足 $c^2+s^2=1$，使得

$$\begin{pmatrix} c & s \\ -s & c \end{pmatrix}\boldsymbol{x}=\alpha\boldsymbol{y}\quad(\alpha\in\mathbb{R})$$

9. 对于 2×2 阶实矩阵 $\boldsymbol{A}=\begin{pmatrix} a_{11} & a_{12} \\ a_{21} & a_{22} \end{pmatrix}$，设计稳定算法，计算 c,s 满足 $c^2+s^2=1$，并且

$$\boldsymbol{B}=\boldsymbol{A}\begin{pmatrix} c & s \\ -s & c \end{pmatrix}$$

是实对称矩阵。

10. 设 n 阶复矩阵 $\boldsymbol{A}$ 的特征值均为实数且满足

$$\lambda_1>\lambda_2\geqslant\cdots\geqslant\lambda_{n-1}>\lambda_n$$

将幂法应用于矩阵 $\boldsymbol{A}-s\boldsymbol{I}$ 应该如何选取位移 s 可以使此法计算 λ_n 及其相应的特征向量具有最大收敛率。

11. 写出针对实反对称矩阵 $\boldsymbol{A}$ 的 Jacobi 算法。

第5章　函数插值法

实际问题中经常会遇到由一系列离散数据 $x_i, y_i (i=0,1,\cdots,n)$ 确定的函数关系 $y=f(x)$，如何利用这组数据确定该函数的一个近似表达式？常用方法是数据插值或数据拟合。所谓数据插值就是在某个函数空间中选择一个简单函数 $y=\varphi(x)$，使得它正好与已知数据吻合：$y_i=\varphi(x_i) (i=0,1,2,\cdots,n)$，这样就可以认为 $f(x)\approx\varphi(x)$，利用该近似表达式可以预测函数 $y=f(x)$ 在某些关键点的函数值。本章讨论数据插值问题中常用的一维插值问题。

第1节　多项式插值问题

多项式函数由一系列幂函数组合而成，是一类非常简单的函数。在多项式空间中选择次数尽可能小的多项式函数作为插值函数，称为多项式（或代数）插值问题。

5.1.1　有限维多项式空间

全体实系数多项式函数（包括 0）构成的集合记成 $P[x]$，按线性代数中线性空间的理论，它关于多项式加法和实数与多项式乘法构成实数域 **R** 上的向量空间。空间 $P[x]$ 中有无穷多个线性无关的多项式，比如 $1, x, x^2, \cdots, x^n, \cdots$，故它是无限维的向量空间。

现在记 $P_n[x]$ 为次数不大于 n 的全部多项式（包括 0），则它是 $P[x]$ 的子空间，但它最多有 $n+1$ 个线性无关的多项式，比如 $1, x, x^2, \cdots, x^n$，因此具有 $n+1$ 维，这是一个有限维多项式空间。多项式或代数插值问题就是要在 $P_n[x]$ 中寻找插值函数，此时插值函数可以表示成 $P_n[x]$ 一组基的线性组合。由于向量空间 $P_n[x]$ 的基不唯一，故插值多项式可能有多种不同的表示形式。除自然基 $1, x, x^2, \cdots, x^n$ 外，在后面的内容中将会讨论到 Lagrange 基、Newton 基等。

5.1.2　插值问题

节点处的数据可以只有函数值，也可以既有函数值也有导数值，不同数据类型插值问题提法不同，求解方法也不同。

Lagrange 插值问题：已知函数 $y=f(x)$ 在区间 $[a,b]$ 上互异节点 $x_i (i=0,1,2,\cdots,n)$ 处的函数值 $y_i=f(x_i)$，求一个次数尽可能小的多项式函数 $p(x)\in P_n[x]$ 满足式

$$p(x_i)=y_i \quad (i=0,1,\cdots,n) \tag{5.1}$$

在 Lagrange 插值问题中，$f(x)$ 称为被插函数；$p(x)$ 称为插值多项式；$x_i (i=0,1,2,\cdots,n)$ 称为插值节点；$[a,b]$ 称为插值区间；式(5.1)称为插值条件。

虽然满足插值条件(5.1)的多项式可能有无穷多个，但次数最小的只有一个。

定理 5.1　对于 Lagrange 插值问题，存在唯一的次数不大于 n 次的多项式满足插值条件式(5.1)。

证明　次数不超过 n 次的多项式总可以写成

$$p_n(x)=c_0+c_1x+c_2x^2+\cdots+c_nx^n \tag{5.2}$$

根据插值条件(5.1)可以建立如下线性方程组

$$\begin{cases} c_0+c_1x_0+c_2x_0^2+\cdots+c_nx_0^n=y_0 \\ c_0+c_1x_1+c_2{x_1}^2+\cdots+c_n{x_1}^n=y_1 \\ c_0+c_1x_2+c_2{x_2}^2+\cdots+c_n{x_2}^n=y_2 \\ \cdots\cdots \\ c_0+c_1x_n+c_2{x_n}^2+\cdots+c_n{x_n}^n=y_n \end{cases} \tag{5.3}$$

它的系数矩阵恰好是由插值节点构成的范德蒙矩阵

$$\boldsymbol{V}=\begin{pmatrix} 1 & x_0 & {x_0}^2 & \cdots & x_0^n \\ 1 & x_1 & {x_1}^2 & \cdots & x_1^n \\ 1 & x_2 & {x_2}^2 & \cdots & x_2^n \\ \vdots & \vdots & \vdots & & \vdots \\ 1 & x_n & {x_n}^2 & \cdots & x_n^n \end{pmatrix}$$

其行列式非 0，根据线性代数中的 Cramer 法则，方程组(5.3)存在唯一解 $c_0,c_1,\cdots,c_n$，由式(5.2)可以求出插值多项式。

定理 5.1 的证明也给出一种求解 Lagrange 插值问题的方法：选择多项式空间 $P_n[x]$ 的自然基函数 $1,x,x^2,\cdots,x^n$，根据式(5.2)构造插值多项式 $p_n(x)$，求解 Vandermonde 方程组式(5.3)。但是 Vandermonde 矩阵可能是病态的，特别是当节点比较接近时，病态更严重，因此这种方法求解 Lagranage 插值问题不是一种好的算法。为了避免求解 Vandermonde 方程组，可以采用如下的 Lagrange 基函数方法与 Newton 基函数方法。

5.1.3　Lagrange 插值法

由于 Lagrange 插值问题中插值节点互不相同，故可以选择多项式空间 $P_n[x]$ 的一组基 $l_0(x),l_1(x),\cdots,l_n(x)$，其中

$$l_k(x)=\prod_{\substack{i=1\\ i\neq k}}^{n}\frac{x-x_i}{x_k-x_i}\quad (k=0,1,2,\cdots,n) \tag{5.4}$$

称为 Lagrange 基函数，此时插值多项式可以表示为

$$L_n(x)=c_0l_0(x)+c_1l_1(x)+\cdots+c_nl_n(x)=\sum_{k=0}^{n}c_kl_k(x) \tag{5.5}$$

容易验证，Lagrange 基函数具有如下性质

$$l_k(x_j)=\begin{cases}1, & j=k, \\ 0, & j\neq k,\end{cases}\quad (j,k=0,1,2,\cdots,n) \tag{5.6}$$

根据插值条件式(5.1)，建立如下方程组

$$c_0l_0(x_j)+c_1l_1(x_j)+\cdots+c_nl_n(x_j)=y_j\quad (j=0,1,2,\cdots,n)$$

可以求得唯一解 $c_k=y_k(k=0,1,2,\cdots,n)$，由此得到 Lagrange 插值问题的插值多项式

$$L_n(x)=y_0l_0(x)+y_1l_1(x)+\cdots+y_nl_n(x)=\sum_{k=0}^{n}y_kl_k(x) \tag{5.7}$$

称为 Lagrange 插值多项式。

通过选择基函数，巧妙地避开了求解 Vandermonde 方程组，只需根据插值节点来构造基函数式(5.4)，然后再用式(5.7)求插值多项式即可。

对任意的 $x\in[a,b]$，$f(x)\approx L_n(x)$，其中必然有误差，设

$$R(x)=f(x)-L_n(x) \tag{5.8}$$

称为插值余项，能否估计它的一个上界？

定理 5.2 如果 Lagrange 插值问题中被插函数 $f(x)$ 具有 $n+1$ 阶连续导数，则对任意的 $x\in[a,b]$ 具有插值余项

$$R(x)=f(x)-L_n(x)=\frac{f^{(n+1)}(\xi)}{(n+1)!}w_{n+1}(x) \tag{5.9}$$

其中，$w_{n+1}(x)=(x-x_0)(x-x_1)\cdots(x-x_n)$。

证明时注意插值节点是 $R(x)=f(x)-L_n(x)$ 的 $n+1$ 个互不相同的零点，故可设

$$R(x)=K(x)w(x)$$

通过构造辅助函数

$$g(t)=f(t)-L_n(t)-K(x)w(t)\quad (t\in[a,b])$$

反复使用罗尔中值定理就可证明，留作练习。

当 $n=1$ 时，Lagrange 插值称为线性插值。如果 $a\leqslant x_0<x_1\leqslant b$，并且 $f(x)$ 在区间 $[a,b]$ 上具有二阶连续导数，则有

$$L_1(x)=y_0\frac{x-x_1}{x_0-x_1}+y_1\frac{x-x_0}{x_1-x_0} \tag{5.10}$$

$$R_1(x)=\frac{f''(\xi)}{2}(x-x_0)(x-x_1) \tag{5.11}$$

$$|R_1(x)|\leqslant\frac{(x_1-x_0)^2}{8}\max_{a\leqslant\xi\leqslant b}|f''(\xi)| \tag{5.12}$$

Lagrange 插值法简单易行，公式建立容易，但当增加或减少节点时，先前的计算无法利用，对不断需要增添节点的实际问题来说工作量较大。为了充分利用已有节点的插值结果，可以使用具有继承性的 Newton 插值法。

5.1.4 Newton 插值法

由于 Lagrange 插值问题中插值节点互不相同，故可以选择多项式空间 $P_n[x]$ 的另一组基 $w_0(x),w_1(x),\cdots,w_n(x)$，其中

$$w_0(x)=1,w_k(x)=(x-x_0)(x-x_1)\cdots(x-x_{k-1})\quad(k=1,2,\cdots,n)$$

称为 Newton 基，此时插值多项式可以表示为

$$N_n(x)=c_0w_0(x)+c_1w_1(x)+c_2w_2(x)+\cdots+c_nw_n(x) \tag{5.13}$$

称为 Newton 插值多项式。依据插值条件(5.1)得如下三角形方程组

$$c_0w_0(x_j)+c_1w_1(x_j)+c_2w_2(x_j)+\cdots+c_nw_n(x_j)=y_j\quad(j=0,1,\cdots,n)$$

写成矩阵形式

$$\begin{pmatrix} 1 & & & & \\ 1 & w_1(x_1) & & & \\ 1 & w_1(x_2) & w_2(x_2) & & \\ \vdots & \vdots & \vdots & \ddots & \\ 1 & w_1(x_n) & w_2(x_n) & \cdots & w_n(x_n) \end{pmatrix} \begin{pmatrix} c_0 \\ c_1 \\ c_2 \\ \vdots \\ c_n \end{pmatrix} = \begin{pmatrix} y_0 \\ y_1 \\ y_2 \\ \vdots \\ y_n \end{pmatrix}$$

这个方程组的解正好是 $f(x)$ 的差商

$$c_k = f[x_0, x_1, \cdots, x_k] \quad (k = 0, 1, 2, \cdots, n)$$

定义 5.1　函数 $f(x)$ 关于互异节点 $x_0, x_1, x_2, \cdots, x_n$ 的差商定义为

一阶差商　$f[x_0, x_k] = \dfrac{f(x_k) - f(x_0)}{x_k - x_0} \quad (k = 1, 2, \cdots, n)$

二阶差商　$f[x_0, x_1, x_k] = \dfrac{f[x_0, x_k] - f[x_0, x_1]}{x_k - x_1} \quad (k = 2, 3, \cdots, n)$

k 阶差商

$$\begin{cases} f[x_0, x_1, \cdots, x_{k-1}, x_j] = \dfrac{f[x_0, x_1, \cdots, x_{k-2}, x_j] - f[x_0, x_1, \cdots, x_{k-1}]}{x_j - x_{k-1}} \\ k = 2, 3, \cdots, n; j = k, k+1, \cdots, n \end{cases} \tag{5.14}$$

各阶差商的计算顺序见表 5.1，对角线上下划线的差商就是 Newton 插值多项式的系数。

表 5.1　Newton 差商表

x_k	$f(x_k)$	$f[x_0,x_k]$	$f[x_0,x_1,x_k]$	$f[x_0,x_1,x_2,x_k]$	$f[x_0,x_1,x_2,x_3,x_k]$
x_0	$\underline{f(x_0)}$				
x_1	$f(x_1)$	①$\underline{f[x_0,x_1]}$			
x_2	$f(x_2)$	②$f[x_0,x_2]$	③$\underline{f[x_0,x_1,x_2]}$		
x_3	$f(x_3)$	④$f[x_0,x_3]$	⑤$f[x_0,x_1,x_3]$	⑥$\underline{f[x_0,x_1,x_2,x_3]}$	
x_4	$f(x_4)$	⑦$f[x_0,x_4]$	⑧$f[x_0,x_1,x_4]$	⑨$f[x_0,x_1,x_2,x_4]$	⑩$\underline{f[x_0,x_1,x_2,x_3,x_4]}$
…	…	…	…	…	…

对任意的 $x \in [a, b]$，$N_n(x)$ 作为被插函数 $f(x)$ 的近似值必然有误差，下面定理 5.3 给出一个由高阶差商估计的插值余项 $R(x) = f(x) - L_n(x)$，这个余项公式的好处是没有用高阶导数。

定理 5.3　对任意的 $x \in [a, b]$，Lagrange 插值问题的 Newto*n* 插值多项式的余项为

$$R(x) = f(x) - N_n(x) = f[x_0, x_1, x_2, \cdots, x_n, x] w_{n+1}(x)$$

其中，$w_{n+1}(x) = (x - x_0)(x - x_1) \cdots (x - x_n)$。

证明可以参考文献[19]。

下面定理 5.4 列出了差商的几个性质，它们的证明留作练习。

定理 5.4　由定义 5.1 定义的差商具有如下性质：

(1) 差商可由函数值线性表示

$$f[x_0,x_1,\cdots,x_k]=\sum_{j=0}^{k}\frac{f(x_j)}{w'_{k+1}(x_j)} \tag{5.15}$$

其中,$w'_{k+1}(x_j)$是多项式 $w_{k+1}(x)=(x-x_0)(x-x_1)\cdots(x-x_k)$在 $x_j(j=0,1,\cdots,k)$处的导数。

(2) 差商关于节点是对称的

$$f[x_0,x_1,\cdots,x_k]=f[x_{i_0},x_{i_1},\cdots,x_{i_k}]$$

其中,下标 $i_0i_1\cdots i_k$ 是自然数 0,1,2,…,k 的任一个排列。

(3) 差商另一种公式

$$f[x_0,x_1,\cdots,x_k]=\frac{f[x_1,x_2,\cdots,x_k]-f[x_0,x_1,\cdots,x_{k-1}]}{x_k-x_0} \tag{5.16}$$

(4) 如果函数 $f(x)$在$[a,b]$中有直到 k 阶导数,则必有

$$f[x_0,x_1,\cdots,x_k]=\frac{f^{(k)}(\xi)}{k!} \tag{5.17}$$

例 5.1 已知平方根函数 $f(x)=\sqrt{x}$ 的一个数据表 5.2,试用 Lagrange 插值法求 1.25 的平方根。

表 5.2 $f(x)=\sqrt{x}$ 的数据表

x	1	1.21	1.44	1.69
y	1	1.1	1.2	1.3

解 分别采用线性、二次、三次 Lagrange 插值法计算,准确值为$\sqrt{1.25}=1.118\ 033\ 98\cdots$。

(1) 因为 $x=1.25$ 介于 $x_1=1.21$、$x_2=1.44$ 之间,故采用 Lagrange 线性插值法。由式(5.10)得

$$l_1(x)=\frac{x-1.44}{1.21-1.44}$$

$$l_2(x)=\frac{x-1.21}{1.44-1.21}$$

$$L_1(x)=1.1l_1(x)+1.2l_2(x)$$

$$\sqrt{1.25}\approx L_1(1.25)=1.1l_1(1.25)+l_2(1.25)\approx 1.117\ 39$$

该近似值只有三位有效数字。由误差公式(5.12)求出 $f(x)=\sqrt{x}$ 二阶导数,并估计界为

$$|R_1(1.25)|\leqslant\frac{0.052\ 9}{8}\max_{a\leqslant\xi\leqslant b}|f''(\xi)|\leqslant 0.001\ 242<0.5\times10^{-2}$$

(2) 如果增加一个节点 $x_0=1$ 及 $x_1=1.21$,$x_2=1.44$,则可用二次 Lagrange 插值公式计算,但刚才求得的一次插值的结果无法再用上,只能重新构造二次插值公式。

$$l_0(x)=\frac{(x-1.21)(x-1.44)}{(1-1.21)(1-1.44)}$$

$$l_1(x)=\frac{(x-1)(x-1.44)}{(1.21-1)(1.21-1.44)}$$

$$l_2(x)=\frac{(x-1)(x-1.21)}{(1.44-1)(1.44-1.21)}$$

$$L_2(x)=1\times l_0(x)+1.1\times l_1(x)+1.2\times l_2(x)$$

$\sqrt{1.25} \approx L_2(1.25) = 1 \times l_0(1.25) + 1.1 \times l_1(1.25) + 1.2 \times l_2(1.25) = 1.118\ 106\ 5$

该近似值有五位有效数字。

使用三次 Lagrange 插值公式的计算作为练习。

例 5.2　已知 $y = \sin x$ 在特殊角处的函数值如表 5.3 所列，试用 Newton 插值法求$\sin\dfrac{7\pi}{24}$，$\sin\dfrac{5\pi}{12}$的近似值。

表 5.3　$y = \sin x$ 在特殊角处的函数值

x	0.52	0.78	1.05	1.57
y	0.5	0.707	0.866	1.0

解　首先 Newton 插值的基函数为

$$w_0(x) = 1$$
$$w_1(x) = x - 0.52$$
$$w_2(x) = (x - 0.52)(x - 0.78)$$
$$w_3(x) = (x - 0.5)(x - 0.78)(x - 1.05)$$

其次计算差商，如表 5.4 所列。

表 5.4　Newton 差商表

x_i	$f(x_i)$	$f[x_0, x_i]$	$f[x_0, x_1, x_i]$	$f[x_0, x_1, x_2, x_i]$
0.520 0	0.500 0			
0.780 0	0.707 0	0.796 2		
1.050 0	0.866 0	0.690 6	−0.391 1	
1.570 0	1.000 0	0.476 2	−0.405 0	−0.026 8

根据对角线上元素得到所求 Newton 插值多项式为

$$N_3(x) = 0.5 + 0.796\ 2w_1(x) - 0.391\ 1w_2(x) - 0.026\ 8w_3(x)$$

最后，将插值点 $x = 7\pi/24, 5\pi/12$ 分别代入上式即得它们的近似函数值 $y \approx 0.794\ 6, 0.962\ 0$。

5.1.5　Hermite 插值

在实际应用中除了已知在插值节点处的函数值外，还会已知在插值节点处的导数值，满足这些数据要求的插值问题就是带导数的插值问题，称为 Hermite 插值问题。

Hermite 插值问题：设函数 $y = f(x)$在互异节点 $x_i (i = 0, 1, 2, \cdots, n)$处的函数值与一些导数值为

$$y_i = f(x_i), y'_i = f'(x_i), \cdots, y_i^{(m_i)} = f^{(m_i)}(x_i) \quad (i = 0, 1, 2, \cdots, n)$$

试确定一个次数尽可能小的多项式 $H(x)$，使

$$H(x_i) = y_i, H'(x_i) = y'_i, \cdots, H^{(m_i)}(x_i) = y_i^{(m_i)} \quad (i = 0, 1, 2, \cdots, n)$$

可以证明：如果插值节点互不相同，则 Hermite 插值问题的解唯一存在。作为 Hermite 插值问题的特殊情况，这里只考虑具有一阶导数的 Hermite 插值问题。设已知数据

$$H(x_i)=y_i,H'(x_i)=y'_i \quad (i=0,1,2,\cdots,n) \tag{5.18}$$

求一个次数不大于 $2n+1$ 次的多项式满足插值条件。

定理 5.5 满足插值条件(5.18)的 Hermite 插值多项式存在并且唯一,其表达式为

$$H_{2n+1}(x)=\sum_{k=0}^{n}y_k\alpha_k(x)+\sum_{k=0}^{n}y'_k\beta_k(x) \tag{5.19}$$

其中,基函数为

$$\begin{cases}\alpha_k(x)=[1-2(x-x_k)l_k'(x_k)]l_k^2(x)\\ \beta_k(x)=(x-x_k)l_k^2(x)\end{cases} \tag{5.20}$$

而 $l_k(x)(k=0,1,2,\cdots,n)$ 为 Lagrange 插值基函数(5.4)。

证明留作练习。

当 $n=1$ 时,插值条件(5.18)可以简化为

$$H(x_i)=y_i,H'(x_i)=y'_i \quad (i=0,1)$$

由此确定的插值问题称为两点三次 Hermite 插值问题,插值多项式表达式为

$$H_3(x)=y_0\alpha_0(x)+y_1\alpha_1(x)+y'_0\beta_0(x)+y'_1\beta_1(x) \tag{5.21}$$

其中,基函数为

$$\alpha_0(x)=\left(1+2\frac{x-x_0}{x_1-x_0}\right)\left(\frac{x-x_1}{x_0-x_1}\right)^2 \tag{5.22}$$

$$\alpha_1(x)=\left(1+2\frac{x-x_1}{x_0-x_1}\right)\left(\frac{x-x_0}{x_1-x_0}\right)^2 \tag{5.23}$$

$$\beta_0(x)=(x-x_0)\left(\frac{x-x_1}{x_0-x_1}\right)^2 \tag{5.24}$$

$$\beta_1(x)=(x-x_1)\left(\frac{x-x_0}{x_1-x_0}\right)^2 \tag{5.25}$$

如果引入三次多项式

$$\varphi_0(x)=(1+2x)(1-x)^2,\varphi_1(x)=x(1-x)^2 \tag{5.26}$$

则有

$$\alpha_0(x)=\varphi_0\left(\frac{x-x_0}{h}\right),\alpha_1(x)=\varphi_0\left(\frac{x_1-x}{h}\right)$$

$$\beta_0(x)=h\varphi_1\left(\frac{x-x_0}{h}\right),\beta_1(x)=-h\varphi_1\left(\frac{x_1-x}{h}\right)$$

这样,三次 Hermite 插值多项式(5.21)可以写成

$$H_3(x)=y_0\varphi_0\left(\frac{x-x_0}{h}\right)+y_1\varphi_0\left(\frac{x_1-x}{h}\right)+y'_0h\varphi_1\left(\frac{x-x_0}{h}\right)-y'_1h\varphi_1\left(\frac{x_1-x}{h}\right) \tag{5.27}$$

其中,$h=x_1-x_0$。

关于 Hermite 插值多项式(5.19)、式(5.27)及余项有如下定理。

定理 5.6 设被插函数 $f(x)$ 在包含插值节点的区间 $[a,b]$ 内有直到 $2n+2$ 阶连续导数,则插值多项式(5.19)的余项为

$$R_{2n+1}(x)=f(x)-H_{2n+1}(x)=\frac{f^{(2n+2)}(\xi)}{(2n+2)!}w_{n+1}^2(x) \tag{5.28}$$

其中,$w_{n+1}(x)=(x-x_0)(x-x_1)\cdots(x-x_n)$,$\xi\in[a,b]$。特别地,插值多项式(5.27)的余项为

$$R_3(x)=f(x)-H_3(x)=\frac{f^{(4)}(\xi)}{4!}(x-x_0)^2(x-x_1)^2 \tag{5.29}$$

其中，ξ 介于 x_0 与 x_1 之间且与 x 有关。

证明类似于 Lagrange 插值余项的证明，留作练习。

第 2 节　分段多项式插值

分段多项式插值使用次数较低的多项式在局部小区间上近似被插函数，其特点是在每个小区间上为次数不大于某个正整数 k 的多项式，称为分段 k 次多项式函数，它已经不是通常意义下的初等多项式函数，为此引进连续函数空间。设 $C^k[a,b]$表示区间$[a,b]$上具有 k 阶连续导数的全体实函数构成的集合，关于函数的加法和数与函数的乘法构成一个向量空间，称为 k 阶连续函数空间。特别地，$C^0[a,b]$表示连续函数空间，通常记为 $C[a,b]$。比如分段一次多项式函数

$$p_1(x)=\begin{cases}1+x, & -1\leqslant x<0\\ 1-x, & 0\leqslant x\leqslant 1\end{cases} \tag{5.30}$$

就属于连续函数空间 $C[-1,1]$，但不属于一阶连续函数空间 $C^1[-1,1]$，也不属于一次多项式空间 $P_1[x]$；同样，可以验证分段三次多项式函数

$$p_3(x)=\begin{cases}(11x^3-26x^2+15x)/15, & 0\leqslant x<1\\ (-3x^3+16x^2-27x+14)/15, & 1\leqslant x<2\\ (x^3-8x^2+21x-18)/15, & 2\leqslant x\leqslant 3\end{cases} \tag{5.31}$$

属于二阶连续函数空间 $C^2[0,3]$，但不属于三阶连续函数空间 $C^3[0,3]$，实际上它是一个三次样条函数。

连续函数空间中的插值问题，通常是指求 k 次分段多项式函数使它满足插值条件。

5.2.1　分段线性插值

分段线性插值的特点是插值函数的每个分段至多是一次多项式。考虑 Lagrange 插值问题的分段线性插值法。

定义 5.2　如果分段函数 $\tilde{L}_1(x)$满足下面两个条件：

(1) 插值条件

$$\tilde{L}_1(x_j)=y_j=f(x_j)\quad(j=0,1,2,\cdots,n) \tag{5.32}$$

(2) 在每个小区间$[x_i,x_{i+1}]$$(i=0,1,2,\cdots,n-1)$上 $\tilde{L}_1(x)$都是次数不超过 1 次的多项式，则称 $\tilde{L}_1(x)$为 Lagrange 插值问题的分段线性插值多项式。

分段线性插值多项式的图像是一条折线，在每个小区间$[x_i,x_{i+1}]$上表达式为

$$\tilde{L}_1(x)=y_i\frac{x-x_{i+1}}{x_i-x_{i+1}}+y_{i+1}\frac{x-x_i}{x_{i+1}-x_i} \tag{5.33}$$

如果引进分段形式的基函数

$$l_0(x)=\begin{cases}\dfrac{x-x_1}{x_0-x_1}, & x_0\leqslant x<x_1\\ 0, & \text{其他}\end{cases} \tag{5.34}$$

$$l_i(x)=\begin{cases}\dfrac{x-x_{i-1}}{x_i-x_{i-1}}, & x_{i-1}\leqslant x<x_i\\ \dfrac{x-x_{i+1}}{x_i-x_{i+1}}, & x_i\leqslant x\leqslant x_{i+1}\\ 0, & \text{其他}\end{cases}\quad (i=1,2,\cdots,n-1)\tag{5.35}$$

$$l_n(x)=\begin{cases}\dfrac{x-x_{n-1}}{x_n-x_{n-1}}, & x_{n-1}\leqslant x\leqslant x_n\\ 0, & \text{其他}\end{cases}\tag{5.36}$$

则在全区间上分段线性插值多项可以表示成

$$\widetilde{L}_1(x)=\sum_{i=0}^{n}y_il_i(x)\quad (x\in[a,b])\tag{5.37}$$

它类似于 Lagrange 插值多项式的表达式(5.7)，只是基函数不同而已，因此通过选择不同的基函数，可以将插值多项式做到形式上统一。图 5.1 画出了在区间[0,5]上几个插值节点处的基函数图像(山形函数)。

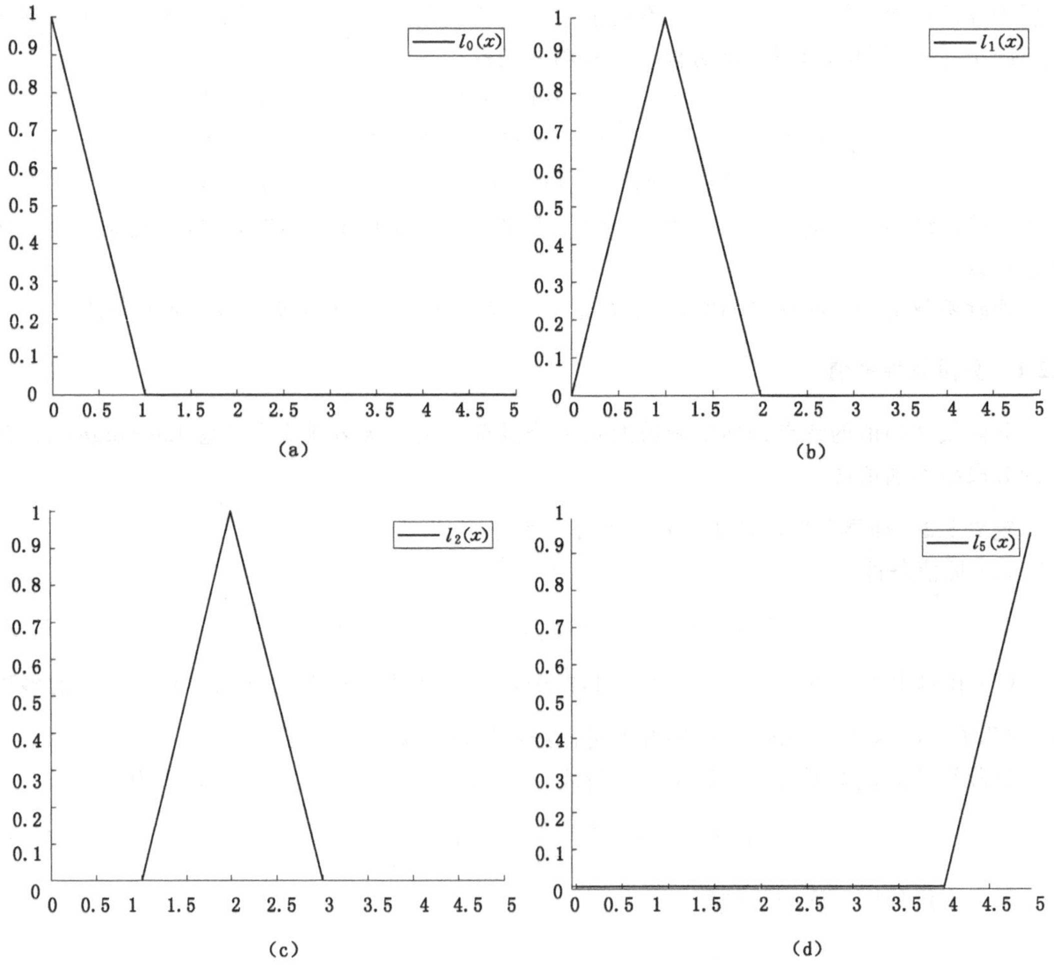

图 5.1　基函数图像

例 5.3　已知 $y=\sin x$ 在特殊角处的函数值如表 5.5 所列，试用分段线性插值法求 $\sin\frac{7\pi}{24}$，$\sin\frac{5\pi}{12}$的近似值。

表 5.5　$y=\sin x$ 在特殊角处的函数值

x	0	$\pi/6$	$\pi/4$	$\pi/3$	$\pi/2$	$2\pi/3$	$3\pi/4$	$5\pi/6$	π
y	0	0.5	0.707	0.866	1.0	0.866	0.707	0.5	0

解　根据数据表 5.5，分段线性插值多项式共有 8 个分段，每个分段是 1 次多项式函数，由于分段较多，这里没有给出具体的表达式，图 5.2 给出了被插函数 $y=\sin x$（实线）与分段线性插值多项式 $\tilde{L}_1(x)$（虚线）的复合图像。由于 $x=7\pi/24$ 处在小区间$[\pi/4,\pi/3]$之间，故只需用这个小区间上的线性插值来求近似值即可

$$\sin\left(\frac{7\pi}{24}\right)\approx\tilde{L}_1\left(\frac{7\pi}{24}\right)=0.786\ 566\ 092\ 485\ 49$$

同样，只需用小区间$[\pi/3,\pi/2]$上的线性插值来求另一个近似值

$$\sin\left(\frac{5\pi}{12}\right)\approx\tilde{L}_1\left(\frac{5\pi}{12}\right)=0.933\ 012\ 701\ 892\ 22$$

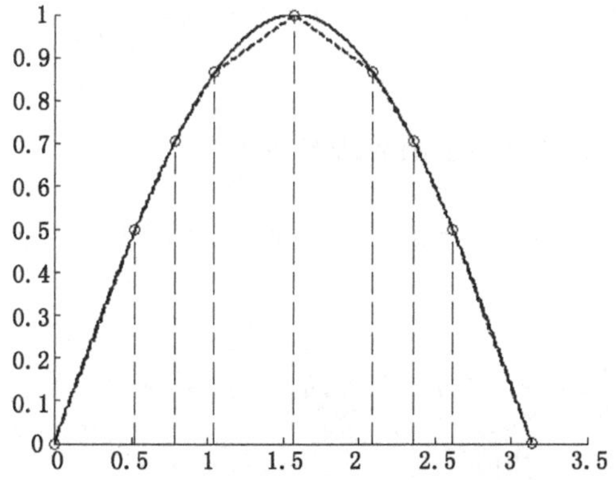

图 5.2

可见折线与被插函数曲线吻合得很好，但是分段线性插值多项式只具有连续性，在节点处有棱角，因此不具备光滑性或可导性，比如图 5.2 中最高点附近折线棱角较明显，但在实际问题中可能需要比较光滑的插值曲线，因此就必须引进具有一定光滑性的分段多项式，比如一次或二次光滑的分段三次 Hermite 插值。

定理 5.7　设被插函数 $f(x)$在插值区间$[a,b]$具有二阶连续导数，则分段线性插值函数 $\tilde{L}_1(x)$具有误差估计

$$\max_{a\leqslant x\leqslant b}|f(x)-\tilde{L}_1(x)|\leqslant\frac{M}{8}h^2 \tag{5.38}$$

其中，$M=\max\limits_{a\leqslant x\leqslant b}|f''(x)|$；$h=\max\limits_{0\leqslant i\leqslant n-1}|x_{i+1}-x_i|$为划分细度。

5.2.2 分段三次 Hermite 插值

这种插值方法是针对 Hermite 插值条件式(5.18)提出的，其特点是插值多项式是分段函数，每一段是一个次数不大于 3 次的多项式。

定义 5.3 如果分段函数 $\tilde{H}_3(x)$满足如下两个条件：

(1) 满足插值条件

$$\tilde{H}_3(x_j)=f(x_j),\tilde{H}'_3(x_j)=f'(x_j)\quad (j=0,1,2,\cdots,n) \tag{5.39}$$

(2) 在每个小区间$[x_i,x_{i+1}]$上，$\tilde{H}_3(x)$是次数不超过 3 次的多项式。

则称 $\tilde{H}_3(x)$是分段三次 Hermite 插值多项式。

容易验证，$\tilde{H}_3(x)$在整个区间$[a,b]$上具有一阶连续导数，因此 $\tilde{H}_3(x)\in C^1[a,b]$。其二阶导数未必连续，因此一般情况下 $\tilde{H}_3(x)\notin C^2[a,b]$，但是也不排除 $\tilde{H}_3(x)$在整个区间上恰好具有二阶连续导数，比如它正好是一个样条插值函数。它在每一个小区间 $x\in[x_k,x_{k+1}]$上的表达式为

$$\tilde{H}_3(x)=y_k\varphi_0\left(\frac{x-x_k}{h_k}\right)+y_{k+1}\varphi_0\left(\frac{x_{k+1}-x}{h_k}\right)+y'_kh_k\varphi_1\left(\frac{x-x_k}{h_k}\right)-y'_{k+1}h_k\varphi_1\left(\frac{x_{k+1}-x}{h_k}\right) \tag{5.40}$$

在全区间 $x\in[a,b]$上也可以用基函数法来表示

$$\tilde{H}_3(x)=\sum_{k=0}^{n}[y_k\alpha_k(x)+y_{k+1}\alpha_{k+1}(x)+y'_k\beta_k(x)+y'_{k+1}\beta_{k+1}(x)] \tag{5.41}$$

其中，基函数为

$$\alpha_0(x)=\begin{cases}\varphi_0\left(\dfrac{x-x_0}{h_0}\right), & x_0\leqslant x\leqslant x_1,h_0=x_1-x_0\\ 0, & \text{其他}\end{cases} \tag{5.42}$$

$$\alpha_k(x)=\begin{cases}\varphi_0\left(\dfrac{x_k-x}{h_{k-1}}\right), & x_{k-1}\leqslant x<x_k,h_{k-1}=x_k-x_{k-1}\\ \varphi_0\left(\dfrac{x-x_k}{h_k}\right) & x_k\leqslant x\leqslant x_{k+1},h_k=x_{k+1}-x_k\\ 0, & \text{其他}\end{cases}\quad (k=1,2,\cdots,n-1) \tag{5.43}$$

$$\alpha_n(x)=\begin{cases}\varphi_0\left(\dfrac{x_n-x}{h_{n-1}}\right), & x_{n-1}\leqslant x\leqslant x_n,h_{n-1}=x_n-x_{n-1}\\ 0, & \text{其他}\end{cases} \tag{5.44}$$

$$\beta_0(x)=\begin{cases}h_0\varphi_1\left(\dfrac{x-x_0}{h_0}\right), & x_0\leqslant x\leqslant x_1,h_0=x_1-x_0\\ 0, & \text{其他}\end{cases} \tag{5.45}$$

$$\beta_k(x)=\begin{cases}-h_{k-1}\varphi_1\left(\dfrac{x_k-x}{h_{k-1}}\right), & x_{k-1}\leqslant x\leqslant x_k, h_{k-1}=x_k-x_{k-1}\\ h_k\varphi_1\left(\dfrac{x-x_k}{h_k}\right), & x_k\leqslant x\leqslant x_{k+1}, h_k=x_{k+1}-x_k\\ 0, & \text{其他}\end{cases}\quad (k=1,2,\cdots,n-1)$$

(5.46)

$$\beta_n(x)=\begin{cases}-h_{n-1}\varphi_1\left(\dfrac{x_n-x}{h_{n-1}}\right), & x_{n-1}\leqslant x\leqslant x_n, h_{n-1}=x_n-x_{n-1}\\ 0, & \text{其他}\end{cases}\tag{5.47}$$

比如，它们在区间[0,5]步长为 1 的中间节点 $k=2$ 处的基函数分别为

$$\alpha_2(x)=\begin{cases}\varphi_0(2-x), & 1\leqslant x<2\\ \varphi_0(x-2), & 2\leqslant x\leqslant 3\\ 0, & \text{esle}\end{cases}\quad \beta_2(x)=\begin{cases}-\varphi_1(2-x), & 1\leqslant x<2\\ \varphi_1(x-2), & 2\leqslant x\leqslant 3\\ 0, & \text{esle}\end{cases}$$

其图形如图 5.3 所示。

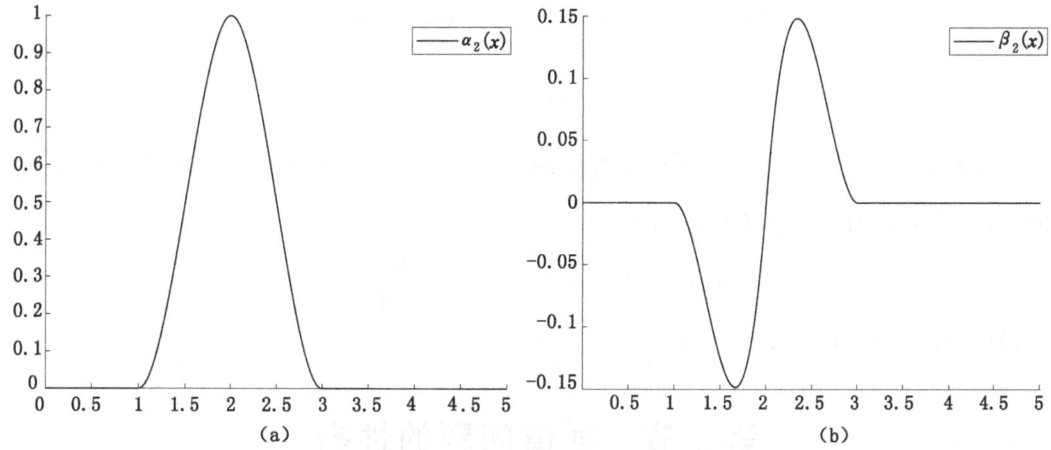

图 5.3

从图 5.3 可以看出，基函数在节点 $x_2=2$ 处至少是一阶光滑的。

例 5.4　已知 $y=\sin x$ 在特殊角处的函数值及导数值如表 5.6 所示，试用分段三次 Hermite插值法求 $\sin\dfrac{7\pi}{24}$，$\sin\dfrac{5\pi}{12}$的近似值。

表 5.6　$y=\sin x$ 在特殊角处的函数值及导数值

x	0	$\pi/6$	$\pi/4$	$\pi/3$	$\pi/2$	$2\pi/3$	$3\pi/4$	$5\pi/6$	π
y	0	0.5	0.707	0.866	1.0	0.866	0.707	0.5	0
y'	1	0.866	0.707	0.5	0	−0.5	−0.707	−0.866	−1

解　数据表 5.6 的分段三次 Hermite 插值多项式共有 8 个分段，每个分段是一个三次多项式函数，由于分段较多，这里没有给出具体的表达式。图 5.4 给出了插值多项式的图像，与

被插函数的图像符合较好。因为 $x=7\pi/24$ 和 $x=5\pi/12$ 分别在小区间 $[\pi/4,\pi/3]$ 和 $[\pi/3,\pi/2]$ 内，故只需分别用这两个小区间上的两点三次 Hermite 插值来求近似值即可。

$$\sin\left(\frac{7\pi}{24}\right)\approx\widetilde{H}_3\left(\frac{7\pi}{24}\right)=0.793\ 343\ 646\ 050\ 95$$

$$\sin\left(\frac{5\pi}{12}\right)\approx\widetilde{H}_3\left(\frac{5\pi}{12}\right)=0.965\ 737\ 625\ 367\ 11$$

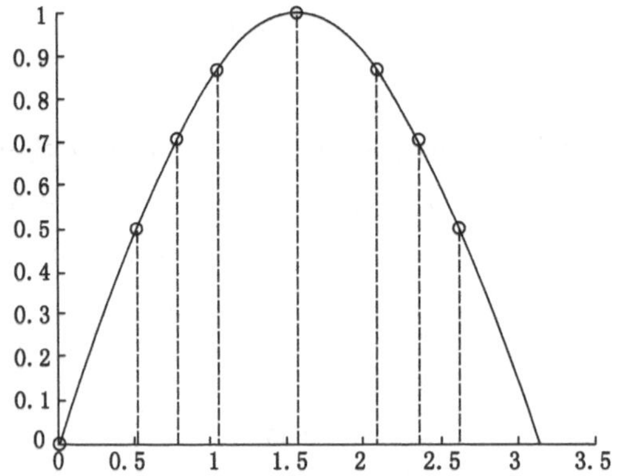

图 5.4

定理 5.8 设被插函数 $f(x)$ 在插值区间 $[a,b]$ 具有 4 阶连续导数，则它的分段三次 Hermite插值函数 $\widetilde{H}_3(x)$ 具有误差估计

$$\max_{a\leqslant x\leqslant b}\left|f(x)-\widetilde{H}_3(x)\right|\leqslant\frac{M}{384}h^4 \tag{5.48}$$

其中，$M=\max\limits_{a\leqslant x\leqslant b}\left|f^{(4)}(x)\right|$；$h=\max\limits_{0\leqslant i\leqslant n-1}\left|x_{i+1}-x_i\right|$。

第 3 节　插值问题的性态

插值问题本身是一个数值问题，它必然有误差积累问题；另一方面，随着插值节点的增多，插值多项式也存在着是否收敛问题，这两方面构成了本节的主要内容。

5.3.1　收敛性

设插值节点是区间 $[a,b]$ 的一个划分：$a=x_0<x_1<\cdots<x_{n-1}<x_n=b$，记

$$h=\max_{0\leqslant i\leqslant n-1}(h_i),h_i=x_{i+1}-x_i$$

称为划分细度。若已知这样一组节点及其函数值或导数值，根据拉格朗日和 Hermite 插值问题，则可以构造 Lagrange 插值多项式 $L_n(x)$、Newton 插值多项式 $N_n(x)$、Hermite 插值多项式 $H(x)$ 以及分段插值多项式 $\widetilde{L}_1(x)$、$\widetilde{H}_3(x)$ 等。随着插值节点的增多，相应的插值多项式是否会充分接近被插函数 $f(x)$？

定义 5.4 设区间 $[a,b]$ 上的 $n+1$ 个插值节点 $a=x_0<x_1<\cdots<x_{n-1}<x_n=b$ 上被插函数 $f(x)$ 的（分段）插值多项式为 $p_n(x)$，当节点数目趋向无穷时，相应地得到一个（分段）插值

多项式序列 $p_1(x), p_2(x), \cdots, p_n(x), \cdots$，如果对任意 $\varepsilon>0$，存在 $\delta>0$，使得当 $0<h<\delta$ 时，对区间 $[a,b]$ 中任何 x 成立 $|f(x)-p_n(x)|\leqslant\varepsilon$，则称（分段）插值多项式一致收敛。

插值多项式收敛性不仅与插值多项式求法有关，也与插值节点的选择有关，甚至也与被插函数性态有关，即使是无穷次可导的被插函数，也可能不收敛。著名的 Runge 现象足以说明这个问题。

例 5.5　考虑被插函数

$$f(x)=\frac{1}{1+25x^2}, x\in[-1,1]$$

将插值区间等分成 $n=5,8,10,12$ 份，步长 $h=2/n$，得到插值节点 $x_i=-1+ih(i=0,1,2,\cdots,n)$ 及其对应的函数值 $y_i=f(x_i)(i=0,1,2,\cdots,n)$，构造 Lagrange 插值多项式 $L_n(x)$，问这样的插值多项式序列是否收敛于 $f(x)$？

解　利用 Lagrange 插值法及 MATLAB 绘图工具可得 Lagrange 插值多项式 $L_n(x)$ 及被插函数 $y=f(x)$ 的图像，如图 5.5 所示，其中实线为 $f(x)$，虚线为 $L_n(x)$。

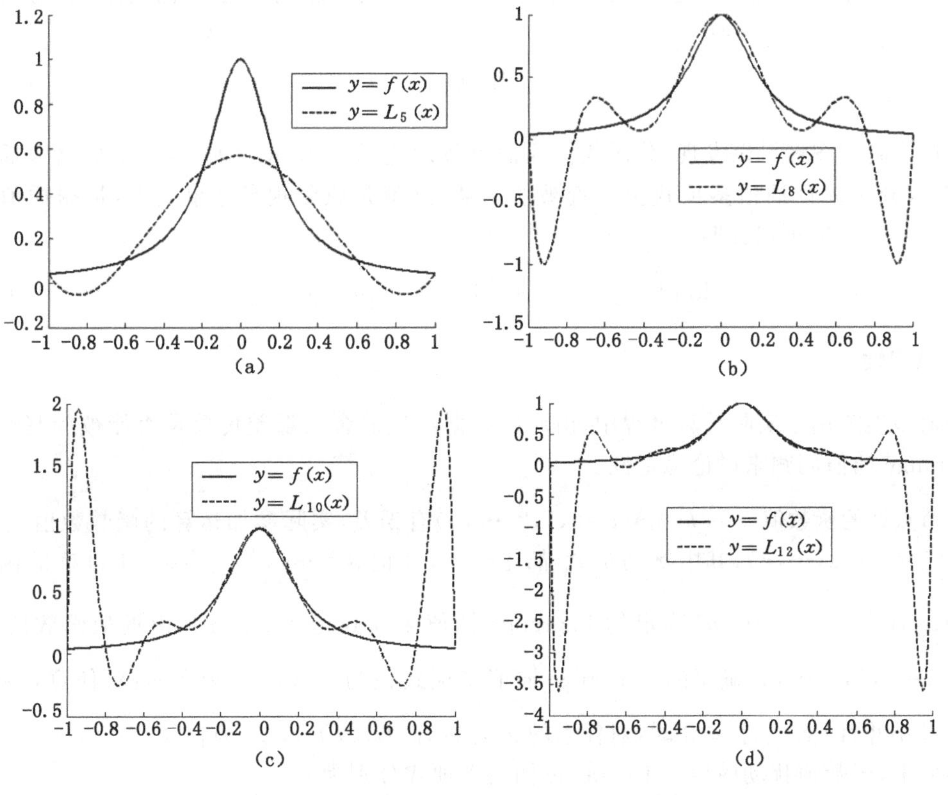

图 5.5

这些图形说明：随着 n 的增大，插值多项式次数也在增大，并且它们在 $x=0$ 附近与被插函数近似效果较好；而在两个端点 $-1,1$ 附近有震荡现象，与被插函数近似效果较差，并且随着 n 越大震荡幅度越大，这种现象一般称为高次插值的 Runge 现象。Runge 还证明：当 $|x|<0.726$ 时，$\lim\limits_{n\to\infty}L_n(x)=f(x)$ 一致成立，但当 $1>|x|>0.726$ 不收敛。

例 5.6 仍用例题 5.5 中的被插函数及等距节点上数据构造分段线性插值多项式 $\tilde{L}_1(x)$，问这种分段插值多项式序列是否收敛于 $f(x)$？

解 取 $n=10$ 及 $n=16$ 等份的插值节点，利用分段线性插值法及 MATLAB 绘图工具可分别得到分段插值多项式的图像（虚线）及被插函数的图像（实线），如图 5.6 所示。

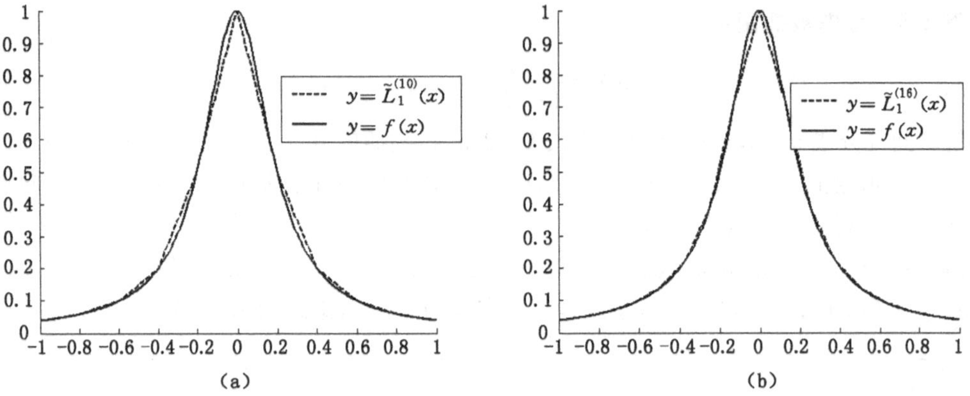

图 5.6

根据绘制的图像可以发现，分段线性插值有效地克服了 Runge 现象，再依次增大插值节点个数 n，分段线性插值多项式更接近被插函数，这就是收敛现象。事实上，根据插值余项式(5.38)、式(5.48)可以证明

$$\lim_{h\to 0}\tilde{L}_1(x)=f(x),\lim_{h\to 0}\tilde{H}_3(x)=f(x) \tag{5.49}$$

5.3.2 稳定性

插值多项式用于实际计算过程中，由原始数据产生的舍入误差传播是否能被控制？现在以 Lagrange 插值问题来讨论稳定性。

设节点处的函数值 $y_i=f(x_i)(i=0,1,2,\cdots,n)$ 有误差，实际参加运算的函数数值是 $\tilde{y}_i=y_i+\delta_i(i=0,1,2,\cdots,n)$，其中扰动量 δ_i 都比较小，并记 $\delta=\max\limits_{0\leqslant i\leqslant n}|\delta_i|>0$。由准确的函数值 $y_i=f(x_i)(i=0,1,2,\cdots,n)$ 确定的 Lagrange 插值多项式记为 $L_n(x)$，由近似函数值 $\tilde{y}_i=y_i+\delta_i(i=0,1,2,\cdots,n)$ 确定的 Lagrange 插值多项式记为 $\tilde{L}_n(x)$。现在问：对任意正数 $\varepsilon>0$，当 δ 较小并且 $|y_i-\tilde{y}_i|\leqslant\delta$ 时，对任意的 x 是否有 $|L_n(x)-\tilde{L}_n(x)|\leqslant\varepsilon$？

事实上，函数值扰动前后的 Lagrange 插值多项式分别为

$$L_n(x)=\sum_{k=0}^{n}y_kl_k(x),\tilde{L}_n(x)=\sum_{k=0}^{n}\tilde{y}_kl_k(x)$$

$$L_n(x)-\tilde{L}_n(x)=\sum_{k=0}^{n}[y_kl_k(x)-\tilde{y}_kl_k(x)]=-\sum_{k=0}^{n}\delta_kl_k(x)$$

从而

$$|L_n(x)-\tilde{L}_n(x)|=\left|-\sum_{k=0}^{n}\delta_kl_k(x)\right|\leqslant\delta\sum_{k=0}^{n}|l_k(x)|$$

于是

$$\varepsilon_n = \max_{a \leqslant x \leqslant b} |L_n(x) - \tilde{L}_n(x)| \leqslant \delta \max_{a \leqslant x \leqslant b} \sum_{k=0}^{n} |l_k(x)| = \lambda_n \delta$$

如果其中的量

$$\lambda_n = \max_{a \leqslant x \leqslant b} \sum_{k=0}^{n} |l_k(x)|$$

有与 n 无关的上界，则任意插值点 x 处插值结果的变化量 ε_n 都将得到控制，近似数据的误差不会引起插值结果较大的误差，此时称插值问题具有稳定性。

可以证明，不论节点如何选择，总有

$$\lambda_n = \max_{a \leqslant x \leqslant b} \sum_{k=0}^{n} |l_k(x)| > \frac{1}{8\pi}\ln(n)$$

所以 Lagrange 插值多项式对较大的 n 是不稳定的。

但是由分段线性插值多项式的基函数表达式(5.34)～式(5.36)可得

$$\lambda_n = \max_{a \leqslant x \leqslant b} \sum_{k=0}^{n} |l_k(x)| \leqslant 1 \tag{5.50}$$

从而分段线性插值多项式具有稳定性。同理，也可以证明分段三次 Hermite 插值多项式具有稳定性。

分段低次插值既具有一致收敛性，也具有数值稳定性，因此在利用一系列已知数据求近似函数值时经常使用分段低次插值。

第 4 节　三次样条插值法

由于低次插值既具有收敛性又具有稳定性，因此低次插值更具有实用价值，但是低次插值的光滑性较差，不能满足某些实际应用(如汽车、轮船、飞机等流线型设计)。样条是在 20 世纪初期经常用于图样设计的一种富有弹性的细长条，多个样条互相弯曲连接后沿其边缘画出的曲线就是三次样条曲线。在数学上对其进行抽象，定义了 m 次样条函数，并成为数值逼近的重要研究内容，进一步扩大了样条函数的应用范围。本节只学习应用较广泛的三次样条函数及其求法。

5.4.1　样条函数

定义 5.5　设区间$[a,b]$上有一个节点划分

$$a = x_0 < x_1 < \cdots < x_{n-1} < x_n = b \tag{5.51}$$

如果存在正整数 k，使得分段函数 $s(x)$满足如下两条：

(1) 在$[a,b]$上有直到 $k-1$ 阶连续导数；

(2) 在每个小区间$[x_{i-1},x_i](i=1,2,\cdots,n)$上是次数不大于 k 的多项式。

则称分段函数 $s(x)$是以(5.51)为节点集的 k 次样条函数。

据此定义 5.5，关于节点式(5.51)的分段线性插值多项式(5.37)正好是 1 次样条函数；分段三次 Hermite 插值式(5.41)只有一阶连续导数，通常不是三次样条函数，但可以提出进一步的条件使它成为三次样条函数。

5.4.2 B 样条

B 样条定义在整个实轴$(-\infty,+\infty)$上的分段函数，是一类基本样条函数。其构造方法是对 k 次半截单项式

$$x_+^k=\begin{cases}x^k, & x\geqslant 0\\ 0, & x<0\end{cases}\quad (k=1,2,\cdots) \tag{5.52}$$

在一系列等距节点

$$x_j=j-\frac{k+1}{2}\quad (j=0,1,2,\cdots,k+1) \tag{5.53}$$

进行 $k+1$ 阶中心差分而得到的，记为 $\omega_k(x)$，并规定

$$x_+^0=\begin{cases}1, & x>0\\ 1/2, & x=0\\ 0, & x<0\end{cases} \tag{5.54}$$

事实上，它们是这样一些函数

$$\omega_0(x)=\Delta^1(x_+^0)=\left(x+\frac{1}{2}\right)_+^0-\left(x-\frac{1}{2}\right)_+^0=\begin{cases}1, & |x|<0.5\\ 0.5, & |x|=0.5\\ 0, & |x|>0.5\end{cases}$$

$$\omega_1(x)=\Delta^2(x_+^1)=(x+1)_+^1-2x_+^1+(x-1)_+^1=\begin{cases}1-|x|, & |x|\leqslant 1\\ 0, & |x|>1\end{cases}$$

一般地，可以得到如下计算公式

$$\omega_k(x)=\frac{1}{k!}\Delta^{k+1}(x_+^k)=\frac{1}{k!}\sum_{i=0}^{k+1}(-1)^iC_{k+1}^i\left(x+\frac{k+1}{2}-i\right)_+^k \tag{5.55}$$

称为 k 次 B 样条函数($k=0,1,2,3,\cdots$)。在三次样条插值中常用的是三次 B 样条函数

$$\omega_3(x)=\Delta^4\left(\frac{x_+^3}{3!}\right)=\begin{cases}-\frac{1}{6}|x|^3+x^2-2|x|+\frac{4}{3}, & 1\leqslant|x|\leqslant 2\\ \frac{1}{2}|x|^3-x^2+\frac{2}{3}, & |x|\leqslant 1\\ 0, & |x|>2\end{cases} \tag{5.56}$$

它也可以写成

$$\omega_3(x)=\begin{cases}\frac{1}{6}(x+2)^3, & -2\leqslant x<-1\\ \frac{1}{6}[1+3(x+1)+3(x+1)^2-3(x+1)^3], & -1\leqslant x<0\\ \frac{1}{6}[4-6x^2+x^3], & 0\leqslant x<1\\ \frac{1}{6}(2-x)^3, & 1\leqslant x\leqslant 2\\ 0, & |x|>2\end{cases} \tag{5.57}$$

$\omega_3(x)$是以节点 $x_i=i-2(i=0,1,2,3,4)$为节点的三次样条函数，这个函数有如下特点：节点为等距节点；图像关于 y 轴对称；非 0 区间为$[-2,2]$，其余区间为 0；在节点处有 2 阶连

续导数，但没有三阶导数。后面的三次样条插值法将使用这个三次 B 样条函数作为基函数，三次 B 样条函数曲线如图 5.7 所示。

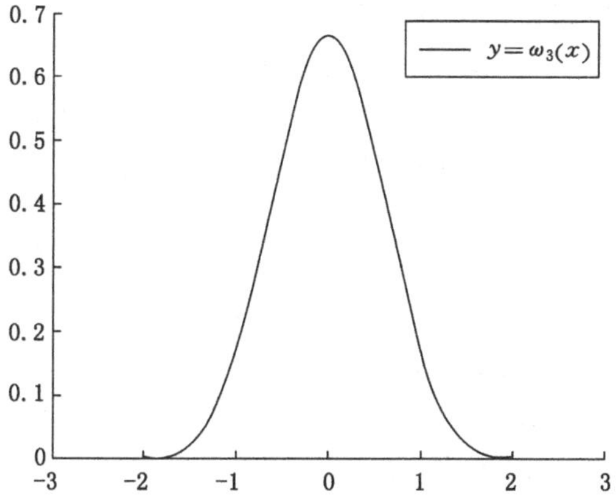

图 5.7　三次 B 样条函数曲线

5.4.3　三次样条插值问题

定义 5.6　如果以式(5.51)为节点集的三次样条函数 $s_3(x)$ 又满足插值条件

$$s_3(x_i)=y_i=f(x_i)\quad(i=0,1,2,\cdots,n)\tag{5.58}$$

则称 $s_3(x)$ 为三次样条插值函数。

注意到式(5.51)的划分共有 n 个小区间，每个小区间上 $s_3(x)$ 是一个次数不大于 3 的多项式，总共有 $4n$ 个未知参数，因此就需要 $4n$ 个独立条件才能求出该三次样条插值函数。但现在已知条件有：① 插值条件式(5.58)共有 $n+1$ 个；② 在内部节点处连续，一阶导数连续，二阶导数连续，共 $3(n-1)$ 个条件。因此，现在总共已知 $4n-2$ 个独立条件，还差 2 个条件。一般地，另外两个条件通常由边界条件给出。

第一边界条件：由区间端点处的一阶导数给出，即

$$\begin{cases}s'_3(x_0)=m_0=f'(x_0)\\ s'_3(x_n)=m_n=f'(x_n)\end{cases}\tag{5.59}$$

第二边界条件：由区间端点处的二阶导数给出，即

$$\begin{cases}s''_3(x_0)=M_0=f''(x_0)\\ s''_3(x_n)=M_n=f''(x_n)\end{cases}\tag{5.60}$$

特殊情况为自然边界条件：由区间端点处的二阶导数恒为 0 给出，即

$$\begin{cases}s''_3(x_0)=M_0=0\\ s''_3(x_n)=M_n=0\end{cases}\tag{5.61}$$

第三类又称周期边界条件：对于以 $x_n-x_0=b-a$ 为周期的周期函数，由区间端点处的函数值或导数值满足周期条件给出，即

$$\begin{cases}s_3(x_0+0)=s_3(x_n-0)\\ s'_3(x_0+0)=s'_3(x_n-0)\\ s''_3(x_0+0)=s''_3(x_n-0)\end{cases}\tag{5.62}$$

三次样条插值函数的求法通常有三转角法、三弯矩法、B样条基函数法。这三种方法的基本思想是类似的，都是通过待定某些参数来确定三次样条插值函数，但肯定不是待定 $4n$ 个参数，而是充分利用已知条件，将待定参数减少到最小。

三转角法将插值节点式(5.51)处的一阶导数值 $m_0, m_1, m_2, \cdots, m_{n-1}, m_n$ 作为待定参数，利用分段三次 Hermite 插值多项式以及边界条件，求出待定参数及三转角公式。

定理 5.9 三次样条插值函数在小区间 $x \in [x_i, x_{i+1}]$($i=0,1,2,\cdots,n-1$)三转角公式为

$$s_3(x) = y_i \varphi_0\left(\frac{x-x_i}{h_i}\right) + y_{i+1}\varphi_0\left(\frac{x_{i+1}-x}{h_i}\right) + m_i h_i \varphi_1\left(\frac{x-x_i}{h_i}\right) - m_{i+1} h_i \varphi_1\left(\frac{x_{i+1}-x}{h_i}\right) \tag{5.63}$$

其中，(1) $h_i = x_{i+1} - x_i$($i=0,1,2,\cdots,n-1$)。

(2) 函数 $\varphi_0(x), \varphi_1(x)$ 由式(5.26)给出。

(3) 对第一边界条件，m_0, m_n 已知，而 $m_1, m_2, \cdots, m_{n-1}$ 由三转角方程组

$$\begin{pmatrix} 2 & \mu_1 & & & \\ \lambda_2 & 2 & \mu_2 & & \\ & \ddots & \ddots & \ddots & \\ & & \lambda_{n-2} & 2 & \mu_{n-2} \\ & & & \lambda_{n-1} & 2 \end{pmatrix} \begin{pmatrix} m_1 \\ m_2 \\ \vdots \\ m_{n-2} \\ m_{n-1} \end{pmatrix} = \begin{pmatrix} g_1 - \lambda m_0 \\ g_2 \\ \vdots \\ g_{n-2} \\ g_{n-1} - \mu_{n-1} m_n \end{pmatrix} \tag{5.64}$$

求出，其中三对角阵元素及右端项为

$$\begin{cases} \lambda_i = \dfrac{h_i}{h_{i-1}+h_i}, \mu_i = 1-\lambda_i \\ g_i = 3\left(\lambda_i \dfrac{y_i - y_{i-1}}{h_{i-1}} + \mu_i \dfrac{y_{i+1}-y_i}{h_i}\right) \end{cases} \quad (i=1,2,\cdots,n-1) \tag{5.65}$$

(4) 对第二边界条件，$m_0, m_1, m_2, \cdots, m_{n-1}, m_n$ 由三转角方程组

$$\begin{pmatrix} 2 & 1 & & & \\ \lambda_1 & 2 & \mu_1 & & \\ & \ddots & \ddots & \ddots & \\ & & \lambda_{n-1} & 2 & \mu_{n-1} \\ & & & 1 & 2 \end{pmatrix} \begin{pmatrix} m_0 \\ m_1 \\ \vdots \\ m_{n-1} \\ m_n \end{pmatrix} = \begin{pmatrix} g_0 \\ g_1 \\ \vdots \\ g_{n-1} \\ g_n \end{pmatrix} \tag{5.66}$$

求出，其中三对角阵元素及右端项由式(5.65)确定，并且

$$\begin{cases} g_0 = 3\dfrac{y_1 - y_0}{h_0} - \dfrac{h_0}{2} M_0 \\ g_n = 3\dfrac{y_n - y_{n-1}}{h_{n-1}} + \dfrac{h_{n-1}}{2} M_n \end{cases} \tag{5.67}$$

(5) 对第三边界条件，$m_0 = m_n$，而 $m_1, m_2, \cdots, m_{n-1}, m_n$ 由三转角方程组

$$\begin{pmatrix} 2 & \mu_1 & & & \lambda_1 \\ \lambda_2 & 2 & \mu_1 & & \\ & \ddots & \ddots & \ddots & \\ & & \lambda_{n-1} & 2 & \mu_{n-1} \\ \mu_n & & & \lambda_n & 2 \end{pmatrix} \begin{pmatrix} m_1 \\ m_2 \\ \vdots \\ m_{n-1} \\ m_n \end{pmatrix} = \begin{pmatrix} g_1 \\ g_2 \\ \vdots \\ g_{n-1} \\ g_n \end{pmatrix} \tag{5.68}$$

求出，其中三对角阵元素及右端项由式(5.65)确定，并且

$$\begin{cases}\lambda_n=\dfrac{h_0}{h_{n-1}+h_0},\mu_n=1-\lambda_n\\ g_n=3\left(\mu_n\dfrac{y_1-y_0}{h_0}+\lambda_n\dfrac{y_n-y_{n-1}}{h_{n-1}}\right)\end{cases}\tag{5.69}$$

证明　不管哪种边界条件，三转角法都是将待定参数设为节点处的一阶导数值 $m_0,m_1,m_2,\cdots,m_{n-1},m_n$，由此可给出满足如表5.7所示的分段三次 Hermite 插值多项式(5.63)。

表 5.7

x	x_0	x_1	$\cdots$	x_{n-1}	x_n
y	y_0	y_1	$\cdots$	y_{n-1}	y_n
y'	m_0	m_1	$\cdots$	m_{n-1}	m_n

现在分段三次插值多项式(5.63)已经具有一阶连续导数，因为还要求二阶导数连续，故有

$$s''_3(x_i-0)=s''_3(x_i+0)\quad(i=1,2,\cdots,n-1)\tag{5.70}$$

分别求出 $s_3(x)$ 在节点 x_i 处的左右导数

$$\begin{aligned}s''_3(x_i+0)&=\frac{y_i}{h_i^2}\varphi''_0(0)+\frac{y_{i+1}}{h_i^2}\varphi''_0(1)+\frac{m_i}{h_i}\varphi''_1(0)-\frac{m_{i+1}}{h_i}\varphi''_1(1)\\&=\frac{6}{h_i^2}(y_{i+1}-y_i)-\frac{2}{h_i}(2m_i+m_{i+1})\end{aligned}\tag{5.71}$$

$$\begin{aligned}s''_3(x_{i+1}-0)&=\frac{y_i}{h_i^2}\varphi''_0(1)+\frac{y_{i+1}}{h_i^2}\varphi''_0(0)+\frac{m_i}{h_i}\varphi''_1(1)-\frac{m_{i+1}}{h_i}\varphi''_1(0)\\&=-\frac{6}{h_i^2}(y_{i+1}-y_i)+\frac{2}{h_i}(2m_{i+1}+m_i)\end{aligned}\tag{5.72}$$

由条件式(5.65)、式(5.70)～式(5.72)可得

$$\lambda_i m_{i-1}+2m_i+\mu_i m_{i+1}=g_i\quad(i=1,2,\cdots,n-1)\tag{5.73}$$

这是一个有 $n+1$ 个未知量 $m_0,m_1,m_2,\cdots,m_{n-1},m_n$ 及 $n-1$ 个方程的线性方程组，再结合所给边界条件就可以确定这些未知量。

(1) 第一类边界条件，因为已知 m_0,m_n，故可以直接将式(5.73)中第一个方程及最后一个方程中的 m_0 及 m_n 移到右边，即建立了相应的三转角方程组(5.64)。

(2) 第二类边界条件，式(5.71)中令 $i=0$ 即得

$$M_0=s''(x_0)=\frac{6}{h_0^2}(y_1-y_0)-\frac{2}{h_0}(2m_0+m_1)$$

稍作整理即得式(5.67)中第一条，并建立方程

$$2m_0+m_1=g_0\tag{5.74}$$

同理，式(5.72)中令 $i=n-1$ 即得

$$M_n=s''(x_n)=-\frac{6}{h_{n-1}^2}(y_n-y_{n-1})+\frac{2}{h_{n-1}}(2m_n+m_{n-1})$$

稍作整理即得式(5.67)中第二条，并建立方程

$$m_{n-1}+2m_n=g_n\tag{5.75}$$

由式(5.73)~式(5.75)即建立了相应的三转角方程组(5.66)。

(3) 对于第三类周期边界条件,由式(3.13)第二条可得

$$m_0 = m_n \tag{5.76}$$

由式(5.71)、式(5.72)可得

$$\frac{6}{h_0^2}(y_1 - y_0) - \frac{2}{h_0}(2m_0 + m_1) = s''_3(x_0 + 0) = s''_3(x_n - 0)$$
$$= -\frac{6}{h_{n-1}^2}(y_n - y_{n-1}) + \frac{2}{h_{n-1}}(2m_n + m_{n-1})$$

稍做整理即得方程

$$\mu_n m_1 + \lambda_n m_{n-1} + 2m_n = g_n \tag{5.77}$$

其中,系数由式(5.69)给出,由式(5.73)、式(5.76)、式(5.77)即可建立相应的三转角方程组(5.68)。

例 5.7 求满足数据表 5.8 所示的三次样条插值函数。

表 5.8

x	1	2	4	5
y	1	3	4	2
y'	17/8			−19/8

解 这是第一边界条件问题,只需待定 m_1, m_2,这时三转角方程组形状为

$$\begin{cases} 2m_1 + \mu_1 m_2 = g_1 - \lambda_1 m_0 \\ \lambda_2 m_1 + 2m_2 = g_2 - \mu_2 m_3 \end{cases} \tag{5.78}$$

其中:$\begin{cases} h_0 = x_1 - x_0 = 1 \\ h_1 = x_2 - x_1 = 2 \\ h_2 = x_3 - x_2 = 1 \end{cases}$;$\begin{cases} \lambda_1 = 2/3 \\ \mu_1 = 1/3 \end{cases}$;$\begin{cases} \lambda_2 = 1/3 \\ \mu_2 = 2/3 \end{cases}$;$\begin{cases} g_1 = 9/2 \\ g_2 = -7/2 \end{cases}$;$\begin{cases} m_0 = 17/8 \\ m_3 = -19/8 \end{cases}$。

于是三转角线性方程(5.78)变成

$$\begin{cases} 2m_1 + \dfrac{m_2}{3} = \dfrac{37}{12} \\ \dfrac{m_1}{3} + 2m_2 = -\dfrac{23}{12} \end{cases}$$

解得 $m_1 = 7/4, m_2 = -5/4$,再由三转角公式(5.63)可得三次样条插值函数的表达式

$$s_3(x) = \begin{cases} \varphi_0(x-1) + 3\varphi_0(2-x) + \dfrac{17}{8}\varphi_1(x-1) - \dfrac{7}{4}\varphi_1(2-x), & x \in [1,2) \\ 3\varphi_0\left(\dfrac{x-2}{2}\right) + 4\varphi_0\left(\dfrac{4-x}{2}\right) + \dfrac{7}{2}\varphi_1\left(\dfrac{x-2}{2}\right) + \dfrac{5}{2}\varphi_1\left(\dfrac{4-x}{2}\right), & x \in [2,4) \\ 4\varphi_0(x-4) + 2\varphi_0(5-x) - \dfrac{5}{4}\varphi_1(x-4) + \dfrac{19}{8}\varphi_1(5-x), & x \in [4,5] \end{cases}$$

或者

$$s_3(x)=\begin{cases}-\dfrac{1}{8}x^3+\dfrac{3}{8}x^2+\dfrac{7}{4}x-1, & x\in[1,2]\\ -\dfrac{1}{8}x^3+\dfrac{3}{8}x^2+\dfrac{7}{4}x-1, & x\in[2,4]\\ \dfrac{3}{8}x^3-\dfrac{45}{8}x^2+\dfrac{103}{4}x-33, & x\in[4,5]\end{cases}$$

因此 $f(3)\approx s_3(3)=17/4$，它的图像如图 5.8 所示，其中星号是散点图。

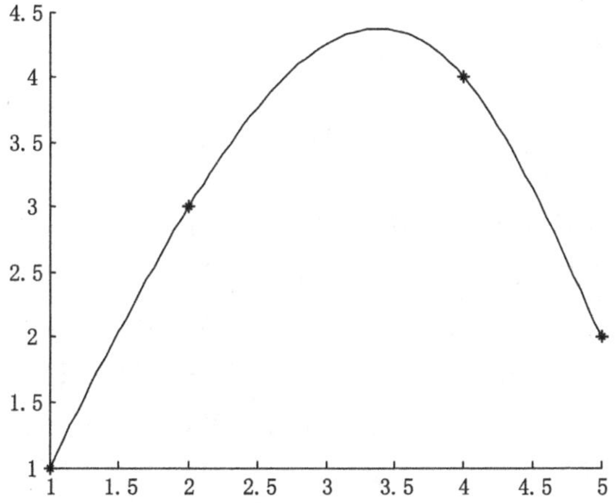

图 5.8

定理 5.10　三次样条插值函数在小区间 $x\in[x_i,x_{i+1}]$ $(i=0,1,2,\cdots,n-1)$ 三弯矩公式为

$$s_3(x)=a_{i3}(x-x_i)^3+a_{i2}(x-x_i)^2+a_{i1}(x-x_i)+a_{i0}$$

其中：(1) 系数

$$\begin{cases}a_{i3}=\dfrac{M_{i+1}-M_i}{6h_i}, a_{i2}=\dfrac{M_i}{2}\\ a_{i1}=\dfrac{y_{i+1}-y_i}{h_i}-\dfrac{2M_i+M_{i+1}}{6}h_i\\ a_{i0}=y_i, i=0,1,2,\cdots,n-1\end{cases}\tag{5.79}$$

(2) 对第一边界条件，$M_0,M_1,M_2,\cdots,M_{n-1},M_n$ 由三弯矩方程组确定

$$\begin{pmatrix}2 & 1 & & & \\ \mu_1 & 2 & \lambda_1 & & \\ & \ddots & \ddots & \ddots & \\ & & \mu_{n-1} & 2 & \lambda_{n-1}\\ & & & 1 & 2\end{pmatrix}\begin{pmatrix}M_0\\ M_1\\ \vdots\\ M_{n-1}\\ M_n\end{pmatrix}=\begin{pmatrix}d_0\\ d_1\\ \vdots\\ d_{n-1}\\ d_n\end{pmatrix}\tag{5.80}$$

其中，三对角阵元素由式(5.83)第一式确定，右端项由式(5.83)第二式确定，并且

$$\begin{cases}d_0=\dfrac{6}{h_0}\left(\dfrac{y_1-y_0}{h_0}-m_0\right)\\ d_n=\dfrac{6}{h_{n-1}}\left(m_n-\dfrac{y_n-y_{n-1}}{h_{n-1}}\right)\end{cases}\tag{5.81}$$

(3) 对第二边界条件，$M_1, M_2, \cdots, M_{n-1}$ 由三弯矩方程组确定

$$\begin{pmatrix} 2 & \lambda_1 & & & \\ \mu_2 & 2 & \lambda_2 & & \\ & \ddots & \ddots & \ddots & \\ & & \mu_{n-2} & 2 & \lambda_{n-2} \\ & & & \mu_{n-1} & 2 \end{pmatrix} \begin{pmatrix} M_1 \\ M_2 \\ \vdots \\ M_{n-2} \\ M_{n-1} \end{pmatrix} = \begin{pmatrix} d_1 - \mu_1 M_0 \\ d_2 \\ \vdots \\ d_{n-2} \\ d_{n-1} - \lambda_{n-1} M_n \end{pmatrix} \tag{5.82}$$

其中，三对角阵元素及右端项为

$$\begin{cases} \lambda_i = \dfrac{h_i}{h_{i-1} + h_i}, \mu_i = 1 - \lambda_i \\ d_i = \dfrac{6}{h_{i-1} + h_i}\left(\dfrac{y_{i+1} - y_i}{h_i} - \dfrac{y_i - y_{i-1}}{h_{i-1}}\right) \end{cases} \quad (i = 1, 2, \cdots, n-1) \tag{5.83}$$

(4) 对第三边界条件，$M_1, M_2, \cdots, M_{n-1}, M_n$ 由三弯矩方程组确定

$$\begin{pmatrix} 2 & \lambda_1 & & & \mu_1 \\ \mu_2 & 2 & \lambda_2 & & \\ & \ddots & \ddots & \ddots & \\ & & \mu_{n-1} & 2 & \lambda_{n-1} \\ \lambda_n & & & \mu_n & 2 \end{pmatrix} \begin{pmatrix} M_1 \\ M_2 \\ \vdots \\ M_{n-1} \\ M_n \end{pmatrix} = \begin{pmatrix} d_1 \\ d_2 \\ \vdots \\ d_{n-1} \\ d_n \end{pmatrix} \tag{5.84}$$

其中，三对角阵元素由式(5.83)第一式确定，右端项由式(5.83)第二式确定，并且

$$\begin{cases} \lambda_n = \dfrac{h_0}{h_{n-1} + h_0}, \mu_n = 1 - \lambda_n \\ d_n = \dfrac{6}{h_0 + h_{n-1}}\left(\dfrac{y_1 - y_0}{h_0} - \dfrac{y_n - y_{n-1}}{h_{n-1}}\right) \end{cases} \tag{5.85}$$

证明　设节点处二阶导数 $M_0, M_1, \cdots, M_n$ 作为待定参数，则在小区间 $x \in [x_i, x_{i+1}]$ 上 $s''_3(x)$ 是一次多项式

$$s''_3(x) = M_i \frac{x_{i+1} - x}{h_i} + M_{i+1} \frac{x - x_i}{h_i}$$

对它积分两次，并且用插值条件 $s_3(x_i) = y_i, s_3(x_{i+1}) = y_{i+1}$ 定出积分常数后即得式(5.79)。再求出左右导数

$$\begin{cases} s'_3(x_i + 0) = -\dfrac{h_i}{3} M_i - \dfrac{h_i}{6} M_{i+1} + \dfrac{y_{i+1} - y_i}{h_i} \\ s'_3(x_{i+1} - 0) = \dfrac{h_i}{6} M_i + \dfrac{h_i}{3} M_{i+1} + \dfrac{y_{i+1} - y_i}{h_i} \end{cases} \tag{5.86}$$

由一阶导数在节点处连续性得 $s'_3(x_i + 0) = s'_3(x_i - 0)$，即

$$-\frac{h_i}{3} M_i - \frac{h_i}{6} M_{i+1} + \frac{y_{i+1} - y_i}{h_i} = \frac{h_{i-1}}{6} M_{i-1} + \frac{h_{i-1}}{3} M_i + \frac{y_i - y_{i-1}}{h_{i-1}}$$

稍做整理得

$$\mu_i M_{i-1} + 2M_i + \lambda_i M_{i+1} = d_i \quad (i = 1, 2, \cdots, n-1) \tag{5.87}$$

其中，系数 λ_i, μ_i 及右端项 d_i 可由式(5.83)确定。这是一个具有 $n+1$ 个未知量但只有 $n-1$ 个方程的方程组，要确定这 $n+1$ 个未知量，还需要补充两个方程，它们由边界条件给出。

(1) 对第一边界，由式(5.86)得

$$\begin{cases} s'_3(x_0+0)=-\dfrac{h_0}{3}M_0-\dfrac{h_i}{6}M_1+\dfrac{y_1-y_0}{h_0}=m_0 \\ s'_3(x_n-0)=\dfrac{h_{n-1}}{6}M_{n-1}+\dfrac{h_{n-1}}{3}M_n+\dfrac{y_n-y_{n-1}}{h_{n-1}}=m_n \end{cases}$$

稍做整理得

$$\begin{cases} 2M_0+M_1=d_0 \\ M_{n-1}+2M_n=d_n \end{cases} \tag{5.88}$$

联合式(5.87)中的 $n-1$ 个方程即构成三弯矩方程组(5.80)。

(2) 对于第二边界条件，由于 M_0,M_n 已知，故只需要对式(5.87)中第一个方程和第 $n-1$ 个方程将已知 M_0,M_n 移到方程右边作为已知量，则正好构成三弯矩方程组(5.82)。

(3) 对于第三边界条件，由于

$$\begin{cases} M_0=M_n \\ s'_3(x_0+0)=s'_3(x_n-0) \end{cases}$$

故可得方程组

$$\begin{cases} M_0=M_n \\ \lambda_n M_1+\mu_n M_{n-1}+2M_n=d_n \end{cases} \tag{5.89}$$

结合方程组(5.87)中的 $n-1$ 方程，即得三弯矩方程组(5.84)。

通过以上证明可以得到如下结论：

定理 5.11　由三种边界条件式(5.59)～式(5.62)确定的三次样条插值问题有唯一解。

5.4.4　三次 B 样条插值法

现在用三次 B 样条函数作为基函数求三次样条插值函数。为了方便，仅讨论区间$[a,b]$上的等距节点划分

$$x_i=a+ih,h=(b-a)/n \quad (i=0,1,2,\cdots,n) \tag{5.90}$$

这时有一组共计 $n+3$ 个三次 B 样条函数

$$\alpha_i(x)=\omega_3\left(\frac{x-x_i}{h}\right)=\omega_3\left(\frac{x-x_0}{h}-i\right) \quad (i=-1,0,1,2,\cdots,n+1) \tag{5.91}$$

可以用它们作为基函数求三次样条插值函数(其他 B 样条函数在区间$[a,b]$上都为 0)。

现在设在等距节点式(5.90)上满足插值条件式(5.58)的三次样条插值函数为

$$s_3(x)=\sum_{k=-1}^{n+1}c_k\alpha_k(x) \tag{5.92}$$

其中，有 $n+3$ 个参数 $c_{-1},c_0,c_1,\cdots,c_{n+1}$ 需要确定。

定理 5.12　设三次样条插值函数的 B 样条插值公式为式(5.92)，其中基函数 $\alpha_k(x)(k=-1,0,1,2,\cdots,n+1)$ 由式(5.91)确定，对于三种不同的边界条件，待定系数 $c_{-1},c_0,c_1,\cdots,c_{n+1}$ 由下面三种情况确定。

(1) 对第一边界条件，$c_{-1},c_0,c_1,\cdots,c_{n+1}$ 由下列方程组确定

$$\begin{pmatrix} 4 & 2 & & & & \\ 1 & 4 & 1 & & & \\ & 1 & 4 & 1 & & \\ & & \ddots & \ddots & \ddots & \\ & & & 1 & 4 & 1 \\ & & & & 2 & 4 \end{pmatrix} \begin{pmatrix} c_0 \\ c_1 \\ c_2 \\ \vdots \\ c_{n-1} \\ c_n \end{pmatrix} = \begin{pmatrix} 6y_0 + 2hm_0 \\ 6y_1 \\ 6y_2 \\ \vdots \\ 6y_{n-1} \\ 6y_n - 2hm_n \end{pmatrix} \tag{5.93}$$

其中

$$\begin{cases} c_{-1} = c_1 - 2hm_0 \\ c_{n+1} = c_{n-1} + 2hm_n \end{cases} \tag{5.94}$$

(2) 对第二边界条件，$c_{-1}, c_0, c_1, \cdots, c_{n+1}$ 由下列方程组确定

$$\begin{pmatrix} 4 & 1 & & & & \\ 1 & 4 & 1 & & & \\ & 1 & 4 & 1 & & \\ & & \ddots & \ddots & \ddots & \\ & & & 1 & 4 & 1 \\ & & & & 1 & 4 \end{pmatrix} \begin{pmatrix} c_1 \\ c_2 \\ c_3 \\ \vdots \\ c_{n-2} \\ c_{n-1} \end{pmatrix} = \begin{pmatrix} 6y_1 - y_0 + \frac{h^2}{6}M_0 \\ 6y_2 \\ 6y_3 \\ \vdots \\ 6y_{n-2} \\ 6y_{n-1} - y_n + \frac{h^2}{6}M_n \end{pmatrix} \tag{5.95}$$

其中

$$\begin{cases} c_{-1} = 2c_0 - c_1 + h^2 M_0 \\ c_0 = y_0 - \frac{h^2}{6}M_0 \\ c_n = y_n - \frac{h^2}{6}M_n \\ c_{n+1} = 2c_n - c_{n-1} + h^2 M_n \end{cases} \tag{5.96}$$

(3) 对第三边界条件，$c_{-1}, c_0, c_1, \cdots, c_{n+1}$ 由下列方程组确定

$$\begin{pmatrix} 4 & 1 & & & & \\ 1 & 4 & 1 & & & \\ & 1 & 4 & 1 & & \\ & & \ddots & \ddots & \ddots & \\ & & & 1 & 4 & 1 \\ & & & & 1 & 4 \end{pmatrix} \begin{pmatrix} c_1 \\ c_2 \\ c_3 \\ \vdots \\ c_{n-1} \\ c_n \end{pmatrix} = \begin{pmatrix} 6y_1 \\ 6y_2 \\ 6y_3 \\ \vdots \\ 6y_{n-1} \\ 6y_n \end{pmatrix} \tag{5.97}$$

其中

$$c_{-1} = c_{n-1}, c_0 = c_n, c_{n+1} = c_1 \tag{5.98}$$

证明 根据插值条件式(5.58)，对 $i=0,1,2,\cdots,n$，可以有

$$s_3(x_i) = \sum_{k=-1}^{n+1} c_k \alpha_k(x_i) = \frac{1}{6}c_{i-1} + \frac{2}{3}c_i + \frac{1}{6}c_{i+1} = y_i$$

这是因为

$$\alpha_k(x_i)=\omega_3(i-k)=\begin{cases}\omega_3(1)=1/6, & k=i-1\\ \omega_3(0)=2/3, & k=i\\ \omega_3(-1)=1/6, & k=i+1\\ 0, & \text{其他}\end{cases}$$

于是得到方程组

$$c_{i-1}+4c_i+c_{i+1}=6y_i \quad (i=0,1,2,\cdots,n) \tag{5.99}$$

这个方程组有 $n+3$ 个未知量 $c_{-1},c_0,c_1,\cdots,c_{n+1}$，但只有 $n+1$ 个方程，如果再考虑边界条件，则可以再添加两个方程，从而解出全部未知量。

(1) 对第一边界条件，有

$$\begin{cases}s'_3(x_0)=\sum\limits_{k=-1}^{n+1}c_k\alpha'_k(x_0)=\dfrac{1}{h}\sum\limits_{k=-1}^{n+1}c_k\omega'_3(-k)\\ s'_3(x_n)=\sum\limits_{k=-1}^{n+1}c_k\alpha'_k(x_n)=\dfrac{1}{h}\sum\limits_{k=-1}^{n+1}c_k\omega'_3(n-k)\end{cases} \tag{5.100}$$

注意到

$$\omega'_3(i)=\begin{cases}1/2, & i=-1\\ 0, & i=0\\ -1/2, & i=1\\ 0, & i>2\end{cases}$$

从而得到两个方程

$$\begin{cases}\dfrac{c_1-c_{-1}}{2h}=m_0\\ \dfrac{c_{n+1}-c_{n-1}}{2h}=m_n\end{cases}$$

由此得式(5.94)，并将它代入式(5.99)中第一个方程和最后一个方程中消去 c_{-1},c_{n+1}，即得方程组(5.93)。

(2) 其他两个边界条件下留作练习题。

5.4.5　三次样条插值函数的收敛性

这里不加证明地叙述一下三次样条插值函数的误差估计与收敛定理。

定理 5.13　设被插函数 $f(x)\in C^4[a,b]$，$s_3(x)$是第一或第二边界条件的三次样条插值函数，则分别有如下误差估计式

$$\max_{a\leqslant x\leqslant b}|f(x)-s_3(x)|\leqslant\frac{5}{384}h^4\max_{a\leqslant x\leqslant b}|f^{(4)}(x)|$$

$$\max_{a\leqslant x\leqslant b}|f'(x)-s'_3(x)|\leqslant\frac{1}{24}h^3\max_{a\leqslant x\leqslant b}|f^{(4)}(x)|$$

$$\max_{a\leqslant x\leqslant b}|f''(x)-s''_3(x)|\leqslant\frac{3}{8}h^2\max_{a\leqslant x\leqslant b}|f^{(4)}(x)|$$

其中，$h_i=x_{i+1}-x_i$，$h=\max\limits_{0\leqslant i\leqslant n-1}h_i$。

定理 5.14　三次样条插值函数 $s_3(x)$，当节点个数 $n+1$ 趋于无穷时，一致收敛于被插函

数 $f(x)$，即$\lim\limits_{n\to\infty} s_3(x)=f(x)$。

应用案例——图像重采样

对数字图像进行缩放处理时，通常都要进行像素重新采样。假如图像 A 的分辨率是 $m\times n$(图 5.9)，左上角为原点，从上到下为 x 轴，从左到右为 y 轴，空白方格就是一个像素，它有坐标(x,y)，$x=1\sim m$，$y=1\sim n$。要由 A 经过缩放得到另一个分辨率为 $M\times N$ 的图像B，设同比例缩放因子为 $k=\dfrac{m}{M}=\dfrac{n}{N}$。像素 $B(X,Y)$对应于 $A(kX,kY)=A(\hat{x},\hat{y})=A(x+u,y+v)$，其中 x,y 是整数，u,v 是区间$(-1,1)$内的小数。如果能求出点$(\hat{x},\hat{y})$的像素值(或彩色值)，就可以得到像素 $B(X,Y)$的值，达到图像缩放的目的。

求点$(\hat{x},\hat{y})$的像素值(或彩色值)的方法通常采用二元双线性插值或双三次插值法。双线性插值法基本原理是：已知矩形网格上的 4 组数据(x_i,y_j,z_{ij})，求一个双线性二元多项式 $p_1(x,y)=a_0+a_1x+a_2y+a_3xy$，使它满足插值条件 $p_1(x_i,y_j)=z_{ij}(i,j=0,1)$，从而点$(\hat{x},\hat{y})$的像素值(或彩色值)等于 $p_1(\hat{x},\hat{y})$。

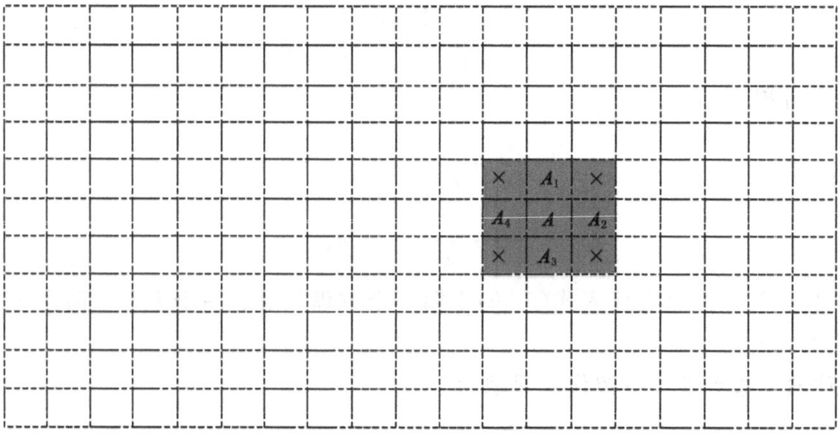

图 5.9　图像 A

如果取图像 A 范围内的点 $\hat{A}(x,y)$周围最邻近的四个像素点(图 5.9)：$A_1(x-1,y)$，$A_2(x,y+1)$，$A_3(x+1,y)$，$A_4(x,y-1)$及其像素值作为插值数据，就可以进行双线性插值，并预测出像素$B(X,Y)$的值，当然也可以采用 $\hat{A}$ 对角线上的四个像素。根据这些思路，需要遍历图像 B 中每一个像素，才能完成图像 A 的缩放，一般采用分片双线性插值法就能一次性求出缩放后图像 B 的所有像素值。可以自己动手编程，也可以调用 Matlab 二元插值函数 interp2 来进行分片双线性插值。该函数的调用方法是

$$\hat{Z}=\text{interp2}(X,Y,Z,\hat{X},\hat{Y},\text{method})$$

其中，矩阵 $\boldsymbol{X},\boldsymbol{Y}$ 构成平面矩形区域的网格剖分，需要用 meshgrid 函数构造；矩阵 $\boldsymbol{Z}$ 给出在网格剖分节点处的函数值；而矩阵 $\hat{\boldsymbol{X}},\hat{\boldsymbol{Y}}$ 给出插值点的网格剖分；参数 method 给出插值方法，它可以是

nearest(最邻近插值)、linear(双线性插值)、spline(三次样条插值)、cubic(双三次插值)等。

在 Matlab 数据文件 clown.mat 中保存有一幅小丑图像[图 5.10(a)],它的分辨率是 200×320;现在将它缩小到原来的 1/4[图 5.10(b)],也就是分辨率变为 50×80;然后再将图 5.10(b)放大 4 倍、20 倍[图 5.10(c)、图 5.10(d)],这些都是通过双线性插值函数interp2完成的。比较这些图像发现,缩小后分辨率变低,图像细节丢失;放大图像后丢失的细节能部分地找回来。

插值法也是图像复原和增强的重要技术。

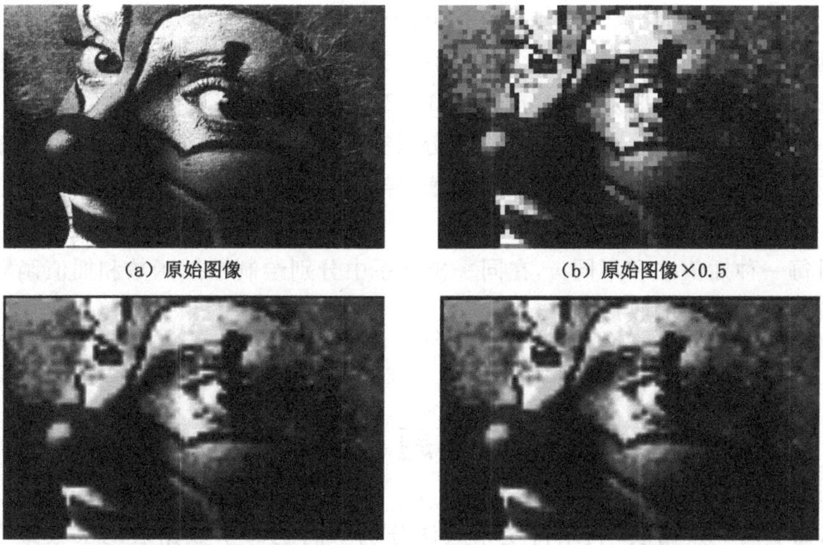

(a) 原始图像　(b) 原始图像×0.5

(c) 图像(b)×4　(d) 图像(b)×20

图 5.10

小　　结

函数插值法是求函数局部近似表达式的一个迄今仍然行之有效的方法。一元多项式函数是最简单的初等函数,无论求函数值、求导数、求积分、判断函数性态等都非常方便,所以函数插值的重点是多项式插值。在生产与实践的发展过程中,基于大量数据和对插值法的研究得到了许多不同的多项式插值,比较有效并且容易计算的是 Newton 插值法,它特别适合增加数据或减少数据。但是高次插值已经被 Runge 证明不具有收敛性,所以当大数据量时通常采用分段插值和数据拟合,比如分段线性插值以及工程 CAD 中常用的三次样条插值等。通过插值法,人们可以对一些数据节点处的函数值进行预测。

可以将一元函数的插值法推广到多元函数插值,当然要采用多元多项式函数。例如,对于二元函数 $z=f(x,y)$产生的数据,可以采用二元多项式 $p(x,y)=a+bx+cy+dxy$ 或 $p(x,y)=ax^2+bxy+cy^2+dx+ey+f$ 等形式进行插值,就可以得到这个二元函数的近似表达式;通常多元函数也不用高次插值,而是采用分片插值的方法来降低插值多项式的次数,避免不收敛现象,比如分片双线性插值法等[19]。

数学软件 Matlab 提供了很多支持一维、二维、三维数据插值的函数或命令，以及分段多项式处理函数。这些支持插值的函数输入一般有两种：插值数据（由插值节点和对应函数值组成）和预测点；输出则是预测点对应的近似函数值。

数值实验

采用类似于例题 5.5 中被插函数 $f(x)=100/(1+25x^2)$：

(1) 求 n 次第一类切比雪夫多项式在区间$[-1,1]$内的所有零点；

(2) 用区间$[-1,1]$内 $n=10,20,50$ 次第一类切比雪夫多项式的零点作为插值节点；

(3) 用区间$[-1,1]$内服从均匀分布 $n=10,20,50$ 个不同节点作为插值节点；

分别进行 Newton 插值、分段线性插值、分段三次 Hermite 插值、三次样条插值，要求：

① 将插值数据（插值节点和对应的函数值、导数值）分别保存到数据文件 XXX.mat 中，以便备用。

② 针对每一种插值法和不同 n，在同一坐标系中分别绘制被插函数和插值函数的图像。

③ 比较各种插值法的收敛性。

可以参考文献[13]。

习 题 五

1. 已知如下两个数据表，利用待定系数法分别求满足每个数据表的次数最小的插值多项式。

x	0	1
$f(x)$	0	1
$f'(x)$	-3	9

x	0	1
$f(x)$	0	-2
$f'(x)$	0	1

2. 已知数据 $f(10)=1$，$f(100)=2$，$f(1\,000)=3$，分别用 Lagrange 插值法和 Newton 插值法求函数 $y=f(x)$的二次插值多项式、分段线性插值多项式。

3. 用函数 $y=\sin(x)$在节点 $x_i=0.4+0.1i\ (i=0,1,2,3,4)$处具有四位有效数字的函数值及导数值作为插值数据，分别用分段线性插值法、分段三次 Hermite 插值法求 $\sin 0.578\,9$ 的近似值；求差商表及其 Newton 插值多项式。

4. 设多项式 $p(x)$以 $-1,0,1,2$ 为单根，最高次数项系数为 1，求它在节点 1,2,3,4,5 处的 Lagrange 插值多项式。

5. 使用例题 5.3 中部分数据求二次 Lagrange 插值多项式和 Newton 插值多项式。

6. 设函数

$$s(x)=\begin{cases}0, & x\leqslant 0\\ \dfrac{4x^3}{3}, & 0<x\leqslant 0.5\\ Ax^3+8x^2-4x+\dfrac{2}{3}, & 0.5<x\leqslant 1\\ 4x^3+Bx^2+20x-\dfrac{22}{3}, & 1<x\leqslant 1.5\\ -\dfrac{4}{3}x^3+8x^2+Cx+\dfrac{32}{3}, & 1.5<x\leqslant 2\\ 0, & x>2\end{cases}$$

求常数 A,B,C，使得该函数为三次样条函数。

7. 已知函数 $y=f(x)$ 有如下数据，试用三转角法及三弯矩法求对应的三次样条插值函数。

x	-1	0	1	3
$f(x)$	-1	1	3	31
$f'(x)$	4			28

8. 已知函数 $y=f(x)$ 的数据表如下

x	0	1	2	3
$f(x)$	0	0	0	0

边界条件为 $f'(0)=1,f'(3)=0$ 或 $f''(0)=1,f''(3)=0$：(1) 试用三转角法求三次样条插值函数；(2) 用三弯矩法求三次样条插值函数；(3) 试用三次 B 样条函数法求三次样条插值函数。

9. 分别求满足如下每个数据表的插值多项式。

x	0	1
$f(x)$	1	0
$f'(x)$	0	0

x	0	1
$f(x)$	0	0
$f'(x)$	1	0

x	x_0	x_1
$f(x)$	1	0
$f'(x)$	0	0

x	x_0	x_1
$f(x)$	0	0
$f'(x)$	1	0

10. 若 $F(x)=\lambda f(x)+\mu g(x)$，其中 λ,μ 是常数，则

$$F[x_0,x_1,x_2,\cdots,x_n]=\lambda f[x_0,x_1,x_2,\cdots,x_n]+\mu g[x_0,x_1,x_2,\cdots,x_n]$$

11. 证明 Lagrange 插值基函数式(5.4)有 $\sum\limits_{k=0}^{n} l_k(x)\equiv 1$。

12. 设自然数 $k\leqslant n$，证明：$\sum\limits_{i=0}^{n} x^k l_i(x)\equiv x^k$，其中 $l_i(x)$ 是 Lagrange 插值基函数式(5.4)。

13. 设 $f(x)=\sum_{i=0}^{n} a_i x^k$，且 $x_0, x_1, x_2, \cdots, x_m$ 是互异节点($m>n$)，求差商

$$f[x_0, x_1, x_2, \cdots, x_k] \quad (k=n, n+1, \cdots, m)$$

14. 证明线性插值余项的估计式(5.12)。

15. 根据定理5.2的提示完成这个定理的证明。

16. 证明定理5.5和定理5.6。

17. 若已知函数 $f(x)$ 具有数据：$f(0)=1, f(1)=2, f(2)=1, f'(1)=0, f'(2)=-1$，求一个次数不高于4次的多项式 $\boldsymbol{H}_4(x)$，使它在节点0,1,2处与函数 $f(x)$ 具有相同的函数值和导数值；并求出插值余项 $f(x)-\boldsymbol{H}_4(x)$ 的表达式(假设 $f(x)$ 五阶导数连续)。

18. 证明定理5.7、定理5.8。

19. 证明式(5.50)。

20. 证明半截单项式函数(5.52)在整个实轴上有直到 $k-1$ 阶连续导数，但在 $x=0$ 处没有 k 阶导数。

21. 证明定理5.12。

第 6 章　数据拟合与函数逼近

第 1 节　最小二乘数据拟合

6.1.1　数据拟合问题

在实际应用中可能会遇到大量的实验或测量数据，它们能反映出量与量之间的某种函数关系，如果应用数据插值法求该函数的近似表达式，会使插值多项式次数较高或分段较多等。数据拟合不要求近似函数严格符合所给的大量数据，而是要求它们之间的偏差在某种度量下最小。通过拟合方法和函数模型可以找到大量实验数据之间的某种函数关系式 $y=\varphi(x)$。

数据拟合问题：对已知实验或观测数据

$$(x_0,y_0),(x_1,y_1),(x_2,y_2),\cdots,(x_m,y_m) \tag{6.1}$$

求一个简单函数 $y=\varphi(x)$（称为拟合函数），使得偏差

$$r_i=\varphi(x_i)-y_i \quad (i=0,1,2,\cdots,m) \tag{6.2}$$

在某种度量下最小。

拟合函数 $y=\varphi(x)$ 选择必须形式简单，可以为一元多项式、三角函数、指数函数、对数函数等初等函数，既便于计算机处理，又能反映实验数据的变化趋势。比如

$$\varphi(x)=a_0+a_1x+a_2x^2+\cdots+a_nx^n \tag{6.3}$$

$$\varphi(x)=a_0e^{\lambda_0 x}+a_1e^{\lambda_1 x}+a_2e^{\lambda_2 x}+\cdots+a_ne^{\lambda_n x} \tag{6.4}$$

$$\varphi(x)=a_0+a_1\cos x+b_1\sin x+a_2\cos(2x)+b_2\sin(2x) \tag{6.5}$$

若能确定出其中的参数 $a_0,a_1,a_2,\cdots,a_n,b_1,b_2,\cdots,b_n,\lambda_0,\lambda_1,\lambda_2,\cdots,\lambda_n$，就可以确定这些简单函数的表达式，利用这个表达式就可以求出无法通过测量或实验得到的数据。

为了强调表达式对其中未知参数的依赖性，可以将拟合函数 $\varphi(x)$ 写成参数形式

$$y=\varphi(x,a_0,a_1,\cdots,a_n) \tag{6.6}$$

如果拟合函数(6.6)关于参数是线性的，即存在线性无关函数系 $\varphi_0(x),\varphi_1(x),\varphi_2(x),\cdots,\varphi_n(x)$ 使

$$\varphi(x)=a_0\varphi_0(x)+a_1\varphi_1(x)+a_2\varphi_2(x)+\cdots+a_n\varphi_n(x) \tag{6.7}$$

则称为线性拟合问题，如式(6.3)、式(6.5)。如果拟合函数式(6.6)关于参数是非线性的，则称为非线性拟合问题如式(6.4)。

偏差的度量通常选择向量的 2 范数或∞范数，对应的拟合问题就被称为最小二乘拟合问题、最佳一致拟合问题，其中最常用的为最小二乘数据拟合问题。

最小二乘数据拟合问题：对已知数据(6.1)，求一个简单函数(6.6)，使得偏差数据(6.2)的

平方误差

$$\| r \|_2^2 = \sum_{i=0}^{m} r_i^2 = \sum_{i=0}^{m} [\varphi(x_i) - y_i]^2 \tag{6.8}$$

达到最小，这样求得的拟合函数(6.6)称为数据(6.1)的最小二乘拟合函数，此时 $\| r \|_2^2$ 称为最小平方偏差。

如果最小平方偏差为 0，则一定有 $\varphi(x_i)=y_i(i=0,1,2,\cdots,m)$，此时拟合函数 $\varphi(x)$ 就变成了插值函数。

6.1.2 多项式数据拟合

多项式数据拟合问题：选择拟合函数为次数不大于 n 的多项式函数(6.3)，使得平方偏差(6.8)达到最小，即

$$g(a_0,a_1,\cdots,a_n) = \sum_{i=0}^{m} [\varphi(x_i) - y_i]^2 = \sum_{i=0}^{m} \left(\sum_{j=0}^{n} a_j x_i^j - y_i \right)^2 = \min \tag{6.9}$$

多元函数 $g(a_0,a_1,a_2,\cdots,a_n)$ 是参数 $a_0,a_1,a_2,\cdots,a_n$ 的 $n+1$ 元二次齐次多项式函数，也称为二次型，它关于每个参数是可导的，它的最小值点 $a^*=(a_0^*,a_1^*,a_2^*,\cdots,a_n^*)$ 必是驻点。因此，可以通过求多元函数驻点的方法来求解。

$$\frac{\partial g}{\partial a_k} = 2\sum_{i=0}^{m} \left(\sum_{j=0}^{n} a_j x_i^j - y_i \right) x_i^k = 0 \quad (k=0,1,2,\cdots,n)$$

对上式稍做整理可得

$$\sum_{j=0}^{n} \left(\sum_{i=0}^{m} x_i^{j+k} \right) a_j = \sum_{i=0}^{m} y_i x_i^k \quad (k=0,1,2,\cdots,n) \tag{6.10}$$

这是一个关于参数 $a_0,a_1,a_2,\cdots,a_n$ 为未知量的线性方程组，也可以写成

$$\begin{bmatrix} m+1 & \sum_{i=0}^{m} x_i & \cdots & \sum_{i=0}^{m} x_i^n \\ \sum_{i=0}^{m} x_i & \sum_{i=0}^{m} x_i^2 & \cdots & \sum_{i=0}^{m} x_i^{n+1} \\ \vdots & \vdots & & \vdots \\ \sum_{i=0}^{m} x_i^n & \sum_{i=0}^{m} x_i^{n+1} & \cdots & \sum_{i=0}^{m} x_i^{2n} \end{bmatrix} \begin{bmatrix} a_0 \\ a_1 \\ \vdots \\ a_n \end{bmatrix} = \begin{bmatrix} \sum_{i=0}^{m} y_i \\ \sum_{i=0}^{m} x_i y_i \\ \vdots \\ \sum_{i=0}^{m} x_i^n y_i \end{bmatrix} \tag{6.11}$$

称式(6.10)或式(6.11)为多项式最小二乘拟合问题(6.9)的法方程组。如果构造矩阵

$$\boldsymbol{G} = \begin{bmatrix} 1 & x_0 & x_0^2 & \cdots & x_0^n \\ 1 & x_1 & x_1^2 & \cdots & x_1^n \\ 1 & x_2 & x_2^2 & \cdots & x_2^n \\ \vdots & \vdots & \vdots & & \vdots \\ 1 & x_m & x_m^2 & \cdots & x_m^n \end{bmatrix}_{(m+1)\times(n+1)}, \boldsymbol{a} = \begin{bmatrix} a_0 \\ a_1 \\ \vdots \\ \vdots \\ a_n \end{bmatrix}, \boldsymbol{y} = \begin{bmatrix} y_0 \\ y_1 \\ \vdots \\ \vdots \\ y_m \end{bmatrix} \tag{6.12}$$

则法方程式(6.10)或式(6.11)可以写成矩阵形式

$$\boldsymbol{G}^{\mathrm{T}} \boldsymbol{G} \boldsymbol{a} = \boldsymbol{G}^{\mathrm{T}} \boldsymbol{y} \tag{6.13}$$

定理 6.1 拟合数据(6.1)的多项式拟合问题(6.9)的法方程(6.13)总有解；如果取一个解记为 $\boldsymbol{a}^*=(a_0^*,a_1^*,a_2^*,\cdots,a_n^*)^{\mathrm{T}}$，则多项式

$$\varphi^*(x)=a_0^*+a_1^*x+a_2^*x^2+\cdots+a_n^*x^n \tag{6.14}$$

是最小二乘拟合多项式。

证明　先证明法方程(6.13)总有解。事实上，由矩阵秩的性质有

$$R(\boldsymbol{G})=R(\boldsymbol{G}^{\mathrm{T}}\boldsymbol{G})=R(\boldsymbol{G}\boldsymbol{G}^{\mathrm{T}})=R(\boldsymbol{G}^{\mathrm{T}}) \tag{6.15}$$

于是

$$R(\boldsymbol{G}^{\mathrm{T}}\boldsymbol{G})\leqslant R(\boldsymbol{G}^{\mathrm{T}}\boldsymbol{G},\boldsymbol{G}^{\mathrm{T}}\boldsymbol{y})=R[\boldsymbol{G}^{\mathrm{T}}(\boldsymbol{G},\boldsymbol{y})]\leqslant R(\boldsymbol{G}^{\mathrm{T}})=R(\boldsymbol{G}^{\mathrm{T}}\boldsymbol{G})$$

从而法方程(6.13)的增广矩阵与系数矩阵的秩相等，因此方程组(6.13)总有解。

再证明式(6.14)是最小二乘拟合多项式。事实上，根据式(6.12)可以将最小二乘问题(6.9)表示成

$$g(\boldsymbol{a})=\sum_{i=0}^{n}[\varphi(x_i)-y_i]^2=\|\boldsymbol{Ga}-\boldsymbol{y}\|_2^2=\min \tag{6.16}$$

对任何一个次数不大于 n 次的多项式(6.3)，它的系数构成任何一个 $n+1$ 维向量 $\boldsymbol{a}=(a_0,a_1,\cdots,a_n)^{\mathrm{T}}$，并且总存在一个 $n+1$ 维向量 $\boldsymbol{b}$，使得 $\boldsymbol{a}=\boldsymbol{a}^*+\boldsymbol{b}$，于是

$$\begin{aligned}
g(\boldsymbol{a}) &= \|\boldsymbol{G}(\boldsymbol{a}^*+\boldsymbol{b})-\boldsymbol{y}\|_2^2 \\
&=[(\boldsymbol{Ga}^*-\boldsymbol{y})+\boldsymbol{Gb}]^{\mathrm{T}}[(\boldsymbol{Ga}^*-\boldsymbol{y})+\boldsymbol{Gb}] \\
&=(\boldsymbol{Ga}^*-\boldsymbol{y})^{\mathrm{T}}(\boldsymbol{Ga}^*-\boldsymbol{y})+(\boldsymbol{Gb})^{\mathrm{T}}(\boldsymbol{Ga}^*-\boldsymbol{y})+(\boldsymbol{Ga}^*-\boldsymbol{y})^{\mathrm{T}}(\boldsymbol{Gb})+(\boldsymbol{Gb})^{\mathrm{T}}(\boldsymbol{Gb}) \\
&=\|\boldsymbol{Ga}^*-\boldsymbol{y}\|_2^2+2(\boldsymbol{Gb})^{\mathrm{T}}(\boldsymbol{Ga}^*-\boldsymbol{y})+\|\boldsymbol{Gb}\|_2^2 \\
&=\|\boldsymbol{Ga}^*-\boldsymbol{y}\|_2^2+2\boldsymbol{b}^{\mathrm{T}}\boldsymbol{G}^{\mathrm{T}}(\boldsymbol{Ga}^*-\boldsymbol{y})+\|\boldsymbol{Gb}\|_2^2 \\
&=\|\boldsymbol{Ga}^*-\boldsymbol{y}\|_2^2+\|\boldsymbol{Gb}\|_2^2 \\
&\geqslant g(\boldsymbol{a}^*)
\end{aligned}$$

因此，解向量 $\boldsymbol{a}^*$ 所对应的多项式(6.14)能使式(6.9)或式(6.16)达到最小。

推论 6.1　如果拟合数据(6.1)中 $x_0,x_1,x_2,\cdots,x_m$ 互不相同并且 $m>n$，则最小二乘拟合多项式唯一存在。

例 6.1　测得温度 t 与铜导线电阻 R 的关系数据表 6.1，试确定 R 与 t 的近似表达式。

表 6.1

t/℃	19.1	25.0	30.1	36.0	40.0	45.1	50.0
R/Ω	76.30	77.80	79.25	80.80	82.35	83.90	85.1

解　观察这些数据的散点图 6.1(圆圈)知，这些数据近似符合线性函数即一次多项式函数，故设拟合多项式为 $p(x)=a_0+a_1x$。此时按照式(6.12)有

$$\boldsymbol{G}=\begin{pmatrix}1 & 19.1\\ 1 & 25.0\\ 1 & 30.1\\ 1 & 36.0\\ 1 & 40.0\\ 1 & 45.1\\ 1 & 50.0\end{pmatrix},\boldsymbol{G}^{\mathrm{T}}\boldsymbol{G}=\begin{pmatrix}7 & 245.3\\ 245.3 & 9\,325.83\end{pmatrix}$$

从而法方程组为

$$\begin{pmatrix} 7 & 245.3 \\ 245.3 & 9\,325.83 \end{pmatrix}\begin{pmatrix} a \\ b \end{pmatrix}=\begin{pmatrix} 565.5 \\ 20\,029.445 \end{pmatrix}$$

解为 $a=70.572, b=0.291$，拟合多项式为 $R=70.572+0.291t$，它的图像如图 6.1 中虚线所示。

最小平方误差为：$g(a)=\sum_{i=0}^{n}\left[R(t_i)-r_i\right]^2=0.158\,3$。

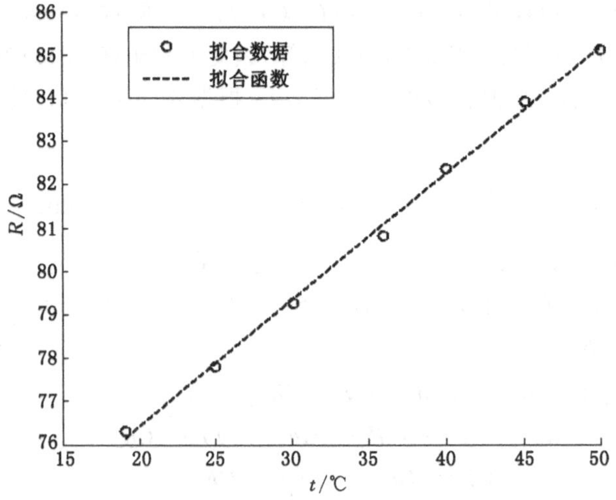

图 6.1

什么温度下具有超导现象？令 $R=0$ 即可解得 $t=-242.5$。

6.1.3 线性最小二乘拟合

如果不选择多项式函数(6.3)，就不是多项式模型数据拟合问题。而一般线性最小二乘拟合问题的拟合函数模型(6.7)要使得拟合数据(6.1)的平方偏差

$$g(a_0,a_1,\cdots,a_n)=\sum_{i=0}^{m}\left[\varphi(x_i)-y_i\right]^2=\sum_{i=0}^{m}\left(\sum_{j=0}^{n}a_j\varphi_j(x_i)-y_i\right)^2=\min \tag{6.17}$$

式(6.17)仍是一个关于 $a_0,a_1,\cdots,a_n$ 的 $n+1$ 元二次型，对它们求偏导数后可以得到法方程组(6.13)，其中

$$\boldsymbol{G}=\begin{pmatrix} \varphi_0(x_0) & \varphi_1(x_0) & \varphi_2(x_0) & \cdots & \varphi_n(x_0) \\ \varphi_0(x_1) & \varphi_1(x_1) & \varphi_2(x_1) & \cdots & \varphi_n(x_1) \\ \varphi_0(x_2) & \varphi_1(x_2) & \varphi_2(x_2) & \cdots & \varphi_n(x_2) \\ \vdots & \vdots & \vdots & & \vdots \\ \varphi_0(x_m) & \varphi_1(x_m) & \varphi_2(x_m) & \cdots & \varphi_n(x_m) \end{pmatrix}_{(m+1)\times(n+1)} \tag{6.18}$$

此时法方程组(6.13)仍然是有解的，但解不一定唯一。但是如果函数系 $\varphi_0(x),\varphi_1(x),\varphi_2(x),\cdots,\varphi_n(x)$ 关于节点 $x_0,x_1,x_2,\cdots,x_m$ 生成的向量组

$$\boldsymbol{\varphi}_0=\begin{pmatrix} \varphi_0(x_0) \\ \varphi_0(x_1) \\ \vdots \\ \varphi_0(x_m) \end{pmatrix},\boldsymbol{\varphi}_1=\begin{pmatrix} \varphi_1(x_0) \\ \varphi_1(x_1) \\ \vdots \\ \varphi_1(x_m) \end{pmatrix},\boldsymbol{\varphi}_2=\begin{pmatrix} \varphi_2(x_0) \\ \varphi_2(x_1) \\ \vdots \\ \varphi_2(x_m) \end{pmatrix},\cdots,\boldsymbol{\varphi}_n=\begin{pmatrix} \varphi_n(x_0) \\ \varphi_n(x_1) \\ \vdots \\ \varphi_n(x_m) \end{pmatrix}$$

线性无关，则矩阵 $\boldsymbol{G}$ 为列满秩的，从而法方程组解唯一确定，有唯一的最小二乘拟合函数(6.7)。

例 6.2　已知表 6.2 所示数据，试求 $\varphi(x)=a_0+a_1\mathrm{e}^x+a_2\mathrm{e}^{-x}$ 型拟合函数及最小平方误差。

表 6.2

x	0	0.1	0.2	0.3	0.4	0.5	0.6
y	2.000 0	2.202 54	2.407 15	2.615 92	2.830 96	3.054 48	3.288 76

解　由拟合函数类型可知，$\varphi_0(x)=1$，$\varphi_1(x)=\mathrm{e}^x$，$\varphi_2(x)=\mathrm{e}^{-x}$，从而

$$\boldsymbol{G}=\begin{pmatrix}1.000\,0 & 1.0000 & 1.000\,0\\ 1.000\,0 & 1.105\,2 & 0.904\,8\\ 1.000\,0 & 1.221\,4 & 0.818\,7\\ 1.000\,0 & 1.349\,9 & 0.740\,8\\ 1.000\,0 & 1.491\,8 & 0.670\,3\\ 1.000\,0 & 1.648\,7 & 0.606\,5\\ 1.000\,0 & 1.822\,1 & 0.548\,8\end{pmatrix},\quad \boldsymbol{G}^{\mathrm{T}}\boldsymbol{G}=\begin{pmatrix}7.000\,0 & 9.639\,1 & 5.290\,0\\ 9.639\,1 & 13.799\,3 & 7.000\,0\\ 5.290\,0 & 7.000\,0 & 4.156\,3\end{pmatrix},\quad \boldsymbol{G}^{\mathrm{T}}\boldsymbol{y}=\begin{pmatrix}18.399\,8\\ 26.157\,2\\ 13.456\,9\end{pmatrix}$$

求解法方程组 $\boldsymbol{G}^{\mathrm{T}}\boldsymbol{G}\boldsymbol{a}=\boldsymbol{G}^{\mathrm{T}}\boldsymbol{y}$，得解向量 $\boldsymbol{a}=(1.988\,1\quad 1.016\,3\quad -1.004\,4)^{\mathrm{T}}$，由此拟合函数为

$$y=\varphi(x)=1.988\,1+1.016\,3\mathrm{e}^x-1.004\,4\mathrm{e}^{-x}$$

最小平方误差为：$r=9.835\,0\mathrm{e}-005$。由图 6.2 可以看出，拟合函数对数据的拟合相当好。

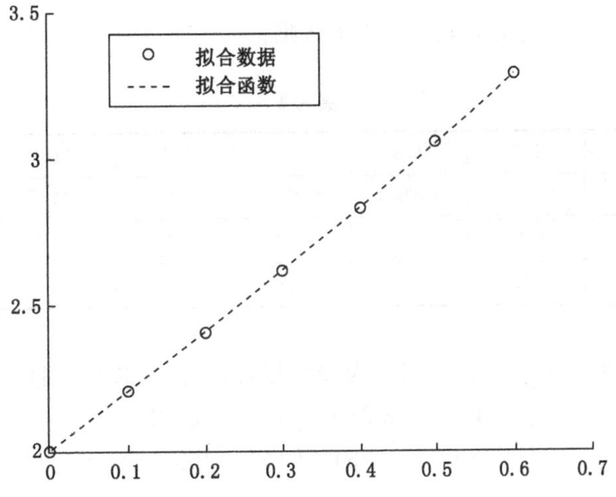

图 6.2

6.1.4　可线性化最小二乘拟合

非线性最小二乘拟合问题使用拟合函数(6.6)，要使得拟合数据(6.1)的平方偏差

$$g(a_0,a_1,\cdots,a_n)=\sum_{i=0}^{m}[\varphi(x_i,a_0,a_1,\cdots,a_n)-y_i]^2=\min \tag{6.19}$$

达到最小。

式(6.19)其实是一个非线性最优化问题，它的求解方法比线性拟合问题复杂。关于非线性最优化问题可以参考本书第 10 章。这里只限于讨论能通过某种变换将非线性最小二乘拟合问题转换为线性最小二乘拟合问题的方法。

例 6.3 在某化学反应里，测得生成物浓度 y 与时间 t 的数据如表 6.3 所示，试建立 y 关于 t 的经验公式。

表 6.3

t_i/s	1	2	3	4	5	6	7	8
y_i/%	4.00	6.40	8.00	8.80	9.22	9.50	9.70	9.86
t_i/s	9	10	11	12	13	14	15	16
y_i/%	10.0	10.20	10.32	10.42	10.50	10.55	10.58	10.60

解 根据图 6.3 中散点图，选择指数函数

$$y=a\mathrm{e}^{b/t}\quad(a>0,b<0) \tag{6.20}$$

作为拟合函数模型，因为当 t 增大时，y 随 t 增长得比较缓慢，故将 t 放置于指数部分的分母上。作变换

$$v=\ln y,u=1/t \tag{6.21}$$

则式(6.20)变成了 u,v 之间的线性函数

$$v=\ln a+bu=c+bu,c=\ln a \tag{6.22}$$

将拟合数据也作变换，则得如表 6.4 所示数据。

表 6.4

u_i	1	1/2	1/3	1/4	1/5	1/6	1/7	1/8
v_i	1.386 3	1.856 3	2.079 4	2.174 8	2.221 4	2.251 3	2.272 1	2.288 5
u_i	1/9	1/10	1/11	1/12	1/13	1/14	1/15	1/16
v_i	2.302 6	2.322 4	2.334 1	2.343 7	2.351 4	2.356 1	2.359 0	2.360 9

这样就将非线性拟合问题(6.20)归结为线性拟合问题(6.22)，并且可得法方程组

$$\begin{pmatrix}16.000\ 0 & 3.380\ 7\\ 3.380\ 7 & 1.584\ 3\end{pmatrix}\begin{pmatrix}c\\ b\end{pmatrix}=\begin{pmatrix}35.260\ 2\\ 6.531\ 0\end{pmatrix}$$

求解后得 $c=2.427\ 0,b=-1.056\ 7$，故

$$a=\mathrm{e}^c=\mathrm{e}^{2.427\ 0}=11.325\ 2\ ,b=-1.056\ 7$$

所以拟合函数为

$$y=\varphi(t)=11.325\ 2\mathrm{e}^{-1.056\ 7/t}$$

它与拟合数据的匹配如图 6.3 所示，其最小残差为 $r=\sum_{i=1}^{16}[\varphi(t_i)-y_i]^2=0.002\ 4$。

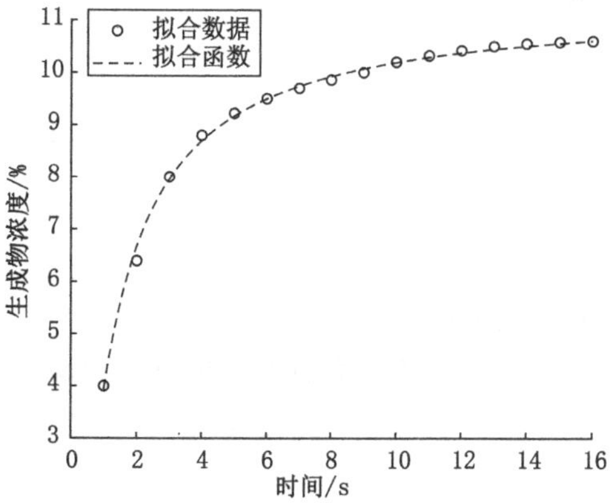

图 6.3

6.1.5　离散正交函数法

线性最小二乘拟合问题(6.17)的法方程组(6.13)的条件数通常会比较大，法方程往往是病态的。为了避免直接求解法方程组，比较典型的方法有两种：(1) 选择适当的正交函数系的线性组合作为拟合函数模型，使得法方程组系数矩阵 $\boldsymbol{G}^{\mathrm{T}}\boldsymbol{G}$ 正好是对角阵；(2) 将最小二乘问题(6.17)化成矩阵形式

$$g(\boldsymbol{a})=\sum_{i=0}^{n}\left[\varphi(x_i)-y_i\right]^2=\|\boldsymbol{G}\boldsymbol{a}-\boldsymbol{y}\|_2^2=\min \tag{6.23}$$

其中，矩阵 $\boldsymbol{G}$ 由式(6.18)表示，然后使用 QR 方法直接求解式(6.23)。本节只介绍离散正交函数法。

定义 6.1　设 $\varphi_0(x),\varphi_1(x),\varphi_2(x),\cdots,\varphi_n(x)$ 是区间 $[a,b]$ 上的函数系，互异点集 $\{x_0,x_1,x_2,\cdots,x_m\}$ 全都被包含在此区间中。如果向量组

$$\boldsymbol{\varphi}_0=\begin{pmatrix}\varphi_0(x_0)\\ \varphi_0(x_1)\\ \vdots\\ \varphi_0(x_m)\end{pmatrix},\boldsymbol{\varphi}_1=\begin{pmatrix}\varphi_1(x_0)\\ \varphi_1(x_1)\\ \vdots\\ \varphi_1(x_m)\end{pmatrix},\boldsymbol{\varphi}_2=\begin{pmatrix}\varphi_2(x_0)\\ \varphi_2(x_1)\\ \vdots\\ \varphi_2(x_m)\end{pmatrix},\cdots,\boldsymbol{\varphi}_n=\begin{pmatrix}\varphi_n(x_0)\\ \varphi_n(x_1)\\ \vdots\\ \varphi_n(x_m)\end{pmatrix}$$

中任何两个向量是正交的，即它们的内积满足

$$(\boldsymbol{\varphi}_i,\boldsymbol{\varphi}_j)=\sum_{k=0}^{m}\varphi_i(x_k)\varphi_j(x_k)=\begin{cases}\gamma_i>0, & i=j\\ 0, & i\neq j\end{cases} \tag{6.24}$$

则称函数系 $\varphi_0(x),\varphi_1(x),\varphi_2(x),\cdots,\varphi_n(x)$ 为关于点集 $\{x_0,x_1,x_2,\cdots,x_m\}$ 的离散正交函数系。

如果选择拟合数据(6.1)中点集 $\{x_0,x_1,x_2,\cdots,x_m\}$ 上的离散正交函数系 $\varphi_0(x),\varphi_1(x),\varphi_2(x),\cdots,\varphi_n(x)$ 的线性组合(6.7)作为拟合函数模型，则法方程组(6.13)系数矩阵变成

$$\boldsymbol{G}^{\mathrm{T}}\boldsymbol{G}=\begin{pmatrix}\boldsymbol{\varphi}_0^{\mathrm{T}}\\ \boldsymbol{\varphi}_1^{\mathrm{T}}\\ \vdots\\ \boldsymbol{\varphi}_n^{\mathrm{T}}\end{pmatrix}(\boldsymbol{\varphi}_0\quad \boldsymbol{\varphi}_1\quad \cdots\quad \boldsymbol{\varphi}_n)=\begin{pmatrix}\boldsymbol{\varphi}_0^{\mathrm{T}}\boldsymbol{\varphi}_0 & \boldsymbol{\varphi}_0^{\mathrm{T}}\boldsymbol{\varphi}_1 & \cdots & \boldsymbol{\varphi}_0^{\mathrm{T}}\boldsymbol{\varphi}_n\\ \boldsymbol{\varphi}_1^{\mathrm{T}}\boldsymbol{\varphi}_0 & \boldsymbol{\varphi}_1^{\mathrm{T}}\boldsymbol{\varphi}_1 & \cdots & \boldsymbol{\varphi}_1^{\mathrm{T}}\boldsymbol{\varphi}_n\\ \vdots & \vdots & & \vdots\\ \boldsymbol{\varphi}_n^{\mathrm{T}}\boldsymbol{\varphi}_0 & \boldsymbol{\varphi}_n^{\mathrm{T}}\boldsymbol{\varphi}_1 & \cdots & \boldsymbol{\varphi}_n^{\mathrm{T}}\boldsymbol{\varphi}_n\end{pmatrix}=\begin{pmatrix}\gamma_0 & & & \\ & \gamma_1 & & \\ & & \ddots & \\ & & & \gamma_n\end{pmatrix}$$

于是法方程组的解直接由公式

$$a_i^* = \frac{\sum_{k=0}^{m} \varphi_i(x_k) y_k}{\gamma_i} = \frac{(\varphi_i, y)}{\gamma_i} \quad (i=0,1,2,\cdots,n) \tag{6.25}$$

给出。因此最小二乘拟合函数为

$$\varphi(x) = a_0^* \varphi_0(x) + a_1^* \varphi_1(x) + a_2^* \varphi_2(x) + \cdots + a_n^* \varphi_n(x) \tag{6.26}$$

这就避免了求解法方程组时的不稳定性。

怎样求离散正交函数系？有一种三项递推的方法可以求得离散正交多项式函数系，其递推公式为

$$\begin{cases} \varphi_0(x) = 1, \\ \varphi_1(x) = x - \alpha_1, \\ \varphi_{k+1}(x) = (x - \alpha_{k+1})\varphi_k(x) - \beta_k \varphi_{k-1}(x), \end{cases} \quad (k=1,2,\cdots,n-1) \tag{6.27}$$

其中，系数由下式计算

$$\begin{cases} \gamma_k = (\varphi_k, \varphi_k) = \sum_{i=0}^{m} \varphi_k^2(x_i) \quad (k=0,1,2,\cdots,n) \\ \alpha_{k+1} = \dfrac{(x\varphi_k, \varphi_k)}{\gamma_k} = \dfrac{\sum_{i=0}^{m} x_i \varphi_i^2(x_i)}{\gamma_k} \quad (k=0,1,2,\cdots,n-1) \\ \beta_k = \dfrac{\gamma_k}{\gamma_{k-1}} \quad (k=1,2,\cdots,n-1) \end{cases} \tag{6.28}$$

定理 6.2 由式(6.27)、式(6.28)产生的离散正交多项式函数系具有如下性质：

(1) 每个多项式 $\varphi_k(x)$是 k 次多项式。

(2) 每个多项式 $\varphi_k(x)$的最高次数项系数为 1。

(3) 任意 k 次多项式 $p(x)$都可由多项式 $\varphi_0(x),\varphi_1(x),\varphi_2(x),\cdots,\varphi_k(x)$线性表示。

(4) 对任何 $k=1,2,\cdots,n$，多项式系 $\varphi_0(x),\varphi_1(x),\cdots,\varphi_k(x)$离散正交。

证明留作练习。

除了离散正交多项式函数系，比较常用的还有离散正交三角函数系，这部分内容将在第 3 节讨论。

第 2 节　最佳平方逼近

从离散数据的最小二乘拟合问题容易过渡到连续函数的最佳逼近问题：已知区间$[a,b]$上的连续函数 $f(x)$，欲求一个简单函数 $\varphi(x)$，使得在某种度量下 $\varphi(x)$近似 $f(x)$的误差最小。

同最小二乘拟合问题一样，这里需要解决两个问题：(1) 简单函数 $\varphi(x)$的选择；(2) 连续函数空间中度量问题。简单函数可以选择为多项式、三角函数、有理函数等简单函数；关于度量可以引进连续函数空间中的范数，对不同范数将导出不同的逼近问题，求解的方法也大相径庭。

6.2.1　函数逼近的类型

定义 6.2　设(无穷)区间$[a,b]$上的非负连续函数 $\rho(x)$满足

(1) 对任何自然数 n,积分$\int_a^b x^n\rho(x)\mathrm{d}x$ 存在或收敛。

(2) 对任何非负连续函数 $g(x)$,如果$\int_a^b g(x)\rho(x)\mathrm{d}x=0$,则必有 $g(x)\equiv 0$,则称$\rho(x)$为区间$[a,b]$ 上的权函数。

比如,区间$[-1,1]$上的权函数 $\rho(x)=1,\sqrt{1-x^2},\frac{1}{\sqrt{1-x^2}},1+x^2,\frac{1}{1+x^2}$等,也可以有无穷区间$[0,+\infty)$上的权函数,比如 e^{-x}、e^{-x^2}等。

定义 6.3　连续函数空间 $C[a,b]$中的加权内积为

$$(f,g)=\int_a^b f(x)g(x)\rho(x)\mathrm{d}x \tag{6.29}$$

容易验证,定义 6.3 满足内积空间的基本公理。利用内积可以定义连续函数空间中 2 范数。

定义 6.4　连续函数空间 $C[a,b]$中可以定义如下两种函数范数

$$\| f \|_2=\left(\int_a^b f^2(x)\rho(x)\mathrm{d}x\right)^{1/2}=\sqrt{(f,f)} \tag{6.30}$$

$$\| f \|_\infty=\max_{a\leqslant x\leqslant b}|f(x)| \tag{6.31}$$

称式(6.30)为 2 范数,式(6.31)为无穷范数,它们都可以作为最佳逼近的度量,这时可以将函数的最佳逼近问题分类为最佳平方逼近与最佳一致逼近。

最佳平方逼近问题:已知连续函数 $f(x)\in C[a,b]$,在函数类 $\Phi\subset C[a,b]$中求简单函数 $\varphi^*(x)\in\Phi$,使得

$$\| f-\varphi^* \|_2^2=\min_{\varphi\in\Phi}\| f-\varphi \|_2^2=\min_{\varphi\in\Phi}\left(\int_a^b [f(x)-\varphi(x)]^2\rho(x)\mathrm{d}x\right) \tag{6.32}$$

最佳一致逼近问题:已知连续函数 $f(x)\in C[a,b]$,在函数类 $\Phi\subset C[a,b]$中求简单函数 $\varphi^*(x)\in\Phi$,使得

$$\| f-\varphi^* \|_\infty=\min_{\varphi\in\Phi}\| f-\varphi \|_\infty=\min_{\varphi\in\Phi}\max_{a\leqslant x\leqslant b}|f(x)-\varphi(x)| \tag{6.33}$$

最佳一致逼近问题(6.33)是一个 minmax 问题,也称为切比雪夫逼近问题,它比函数的最佳平方逼近问题(6.32)更复杂,本节只讨论函数最佳平方逼近问题,通过它能求得复杂函数 $f(x)$的简单近似表达式,方便求函数值、导数、积分、绘图等。

6.2.2　正交函数系

连续函数空间 $f(x)\in C[a,b]$有了内积定义,就可以定义多个函数的正交性。

定义 6.5　设 $f(x),g(x)\in C[a,b]$如果它们的内积为 0,即

$$(f,g)=\int_a^b f(x)g(x)\rho(x)\mathrm{d}x=0 \tag{6.34}$$

则称函数 $f(x),g(x)$关于权 $\rho(x)$互相正交。如果函数系 $\varphi_0(x),\varphi_1(x),\varphi_2(x),\cdots,\varphi_n(x)$中没有常数零并且任意两个函数正交,则称这个函数系为正交函数系。

正交函数系很多，有正交三角函数系，也有正交多项式函数系等，后面重点讨论这两种正交函数系下的平方逼近问题。

引理 6.1 函数系$\{1,\sin x,\cos x,\sin 2x,\cos 2x,\cdots\}$是区间$[-\pi,\pi]$上关于权函数$\rho(x)=1$的正交函数系。

引理 6.2 由多项式空间$P_n[x]$的基$1,x,x^2,\cdots,x^n$按照 Gram-Schmite 正交化方法得到的多项式系

$$\varphi_0(x)=1,\varphi_k(x)=x^k-\sum_{i=0}^{k-1}\frac{(x^k,\varphi_i)}{(\varphi_i,\varphi_i)}\varphi_i(x)\quad(k=1,2,\cdots,n)\tag{6.35}$$

是区间$[a,b]$上的正交多项式函数系。

6.2.3 正交多项式

正交多项式系有很好的性质，不仅在函数逼近与数值积分中有重要作用，而且在工程技术中也有重要作用。这里介绍五类常见的正交多项式，见表 6.5 所示。

表 6.5 几类正交多项式

多项式名称	多项式表达式	三项递推关系	权函数
勒让德 Legendre	$P_n(x)=\frac{1}{2^n n!}\frac{d^n}{dx^n}(x^2-1)^n$	$P_{n+1}(x)=\frac{2n+1}{n+1}xP_n(x)-\frac{n}{n+1}P_{n-1}(x)$	$\rho(x)=1$ $x\in[-1,1]$
第一类 Chebyshev	$T_n(x)=\cos(n\arccos x)$	$T_{n+1}(x)=2xT_n(x)-T_{n-1}(x)$	$\rho(x)=\frac{1}{\sqrt{1-x^2}}$ $x\in(-1,1)$
第二类 Chebyshev	$U_n(x)=\frac{\sin[(n+1)\arccos x]}{\sqrt{1-x^2}}$	$U_{n+1}(x)=2xU_n(x)-U_{n-1}(x)$	$\rho(x)=\sqrt{1-x^2}$ $x\in[-1,1]$
Laguerre	$L_n(x)=e^x\frac{d^n}{dx^n}(x^n e^{-x})$	$L_{n+1}(x)=(1+2n-x)L_n(x)-n^2L_{n-1}(x)$	$\rho(x)=e^{-x}$ $x\in[0,+\infty)$
Hermite	$H_n(x)=(-1)^n e^{x^2}\frac{d^n}{dx^n}(e^{-x^2})$	$H_{n+1}(x)=2xH_n(x)-2nH_{n-1}(x)$	$\rho(x)=e^{-x^2}$ $x\in(-\infty,+\infty)$

勒让德(Legendre)多项式定义在对称区间$[-1,1]$上，权函数恒为 1。任何两个不同次数勒让德多项式都正交；奇数次多项式为奇函数，偶数次多项式为偶函数；每个多项式零点都在区间$[-1,1]$内，关于原点对称分布。由递推关系可得几个次数较小的勒让德多项式：

$$\begin{aligned}
&P_0(x)=1, && P_3(x)=(5x^3-3x)/2,\\
&P_1(x)=x, && P_4(x)=(35x^4-30x^2+3)/8,\\
&P_2(x)=(3x^2-1)/2, && P_5(x)=(63x^5-70x^3+15x)/8
\end{aligned}$$

它们的图像如图 6.4 所示。

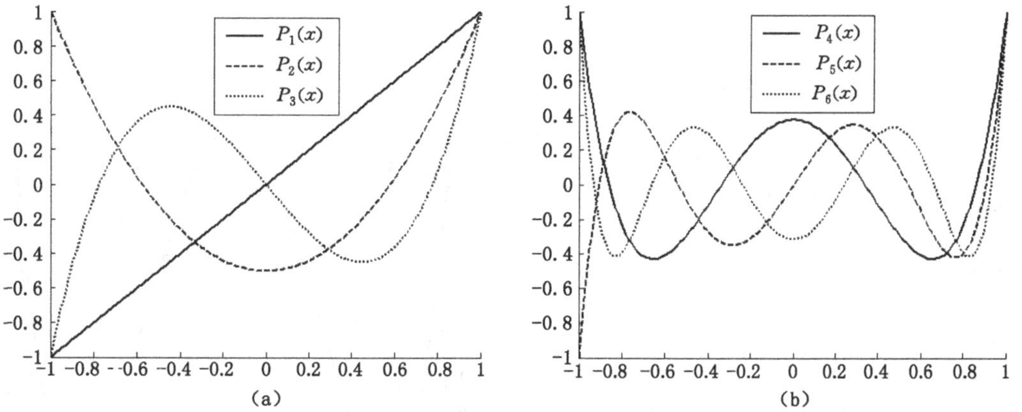

图 6.4　Legendre 多项式图像

通过求导可以确定出 n 次勒让德多项式的最高次数项系数为 $a_n=\dfrac{(2n)!}{2^n(n!)^2}$，因此最高次数项系数为 1 的勒让德多项式为

$$\widetilde{P}_n(x)=\frac{n!}{(2n)!}\frac{d^n}{dx^n}[(x^2-1)^n]\quad(x\in[-1,1])\tag{6.36}$$

定理 6.3　对任意一个最高次数项系数为 1 的 n 次多项式 $p(x)$ 总有

$$\|\widetilde{P}_n(x)\|_2\leqslant\|p(x)\|_2$$

证明　因为勒让德多项式 $\widetilde{P}_0(x),\widetilde{P}_1(x),\widetilde{P}_2(x),\cdots,\widetilde{P}_n(x)$ 是多项式空间 $P_n[x]$ 一个基，所以 n 次多项式 $p(x)\in P_n[x]$，可以表示成

$$p(x)=c_0\widetilde{P}_0(x)+c_1\widetilde{P}_1(x)+c_2\widetilde{P}_2(x)+\cdots+c_{n-1}\widetilde{P}_{n-1}(x)+c_n\widetilde{P}_n(x)$$

由于 $p(x),\widetilde{P}_n(x)$ 最高次数项系数为 1，故必有 $c_n=1$。于是

$$\begin{aligned}\|p(x)-0\|_2^2=(p,p)&=(\widetilde{P}_n,\widetilde{P}_n)+c_{n-1}^2(\widetilde{P}_{n-1},\widetilde{P}_{n-1})+\cdots+c_0^2(\widetilde{P}_0,\widetilde{P}_0)\\&\geqslant(\widetilde{P}_n,\widetilde{P}_n)=\|\widetilde{P}_n-0\|_2^2\end{aligned}$$

定理 6.3 说明，由式(6.36)定义的勒让德多项式 $\widetilde{P}_n(x)$ 与 0 的平方误差最小。

可以作变换

$$x=\frac{b-a}{2}t+\frac{b+a}{2}\tag{6.37}$$

将区间 $[a,b]$ 化成 $[-1,1]$ 后，再求其他有限区间 $[a,b]$ 上的勒让德多项式。

第一类切比雪夫(Chebyshev)多项式定义在对称区间 $[-1,1]$ 上；权函数与勒让德(Legendre)多项式不同；任何两个不同次数多项式都正交；奇数次数多项式为奇函数，偶数次数多项式为偶函数；每个 n 次多项式零点有公式 $x_k=\cos\left(\dfrac{2k+1}{2n}\pi\right)(k=0,1,\cdots,n-1)$，都在区间 $[-1,1]$ 内，关于原点对称分布，并且互不相同。由递推关系可得几个次数较小的切比雪夫多项式

$$T_0(x)=1,\qquad T_3(x)=4x^3-3x,$$
$$T_1(x)=x,\qquad T_4(x)=8x^4-8x^2+1,$$
$$T_2(x)=2x^2-1,\ T_5(x)=16x^5-20x^3+5x$$

它们的图像如图 6.5 所示。

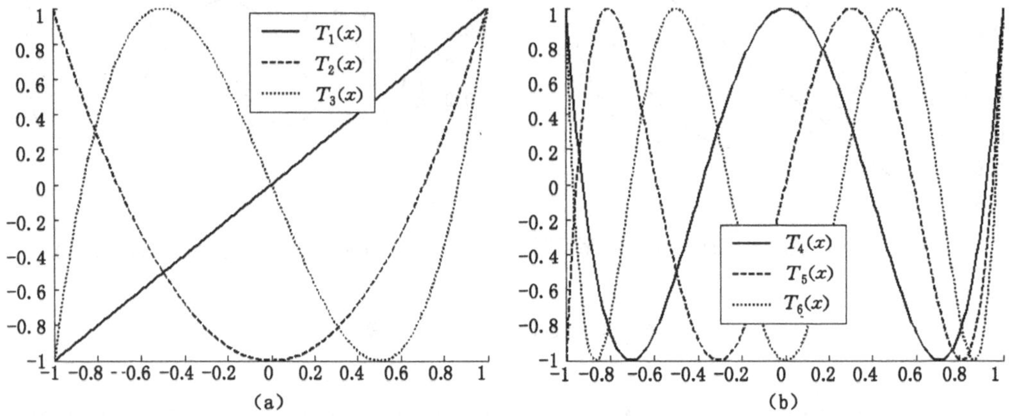

图 6.5 Chebyshev 多项式图像

定理 6.4 对任意一个最高次数项系数为 1 的 n 次多项式 $p(x)$，总有

$$\left\|\frac{1}{2^{n-1}}T_n(x)\right\|_\infty \leqslant \|p(x)\|_\infty$$

证明可以参考文献[19]。

6.2.4 一般函数的最佳平方逼近

设 $\varphi_0(x),\varphi_1(x),\varphi_2(x),\cdots,\varphi_n(x)$是线性无关的函数组，由它们任意线性组合构成的函数类记为 $\Phi=\text{span}\{\varphi_0(x),\varphi_1(x),\varphi_2(x),\cdots,\varphi_n(x)\}$，采用线性逼近模型

$$\varphi(x)=a_0\varphi_0(x)+a_1\varphi_1(x)+a_2\varphi_2(x)+\cdots+a_n\varphi_n(x) \tag{6.38}$$

在 Φ 中求最佳平方逼近问题(6.32)的解。现在记平方误差为

$$g(a_0,a_1,\cdots,a_n)=\int_a^b\left[f(x)-\sum_{i=0}^n a_i\varphi_i(x)\right]^2\rho(x)\mathrm{d}x \tag{6.39}$$

这是一个关于参数 $a_0,a_1,\cdots,a_n$ 的二次多元多项式函数。它的最小值点 $a_0^*,a_1^*,\cdots,a_n^*$ 一定是驻点，利用多元函数求极值的必要条件得

$$\frac{\partial g}{\partial a_j}=-2\int_a^b\left[f(x)-\sum_{i=0}^n a_i\varphi_i(x)\right]\varphi_j(x)\rho(x)\mathrm{d}x=0$$

稍做整理得

$$\sum_{i=0}^n a_i\int_a^b\varphi_i(x)\varphi_j(x)\rho(x)\mathrm{d}x=\int_a^b f(x)\varphi_j(x)\rho(x)\mathrm{d}x$$

$$\sum_{i=0}^n a_i(\varphi_i,\varphi_j)=(f,\varphi_j)\quad(j=0,1,2,\cdots,n) \tag{6.40}$$

这是一个关于参数 $a_0,a_1,\cdots,a_n$ 的线性方程组，称为最佳平方逼近的法方程组。它也可以写成矩阵形式

$$\begin{pmatrix} (\varphi_0,\varphi_0) & (\varphi_1,\varphi_0) & (\varphi_2,\varphi_0) & \cdots & (\varphi_n,\varphi_0) \\ (\varphi_0,\varphi_1) & (\varphi_1,\varphi_1) & (\varphi_2,\varphi_1) & \cdots & (\varphi_n,\varphi_1) \\ (\varphi_0,\varphi_2) & (\varphi_1,\varphi_2) & (\varphi_2,\varphi_2) & \cdots & (\varphi_n,\varphi_2) \\ \vdots & \vdots & \vdots & & \vdots \\ (\varphi_0,\varphi_n) & (\varphi_1,\varphi_n) & (\varphi_2,\varphi_n) & \cdots & (\varphi_n,\varphi_n) \end{pmatrix} \begin{pmatrix} a_0 \\ a_1 \\ a_2 \\ \vdots \\ a_n \end{pmatrix} = \begin{pmatrix} (f,\varphi_0) \\ (f,\varphi_1) \\ (f,\varphi_2) \\ \vdots \\ (f,\varphi_n) \end{pmatrix} \tag{6.41}$$

其中,系数矩阵称为函数系 $\varphi_0(x),\varphi_1(x),\varphi_2(x),\cdots,\varphi_n(x)$关于加权内积(6.29)的 Gram 矩阵。如果选择的函数系 $\varphi_0(x),\varphi_1(x),\varphi_2(x),\cdots,\varphi_n(x)$是线性无关的,则这个矩阵必可逆,从而方程组(6.40)或(6.41)必有唯一解,这个唯一解必是式(6.39)的最小值点。

定理 6.5　如果函数系 $\varphi_0(x),\varphi_1(x),\varphi_2(x),\cdots,\varphi_n(x)$线性无关,则方程组(6.40)或(6.41)必有唯一解,记作 $a_0^*,a_1^*,\cdots,a_n^*$,此时

$$\varphi^*(x)=a_0^*\varphi_0(x)+a_1^*\varphi_1(x)+a_2^*\varphi_2(x)+\cdots+a_n^*\varphi_n(x) \tag{6.42}$$

正好是最佳平方逼近问题(6.32)在 Φ 中的解,并且最小平方误差为

$$\|\delta\|_2^2=(f-\varphi^*,f-\varphi^*)=\|f\|_2^2-\sum_{i=0}^{n}a_i^*(f,\varphi_i) \tag{6.43}$$

证明　Gram 矩阵的可逆性,可由线性代数知识证明。这里只证明式(6.42)是最佳平方逼近解。事实上,对任意的 $\varphi(x)\in\Phi$,必有 $\varphi(x)=c_0\varphi_0(x)+c_1\varphi_1(x)+c_2\varphi_2(x)+\cdots+c_n\varphi_n(x)$,从而

$$\begin{aligned}(f-\varphi^*,\varphi^*-\varphi)&=\Big(f-\sum_{i=0}^{n}a_i^*\varphi_i(x),\sum_{j=0}^{n}(a_j^*-c_j)\varphi_j(x)\Big)\\&=\sum_{j=0}^{n}(a_j^*-c_j)\Big[(f,\varphi_j)-\sum_{i=0}^{n}a_i^*(\varphi_i,\varphi_j)\Big]=0\end{aligned}$$

因此

$$\begin{aligned}\|f-\varphi\|_2^2&=\|(f-\varphi^*)+(\varphi^*-\varphi)\|_2^2\\&=(f-\varphi^*,f-\varphi^*)-2(f-\varphi^*,\varphi^*-\varphi)+(\varphi^*-\varphi,\varphi^*-\varphi)\\&=\|f-\varphi^*\|_2^2+\|\varphi^*-\varphi\|_2^2\geqslant\|f-\varphi^*\|_2^2\end{aligned}$$

同样,可证其最小平方误差 $\|f-\varphi^*\|_2^2$ 为式(6.43)。

当线性逼近模型中的函数系是正交函数系时,Gram 矩阵变成对角阵,所以有如下推论。

推论 6.2　如果所选择的函数系 $\varphi_0(x),\varphi_1(x),\varphi_2(x),\cdots,\varphi_n(x)$关于权 $\rho(x)(x\in[a,b])$正交,则函数 $f(x)$最佳平方逼近为

$$\varphi^*(x)=\sum_{i=0}^{n}\frac{(f,\varphi_i)}{(\varphi_i,\varphi_i)}\varphi_i(x) \tag{6.44}$$

这说明选择正交函数系作为逼近模型时,可以避免求解法方程组,计算过程数值稳定性更好。可以将式(6.44)推广为无穷级数。

定义 6.6　对于有无穷多个函数的正交函数系$\{\varphi_j(x)\}_{j=0}^{\infty}$,函数项级数

$$\sum_{i=0}^{\infty}\frac{(f,\varphi_i)}{(\varphi_i,\varphi_i)}\varphi_i(x) \tag{6.45}$$

称为函数 $f(x)$的广义 Fourier 级数,而其中的系数

$$a_i=\frac{(f,\varphi_i)}{(\varphi_i,\varphi_i)} \tag{6.46}$$

称为广义 Fourier 系数。

函数 $f(x)$的广义 Fourier 级数(6.45)未必会收敛于 $f(x)$。后面还将讨论三角函数系中的最佳平方逼近问题,式(6.45)正好是 Fourier 级数。

6.2.5 用多项式作最佳平方逼近

如果选择 $\Phi=P_n[x]$,则函数 $f(x)$的线性最佳平方逼近就是一个次数不超过 n 次的多项式函数。多项式函数系 $\varphi_0(x),\varphi_1(x),\varphi_2(x),\cdots,\varphi_n(x)$既可以选择为线性无关的,也可以选择为正交的。

例 6.4 求函数 $f(x)\in C[0,1]$的 n 次最佳平方逼近多项式。

解 选择多项式函数逼近模型

$$\varphi(x)=a_0+a_1x+a_2x^2+\cdots a_nx^n \tag{6.47}$$

权函数为常数 1,则 $\varphi_0(x)=1,\varphi_1(x)=x,\varphi_2(x)=x^2,\cdots,\varphi_n(x)=x^n$,并且

$$(\varphi_i,\varphi_j)=\int_0^1 x^{i+j}\,\mathrm{d}x=\frac{1}{i+j+1}\quad (i,j=0,1,2,\cdots,n)$$

于是法方程为

$$\begin{pmatrix} 1 & 1/2 & 1/3 & \cdots & 1/(n+1) \\ 1/2 & 1/3 & 1/4 & \cdots & 1/(n+2) \\ 1/3 & 1/4 & 1/5 & \cdots & 1/(n+3) \\ \vdots & \vdots & \vdots & & \vdots \\ 1/(n+1) & 1/(n+2) & 1/(n+3) & \cdots & 1/(2n+1) \end{pmatrix}\begin{pmatrix} a_0 \\ a_1 \\ a_2 \\ \vdots \\ a_n \end{pmatrix}=\begin{pmatrix} (f,\varphi_0) \\ (f,\varphi_1) \\ (f,\varphi_2) \\ \vdots \\ (f,\varphi_n) \end{pmatrix}$$

其系数矩阵可以表示成

$$\boldsymbol{H}=(h_{ij}),h_{ij}=\frac{1}{i+j+1}\quad (i,j=0,1,2,\cdots,n) \tag{6.48}$$

称为 Hilbert 矩阵。这个矩阵是对称正定的,但是条件数随着 n 指数增长,因此这样一种非常病态的方程组,使用直接法不可能求到好的近似解。

这个例子说明,直接选择升幂多项式(6.47)作为函数逼近模型不是一个好的方法。一种较好的处理是选择区间上的正交多项式系作为函数逼近模型,这时根据式(6.44)可以直接写出最佳平方逼近多项式。

推论 6.3 选择不大于 n 次的 Legendre 多项式 $P_0(x),P_1(x),P_2(x),\cdots,P_n(x)$系构造函数逼近模型

$$\varphi(x)=a_0P_0(x)+a_1P_1(x)+a_2P_2(x)+\cdots+a_nP_n(x) \tag{6.49}$$

则函数 $f(x)$在$[-1,1]$上最佳平方逼近为

$$\varphi^*(x)=\sum_{i=0}^{n}a_i^*P_i(x) \tag{6.50}$$

其中系数为

$$a_i^*=\frac{(f,P_i)}{(P_i,P_i)}=\frac{2k+1}{2}(f,P_i)\quad (i=0,1,2,\cdots,n) \tag{6.51}$$

定理 6.6 设函数 $f(x)\in C[-1,1]$的最佳逼近多项式为(6.50),则对任意 $x\in[-1,1]$有

$$\lim_{n\to\infty}\|f-\varphi^*\|_2=0$$

根据定理 6.6 可知，函数 $f(x)\in C[-1,1]$具有勒让德广义 Fourier 展开式

$$f(x)=\sum_{i=0}^{\infty}\frac{2i+1}{2}(f,P_i)P_i(x) \tag{6.52}$$

该展开式的一个部分和就是函数 $f(x)$的一个最佳平方逼近多项式。

例 6.5　按照模型(6.49)求函数 $f(x)=e^{-x}$在区间$[-1,1]$上的一次、二次、三次最佳平方逼近多项式。

解　由公式(6.51)可得

$$a_0^*=\frac{1}{2}(f,P_0)=\frac{1}{2}\int_{-1}^{1}f(x)\mathrm{d}x=1.175\ 2$$

$$a_1^*=\frac{3}{2}(f,P_1)=\frac{3}{2}\int_{-1}^{1}f(x)P_1(x)\mathrm{d}x=-1.103\ 6$$

$$a_2^*=\frac{5}{2}(f,P_2)=\frac{5}{2}\int_{-1}^{1}f(x)P_2(x)\mathrm{d}x=0.357\ 8$$

$$a_3^*=\frac{7}{2}(f,P_3)=\frac{7}{2}\int_{-1}^{1}f(x)P_3(x)\mathrm{d}x=-0.070\ 5$$

从而可得 1～3 次最佳平方逼近多项式

$$P_1^*(x)=a_0^*P_0(x)+a_1^*P_1(x)=1.175\ 2+1.103\ 6x$$

$$P_2^*(x)=P_1^*(x)+a_2^*P_2(x)=0.993\ 6-1.103\ 6x+0.536\ 7x^2$$

$$P_3^*(x)=P_2^*(x)+a_3^*P_3(x)=0.993\ 6-0.998x+0.536\ 7x^2-0.176\ 1x^3$$

它们分别是勒让德型 Fourier 展开式(6.52)的前 2、3、4 项的部分和，其中$P_2^*(x)$、$P_3^*(x)$(虚线)与被逼近函数 $f(x)=e^{-x}$(实线)的复合图像如图 6.6 所示。

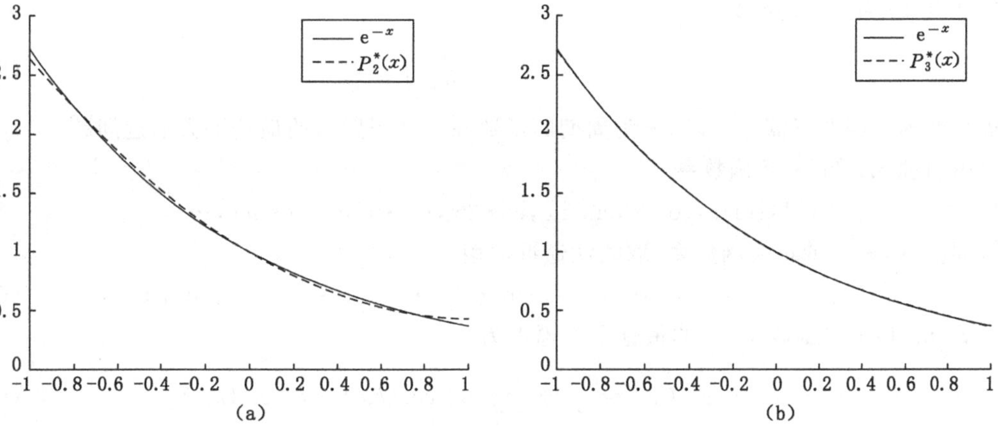

图 6.6

推论 6.4　选择不大于 n 次的第一类 Chebyshev 多项式 $T_0(x),T_1(x),T_2(x),\cdots,T_n(x)$系构造函数逼近模型

$$P(x)=a_0T_0(x)+a_1T_1(x)+a_2T_2(x)+\cdots+a_nT_n(x) \tag{6.53}$$

则函数 $f(x)\in C[-1,1]$在权 $\rho(x)=1/\sqrt{1-x^2}$下最佳平方逼近为

$$P_n^*(x)=\frac{a_0^*}{2}+\sum_{i=1}^{n}a_i^*T_i(x) \tag{6.54}$$

其中系数为

$$\begin{cases}a_i^*=\dfrac{(f,T_i)}{(T_i,T_i)}=\dfrac{2}{\pi}(f,T_i)\\[2mm] \quad=\dfrac{2}{\pi}\displaystyle\int_{-1}^{1}\frac{1}{\sqrt{1-x^2}}T_i(x)f(x)\mathrm{d}x=\frac{2}{\pi}\int_0^{\pi}f(\cos\theta)\cos(i\theta)\mathrm{d}\theta\end{cases} \tag{6.55}$$

同理，称

$$f(x)=\frac{a_0^*}{2}+\sum_{i=1}^{\infty}a_i^*T_i(x) \tag{6.56}$$

为函数 $f(x)\in C[-1,1]$的切比雪夫广义 Fourier 展开式。

第 3 节　周期函数最佳平方逼近

当被逼近函数 $f(x)$是一个周期函数时，最佳平方逼近用三角函数模型比用多项式模型更能反映原来函数的特征。

6.3.1　周期函数最佳平方逼近

如果 $f(x)$具有最小正周期 T，则通过变换

$$t=\frac{2\pi}{T}x \tag{6.57}$$

变换到以 2π 为周期的函数

$$F(t)=f\left(\frac{T}{2\pi}t\right) \tag{6.58}$$

来进行处理。因此只需考虑以 2π 为周期的函数在一个周期内的最佳平方逼近问题。

由引理 6.1 知，三角函数系

$$1,\sin x,\cos x,\sin 2x,\cos 2x,\cdots,\sin nx,\cos nx,\cdots$$

是区间$[-\pi,\pi]$上的正交函数系，取线性逼近模型

$$\varphi(x)=a_0+a_1\cos x+b_1\sin x+\cdots+a_n\cos nx+b_n\sin nx \tag{6.59}$$

则由式(6.44)可得函数 $f(x)$的最佳平方逼近为

$$f(x)\sim\varphi^*(x)=\frac{a_0^*}{2}+\sum_{i=1}^{n}[a_k^*\cos(kx)+b_k^*\sin(kx)] \tag{6.60}$$

其中，系数为

$$\begin{cases}a_k^*=\dfrac{1}{\pi}\displaystyle\int_0^{2\pi}f(x)\cos(kx)\mathrm{d}x\quad(k=0,1,2,\cdots,n)\\[2mm] b_k^*=\dfrac{1}{\pi}\displaystyle\int_0^{2\pi}f(x)\sin(kx)\mathrm{d}x\quad(k=1,2,\cdots,n)\end{cases} \tag{6.61}$$

称为 Fourier 系数。而用 Fourier 系数构造的级数

$$f(x)\sim\frac{a_0^*}{2}+\sum_{k=1}^{\infty}[a_k^*\cos(kx)+b_k^*\sin(kx)] \tag{6.62}$$

称为 Fourier 级数，它正是在数学分析或高等数学中学习过的 Fourier 级数，而最佳平方逼近式(6.60)恰好是 Fourier 级数的某个部分和。当函数 $f(x)$连续时，Fourier 级数(6.62)必收敛于函数 $f(x)$。取 Fourier 级数(6.62)的前 $2n+1$ 项部分和(6.60)作为最佳平方逼近并正弦化，则有

$$f(x)\approx\varphi^*(x)=\frac{a_0^*}{2}+\sum_{k=1}^{n}A_k\sin(kx+\theta_k)$$

由此可见，以 2π 为周期的信号 $f(x)$可以被近似分解成一个直流分量和 n 个相位互不相同的正弦波信号的叠加，因此这种函数逼近有利于周期信号的产生和还原，方便调制解调器或滤波器的设计。

取复指数函数系

$$1,\mathrm{e}^{\pm\mathrm{i}x},\mathrm{e}^{\pm 2\mathrm{i}x},\cdots,\mathrm{e}^{\pm\mathrm{i}nx},\cdots \tag{6.63}$$

其中，i 为虚数单位。容易验证式(6.63)是区间$[-\pi,\pi]$上的复正交函数系，即按复值函数内积定义

$$(f,g)=\int_0^{2\pi}f(x)\,\overline{g(x)}\,\mathrm{d}x$$

它们满足

$$(\mathrm{e}^{\mathrm{i}jx},\mathrm{e}^{\mathrm{i}kx})=\int_0^{2\pi}\mathrm{e}^{\mathrm{i}(j-k)x}\,\mathrm{d}x=\begin{cases}0, & j\neq k\\ 2\pi, & j=k\end{cases}\quad(j,k=\cdots,-2,-1,0,1,2,\cdots)$$

现在取

$$\varphi(x)=\sum_{k=-n}^{n}c_k\mathrm{e}^{\mathrm{i}kx}$$

作为函数逼近模型，则由式(6.44)可得复函数 $f(x)$的最佳平方逼近

$$\varphi^*(x)=\sum_{k=-n}^{n}c_k^*\,\mathrm{e}^{\mathrm{i}kx} \tag{6.64}$$

其中

$$c_k^*=\frac{1}{2\pi}(f,\mathrm{e}^{\mathrm{i}kx})=\frac{1}{2\pi}\int_0^{2\pi}f(x)\mathrm{e}^{-\mathrm{i}kx}\,\mathrm{d}x \tag{6.65}$$

称为复 Fourier 系数，得到的级数

$$f(x)\sim\sum_{k=-\infty}^{\infty}c_k^*\,\mathrm{e}^{\mathrm{i}kx} \tag{6.66}$$

称为以 2π 为周期的复函数 $f(x)$的复指数型 Fourier 级数。

如果 $f(x)\in C[-\infty,+\infty]$恰好是以 2π 为周期的实值函数，则复指数型最佳平方逼近式(6.64)可化成实数型最佳平方逼近式(6.60)，复指数型 Fourier 级数(6.66)可化成实数型 Fourier 级数(6.62)。留作练习。

例 6.6　如下方波形函数在一个周期内的表达式为

$$y=f(x)=\begin{cases}\sqrt{2}, & 0\leqslant x<0.25\\ -\sqrt{2}, & 0.25\leqslant x<0.5\end{cases}$$

求它的一个三角最佳平方逼近。

解　这个周期函数的图像如图 6.7(a)所示，周期 $T=0.5$，要将周期变换为 2π 才能用公式(6.66)。现在作变换 $t=4\pi x$，则得周期为 2π 的函数

$$F(t)=f\left(\frac{1}{4\pi}t\right)=\begin{cases}\sqrt{2}, & 0\leqslant t<\pi \\ -\sqrt{2}, & \pi\leqslant t<2\pi\end{cases}$$

从而 Fourier 系数为

$$c_k^*=\frac{1}{2\pi}\int_0^{2\pi}F(t)\mathrm{e}^{-\mathrm{i}kt}\,\mathrm{d}t=\begin{cases}0, & k=0,\pm2,\pm4,\pm6,\cdots \\ -\dfrac{2\sqrt{2}}{k\pi}\mathrm{i}, & k=\pm1,\pm3,\pm5,\cdots\end{cases}$$

得复数指数型 Fourier 级数为

$$F(t)\sim\sum_{k=-\infty}^{\infty}c_{2k+1}^*\mathrm{e}^{\mathrm{i}(2k+1)t}=\sum_{k=-\infty}^{\infty}\left(-\frac{2\sqrt{2}}{(2k+1)\pi}\right)\mathrm{i}\mathrm{e}^{\mathrm{i}(2k+1)t}$$

并且容易求得

$$a_k^*=0,b_k^*=\begin{cases}0, & k=2,4,6,\cdots \\ \dfrac{4\sqrt{2}}{k\pi}, & k=1,3,5,\cdots\end{cases}$$

从而得到实数型 Fourier 级数为

$$F(t)\sim\frac{4\sqrt{2}}{\pi}\sum_{k=0}^{\infty}\frac{1}{2k+1}\sin[(2k+1)t]$$

再经过还原变换 $t=4\pi x$ 可得

$$f(x)=F(4\pi x)\sim\frac{4\sqrt{2}}{\pi}\sum_{k=0}^{\infty}\frac{1}{2k+1}\sin[(2k+1)4\pi x]\quad(x\in[0,0.5])$$

取它的前 4 项部分和

$$f(x)\approx\varphi^*(x)=\frac{4\sqrt{2}}{\pi}[\sin(4\pi x)+\sin(12\pi x)/3+\sin(20\pi x)/5+\sin(28\pi)/7]$$

作为原信号 $f(x)$的最佳平方逼近，如图 6.7(b)所示，这样就可以方便地用正弦波信号模拟方波信号。

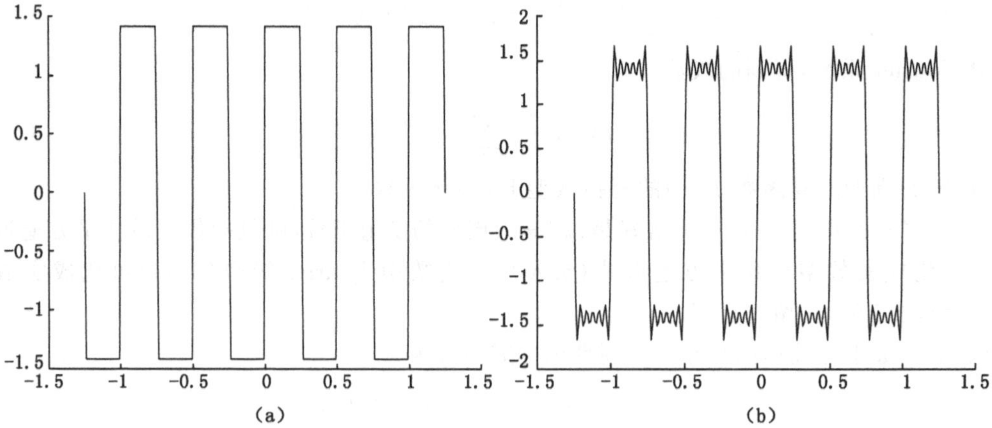

图 6.7

6.3.2　周期数据的拟合与插值

设 $f(x)$ 是以 2π 为周期的周期函数，将一个周期 $[0,2\pi]$ 分割为 M 等份，等距节点及其信号的幅度值分别为

$$x_i=\frac{2\pi}{M}i,f_i=f(x_i)\quad(i=0,1,2,\cdots,M-1)\tag{6.67}$$

引理 6.3　如果 $M=2N+1$ 为奇数，则

$$1,\sin x,\cos x,\sin 2x,\cos 2x,\cdots,\sin Nx,\cos Nx$$

是关于节点(6.67)的离散正交函数系。

证明留作练习。

选择三角函数线性拟合模型(也称 Fourier 模型)

$$\varphi(x)=\frac{a_0}{2}+a_1\cos x+b_1\sin x+\cdots+a_n\cos nx+b_n\sin nx\tag{6.68}$$

其中，$n<N$。根据拟合数据(6.67)，由式(6.25)得拟合系数为

$$\begin{cases}a_k=\dfrac{2}{2N+1}\displaystyle\sum_{i=0}^{2N}f_i\cos\frac{2\pi k}{2N+1}i, & (k=0,1,2,\cdots,n)\\ b_k=\dfrac{2}{2N+1}\displaystyle\sum_{i=0}^{2N}f_i\sin\frac{2\pi k}{2N+1}i, & (k=1,2,\cdots,n)\end{cases}\tag{6.69}$$

代入式(6.68)就得到周期函数 $f(x)$ 的最小二乘拟合函数 $\varphi(x)$，并且最小平方误差为

$$\delta_n^2=\sum_{i=0}^{2N}[f_i-\varphi(x_i)]^2=\sum_{i=0}^{2N}f_i^2-\frac{2N+1}{2}\left[\frac{a_0^2}{2}+\sum_{k=1}^{n}(a_k^2+b_k^2)\right]\tag{6.70}$$

如果选择三角拟合模型(6.68)作为插值函数模型，并要求满足插值条件

$$f_i=\varphi(x_i)\quad(i=0,1,2,\cdots,2N)$$

由离散正交性可以证明系数仍然由式(6.69)确定，这时最小平方偏差(6.70)恰好等于 0，三角最小二乘拟合函数 $\varphi(x)$ 就变成插值函数。

若选择复指数线性拟合模型

$$\varphi(x)=\sum_{k=0}^{m-1}c_k e^{ikx}\tag{6.71}$$

其中，$m<M$。根据拟合数据(6.67)，由式(6.25)得拟合系数为

$$c_k^*=\frac{1}{M}\sum_{j=0}^{M-1}f_j e^{-ikx_j}=\frac{1}{M}\sum_{j=0}^{M-1}f_j e^{-i\frac{2k\pi}{M}j}\quad(k=0,1,2,\cdots,m)\tag{6.72}$$

如果 $m=M$，则也可以证明式(6.71)就是关于数据(6.67)的 Fourier 指数型插值函数，此时

$$f_j=\sum_{k=0}^{M-1}c_k e^{ikx_j}=\sum_{k=0}^{M-1}c_k e^{i\frac{2\pi j}{M}k}\quad(j=0,1,2,\cdots,M-1)\tag{6.73}$$

一般地，由式(6.72)、式(6.73)可以定义离散 Fourier 变换。

定义 6.7　从一个 M 长的时域离散信号序列 $\{f_j\}_{j=0}^{M-1}$，利用

$$F_k=\frac{1}{M}\sum_{j=0}^{M-1}f_j e^{-i\frac{2k\pi}{M}j}\quad(k=0,1,2,\cdots,M-1)\tag{6.74}$$

产生 M 长频域信号序列 $\{F_k\}_{k=0}^{M-1}$ 的过程，称为一维离散 Fourier 变换，记作 DFT；从一个 M 长

的频域离散信号序列$\{F_k\}_{k=0}^{M-1}$，利用

$$f_j=\sum_{k=0}^{M-1}F_k e^{i\frac{2k\pi}{M}k}\quad (j=0,1,2,\cdots,M-1) \tag{6.75}$$

产生 M 长时域信号序列$\{f_j\}_{j=0}^{M-1}$的过程，称为一维逆离散 Fourier 变换，记作 IDFT。

引入 M 次单位原根，记为

$$w_M=e^{-i\frac{2\pi}{M}} \tag{6.76}$$

则可将式(6.74)、式(6.75)写成

$$F_k=\frac{1}{M}\sum_{j=0}^{M-1}f_j w_M^{kj}\quad (k=0,1,2,\cdots,M-1) \tag{6.77}$$

$$f_j=\sum_{k=0}^{M-1}c_k w_M^{-kj}\quad (j=0,1,2,\cdots,M-1) \tag{6.78}$$

这样写的好处是：F_k，f_j 都可以看成为单位原根 w_M 的多项式，有利于快速算法的设计，它们是离散形式 Fourier 变换的常用形式。

在数字信号处理等领域中离散 Fourier 变换有重要的用途。通常信号序列的长度都比较大，在具体计算 DFT 或 IDFT 时需要一定的技巧，20 世纪 60 年代提出的快速 Fourier 变换算法有效地解决了这类计算问题。在信号处理有关教科书或论著中均有详细论述，这里将重点放在如何用 Matlab 实现离散 Fourier 变换和逆变换。

6.3.3 DFT 的 Matlab 实现

在 Matlab 中的一维 DFT 与式(6.77)、式(6.78)稍有不同，公式为

$$\begin{cases}F_k=\sum\limits_{j=1}^{M}f_j w_M^{(j-1)(k-1)} & (k=1,2,\cdots,M)\\ f_j=\dfrac{1}{M}\sum\limits_{k=1}^{M}F_k w_M^{-(j-1)(k-1)} & (j=1,2,\cdots,M)\end{cases} \tag{6.79}$$

可以将式(6.79)写成矩阵形式，为此只需构造

$$\boldsymbol{f}=\begin{pmatrix}f_1\\f_2\\f_3\\\vdots\\f_M\end{pmatrix},\boldsymbol{F}=\begin{pmatrix}F_1\\F_2\\F_3\\\vdots\\F_M\end{pmatrix},\boldsymbol{A}=\begin{pmatrix}1&1&1&\cdots&1\\1&w_M&w_M^2&\cdots&w_M^{M-1}\\1&w_M^2&w_M^4&\cdots&w_M^{2(M-1)}\\\vdots&\vdots&\vdots&&\vdots\\1&w_M^{M-1}&w_M^{2(M-1)}&\cdots&w_M^{(M-1)\times(M-1)}\end{pmatrix} \tag{6.80}$$

注意到方阵 $\boldsymbol{A}$ 是对称的以及行列是正交的，因此在记号(6.80)下(6.79)可以用矩阵形式表示为

$$\begin{cases}\boldsymbol{F}=\boldsymbol{A}\boldsymbol{f}\\ \boldsymbol{f}=\boldsymbol{A}^{-1}\boldsymbol{F}=\dfrac{1}{M}\bar{\boldsymbol{A}}\boldsymbol{F}\end{cases} \tag{6.81}$$

其中，$\bar{\boldsymbol{A}}$ 表示矩阵 $\boldsymbol{A}$ 的共轭矩阵。

在 Matlab 中，函数 dftmtx 可以产生 n 阶 DFT 变换矩阵(6.80)，它调用语法为

$$\boldsymbol{A}=\mathrm{dftmtx}(n) \tag{6.82}$$

它的逆阵为

$$\boldsymbol{A}i=\text{conj}(\text{dftmtx}(n))/n \tag{6.83}$$

由此可以对 n 长时域信号序列 f 利用式(6.82)进行 DFT 和 IDFT，调用语法为

$$\text{DFT}: F=A*f\ ;\quad \text{IDFT}: f=Ai*F$$

例 6.7　求 $M=2$、3、4 阶 DFT 矩阵。

解　可以求出 M 次原根

$$w_2=\mathrm{e}^{-\mathrm{i}\frac{2\pi}{2}}=\mathrm{e}^{-\mathrm{i}\pi}=-1$$

$$w_3=\mathrm{e}^{-\mathrm{i}\frac{2\pi}{3}}=-\frac{1}{2}-\frac{\sqrt{3}}{2}\mathrm{i}$$

$$w_4=\mathrm{e}^{-\mathrm{i}\frac{2\pi}{4}}=\mathrm{e}^{-\mathrm{i}\frac{\pi}{2}}=-\mathrm{i}$$

于是得二阶 DFT 变换矩阵为

$$\boldsymbol{A}_2=\begin{pmatrix}1 & 1\\ 1 & -1\end{pmatrix}$$

三阶 DFT 变换矩阵为

$$\boldsymbol{A}_2=\begin{pmatrix}1 & 1 & 1\\ 1 & w_3 & w_3^2\\ 1 & w_3^2 & w_3^4\end{pmatrix}=\begin{pmatrix}1 & 1 & 1\\ 1 & w_3 & \bar{w}_3\\ 1 & \bar{w}_3 & w_3\end{pmatrix},w_3=\mathrm{e}^{-\frac{2\pi}{3}}=\frac{1}{2}-\frac{\sqrt{3}}{2}\mathrm{i}$$

四阶 DFT 变换矩阵为：

$$\boldsymbol{A}_4=\begin{pmatrix}1 & 1 & 1 & 1\\ 1 & w_4 & w_4^2 & w_4^3\\ 1 & w_4^2 & w_4^4 & w_4^6\\ 1 & w_4^3 & w_4^6 & w_4^9\end{pmatrix}=\begin{pmatrix}1 & 1 & 1 & 1\\ 1 & w_4 & w_4^2 & \bar{w}_4\\ 1 & w_4^2 & 1 & w_4^2\\ 1 & \bar{w}_4 & w_4^2 & w_4\end{pmatrix}=\begin{pmatrix}1 & 1 & 1 & 1\\ 1 & -\mathrm{i} & -1 & \mathrm{i}\\ 1 & -1 & 1 & -1\\ 1 & \mathrm{i} & -1 & -\mathrm{i}\end{pmatrix}$$

它们与用语句

A2 = dftmtx(2), A3 = dftmtx(3), A4 = dftmtx(4)

执行结果一致。

例 6.8　用 DFT 和 IDFT 对如下矩形脉冲作变换。

$$f(t)=\begin{cases}10, & -0.1<t<0.1\\ 0, & \text{else}\end{cases}$$

解　这个脉冲信号见图 6.8(a)所示，用步长 $h=0.01$ 在区间[−1,1]上采集信号的数据，并保存在变量 $\boldsymbol{f}$ 中，生成 DFT 变换矩阵(6.82)，求出它的 DFT，保存在变量 $\boldsymbol{F}$ 中，然后用 Matlab 函数 plot 画出连线，如图 6.8(b)所示。由图 6.8(b)可以看出，较强频率信号集中在脉冲的边缘，经过移位变换 fftshift 可以集中在脉冲的中心位置，如图 6.8(c)所示，并且幅度衰减很快，最后进行逆变换 IDFT 后，可以得到原来信号，如图 6.8(d)所示。

当采样数据量较大时，通常并不使用 DFT 矩阵(6.80)和(6.81)进行变换，而是通过快速 Fourier 变换(FFT)算法来进行变换，这种变换的思想是充分利用单位原根的周期性和变换公式(6.79)，不断地将长信号序列进行减半处理，尽可能减少复数运算的次数，达到快速计算的目的，典型的算法就是基于时间域的蝶形算法。Matlab 中支持离散快速 Fourier 变换(DFFT)的函数为 fft()。它的调用形式为

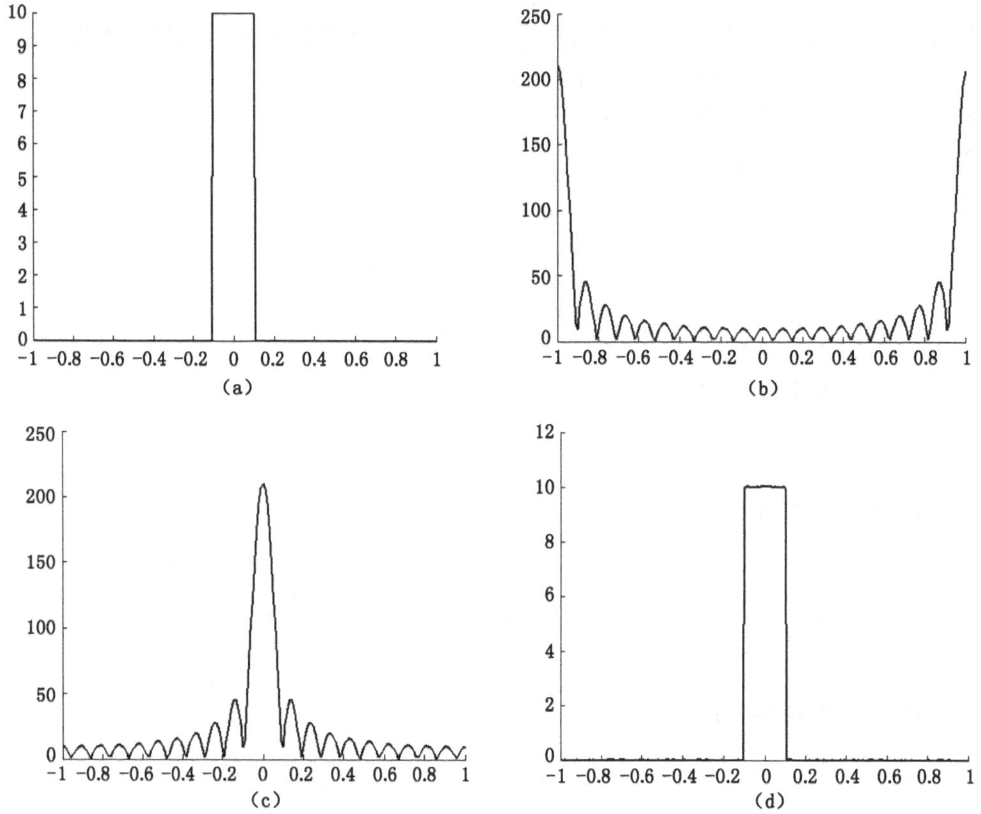

图 6.8

(1) Y = fft(X):用快速 Fourier 变换算法计算信号序列 X 的 DFT,并用将结果保存在向量 Y 中;如果 X 是一个矩阵,则计算它的每一列的 DFT,并将结果保存在矩阵 Y 中。

(2) Y = fft(X,n):计算 n 点 DFT。如果向量 X 的长度比 n 大,则从第 $n+1$ 个数值截断;如果 X 的长度比 n 小,则补 0。

例 6.9 先对模拟信号 $y=\sin(100\pi t)+\sin(240\pi t)$ 用强度为 2 的 Gauss 噪声进行干扰,然后每隔 1 ms 进行采样,得到在时间 0～4.3 s 之间的采样数据,保存到文件 fourier.mat 中。分析采样数据中有哪些较强的频率分量。

解 采样数据表示的信号在时间 0～64 ms 内的连线图,如图 6.9(a)所示。该图表示信号随时间的幅度变化情况,利用 FFT 可以得到这个信号随频率分量的幅度变化情况,幅度较大频率分量是信号中的有用部分,可以通过滤波提取出来。图 6.9(b)是变换后频率分量的幅度谱图像,从中可以明显看出,能量较大频率分量是 50 Hz 与 120 Hz 附近,其他频率分量能量则较弱。采用阈值法对 FFT 变换后幅度谱中较小能量的信号设置为 0,比如阈值 $k_1=100$ 之下设为 0,然后再进行 IDFT 变换,并将变换后虚部舍弃,只保留实部,可得连线图 6.9(c),这个图中信号比较规则了,它与原模拟信号 $y=\sin(2\pi 50t)+\sin(2\pi 120t)$ 波形图 6.9(d)非常接近。

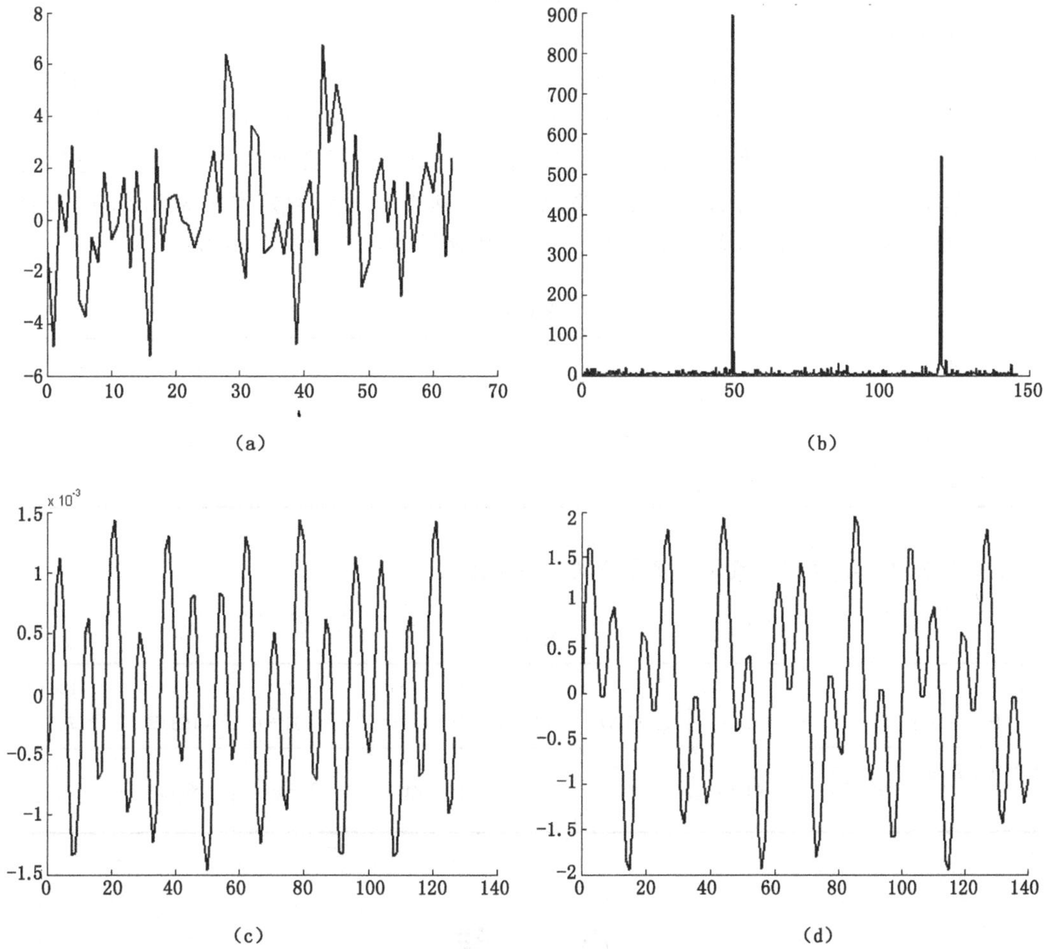

图 6.9

应用案例——预测刹车距离

刹车距离是反应距离和制动距离两部分之和。反应距离是指小汽车司机想要刹车到制动器起作用之间的一段时间 a 内行驶的距离，考虑到司机年龄和技术，可以采用经验值 $a=0.75$ s，这段时间内车速可以看成不变的。制动距离是指小汽车开始制动到停止之间的行驶距离，在这段距离内有一个加速度(负值)，车速在不断减小，直到为零。前后两辆车相距的距离必须大于刹车距离才能保证后车不追尾前车。影响制动距离的因素很多，比如制动力、车速、车重、道路状况等。设计制动器的合理原则是：最大制动力要和车的质量成正比，使得加速度 b 是一个负值常数，这样才能保持小汽车平稳，司乘人员才不会受到剧烈冲击。设汽车正常行驶速度为 v，基于以上分析做出模型假设：

(1) 刹车距离等于反应距离 d_1 与制动距离 d_2 之和；

(2) 反应距离 d_1 与车速 v 成正比例，即 $d_1=av$。

(3) 刹车时使用最大制动力 F，它所做的功 Fd_2 等于汽车动能的改变量 $mv^2/2$，并且与汽车的质量 m 成正比。

根据牛顿第二定律得到 $Fd_2=mv^2/2$。设 b 为常数，可得 $d_2=bv^2$，从而建立数学模型：$d=av+bv^2=0.75v+bv^2$。按照这个模型公路管理部门可以在路边合理设置车距测量标志，司机也可以根据不同的车速保持合理车距，确保行车安全。根据交通部门提供的车速和实际测量的刹车距离数据(表 6.6 前两行，参考文献[21])，利用 fittype 自定义模型和 fit 进行数据拟合，可以确定常数 $b\approx0.025\ 55$，该表的第三行是用该模型预测的刹车距离。

表 6.6

车速/(mile/h) (ft/s)	20 (29.3)	30 (44.0)	40 (58.7)	50 (73.3)	60 (88.0)	70 (102.7)	80 (117.3)
实际刹车距离/ft	42	73.5	116	173	248	343	464
预测刹车距离/ft	43.9	82.46	132.06	192.24	263.84	346.49	439.5

可以用该模型继续预测其他车速的刹车距离(表 6.7)。

表 6.7

车速/(mile/h) (ft/s)	85 (124.7)	90 (132)	95 (139.3)	100 (146.7)	105 (154)	110 (161.3)	115 (168.7)	120 (176.0)
预测刹车距离/ft	490.56	544.15	600.48	659.56	721.39	785.97	853.3	923.37

小　　结

数据拟合提供了一种大数据的处理方法，它根据已知数据求经验函数，本质上也是为了预测数据。要求已知的大数据在某种度量下与经验函数值的误差尽可能小，可以根据实际问题的经验来选择经验函数作为拟合函数，它们可以是次数较低的多项式、几个指数函数的代数和、几个三角函数(正弦或余弦)函数的代数和或者其他更一般的初等函数。线性拟合的解法通常就是最小二乘法，但不是直接求解正规方程组，而是采用矩阵的 QR 分解或者采用正交函数来求解，避免不稳定性。非线性拟合通常采用数值最优化方法，可以参考本书的最后一章。

函数逼近是从解析式的角度研究在某范围内和某种度量下，使得某类简单函数与复杂函数的误差尽可能小，从而获得复杂函数的最优近似。类似于数据拟合，通常简单函数一般选择次数较低的多项式、有理分式、三角表达式等。本章只介绍了基本的多项式和 Fourier 最佳平方逼近，至于有理逼近等其他非线性逼近问题可以参考文献[20]。

数学软件 Matlab 有曲线拟合工具箱，其中有支持数据拟合的函数 fit 和 fittype，也有支持离散傅立叶变换的函数 fft 等。

数值实验

实验一　利用 Matlab 数据拟合函数 fit 对 Matlab 数据文件 census.mat 中的数据进行 1～9 次多项式拟合；进行各种形式的有理分式拟合；自己设计一种模型进行自定义拟合；绘制各种拟合的散点图和拟合函数的图像。

实验二　对例题 6.9 中模拟信号，采样 64～192 ms 之间的数据，存放到数据文件 exp2.mat 中，利用离散 Fourier 变换找出其中有用的频率信号，并绘制相关图像。

习　题　六

1. 使用下表中数据，求模型 $y=a+bx^2$ 的最小二乘拟合。

x	19.000 0	25.000 0	31.000 0	38.000 0	44.000 0
y	19.000 0	32.300 0	49.000 0	73.300 0	97.800 0

2. 使用如下表中数据，求模型 $y=a+bx$ 的最小二乘拟合。

x	−1.000 0	−0.500 0	0	0.500 0	1.000 0
y	−0.220 9	0.882 6	2.000 3	3.133 4	4.283 6

3. 使用如下表中数据，求模型 $y=a\mathrm{e}^{bx}$ 的最小二乘拟合。

x	2.2	2.7	3.5	4.1	4.8
y	65	60	53	50	46

4. 求练习 2 中数据节点上的离散正交多项式 $p_0(x)$，$p_1(x)$，$p_2(x)$，并求正交多项式模型(6.26)的最小二乘拟合函数。

5. 设 a_n 为 n 次多项式 $p(x)$的最高次数项系数，证明：多项式 $p(x)-a_n\widetilde{P}_n(x)$为 $p(x)$最佳平方逼近多项式。

6. 求函数 $f(x)=3x^4+2x^3+1$ 在区间$[-1,1]$上的一次与三次最佳平方逼近多项式。

7. 求函数 $f(x)=x^3-x^2+x-1$ 在区间$[-1,1]$及$[0,1]$上的二次最佳平方逼近多项式。

8. 求函数 $f(x)=\sin(\pi x)$在区间$[-1,1]$上的二次、三次最佳平方逼近多项式。

9. 取权函数 $\rho(x)=1/\sqrt{1-x^2}$，求函数 $f(x)=\arccos x$ 在区间$[-1,1]$上的二次及三次最佳平方逼近多项式。

10. 求参数 A,B,C，使得积分$\int_{-1}^{1}(\sin x-A-Bx-Cx^2)^2\mathrm{d}x$ 达到最小。

11. 证明三角函数系 $1,\sin x,\cos x,\sin 2x,\cos 2x,\cdots,\sin nx,\cos nx$ 在$[-\pi,\pi]$上是连续正

交的。

12. 求周期函数 $f(x)=\begin{cases}x+\pi, & -\pi\leqslant x<0\\ -x+\pi, & 0\leqslant x<\pi\end{cases}$ 在$[-\pi,\pi]$上 Fourier 级数展开式前三项。

13. 试证明 Fourier 矩阵(6.80)满足 $\boldsymbol{A}(\bar{\boldsymbol{A}})^{\mathrm{T}}=\boldsymbol{E}$，这时复数矩阵 $\boldsymbol{A}$ 称为酉阵。

14. 证明定理 6.2。

15. 设某个周期函数 $f(x)$在一个周期 $0\sim2\pi$ 内的 9 个等分点处的函数值为

$$f(0)=0,f\left(\frac{\pi}{4}\right)=1.5,f\left(\frac{\pi}{2}\right)=3,f\left(\frac{3\pi}{4}\right)=1.5,$$

$$f(\pi)=0,f\left(\frac{5\pi}{4}\right)=-1.5,f\left(\frac{7\pi}{4}\right)=-1.5,f\left(\frac{3\pi}{2}\right)=-3,f(2\pi)=0$$

按照模型 $\varphi(x)=a_1\sin x+a_2\sin(2x)+a_3\sin(3x)$，求 $f(x)$的最小二乘拟合函数。

16. 如果 $f(x)\in C[-\infty,+\infty]$恰好是以 2π 为周期的实值函数，则式(6.64)可化成式(6.60)，式(6.66)可化成式(6.62)。

17. 证明引理 6.3。

18. 证明最小平方偏差式(6.70)。

19. 设 $f_0(x),f_1(x),\cdots,f_n(x),\cdots$和 $g_0(x),g_1(x),\cdots,g_n(x),\cdots$都是区间$(a,b)$上带权$\rho(x)$的正交多项式序列，下标表示它们的次数，证明：必定存在常数 c_k，使得 $g_k(x)\equiv c_kf_k(x)$，$k=0,1,2,\cdots$。

第 7 章　数值积分法

在微积分中求一元函数的定积分

$$I(f)=\int_a^b f(x)\mathrm{d}x$$

的基本方法就是 Newton-Leibniz 公式

$$I(f)=\int_a^b f(x)\mathrm{d}x=F(b)-F(a)$$

这种方法要求被积函数 $f(x)$有解析表达式，并且 $f(x)$的原函数 $F(x)$为初等函数。但对很多实际问题，这种方法往往很困难甚至做不到。主要有以下几种情况：

(1) $f(x)$的原函数 $F(x)$不是初等函数。比如

$$f(x)=\frac{1}{\sqrt{2\pi}}\mathrm{e}^{-\frac{x^2}{2}},f(x)=\sqrt{1-\varepsilon^2\sin^2 x}\,(0<\varepsilon<1),f(x)=\frac{\sin x}{x}$$

(2) 即使找到了原函数 $F(x)$，但 $F(x)$的计算过于复杂。比如

$$\int\frac{x^2}{(1-x^4)\sqrt{1+x^4}}\mathrm{d}x=\frac{1}{4\sqrt{2}}\ln\frac{\sqrt{2}x+\sqrt{1+x^4}}{1-x^2}+\frac{1}{2\sqrt{2}}\arcsin\frac{\sqrt{2}x}{1+x^2}+C$$

(3) $f(x)$无解析表达式，只是以离散的数表给出在某些点的函数值和导数值。

鉴于以上情况，我们有必要研究数值积分。

第 1 节　数值积分的基本概念

7.1.1　数值积分的基本思想

设被积函数 $f(x)$是积分区间$[a,b]$上的连续函数，由积分中值定理知，至少存在一点 $\xi\in[a,b]$使得

$$I(f)=\int_a^b f(x)\mathrm{d}x=f(\xi)(b-a)\tag{7.1}$$

这说明定积分 $I(f)$等于以 $b-a$ 为“底”、$f(\xi)$为“高”的矩形的“面积”(见图 7.1)。我们称 $f(\xi)$为 $f(x)$在区间$[a,b]$上平均值(平均高度)。问题在于 ξ 的具体位置在哪里一般是不知道的，如果能对平均高度 $f(\xi)$提出一种近似算法，就可以获得一种近似求积公式。比如：

取 $f(\xi)\approx f(a)$，得到左矩形公式

$$I(f)=\int_a^b f(x)\mathrm{d}x\approx f(a)(b-a)\tag{7.2}$$

取 $f(\xi)\approx f(b)$，得到右矩形公式

$$I(f)=\int_a^b f(x)\mathrm{d}x \approx f(b)(b-a) \tag{7.3}$$

取 $f(\xi)\approx f\left(\frac{a+b}{2}\right)$，得到中点公式(见图 7.2)

$$I(f)=\int_a^b f(x)\mathrm{d}x \approx f\left(\frac{a+b}{2}\right)(b-a) \tag{7.4}$$

取 $f(\xi)\approx\frac{f(a)+f(b)}{2}$，则得到梯形公式(见图 7.3)

$$I(f)=\int_a^b f(x)\mathrm{d}x \approx \frac{b-a}{2}[f(a)+f(b)]\equiv T \tag{7.5}$$

取 $f(\xi)\approx\frac{1}{6}\left[f(a)+4f\left(\frac{a+b}{2}\right)+f(b)\right]$，则得到 Simpson 公式

$$I(f)=\int_a^b f(x)\mathrm{d}x \approx \frac{b-a}{6}\left[f(a)+4f\left(\frac{a+b}{2}\right)+f(b)\right]\equiv S \tag{7.6}$$

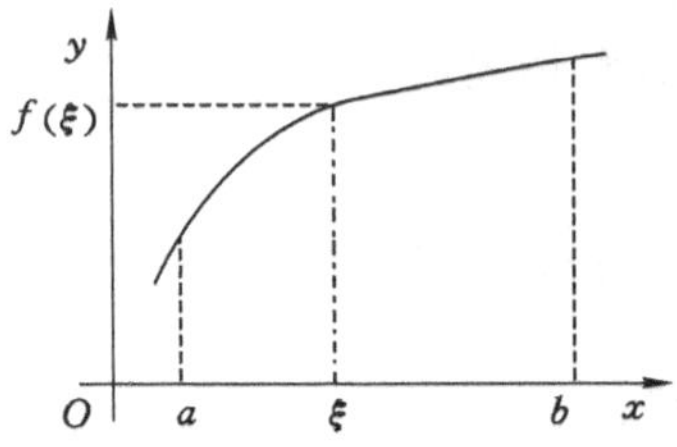

图 7.1　积分中值定理

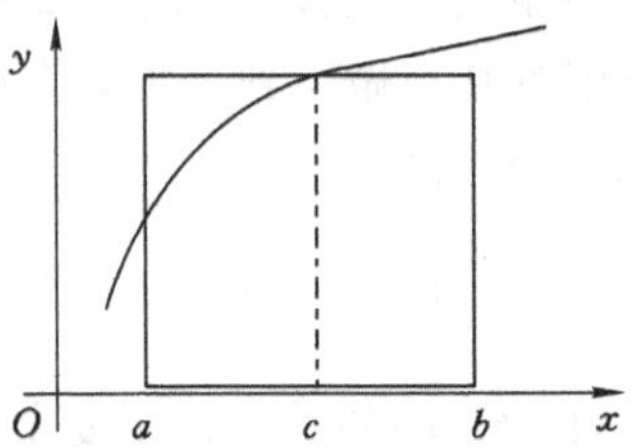

图 7.2　中点公式

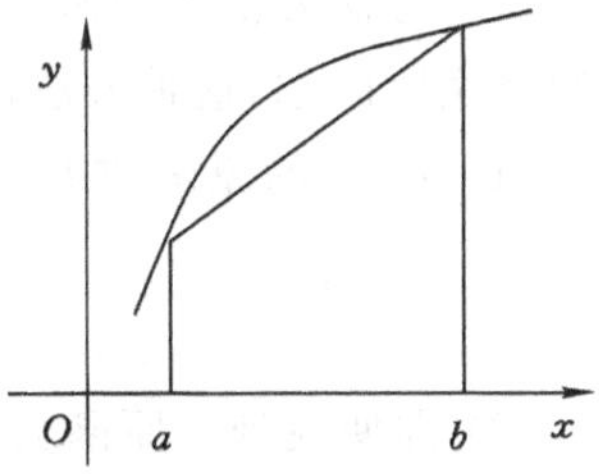

图 7.3　梯形公式

一般地，在积分区间$[a,b]$中取 n 个节点 $a\leqslant x_1<x_2<\cdots<x_n\leqslant b$，用它们对应的函数值的加权平均 $\sum_{k=1}^{n}a_k f(x_k)$ 作为平均高度 $f(\xi)$ 的近似，便得 n 点求积公式

$$I(f)=\int_a^b f(x)\mathrm{d}x \approx I_n(f)=(b-a)\sum_{k=1}^{n}a_k f(x_k)\equiv\sum_{k=1}^{n}A_k f(x_k) \tag{7.7}$$

其中，$x_1,x_2,\cdots,x_n$ 称为求积节点；$A_1,A_2,\cdots,A_n$ 称为求积系数，它只与求积节点有关，不依赖被积函数的具体形式。

截断误差

$$R_n(f)=I(f)-I_n(f) \tag{7.8}$$

称为求积余项。

当然，建立数值求积公式还有其他的思想方法，在求积公式中除了函数值外还可能出现导数值，我们将在后面陆续介绍。

7.1.2　代数精度

数值求积法是近似方法，求积余项不仅与求积公式有关，还与被积函数有关，如何判别数值求积公式的精度呢？我们自然希望求积公式能对“尽可能多”的函数准确成立。Weierstrass 逼近定理指出：任何一个闭区间$[a,b]$上连续函数 $f(x)$都可以用多项式一致逼近，即对 $\forall\varepsilon>0$，都存在一个 N 次的多项式 $p_N(x)$(N 只与 ε 有关)，使得

$$\| f(x) - p_N(x) \|_\infty < \varepsilon$$

这说明任何一个连续函数都约等于一个多项式。因此，我们选择被积函数为多项式作为检验标准，给出如下代数精度的概念。

定义 7.1　如果数值求积公式(7.7)对被积函数 $f(x)=1, x, x^2, \cdots, x^m$ 都准确成立(即求积余项都为零)，而对 $f(x)=x^{m+1}$ 不准确成立(即求积余项不为零)，则称数值求积公式具有 m 次代数精度。

求积公式具有 m 次代数精度的等价说法是，它对所有次数不大于 m 的多项式都准确成立，而至少对一个 $m+1$ 次多项式不准确成立。

例 7.1　确定中点矩形公式(7.4)的代数精度。

解　记 $I_1(f)=f\left(\frac{a+b}{2}\right)(b-a)$，令 $f(x)=1$，则

$$I(f)=\int_a^b 1\mathrm{d}x=b-a, I_1(f)=b-a$$

再令 $f(x)=x$，则

$$I(f)=\int_a^b x\mathrm{d}x=\frac{b^2-a^2}{2}, I_1(f)=\frac{b+a}{2}(b-a)=\frac{b^2-a^2}{2}$$

当 $f(x)=x^2$ 时

$$I(f)=\int_a^b x^2\mathrm{d}x=\frac{b^3-a^3}{3}, I_1(f)=\frac{(a+b)(b^2-a^2)}{2}\neq I(f)$$

因此，中点矩形公式的代数精度为1次。

同理可求得左、右矩形公式的代数精度为0次；梯形公式的代数精度为1次；Simpson 公式的代数精度为3次。

要构造出一个具体的求积公式，就是确定求积节点和求积系数。一般地，要使得求积公式具有 m 次代数精度，则只要令它对 $f(x)=1, x, x^2, \cdots, x^m$ 都精确成立，则可以得到求积节点和求积系数所满足的如下方程组

$$\begin{cases} \sum_{k=1}^{n} A_k = b-a \\ \sum_{k=1}^{n} A_k x_k = \frac{1}{2}(b^2-a^2) \\ \cdots\cdots \\ \sum_{k=1}^{n} A_k x_k^m = \frac{1}{m+1}(b^{m+1}-a^{m+1}) \end{cases} \tag{7.9}$$

如果我们事先选择好节点，则求解上述线性方程组即可得到求积系数，从而使得公式至少具有 m 次代数精度。

例如在区间 $[a,b]$ 上选择节点 $x_0=a, x_1=b$，求积公式为

$$I(f)=\int_a^b f(x)\mathrm{d}x \approx A_0 f(a)+A_1 f(b)$$

在线性方程组中取 $m=1$，可得

$$\begin{cases} A_0+A_1=b-a \\ A_0 a+A_1 b=\frac{1}{2}(b^2-a^2) \end{cases}$$

解得 $A_0=A_1=\frac{1}{2}(b-a)$，于是可得公式

$$I(f)=\int_a^b f(x)\mathrm{d}x \approx \frac{b-a}{2}[f(a)+f(b)]$$

即为梯形公式。

如果在求积公式中节点和系数都未知，即有 $2n$ 个未知数，为了使得代数精度尽可能地高，令它对 $f(x)=1,x,x^2,\cdots,x^{2n-1}$ 准确成立，则可建立含有 $2n$ 个参数的 $2n$ 个方程构成的非线性方程组。该非线性方程组求解非常困难，是否有解也无法判断，那么这样的公式存在吗？系数和求积节点怎么求解？最高精度又是多少？我们将在最后一节讨论这些问题。而对于精度的上界，我们有如下定理。

定理 7.1 n 点求积公式的代数精度最高不超过 $2n-1$ 次。

证明 我们采用反证法进行证明。假设对某种选择的求积节点与求积系数，公式具有 $2n$ 次代数精度，取由求积节点构成的 n 次多项式 $w(x)=(x-x_1)(x-x_2)\cdots(x-x_n)$，对 $2n$ 次非负多项式 $w^2(x)$ 积分，可得 $I(w^2)=\int_a^b w^2(x)\mathrm{d}x>0$，而 $I_n(w^2)=\sum\limits_{k=1}^{n}A_k w^2(x_k)=0$，那么 $I(w^2)\neq I_n(w^2)$，即公式对一个 $2n$ 次多项式不成立，这与假设矛盾，所以公式代数精度最高不超过 $2n-1$ 次。

以后总假设求积公式至少具有零次代数精度，此时求积系数满足 $\sum\limits_{k=1}^{n}A_k=b-a$。

7.1.3 求积公式的余项

设被积函数 $f(x)$ 具有足够高阶的导数，若求积公式(7.7)的代数精度为 $m(m\geqslant n-1)$，则求积公式的余项可表示为

$$R_n(f)=I(f)-I_n(f)=Kf^{(m+1)}(\eta)\quad(\eta\in(a,b))\tag{7.10}$$

其中，K 为不依赖 $f(x)$ 的待定参数。结果表明，当 $f(x)$ 是次数小于等于 m 的多项式时，由于 $f^{(m+1)}(x)\equiv 0$，此时 $R_n(f)=0$，即求积公式精确成立。而当 $f(x)=x^{m+1}$ 时，$f^{(m+1)}(x)=(m+1)!\neq 0$，即 $R_n(f)\neq 0$，此时可得

$$\begin{aligned}K&=\frac{1}{(m+1)!}\left(\int_a^b x^{m+1}\mathrm{d}x-\sum_{k=1}^{n}A_k x_k^{m+1}\right)\\&=\frac{1}{(m+1)!}\left[\frac{1}{m+2}(b^{m+2}-a^{m+2})-\sum_{k=1}^{n}A_k x_k^{m+1}\right]\end{aligned}$$

代入上述余项公式可得具体的余项表达式。

例 7.2 确定求积公式(7.4)的求积余项。

解 由例 7.1 可知，其代数精度为 1，所以其余项表达式为 $R_n(f)=Kf''(\eta)(\eta\in(a,b))$。令 $f(x)=x^2$，$f''(\eta)=2$，则有

$$K=\frac{1}{2!}\left[\frac{1}{3}(b^3-a^3)-\left(\frac{a+b}{2}\right)^2(b-a)\right]=\frac{(b-a)^3}{24}$$

所以求积余项为 $R_n(f)=\frac{(b-a)^3}{24}f''(\eta)(\eta\in(a,b))$。

7.1.4　求积公式的收敛性和数值稳定性

定义 7.2　在求积公式中,若

$$\lim_{\substack{n\to\infty \\ h\to 0}}\sum_{k=1}^{n}A_k f(x_k)=\int_a^b f(x)\mathrm{d}x$$

其中,$h=\max\limits_{2\leqslant i\leqslant n}\{x_i-x_{i-1}\}$,则称求积公式是收敛的。

通常求积公式中用到的函数值 $f(x_k)$ 一般都会有误差,记它的近似值为 $\widetilde{f}(x_k)$,误差为 $\delta_k=|f(x_k)-\widetilde{f}(x_k)|\,(k=1,2,\cdots,n)$,那么求积公式的准确值 $I_n(f)=\sum\limits_{k=1}^{n}A_k f(x_k)$ 与它的近似值 $\widetilde{I}_n(f)=\sum\limits_{k=1}^{n}A_k\widetilde{f}(x_k)$ 之间的误差 $|I_n(f)-\widetilde{I}_n(f)|$ 受 δ_k 的影响有多大? 这就是数值求积公式的稳定性问题。

定义 7.3　记 $\delta=\max\{\delta_1,\delta_2,\cdots,\delta_n\}$,如果存在常数 $M>0$,使得

$$|I_n(f)-\widetilde{I}_n(f)|\leqslant M\delta,$$

则称求积公式是数值稳定的。

注　由定义可知,如果公式是稳定的,则对任意给定的 $\varepsilon>0$,只要误差 δ 足够小,就有 $|I_n(f)-\widetilde{I}_n(f)|\leqslant\varepsilon$。

对求积公式,有如下稳定性结论。

定理 7.2　如果求积公式中的求积系数 $A_k>0(k=1,2,\cdots,n)$,则它是数值稳定的。

证明　根据假设 $A_k>0$ 以及 $\sum\limits_{k=1}^{n}A_k=b-a$,得

$$|I_n(f)-\widetilde{I}_n(f)|=\left|\sum_{k=1}^{n}A_k[f(x_k)-\widetilde{f}(x_k)]\right|\leqslant\delta\sum_{k=1}^{n}|A_k|=\delta\sum_{k=1}^{n}A_k=\delta(b-a)$$

由定义 7.3 知,求积公式是数值稳定的。

第 2 节　插值型求积法

在定积分计算中,如果被积函数是多项式,则积分简单易求。基于第 5 章所学的插值方法,本节介绍由被积函数的插值多项式积分建立的数值求积公式。

7.2.1　插值型求积公式

设给定一组节点 $a\leqslant x_1<x_2<\cdots<x_{n-1}<x_n\leqslant b$,已知被积函数 $f(x)$ 在这些节点上的函数值 $f(x_k)(k=1,2,\cdots,n)$,记 $l_k(x)$、$L_{n-1}(x)$ 分别是 Lagrange 插值基函数和 Lagrange 插值多项式,可得

$$\begin{aligned}I(f)&=\int_a^b f(x)\mathrm{d}x\approx\int_a^b L_{n-1}(x)\mathrm{d}x=\int_a^b\sum_{k=1}^{n}f(x_k)l_k(x)\mathrm{d}x\\&=\sum_{k=1}^{n}\left[\int_a^b l_k(x)\mathrm{d}x\right]f(x_k)=\sum_{k=1}^{n}A_k f(x_k)=I_n(f)\qquad(7.11)\end{aligned}$$

其中

$$A_k=\int_a^b l_k(x)\mathrm{d}x \quad (k=1,2,\cdots,n) \tag{7.12}$$

显然，式(7.12)表明求积系数 A_k 只与节点的选择有关。称求积系数由式(7.12)确定的求积公式为插值型求积公式。

根据插值多项式的余项定理，如果被积函数 $f(x)$ 具有直到 n 阶的连续导数，易得插值型求积公式的余项

$$R_n(f)=I(f)-I_n(f)=\int_a^b \frac{f^{(n)}(\xi)}{n!}\omega_n(x)\mathrm{d}x \tag{7.13}$$

其中，$\omega_n(x)=(x-x_1)(x-x_2)\cdots(x-x_n)$，$\xi\in[a,b]$ 与 x 有关。

定理 7.3 n 点求积公式为插值型求积公式的充要条件是其代数精度至少为 $n-1$ 次。

证明 充分性：设求积公式的代数精度至少为 $n-1$ 次，由于 Lagrange 插值基函数 $l_k(x)$ 都是 $n-1$ 次多项式，故求积公式对 $l_k(x)$ 准确成立，即

$$\int_a^b l_k(x)\mathrm{d}x=\sum_{j=1}^{n}A_j l_k(x_j) \tag{7.14}$$

注意到基函数 $l_k(x)$ 的性质：$l_k(x_j)=\delta_{kj}$，式(7.14)就是

$$\int_a^b l_k(x)\mathrm{d}x=A_k \quad (k=1,2,\cdots,n)$$

这说明求积公式是插值型求积公式。

必要性：设求积公式为插值型的，则对任何次数不超过 $n-1$ 次的多项式 $f(x)$，由余项公式知余项 $R_n(f)=0$，即求积公式准确成立，说明求积公式至少具有 $n-1$ 次的代数精度。

证毕。

根据定理 7.3 可验证前面介绍的求积公式都是插值型的。

7.2.2 Newton-Cotes 求积法

将求积区间 $[a,b]$ 进行 n 等分，步长 $h=(b-a)/n$，取求积节点为

$$x_k=a+kh \quad (k=0,1,2,\cdots,n) \tag{7.15}$$

以等距节点所确定的插值型求积公式称为 n 阶 Newton-Cotes 公式。

下面推导 Newton-Cotes 公式的求积系数。由公式

$$A_k=\int_a^b l_k(x)\mathrm{d}x=\int_a^b \prod_{\substack{j=0\\ j\neq k}}^{n}\frac{x-x_j}{x_k-x_j}\mathrm{d}x$$

引入变换 $x=a+th$，则

$$A_k=h\int_0^n \prod_{\substack{j=0\\ j\neq k}}^{n}\frac{t-j}{k-j}\mathrm{d}t=\frac{b-a}{n}\,\frac{(-1)^{n-k}}{k!\,(n-k)!}\int_0^n \prod_{\substack{j=0\\ j\neq k}}^{n}(t-j)\mathrm{d}t$$

记

$$C_k^{(n)}=\frac{1}{n}\,\frac{(-1)^{n-k}}{k!\,(n-k)!}\int_0^n \prod_{\substack{j=0\\ j\neq k}}^{n}(t-j)\mathrm{d}t \quad (k=0,1,\cdots,n) \tag{7.16}$$

称为 Cotes 系数，则 $A_k=(b-a)C_k^{(n)}$，于是 Newton-Cotes 公式为

$$I_n(f)=(b-a)\sum_{k=0}^{n}C_k^{(n)}f(x_k) \tag{7.17}$$

对于 Cote 系数，有如下基本性质：

(1) 由 $\sum_{k=0}^{n} A_k = b - a$ 可得 $\sum_{k=0}^{n} C_k^{(n)} = 1$；

(2) 由式(7.16)可知，$C_k^{(n)}$ 只与等分数 n 有关，而且是多项式的积分，其值可事先求出备用(表 7.1)；

(3) $C_k^{(n)} = C_{n-k}^{(n)}$。

表 7.1

n	$C_k^{(n)} = A \times B_k \quad (k=0,1,\cdots,n)$									
	A	B_k								
1	1/2	1	1							
2	1/6	1	4	1						
3	1/8	1	3	3	1					
4	1/90	7	32	12	32	7				
5	1/288	19	75	50	50	75	19			
6	1/840	41	216	27	272	27	216	41		
7	1/17 280	751	3 577	1 323	2 989	2 989	1 323	3 577	751	
8	1/28 350	989	5 888	−928	10 496	−4 540	10 496	−928	5 888	989

从表 7.1 可知，当 $n \leqslant 7$ 时 Cotes 系数都是正的，根据定理 7.2，对于 $n \leqslant 7$ 的 Newton-Cotes 公式都是数值稳定的；对于 $n \geqslant 8$ 的 Cotes 系数则有正有负，那么 $\sum_{k=0}^{n} |C_k^{(n)}|$ 可能很大，此时的 Newton-Cotes 公式数值稳定性没有保证。对于收敛性问题，因为 $f(x)$ 的高次插值多项式 $L_n(x)$ 不一定收敛于 $f(x)$(即 Runge 现象)，因此高阶 Newton-Cotes 公式 $I_n(f)$ 也可能不收敛于 $I(f)$。鉴于以上两个原因，一般不采用高阶($n \geqslant 8$)的 Newton-Cotes 公式。

下面给出几个常用的 Newton-Cotes 求积公式：

$n=1$ 时，就是梯形公式

$$T = \frac{b-a}{2}[f(a) + f(b)] \tag{7.18}$$

$n=2$ 时，就是 Simpson 公式

$$S = \frac{b-a}{6}\left[f(a) + 4f\left(\frac{a+b}{2}\right) + f(b)\right] \tag{7.19}$$

$n=4$ 时，称为 Cotes 公式

$$\begin{cases} C = \dfrac{b-a}{90}[7f(x_0) + 32f(x_1) + 12f(x_2) + 32f(x_3) + 7f(x_4)] \\ x_k = a + \dfrac{b-a}{4}k \quad (k=0,1,2,3,4) \end{cases} \tag{7.20}$$

作为插值型求积公式，n 阶 Newton-Cotes 公式至少具有 n 次代数精度，实际的代数精度是多少呢？我们有如下的结论。

定理 7.4　当 n 为偶数时，Newton-Cotes 公式代数精度为 $n+1$；当 n 为奇数时，其代数精

度为 n。

定理 7.5 假设 $f(x)$具有足够高阶的连续导数，则梯形公式、Simpson 公式、Cotes 公式的求积余项分别为

$$R_T = I(f) - T = -\frac{(b-a)^3}{12} f''(\xi) \quad (\xi \in [a,b]) \tag{7.21}$$

$$R_S = I(f) - S = -\frac{b-a}{180} f^{(4)}(\xi) \left(\frac{b-a}{2}\right)^4 \quad (\xi \in [a,b]) \tag{7.22}$$

$$R_C = I(f) - C = -\frac{2(b-a)}{945} f^{(6)}(\xi) \left(\frac{b-a}{4}\right)^6 \quad (\xi \in [a,b]) \tag{7.23}$$

证明 我们分别用余项公式(7.13)和式(7.10)来证明式(7.21)和式(7.22)，式(7.23)留作练习。

首先证明 R_T：由求积余项公式(7.13)得

$$R_T = \int_a^b \frac{f''(\eta)}{2}(x-a)(x-b)\mathrm{d}x$$

因为 $\omega(x)=(x-a)(x-b)$在积分区间$[a,b]$上不变号，据积分中值定理，存在 $\xi\in[a,b]$ 使得

$$R_T = \frac{f''(\xi)}{2}\int_a^b (x-a)(x-b)\mathrm{d}x = -\frac{(b-a)^3}{12} f''(\xi)$$

下面证明 R_S：因为 Simpson 公式的代数精度为 3，利用公式(7.10)可得，$R_S = Kf^{(4)}(\xi)$，其中

$$K = \frac{1}{4!}\left[\int_a^b x^4 \mathrm{d}x - \frac{b-a}{6}\left(a^4 + 4\left(\frac{a+b}{2}\right)^4 + b^4\right)\right] = -\frac{b-a}{180}\left(\frac{b-a}{2}\right)^4$$

代入可得求积余项(7.22)。

证毕。

第 3 节 复化积分法

由于低阶 Newton-Cotes 公式的精度较低，而高阶 Newton-Cotes 公式的稳定性和收敛性都保证不了，所以通常通过如下方法来兼顾这两个问题：将积分区间划分为一些子区间(常用的是等分)，在每个子区间上用低阶求积公式，再把积分值相加，这就是复化积分法。

7.3.1 复化求积公式

将积分区间$[a,b]$作 n 等分，步长为 $h=(b-a)/n$，分点 $x_k=a+kh\,(k=0,1,\cdots,n)$，由定积分对区间的可加性得

$$I(f) = \int_a^b f(x)\mathrm{d}x = \sum_{i=0}^{n-1}\int_{x_i}^{x_{i+1}} f(x)\mathrm{d}x \tag{7.24}$$

在子区间$[x_i,x_{i+1}]$上使用梯形公式，则得复化梯形公式，记为 $T_n(f)$

$$I(f) \approx T_n(f) = \sum_{i=0}^{n-1}\frac{h}{2}[f(x_i)+f(x_{i+1})] = \frac{h}{2}\left[f(a) + 2\sum_{i=1}^{n-1} f(x_i) + f(b)\right] \tag{7.25}$$

类似于复化梯形公式，对每个子区间用 Simpson 公式，则得复化 Simpson 公式 $S_n(f)$

$$I(f) \approx S_n(f) = \sum_{i=0}^{n-1} \frac{h}{6}[f(x_i) + 4f(x_{i+1/2}) + f(x_{i+1})]$$

$$= \frac{h}{6}\left[f(a) + 4\sum_{i=0}^{n-1} f(x_{i+1/2}) + 2\sum_{i=1}^{n-1} f(x_i) + f(b)\right] \tag{7.26}$$

其中，$x_{i+1/2} = (x_i + x_{i+1})/2 = a + (i + \frac{1}{2})h(i = 0, 1, \cdots n-1)$为子区间$[x_i, x_{i+1}]$的中点。

同理，可得复化 Cotes 公式 $C_n(f)$

$$I(f) \approx C_n(f) = \sum_{i=0}^{n-1} \frac{h}{90}[7f(x_i) + 32f(x_{i+1/4}) + 12f(x_{i+1/2}) + 32f(x_{i+3/4}) + 7f(x_{i+1})]$$

$$= \frac{h}{90}\left[7f(a) + 14\sum_{i=1}^{n-1} f(x_i) + 32\sum_{i=0}^{n-1} f(x_{i+1/4}) + 12\sum_{i=0}^{n-1} f(x_{i+1/2}) + 32\sum_{i=0}^{n-1} f(x_{i+3/4}) + 7f(b)\right] \tag{7.27}$$

其中，$x_{i+1/4}, x_{i+1/2}, x_{i+3/4}$为子区间$[x_i, x_{i+1}]$四等分的内点。

定理 7.6　假设 $f(x)$具有足够高阶的连续导数，则以上三个复化求积公式分别有如下余项公式

$$E_n^T = I(f) - T_n(f) = -\frac{b-a}{12} f''(\xi) h^2 \quad (\xi \in [a, b]) \tag{7.28}$$

$$E_n^S = I(f) - S_n(f) = -\frac{b-a}{180} f^{(4)}(\xi)(h/2)^4 \quad (\xi \in [a, b]) \tag{7.29}$$

$$E_n^C = I(f) - C_n(f) = -\frac{2(b-a)}{945} f^{(6)}(\xi)(h/4)^6 \quad (\xi \in [a, b]) \tag{7.30}$$

证明　我们只证明式(7.28)，其他两个作为练习。

由梯形公式求积余项(7.21)，我们有

$$E_n^T = I(f) - T_n(f) = \sum_{i=0}^{n-1} -\frac{h^3}{12} f''(\xi_i) \quad (\xi_i \in [x_i, x_{i+1}]) \tag{7.31}$$

因为 $f''(x)$在$[a, b]$上连续，则存在 m, M 使得对任意 $x \in [a, b]$，$m \leqslant f''(x) \leqslant M$，所以

$$m \leqslant \frac{1}{n}\sum_{i=0}^{n-1} f''(\xi_i) \leqslant M$$

由介值定理，存在 $\xi \in [a, b]$，使得 $f''(\xi) = \frac{1}{n}\sum_{i=0}^{n-1} f''(\xi_i)$，代入式(7.31) 有

$$E_n^T = -\frac{nh^3}{12}\frac{1}{n}\sum_{i=0}^{n-1} f''(\xi_i) = -\frac{b-a}{12} f''(\eta) h^2$$

证毕。

注意　由余项公式(7.28)、式(7.29)和式(7.30)，如果 $f(x)$足够光滑，当 $h \to 0$ 时，余项都趋于零，且有

$$E_n^T = O(h^2), E_n^S = O((h/2)^4), E_n^C = O((h/4)^6)$$

即复化梯形公式、复化 Simpson 公式和复化 Cotes 公式都是收敛的，另外它们的求积系数都是正的，即都是数值稳定的求积公式。

复化求积公式的机器耗时主要是调用函数，因此我们用调用函数的次数作为衡量计算量

的大小。若将区间$[a,b]$作 n 等分，则复化梯形公式 T_n 的计算量是$n+1$ 次，复化 Simpson 公式 S_n 的计算量是 $2n+1$ 次，复化 Cotes 公式 C_n 的计算量是 $4n+1$ 次。因此，T_{4n}、S_{2n}与 C_n 三者的计算量都是 $4n+1$(使用的节点相同)。如果记 $\bar{h}=(b-a)/(4n)$，则当 $\bar{h}\to 0$ 时，有

$$E_{4n}^T=O(\bar{h}^2),E_{2n}^S=O(\bar{h}^4),E_n^C=O(\bar{h}^6) \tag{7.32}$$

这说明在计算量一样的情况下，三者的精度越来越高，收敛速度越来越快。

例 7.3 已知函数 $f(x)=\dfrac{\sin x}{x}$的数据如下表，用复化积分法计算积分 $I=\int_0^1 f(x)\mathrm{d}x$ 的近似值。

x	0	1/8	2/8	3/8	4/8	5/8	6/8	7/8	1
$f(x)$	1	0.997 397 9	0.989 615 8	0.976 726 7	0.958 851 1	0.936 155 6	0.908 851 7	0.877 192 6	0.841 471 0

解 这些数据对应区间[0,1]的 8 等分数据(共 9 个数据)，故可以计算 T_8,S_4,C_2，其中步长分别为 $h_{T_8}=\dfrac{1}{8},h_{S_4}=\dfrac{1}{4},h_{C_2}=\dfrac{1}{2}$。

$$T_8=\frac{1}{8\times 2}\{f(0)+2[f(1/8)+f(2/8)+f(3/8)+f(4/8)+f(5/8)+f(6/8)+f(7/8)]+f(1)\}$$
$$=0.945\ 690\ 9$$

$$S_4=\frac{1}{4\times 6}\{f(0)+4[f(1/8)+f(3/8)+f(5/8)+f(7/8)]+2[f(2/8)+f(4/8)+f(6/8)]+f(1)\}$$
$$=0.946\ 083\ 3$$

类似可得

$$C_2=0.946\ 083\ 3$$

我们可以看到，T_8,S_4,C_2 计算量相当，与积分的精确值 0.946 083 07… 相比，复化 Simpson 值与复化 Cotes 值要比复化梯形值准确得多。

如果利用余项公式估计误差，则需要求 $f(x)=\dfrac{\sin x}{x}$的高阶导数的估计。因为

$$f(x)=\frac{\sin x}{x}=\int_0^1\cos(xt)\mathrm{d}t$$

则有

$$f^{(k)}(x)=\int_0^1 t^k\cos(xt+k\pi/2)\mathrm{d}t$$

于是

$$\max_{x\in[0,1]}|f^{(k)}(x)|\leqslant\int_0^1 t^k\mathrm{d}t=\frac{1}{k+1}$$

由复化求积公式的余项可知

$$|I-T_8|\leqslant\frac{h_{T_8}^2}{12}\max_{x\in[0,1]}|f''(x)|\leqslant\frac{1}{12}\left(\frac{1}{8}\right)^2\frac{1}{3}\approx 0.000\ 434\ 028$$

$$|I-S_4|\leqslant\frac{1}{180}\left(\frac{h_{S_4}}{2}\right)^4\max_{x\in[0,1]}|f^{(4)}(x)|\leqslant\frac{1}{180}\left(\frac{1}{8}\right)^4\frac{1}{5}\approx 0.271\ 267\times 10^{-6}$$

$$|I-C_2|\leqslant\frac{2}{945}\left(\frac{h_{C_2}}{4}\right)^6\max_{x\in[0,1]}|f^{(6)}(x)|\leqslant\frac{2}{945}\left(\frac{1}{8}\right)^6\frac{1}{7}\approx 0.115\ 335\times10^{-8}$$

例 7.4　用复化梯形公式和复化辛甫生公式求积分 $I=\int_0^1 e^{-x}\,dx$，应将区间[0,1]分别等分多少份才能使误差不超过 0.5×10^{-5}？

解　设复化梯形公式和复化辛甫生公式计算的等分数分别为 n_T，n_S。

由 $f(x)=e^{-x}$，$f^{(k)}(x)=(-1)^k e^{-x}(k=1,2,\cdots)$，对复化梯形公式，利用余项公式(7.28)

$$|R(f)|\leqslant\frac{h^2}{12}\max_{x\in[0,1]}|f''(x)|\leqslant\frac{1}{12{n_T}^2}\leqslant 0.5\times10^{-5}$$

由此可得 ${n_T}^2\geqslant\frac{1}{6}\times10^5$，$n_T\geqslant 129.1$，取 $n_T=130$。计算过程中需要计算 131 个函数值。

对复化辛甫生公式，利用余项公式(7.29)，为满足精度要求，必须使得

$$|R(f)|\leqslant\frac{h^4}{2\ 880}\max_{x\in[0,1]}|f^{(4)}(x)|\leqslant\frac{1}{2\ 880n_S^4}\leqslant 0.5\times10^{-5}$$

由此可得 $n_S^4\geqslant\frac{1}{1\ 440}\times10^5$，$n_S\geqslant 2.89$，所以取 $n_S=3$ 即可满足精度要求。计算过程中需要 $2n_S+1=7$ 个函数值。由此可知，在满足相同精度要求下，复化梯形公式是复化辛甫生公式计算量的 19 倍。

由此例可知，在采用复化求积公式计算时，由余项公式，若能估计被积函数相关导数的上界，在给定精度情况下，可事先确定步长。但是很多情况下，这是无法做到的，那么如何选择适当的复化求积公式求解使其达到精度要求呢？下面我们介绍变步长复化求积法。

7.3.2　变步长复化求积法

变步长复化求积法主要是在采用复化求积公式计算时，若精度不满足要求，则在原有基础上对步长折半，按照适当的收敛准则做出是否停机的判断。

如对复化梯形公式，依次计算 $T_1,T_2,T_4,T_8,\cdots$，直到达到精度要求，此过程中主要涉及精度的判断和停机的准则。假设将区间$[a,b]$分为 n 等分，则共有 $n+1$ 个节点，步长记为 $h=\frac{b-a}{n}$，复化求积公式 $T_n=\sum_{i=0}^{n-1}\frac{h}{2}[f(x_i)+f(x_{i+1})]$。如果对每个小区间再二分一次，此时共有 $2n+1$ 个节点，步长为 $h/2$，小区间$[x_i,x_{i+1}]$中增加节点记为 $x_{i+\frac{1}{2}}=\frac{1}{2}(x_i+x_{i+1})(i=0,1,\cdots,n-1)$，利用复化梯形求积公式求解该小区间上的积分值为 $\frac{h/2}{2}[f(x_i)+2f(x_{i+\frac{1}{2}})+f(x_{i+1})]$，那么

$$\begin{aligned}T_{2n}&=\frac{h}{4}\sum_{i=0}^{n-1}[f(x_i)+2f(x_{i+\frac{1}{2}})+f(x_{i+1})]\\&=\frac{h}{4}\sum_{i=0}^{n-1}[f(x_i)+f(x_{i+1})]+\frac{h}{2}\sum_{i=0}^{n-1}f(x_{i+\frac{1}{2}})\\&=\frac{1}{2}T_n+\frac{h}{2}\sum_{i=0}^{n-1}f(x_{i+\frac{1}{2}})\end{aligned}\tag{7.33}$$

由式(7.33)可知，在求解 T_{2n} 时，只需增加计算 n 个中间节点的函数值。

例 7.5 用变步长复化梯形公式求积分 $I=\int_0^1 e^{-x}dx$ 的近似值，要求保留 7 位有效数字（已知具有 7 位有效数字的近似值为 0.632 120 6）。

解 首先计算 $T_1=\frac{1}{2}[f(x_0)+f(x_1)]=\frac{1}{2}(1+e^{-1})\approx 0.686\ 839\ 7$。

将区间二等分，由 $f(0.5)=e^{-0.5}\approx 0.605\ 307$，可得

$$T_2=\frac{1}{2}T_1+\frac{1}{2}f(0.5)\approx 0.645\ 235\ 2$$

再将每个小区间二等分，由 $f(0.25)=e^{-0.25}\approx 0.778\ 800\ 8$，$f(0.75)=e^{-0.75}\approx 0.472\ 366\ 6$，可得

$$T_4=\frac{1}{2}T_2+\frac{1}{4}[f(0.25)+f(0.75)]\approx 0.635\ 409\ 4$$

如此不断二分下去，可得如下计算结果：

$T_8\approx 0.632\ 943\ 4$；$T_{16}\approx 0.632\ 326\ 3$；$T_{32}\approx 0.63\ 217\ 20$；$T_{64}\approx 0.632\ 133\ 4$；

$T_{128}\approx 0.632\ 123\ 8$；$T_{256}\approx 0.632\ 121\ 4$；$T_{512}\approx 0.632\ 120\ 8$；$T_{1024}\approx 0.632\ 120\ 6$

由此可知，要达到 7 位有效数字，需要将区间等分 1 024 份，计算量很大。

下面我们讨论一下变步长复化梯形公式的停机准则（找到近似值的误差估计）。

由复化梯形公式的余项(7.28)知

$$\frac{I-T_n}{I-T_{2n}}=\frac{-\frac{b-a}{12}h^2f''(\xi_1)}{-\frac{b-a}{12}\left(\frac{h}{2}\right)^2f''(\xi_2)}=4\frac{f''(\xi_1)}{f''(\xi_2)},h=\frac{b-a}{n}\quad(\xi_1,\xi_2\in[a,b])$$

如果 $f''(x)$ 在区间 $[a,b]$ 上变化不大，则 $\frac{I-T_n}{I-T_{2n}}\approx 4$，从而可得

$$I-T_{2n}\approx\frac{1}{3}(T_{2n}-T_n)\tag{7.34}$$

式(7.34)说明用 T_{2n} 作为积分 I 的近似值，其误差大致为 $(T_{2n}-T_n)/3$，由此可取停机标准为

$$|T_{2n}-T_n|<\varepsilon\ 或\ \frac{|T_{2n}-T_n|}{|T_{2n}|}<\varepsilon\tag{7.35}$$

其中，ε 是事先给定的精度。这样可解决余项估计式(7.28)中被积函数二阶导未知的困难。

第 4 节 Romberg 求积法

7.4.1 梯形公式的外推法

变步长复化梯形求积法是提高精度以及具有收敛性的有效算法，但是往往计算量很大，在计算过程中能否通过误差修正的思想提高收敛的速度呢？事实上，式(7.34)给出了 T_{2n} 的近似误差为 $(T_{2n}-T_n)/3$，所以利用 $(T_{2n}-T_n)/3$ 对 T_{2n} 进行修正，以期得到比 T_{2n} 更好的近似效果。记 $\bar{T}$ 为误差修正后的值，即

$$\bar{T}=T_{2n}+\frac{1}{3}(T_{2n}-T_n)=\frac{4}{3}T_{2n}-\frac{1}{3}T_n\tag{7.36}$$

下面用例 7.3 中的数据检验一下是否提高了精度？利用例中所给数据，由复化求积公式(7.25)分别计算可得 $T_4=0.944\ 513\ 5$，$T_8=0.945\ 690\ 9$。由式(7.36)可得 $\bar{T}=\frac{4}{3}T_8-\frac{1}{3}T_4=0.946\ 083\ 3$，$T_8$ 具有 2 位有数字，而 $\bar{T}$ 具有 6 位有效数字，确实提高了精度。值得注意的是，这里 $\bar{T}$ 的值与 S_4 的值正好相等。实际上，把式(7.33)代入式(7.36)便知

$$S_n=\frac{4}{3}T_{2n}-\frac{1}{3}T_n \tag{7.37}$$

由复化求积公式余项式(7.28)、式(7.29)知，T_{2n} 的余项是 $O((h/2)^2)$，而 S_n 的余项是 $O((h/2)^4)$。式(7.37)说明了通过对两个复化梯形值 T_n 和 T_{2n} 经过“粗加工”(简单运算)就可得到精度更高的复化辛甫生值 S_n，这个加工过程是不增加计算量的(没有增加函数值的运算)。这种将数值积分近似值的误差阶数从 $O(h^2)$ 提高到 $O(h^4)$ 的方法称为外推法，也称为理查森(Richardson)外推算法。只要近似值的余项能用步长的幂级数表示，则均可以采用此外推算法来提高精度。

7.4.2　一般的外推技巧

设 $F_1(h)$ 为定积分 I 的一个近似值，其截断误差可表示为

$$I-F_1(h)=a_1h^{p_1}+a_2h^{p_2}+\cdots+a_kh^{p_k}+\cdots \tag{7.38}$$

其中，$a_1\neq 0$；$a_k,p_k(1,2,\cdots)$ 为常数，且 $p_1<p_2<\cdots<p_k<\cdots$，此时 $F_1(h)$ 的误差为 $O(h^{p_1})$。如果把步长折半，则

$$I-F_1(h/2)=2^{-p_1}a_1h^{p_1}+2^{-p_2}a_2h^{p_2}+\cdots+2^{-p_k}a_kh^{p_k}+\cdots \tag{7.39}$$

用式(7.38)乘以 2^{-p_1} 减去式(7.39)，整理得

$$I-\frac{F_1(h/2)-2^{-p_1}F_1(h)}{1-2^{-p_1}}=\tilde{a}_2h^{-p_2}+\tilde{a}_3h^{-p_3}+\cdots+\tilde{a}_kh^{-p_k}+\cdots \tag{7.40}$$

其中，常数 $\tilde{a}_k=\frac{a_k(2^{-p_k}-2^{-p_1})}{1-2^{-p_1}}(k=2,3,\cdots)$。记

$$F_2(h)=\frac{F_1(h/2)-2^{-p_1}F_1(h)}{1-2^{-p_1}} \tag{7.41}$$

式(7.40)就是

$$I-F_2(h)=\tilde{a}_2h^{p_2}+\tilde{a}_3h^{p_3}+\cdots+\tilde{a}_kh^{p_k}+\cdots \tag{7.42}$$

则 $F_2(h)$ 作为 I 的近似值的截断误差提高为 $O(h^{p_2})$，上述做法达到了提高精度的效果。

完全类似地，可从式(7.42)出发构造 $F_3(h)$，其截断误差为 $O(h^{p_3})$。而且这个过程可以不断地进行下去，截断误差的阶数越来越高，即精度越来越高，收敛速度也越来越快。下面对复化梯形公式利用外推法的技巧介绍如下的龙贝格求积法。

7.4.3　龙贝格求积法

记步长为 h 的复化梯形公式 T_n 为 $T_0(h)$，如果 $f(x)$ 有任意阶连续导数，则利用 $f(x)$ 的泰勒展开推导得到其余项为

$$I-T_0(h)=a_1h^2+a_2h^4+\cdots+a_kh^{2k}+\cdots \tag{7.43}$$

其中，$p_1=2$；$p_2=4$。把外推法用于 $T_0(h)$，由式(7.41)可得步长折半一次得到的值记为

$T_1(h)=\frac{T_0(h/2)-2^{-2}T_0(h)}{1-2^{-2}}=\frac{4}{3}T_0(h/2)-\frac{1}{3}T_0(h)$，由式(7.37)可知 $T_1(h)=S_n$，其余项为 $O(h^4)$，具体形式为

$$I-T_1(h)=\tilde{a}_2h^4+\tilde{a}_3h^6+\cdots+\tilde{a}_kh^{2k}+\cdots$$

继续对 $T_1(h)$ 利用外推法思想，由式(7.41)可得

$$T_2(h)=\frac{T_1(h/2)-2^{-4}T_1(h)}{1-2^{-4}}=\frac{16}{15}T_1(h/2)-\frac{1}{15}T_1(h)=\frac{16}{15}S_{2n}-\frac{1}{15}S_n$$

展开可得 $T_2(h)$ 即为 C_n，其余项为 $O(h^6)$。不断重复上述过程，由式(7.41)可得递推公式

$$T_m(h)=\frac{T_{m-1}(h/2)-2^{-2m}T_{m-1}(h)}{1-2^{-2m}}=\frac{4^m}{4^m-1}T_{m-1}\left(\frac{h}{2}\right)-\frac{1}{4^m-1}T_{m-1}(h)\quad(m=1,2,\cdots)\tag{7.44}$$

该公式称为龙贝格求积公式，它的余项为

$$I-T_m(h)=O(h^{2m+2})$$

如果记 $T_0^{(k)}$ 为二分 k 次的梯形值，$T_m^{(k)}$ 为序列 $\{T_0^{(k)}\}$ 外推加速 m 次的值，则由式(7.44)得

$$T_m^{(k)}=\frac{4^m}{4^m-1}T_{m-1}^{(k+1)}-\frac{1}{4^m-1}T_{m-1}^{(k)}\quad(m=1,2,\cdots)$$

由上一段内容知，梯形值、Simpson 值、Cotes 值、Romberg 值序列分别对应于序列 $\{T_0^{(k)}\}\{T_1^{(k)}\}\{T_2^{(k)}\}\{T_3^{(k)}\}$。可以证明

$$\lim_{k\to\infty}T_m^{(k)}=I(\text{任意 } m \text{ 固定}),\ \lim_{m\to\infty}T_m^{(0)}=I$$

外推积分法可按表 7.2 逐行进行。

表 7.2　外推积分法计算顺序

k	$T_0^{(k)}$	$T_1^{(k-1)}$	$T_2^{(k-2)}$	$T_3^{(k-3)}$	$T_4^{(k-4)}$	…
0	(1)$T_0^{(0)}$					
1	(2)$T_0^{(1)}$	(3)$T_1^{(0)}$				
2	(4)$T_0^{(2)}$	(5)$T_1^{(1)}$	(6)$T_2^{(0)}$			
3	(7)$T_0^{(3)}$	(8)$T_1^{(2)}$	(9)$T_2^{(1)}$	(10)$T_3^{(0)}$		
4	(11)$T_0^{(4)}$	(12)$T_1^{(3)}$	(13)$T_2^{(2)}$	(14)$T_3^{(1)}$	(15)$T_4^{(0)}$	
⋮	⋮	⋮	⋮	⋮	⋮	⋮

终止标准为

$$|T_m^{(0)}-T_{m-1}^{(0)}|<\varepsilon\quad\text{或}\quad\frac{|T_m^{(0)}-T_{m-1}^{(0)}|}{|T_m^{(0)}|}<\varepsilon$$

此时，可选 $T_m^{(0)}$ 作为积分 I 的近似值。

第5节　自适应积分法

复化求积公式是在等距划分情形下构造的数值积分法，为了保证精度，步长一般要较小。这种算法没有考虑曲线某些部分变化平坦而某些部分变化剧烈的情况。事实上，在函数值变化平坦的部分可使用较大的步长，而在函数值变化剧烈的部分使用较小的步长，这样既可保证精度，又可减少计算量，这是自适应积分法的基本思想。下面以复化 Simpson 积分法为例来说明自适应技术。

由 Simpson 公式计算 $I(f)=\int_a^b f(x)\mathrm{d}x$ 可得近似值记为 $S(a,b):=S_1$，如果 $f\in C^{(4)}[a,b]$，由余项公式(7.22)知

$$I(f)=S_1-\frac{(b-a)f^{(4)}(\xi_1)}{180}\left(\frac{h_1}{2}\right)^4 \tag{7.45}$$

其中，$h_1=b-a$。若把区间$[a,b]$二等分，那么步长 $h_2=h_1/2$。在每个小区间上利用 Simpson 公式计算，并求和得到积分近似值记为 $S_2(a,b):=S_2$，即

$$\begin{aligned}S_2&=S\left(a,\frac{a+b}{2}\right)+S\left(\frac{a+b}{2},b\right)\\&=\frac{h_2}{6}\left[f(a)+4f\left(a+\frac{h_2}{2}\right)+4f\left(a+\frac{3h_2}{2}\right)+2f(a+h_2)+f(b)\right]\end{aligned} \tag{7.46}$$

由余项公式(7.29)知

$$I(f)=S_2-\frac{b-a}{180}f^{(4)}(\xi_2)\left(\frac{h_1}{4}\right)^4 \tag{7.47}$$

假设 $f^{(4)}(\xi_1)\approx f^{(4)}(\xi_2)$，由式(7.45)和式(7.47)得

$$\frac{(b-a)f^{(4)}(\xi_2)}{180}\left(\frac{h_1}{2}\right)^4\approx\frac{16}{15}[S_1-S_2] \tag{7.48}$$

将式(7.48)代入式(7.47)，则有

$$|I(f)-S_2|\approx\frac{1}{15}|S_2-S_1| \tag{7.49}$$

设 $\varepsilon>0$ 为给定的误差精度，如果

$$|S_2-S_1|<15\varepsilon \tag{7.50}$$

则有

$$|I(f)-S_2|\leqslant\varepsilon$$

此时可取定积分 $I(f)$的近似值为 $I(f)\approx S_2$，则可达到给定的误差精度 ε，而通常我们取外推一次的值

$$I(f)\approx S_2+\frac{S_2-S_1}{15} \tag{7.51}$$

作为积分近似值。

如果式(7.50)不成立，再取容差 $\varepsilon/2$，对$\{[a,(a+b)/2],\varepsilon/2\}$和$\{[(a+b)/2,b],\varepsilon/2\}$重复以上过程，直到每个子区间都满足精度要求。然后把每个通过测试的区间上的近似值累加即得 $I(f)$的近似值，其误差小于 ε。

下面算法 7.1 是自适应 Simpson 算法的 Matlab 程序，其中函数 srule 返回 6 个量

$$Z=[a \quad b \quad S1 \quad S2 \quad err \quad tol \quad t]$$

其中，err 是按式(7.49)右边计算的误差，tol 表示测试容差，$t=1$ 表示测试通过，否则表示未通过。函数 adapt_quad 中二维数组 $v(k,:)$ 是对第 k 个区间进行编号并存放上面 Z 的 6 个值。需要说明的是，为了使程序更加清晰地反映算法，这里有函数值重复调用的情况，使用一些编程技巧是可以避免的。

算法 7.1 （自适应 Simpson 积分法）

```
    function S=adapt_quad(f,a,b,tol)
    v=zeros(100,7);
    S = 0; k = 1;
    v(k,:) =srule(f,a,b,tol);
    while 1
        if v(k,7) % 通过测试
        S = S + v(k,4)+(v(k,4)-v(k,3))/15;        %积分值累加
        v(k,:)                                    %显示通过测试的区间等
        k = k-1;
        if k <= 0 , break, end
        a=v(k,1); b=v(k,2);
    else
        tol = v(k,6)/2;
        c = (a+b)/2;
        v(k,:) =srule(f,c,b,tol);
        k = k+1;
        v(k,:) =srule(f,a,c,tol);
        b=c;
    end
end
    function Z = srule(f,a,b,tol)
    c = (a+b)/2;
    fa = f(a);  fb = f(b);  fc = f(c);
    S1 = (b-a)*( fa + 4*fc + fb )/6;
    c1 = (a+c)/2;c2 = (c+b)/2;
    S2 = (b-a)*( fa + 4*f(c1) + 4*f(c2) + 2*fc + f(b) )/12;
    err=abs(S1-S2)/15;
    t = 0; if err < tol, t=1; end
    Z = [a  b  S1  S2  err tol  t];
```

例 7.6 $I=\int_0^4 13(x-x^2)e^{-3x/2}dx$，容差 $tol=10^{-5}$，用算法 7.1 计算结果是 $I\approx S=-1.548\ 788\ 579\ 628\ 83$，积分区间划分了 17 个子区间，需调用 68 个函数值，相应的数据见

表 7.3。图 7.4 显示了被积函数的图形和区间划分情况。

表 7.3　自适应 Simpson 积分法求例 7.6 的数值结果

区　间	$S1$	$S2$	$\|S1\text{-}S2\|/15$	tol
0　0.125 0	8.235 4e-002	8.235 8e-002	3.021 7e-007	3.125 0e-007
0.125 0　0.250 0	1.840 4e-001	1.840 4e-001	2.254 8e-007	3.125 0e-007
0.250 0　0.375 0	2.167 2e-001	2.167 2e-001	1.670 3e-007	3.125 0e-007
0.375 0　0.500 0	2.064 6e-001	2.064 6e-001	1.226 8e-007	3.125 0e-007
0.500 0　0.625 0	1.715 0e-001	1.715 1e-001	8.920 3e-008	3.125 0e-007
0.625 0　0.750 0	1.243 3e-001	1.243 3e-001	6.407 2e-008	3.125 0e-007
0.750 0　0.875 0	7.324 4e-002	7.324 5e-002	4.532 9e-008	3.125 0e-007
0.875 0　1.000 0	2.352 8e-002	2.352 9e-002	3.145 6e-008	3.125 0e-007
1.000 0　1.250 0	−8.232 0e-002	−8.231 2e-002	5.554 9e-007	6.250 0e-007
1.250 0　1.500 0	−2.108 1e-001	−2.108 1e-001	2.114 3e-007	6.250 0e-007
1.500 0　2.000 0	−6.055 1e-001	−6.055 1e-001	2.129 9e-008	1.250 0e-006
2.000 0　2.250 0	−3.198 6e-001	−3.198 6e-001	5.404 0e-008	6.250 0e-007
2.250 0　2.500 0	−3.006 2e-001	−3.006 2e-001	5.534 1e-008	6.250 0e-007
2.500 0　2.750 0	−2.701 0e-001	−2.701 0e-001	4.713 9e-008	6.250 0e-007
2.750 0　3.000 0	−2.347 5e-001	−2.347 5e-001	3.631 6e-008	6.250 0e-007
3.000 0　3.500 0	−3.638 9e-001	−3.639 0e-001	6.913 3e-007	1.250 0e-006
3.500 0　4.000 0	−2.431 3e-001	−2.431 4e-001	2.738 5e-007	1.250 0e-006

Matlab 自适应 Simpson 积分法的函数是

$$Q=\text{quad}(f\ ,\ a\ ,\ b\ ,\ tol)$$

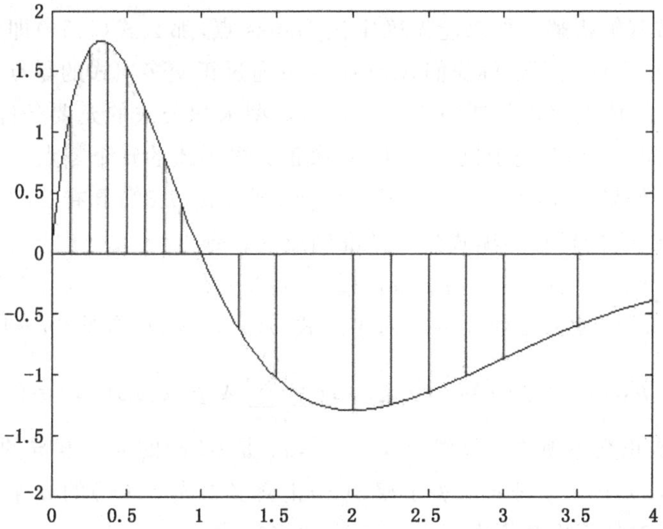

图 7.4　例 7.6 中被积函数的图形

第 6 节 Gauss 型求积公式

Newton-Cotes 求积公式中求积节点是等距的，这种方法没有很好地提高公式的代数精度；如果适当地安排求积节点(不一定等距)，可使代数精度提高，甚至达到最高。由定理 7.1 进一步可证明 n 点求积公式的代数精度最高可为 $2n-1$ 次。通过选择节点而使代数精度达到最高的求积公式通常称为 Gauss 型求积公式。本节讨论带权函数的定积分

$$I(f)=\int_a^b f(x)\rho(x)\mathrm{d}x \tag{7.52}$$

的 Gauss 型求积公式。

7.6.1 Gauss 型求积公式的一般理论

定义 7.4 如果 n 点插值型求积公式

$$I(f)=\int_a^b f(x)\rho(x)\mathrm{d}x \approx G_n=\sum_{k=1}^{n}A_k f(x_k) \tag{7.53}$$

具有最高代数精度 $2n-1$ 次，则称这个公式为 Gauss 型求积公式，这时的求积节点 $x_1,x_2,\cdots,x_n$ 称为 Gauss 点。求积系数 $A_1,A_2,\cdots,A_n$ 称为 Gauss 系数。

例如中点公式(7.4)

$$I(f)=\int_a^b f(x)\mathrm{d}x \approx f\left(\frac{a+b}{2}\right)(b-a)$$

具有 1 次代数精度，是权为 1 的一点 Gauss 公式。

要确定高斯求积公式，令公式(7.53)对 $f(x)=x^m\ (m=0,1,\cdots,2n-1)$ 精确成立，即

$$\int_a^b x^m\rho(x)\mathrm{d}x=\sum_{k=1}^{n}A_k x_k^m \quad (m=0,1,\cdots,2n-1) \tag{7.54}$$

当给定权函数后，可由式(7.54)建立方程组求解求积系数和求积节点。但这是非线性方程组，一般很难求解其解析解。如果能先确定出 Gauss 点，那么式(7.54)即为线性方程组，系数求解就会较容易。下面定理告诉我们，Gauss 点可通过正交多项式的零点来得到。

定理 7.7 n 点插值型求积公式(7.53)为 Gauss 型求积公式的充要条件是它的求积节点 $x_1,x_2,\cdots,x_n$ 是区间 $[a,b]$ 上关于权 $\rho(x)$ 的 n 次正交多项式的 n 个零点。

证明 必要性：如果 $x_1,x_2,\cdots,x_n$ 是 Gauss 点，则公式(7.53)具有 $2n-1$ 次代数精度，从而对次数不大于 $2n-1$ 的任意多项式公式都准确成立。令

$$\omega(x)=(x-x_1)(x-x_2)\cdots(x-x_n)$$

对任意次数不大于 $n-1$ 次的多项式 $p(x)$，多项式 $p(x)\omega(x)$ 至多是 $2n-1$ 次，因此

$$(p,\omega)=\int_a^b p(x)\omega(x)\rho(x)\mathrm{d}x=\sum_{k=1}^{n}A_k p(x_k)\omega(x_k)=0$$

这说明 $\omega(x)$ 是 n 次正交多项式。显然 $x_1,x_2,\cdots,x_n$ 是 $\omega(x)$ 的 n 个互异的零点。

充分性：设 $x_1,x_2,\cdots,x_n$ 是 n 次关于权 $\rho(x)$ 正交多项式 $p_n(x)$ 的 n 个互异的零点，不妨设 $p_n(x)=\omega(x)$。对任意次数不大于 $2n-1$ 次的多项式 $p(x)$，用 $\omega(x)$ 除 $p(x)$，根据多项式的带余除法，设

$$p(x)=q(x)\omega(x)+r(x)$$

其中，商式$q(x)$和余式$r(x)$的次数都不超过$n-1$次。由假设$(q,\omega)=\int_a^b q(x)\omega(x)\rho(x)\mathrm{d}x=0$得

$$\int_a^b p(x)\rho(x)\mathrm{d}x=\int_a^b [q(x)\omega(x)+r(x)]\rho(x)\mathrm{d}x=\int_a^b r(x)\rho(x)\mathrm{d}x$$

又由于求积公式是插值型的，从而代数精度至少为 $n-1$ 次，因此

$$\int_a^b r(x)\rho(x)\mathrm{d}x=\sum_{k=1}^{n}A_k r(x_k)$$

注意到 $p(x_k)=r(x_k)$，得

$$\int_a^b p(x)\rho(x)\mathrm{d}x=\sum_{k=1}^{n}A_k r(x_k)=\sum_{k=1}^{n}A_k p(x_k)$$

即求积公式(7.53)对任意次数不大于 $2n-1$ 次的多项式都准确成立，说明该公式具有 $2n-1$ 次代数精度。

证毕。

定理 7.7 指出，Gauss 点就是正交多项式的零点。下面分别根据不同权下的正交多项式给出相应的 Gauss 点，从而构造相应的 Gauss 公式。

7.6.2 Gauss-Legendre 求积公式

设积分区间为$[-1,1]$，权 $\rho(x)=1$，则正交多项式为 Legendre 多项式 $P_n(x)$，该多项式在$[-1,1]$上存在 n 的不同的零点 $x_1,x_2,\cdots,x_n$，此时的 Gauss 型求积公式称为 Gauss-Legendre 求积公式，即

$$\int_{-1}^{1} f(x)\mathrm{d}x \approx \sum_{k=1}^{n}A_k f(x_k) \tag{7.55}$$

求积系数 $A_k(k=1,2,\cdots,n)$的计算可利用式(7.55)解线性方程组，或根据其为插值型求积公式，那么有

$$A_k=\int_{-1}^{1} l_k(x)\mathrm{d}x \quad (k=1,2,\cdots,n)$$

其中，$l_k(x)$为 Lagrange 基函数。

当 $n=1$ 时，$P_1(x)=x$，零点为 $x_1=0$，故一点 Gauss-Legendre 公式的形式为

$$\int_{-1}^{1} f(x)\mathrm{d}x \approx G_1=A_1 f(0)$$

令上式对 $f(x)=1$ 精确成立，即得系数 $A_1=2$，从而一点 Gauss-Legendre 公式为

$$\int_{-1}^{1} f(x)\mathrm{d}x \approx G_1=2f(0) \tag{7.56}$$

其实这就是中点公式。

当 $n=2$ 时，$P_2(x)=3x^2-1$，零点为 $x_{1,2}=\pm\frac{1}{\sqrt{3}}$，类似可确定二点 Gauss-Legendre 公式为

$$\int_{-1}^{1} f(x)\mathrm{d}x \approx G_2=f\left(-\frac{1}{\sqrt{3}}\right)+f\left(\frac{1}{\sqrt{3}}\right) \tag{7.57}$$

三点 Gauss-Legendre 公式为

$$\int_{-1}^{1} f(x)\mathrm{d}x \approx G_3=\frac{5}{9}f\left(-\sqrt{\frac{3}{5}}\right)+\frac{8}{9}f(0)+\frac{5}{9}f\left(\sqrt{\frac{3}{5}}\right)$$

其他 Gauss-Legendre 公式的求积节点与系数见表 7.4。

表 7.4　Gauss-Legendre 公式的求积节点与系数

n	A_k	x_k
4	±0.861 136 311 6	0.347 854 845 1
	±0.339 981 043 6	0.652 145 154 9
5	0	0.568 888 888 9
	±0.538 469 310 1	0.478 628 670 5
	±0.906 179 845 9	0.236 926 885 1
6	±0.238 619 186 1	0.171 324 492 4
	±0.661 209 386 5	0.360 761 573 0
	±0.932 469 514 2	0.236 926 885 1

对于一般区间$[a,b]$上的定积分，通过变量代换

$$x=\frac{b-a}{2}t+\frac{b+a}{2}$$

那么

$$\int_a^b f(x)\mathrm{d}x=\frac{b-a}{2}\int_{-1}^1 f\left(\frac{b-a}{2}t+\frac{b+a}{2}\right)\mathrm{d}t \tag{7.58}$$

即可以化到$[-1,1]$上的定积分，再用 Gauss-Legendre 求积公式求解。

例 7.7　用两点和四点高斯-勒让德公式求积分 $I=\int_1^3 \mathrm{e}^x\sin x\,\mathrm{d}x$。

解　通过分部积分可得积分准确值为

$$I=\frac{1}{2}[(\sin 3-\cos 3)\mathrm{e}^3-(\sin 1-\cos 1)\mathrm{e}]=10.950\ 170\ 3\cdots$$

利用高斯-勒让德公式计算，首先将区间$[1,3]$化为$[-1,1]$，由公式(7.58)可知

$$I=\int_{-1}^1 \mathrm{e}^{t+2}\sin(t+2)\mathrm{d}t$$

则由两点公式(7.57)可知 $I\approx 11.141\ 494\ 6\cdots$。由表 7.6 中的四点的节点和求积系数可得 $I\approx 10.950\ 1\cdots$。由上可得，四点高斯-勒让德公式精度更高。

例 7.8　用 Gauss-Legendre 公式求积 分 $I=\int_0^1 \frac{4}{1+x^2}\mathrm{d}x$。

解　这个积分的准确值为 $\pi=3.141\ 592\ 653\ 589\ 79\cdots$。下面分别用二、三、四、五点 Gauss 公式计算。为了达到相同的有效数字，复化梯形公式、复化 Simpson 公式、Romberg 公式需要更多的求积节点，具体见表 7.5。

表 7.5

Gauss 点数	Gauss 值	有效数字	T_n 节点数	S_n 节点数	R_n 节点数
2	3.147 540 983 606 56	2	3	3	
3	3.141 068 139 963 17	3	7	5	
4	3.141 611 905 248 54	5	65	5	9
5	3.141 592 640 042 33	8	2 049	33	17

由此可见 Gauss-Legendre 求积公式的效率与精度都很高。

7.6.3　Gauss-Chebyshev 求积公式

设积分区间为$[-1,1]$,权函数 $\rho(x)=\dfrac{1}{\sqrt{1-x^2}}$,则正交多项式为 Chebyshev 多项式,此时的 Gauss 型求积公式称为 Gauss-Chebyshev 求积公式

$$\int_{-1}^{1}\frac{f(x)}{\sqrt{1-x^2}}\mathrm{d}x \approx \sum_{k=1}^{n}A_k f(x_k) \tag{7.59}$$

其中,求积节点与求积系数为

$$x_k=\cos\frac{(2k-1)\pi}{2n},A_k=\frac{\pi}{n}\quad(k=1,2,\cdots,n)$$

7.6.4　Gauss 型公式的求积余项、稳定性与收敛性

定理 7.8　如果被积函数 $f(x)$有 $2n$ 阶连续导数,则 n 点 Gauss 型求积公式的求积余项为

$$R_n=\frac{f^{(2n)}(\xi)}{(2n)!}\int_a^b\rho(x)w^2(x)\mathrm{d}x\quad(\xi\in[a,b])$$

证明略。

推论 1　n 点 Gauss-Legendre 求积公式(7.55)的余项为

$$R_n=\frac{(n!)^4}{[(2n)!]^3}\frac{2^{2n+1}}{2n+1}f^{(2n)}(\xi)\quad(\xi\in[-1,1])$$

推论 2　n 点 Gauss-Chebyshev 求积公式(7.59)的求积余项为

$$R_n=\frac{2\pi}{(2n)!\,4^n}f^{(2n)}(\xi)\quad(\xi\in[-1,1])$$

定理 7.9　Gauss 型求积公式(7.53)是数值稳定的。

证明　根据定理 7.2,只要证明求积系数全为正数。设 $l_k(x)$是关于 Gauss 点 $x_1,x_2,\cdots,x_n$ 的 $n-1$ 次 Lagrange 插值基函数,则 Gauss 公式对 $2n-2$ 次多项式 $l_k^2(x)$准确成立,即

$$\int_a^b\rho(x)l_k^2(x)\mathrm{d}x=\sum_{j=1}^{n}A_j l_k(x_j)=A_k$$

由权函数 $\rho(x)\geqslant 0$,易知 $A_k>0$,所以 Gauss 型求积公式是数值稳定的。

证毕。

定理 7.10　如果被积函数 $f(x)$是连续函数,则 Gauss 型数值求积公式(7.53)是收敛的,即

$$\lim_{n\to\infty}G_n=\int_a^b f(x)\rho(x)\mathrm{d}x$$

证明略。

第 7 节　三次样条积分法

用三次样条插值函数近似代替被积函数 $f(x)$导出的求积公式,称为三次样条积分法。三次样条积分法是对付表格函数的常用方法。下面以等距节点的情况推导样条积分公式。

设积分区间$[a,b]$被划分成等距节点$x_k=a+kh(k=0,1,\cdots,n,n\geqslant 3)$，步长$h=(b-a)/n$，并已知两个端点的一阶导数$m_0=f'(x_0)$，$m_n=f'(x_n)$。设三次样条插值函数在子区间$[x_k,x_{k+1}]$的表达式为

$$S_k(x)=s_{k1}(x-x_k)^3+s_{k2}(x-x_k)^2+s_{k3}(x-x_k)+s_{k4}\quad(k=0,1,\cdots,n-1)$$

则

$$\int_a^b f(x)\mathrm{d}x=\sum_{k=0}^{n-1}\int_{x_k}^{x_{k+1}}f(x)\mathrm{d}x\approx\sum_{k=0}^{n-1}\int_{x_k}^{x_{k+1}}S_k(x)\mathrm{d}x=\sum_{k=0}^{n-1}\left(\frac{h^4}{4}s_{k1}+\frac{h^3}{3}s_{k2}+\frac{h^2}{2}s_{k3}+hs_{k4}\right)$$

$$=\frac{h}{2}\left[f(x_0)+2\sum_{k=1}^{n-1}f(x_k)+f(x_n)\right]-\frac{h^3}{24}\left[M_0+2\sum_{k=1}^{n-1}M_k+M_n\right]\tag{7.60}$$

上式最后一个等号是利用第5章式(5.79)得到的。再利用第5章方程组(5.82)以及$\lambda_k=\mu_k=1/2$又知

$$M_0+2\sum_{k=1}^{n-1}M_k+M_n=\frac{2}{h}(m_n-m_0)\tag{7.61}$$

将式(7.61)代入式(7.60)即得三次样条求积公式

$$\int_a^b f(x)\mathrm{d}x\approx\frac{h}{2}\left[f(x_0)+2\sum_{k=1}^{n-1}f(x_k)+f(x_n)\right]+\frac{h^2}{12}[f'(x_0)-f'(x_n)]\tag{7.62}$$

注意到这个数值求积公式的第一项正好是等距节点的复化梯形公式T_n，第二项可以看成是对T_n的修正项。可以证明求积公式(7.62)的求积余项为

$$R_n(f)=\frac{b-a}{720}h^4f^{(4)}(\xi)=O(h^4)\quad(\xi\in[a,b])$$

这说明只要用区间端点处的一阶导数值去修正复化梯形公式T_n，就可以得到比复化梯形公式T_n高两阶的数值求积公式。

例 7.9 设$f(x)=\dfrac{4}{1+x^2}$，$f'(0)=0$，$f'(1)=-2$，根据例7.3中的数据利用三次样条求积公式计算定积分$\int_0^1 f(x)\mathrm{d}x$。

解

$$\int_0^1\frac{4}{1+x^2}\mathrm{d}x\approx T_8+\frac{1}{12}\left(\frac{1}{8}\right)^2[0-(-2)]=T_8+\frac{1}{384}=3.141\ 592\ 654\ 166\ 67$$

原来的梯形值T_8只有3位有效数字，而这个积分值高达8位有效数字。

对于一般的情况，可先求出样条函数，然后再对样条函数进行积分。

应用案例——RC 电路的电压

由电阻器、电容器、电源和电压器组成的简单的RC电路，如图7.5所示。

设导线内的电流为$u(t)$，电压器两端的电压为$y(t)$，电压的总量经过整个环路下降为零，由Kirchhoff电压原理知，电压可表示为

$$y(t)=Ru(t)+x(t)$$

其中，第一项表示电流经过电阻R时电压的损耗；第二项$x(t)$表示电流经过电容器时电压的损耗。由于电容器两端电压的变化率正比于流经电容器的电流量，当C表示为电容量时，有

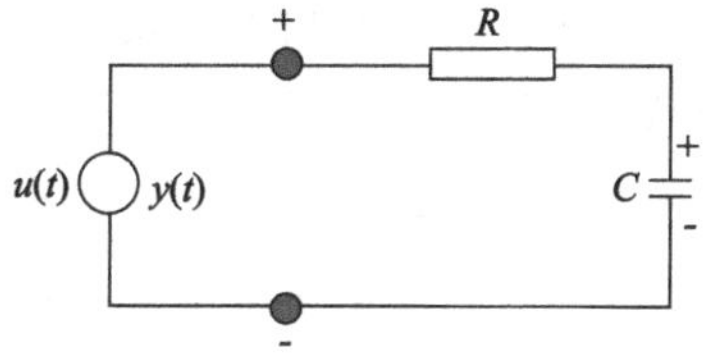

图 7.5　RC 电路

$$C\frac{\mathrm{d}x(t)}{\mathrm{d}t}=u(t)$$

设电容器是在时刻 $t=0$ 时启动，并具有初值 $x(0)$。对上述微分方程两端积分，得电容器两端电压

$$x(t)=x(0)+\frac{1}{C}\int_0^t u(\tau)\mathrm{d}\tau$$

从而电压器两端的电压为

$$y(t)=Ru(t)+x(0)+\frac{1}{C}\int_0^t u(\tau)\mathrm{d}\tau$$

为确定每一时刻的电压，设电流函数为 $u(t)=\dfrac{10t\mathrm{e}^{-t}}{1+\cos^2 t}$，电阻 $R=30\ \Omega$，电容 $C=470\ \mu\mathrm{F}$，电容的初值 $x(0)=2$ V。计算时将时间区间[0,10]100 等分，然后用复化梯形求积公式计算电压 $y(t)$在各个时间节点t_i $(i=0,1,2,\cdots,101)$上的近似值。用 Matlab 软件编程计算，电压 $y(t)$变化如图 7.6 所示。

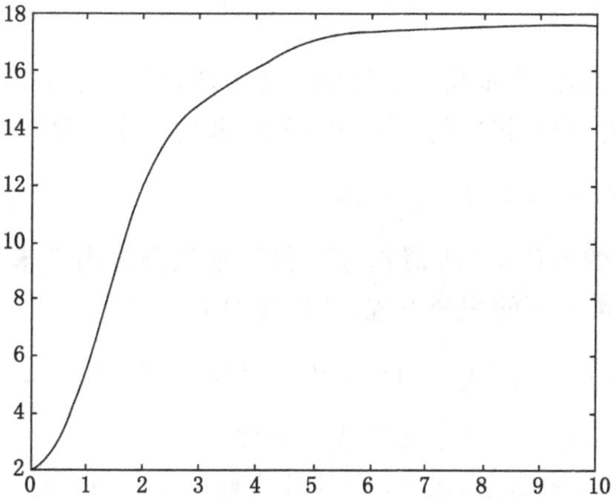

图 7.6

由于当 $t\to\infty$ 时，$u(t)\to 0$，故 $y(t)$的稳态值就是电容电压 $x(t)$的稳态值，此问题中稳态值 $x=17.61$ V。

小　　结

本章介绍了定积分的数值计算方法，主要通过逼近的思想，利用被积函数的插值多项式进行积分，构造了插值型求积公式，并得到了求积余项。建立求积公式的另一途径是基于求积公式的代数精度，通过解方程组得到数值求积节点和求积系数。

基于等距节点的插值求积公式，辛普森提出了复化求积公式和变步长复化求积公式，使得数值积分公式的稳定性和精度都有了很大的提高。1955 年由龙贝格利用外推的思想得到了龙贝格求积方法，使得等距节点的求积公式的精度进一步提高，自适应积分法也是以此为基础给出的。而对于不等距划分的求积公式，1814 年高斯提出了具有最高代数精度的高斯求积公式，利用勒让德多项式和切比雪夫多项式给出了不同求积权函数下的求积节点，由代数精度可得到求积系数。基于样条插值函数，可得到样条求积公式。

数值实验

实验一 试用复化梯形法、复化 Simpson 法、Romberg 求积法、Gauss-Legendre 公式法求积分

(1) $\int_0^{\pi} e^x \sin x \, dx$　　(2) $\int_0^{\pi} x \cos x \, dx$

(3) $\int_0^1 \frac{\sin x}{x} dx$　　(4) $\int_{-1}^1 \frac{1}{1+25x^2} dx$

实验二 选择你认为最好的积分法（也可以用 Matlab 函数），求标准正态分布的概率积分

$$\Phi(x) = \int_0^x \frac{1}{\sqrt{2\pi}} e^{-\frac{t^2}{2}} dt$$

取 $x=0$、0.01、3.5，以概率论教材中标准正态分布概率分布表的样子制作一个具有 7 位有效数字的概率分布表。

实验三 模仿复化梯形公式步长折半法的构造方法，用二点 Gauss-Legendre 公式设计自动折半步长的复化积分法，编写相应的 Matlab 程序，并用它来计算积分

(1) $I = \int_0^{\pi} e^{-x} \cos x \, dx$；　(2) $I = \int_0^5 e^x \, dx$

实验四 （积分方程的数值解）所谓积分方程就是积分号内有未知函数的方程。第二类 Fredholm 积分方程是一类重要的积分方程，其形式如下

$$y(x) = \lambda \int_a^b k(x,s) y(s) ds + f(x) \quad (a \leqslant x \leqslant b)$$

其中，λ，$k(x,s)$，$f(x)$已知；$y(x)$是未知的待求函数。

我们可以通过数值积分的方法，求 $y(x)$的数值解 $y_1, y_2, \cdots, y_n$。设求积公式为

$$\int_a^b F(x) dx \approx \sum_{j=1}^n A_j F(x_j)$$

对上面积分方程中的积分用这个求积公式来近似得

$$y(x) \approx \lambda \sum_{j=1}^n A_j k(x, x_j) y(x_j) + f(x)$$

记 $y_i \approx y(x_i)$，$k_{ij} = k(x_i, x_j)$，$f_i = f(x_i)$，又得

$$y_i = \lambda \sum_{j=1}^n A_j k_{ij} y_j + f_i \quad (i = 1, 2, \cdots, n)$$

上式是关于 $y_1, y_2, \cdots, y_n$ 的线性方程组，解此线性方程组即求得 $y(x)$的数值解 y_1, y_2，

$\cdots, y_n$。

求解积分方程 $y(x)=\int_0^1 e^{x+s}y(s)ds+\frac{3}{2}e^x-\frac{1}{2}e^{x+2}$ 的数值解[精确解为 $y(x)=e^x$]。

习　题　七

1. 验证梯形(复化梯形)、Simpson(复化 Simpson)、Cotes 公式的代数精度分别为 1,3,5 次。

2. 确定如下公式中的求积系数,使其代数精度尽可能高,并求出代数精度。

(1) $\int_{-h}^{h} f(x)dx \approx A_{-1}f(-h)+A_0 f(0)+A_1 f(h)$

(2) $\int_{-2h}^{2h} f(x)dx \approx A_{-1}f(-h)+A_0 f(0)+A_1 f(h)$

(3) $\int_{-1}^{1} f(x)dx \approx \frac{1}{3}[f(-1)+2f(x_2)+3f(x_3)]$

(4) $\int_{a}^{b} f(x)dx \approx \frac{b-a}{2}[f(a)+f(b)]+A(b-a)^2[f'(a)-f'(b)]$

(5) $\int_{0}^{1} f(x)\ln x\,dx \approx -0.2f(x_1)+Af(x_2)$

(6) $\int_{-1}^{1} f(x)dx \approx A_0 f(-1)+A_1 f(0)+A_2 f(1)+A_3 f'(-1)+A_4 f'(1)$

3. 已知某个函数在某些点上的离散数据,试用复化梯形公式、复化 Simpson 公式、Cotes 公式求定积分 $\int_{1.8}^{2.6} f(x)dx$ 的数值解。

x	1.8	2.0	2.2	2.4	2.6
$f(x)$	3.120 4	4.425 69	6.042 41	8.030 14	10.466 75

4. 设被积函数 $f(x)$ 至少有二阶连续导数,试确定左矩形公式、右矩形公式、中点矩形公式的求积余项。

5. 若用复化梯形公式计算积分 $\int_0^1 e^x dx$,区间[0,1]要等分多少份才能使截断误差不超过 $\frac{1}{2}\times 10^{-5}$?若改用复化 Simpson 公式,要达到同样的精度应等分多少份?

6. 证明复化梯形公式、复化 Simpson 公式、三次样条求积公式都是数值稳定的。

7. 试构造高斯型求积公式 $\int_0^1 \frac{1}{\sqrt{x}}f(x)dx \approx A_0 f(x_0)+A_1 f(x_1)$。

8. 如果已知被积函数 $f(x)$ 在区间 $[a,b]$ 的 n 等分点上的函数值及其一阶导数,试用三次 Hermite 插值多项式建立复化求积公式,并与三次样条求积公式做比较。

9. 要用几点 Gauss-Legendre 公式才能求出下式积分的准确值?

$$\int_{-1}^{1}\left(x^2-\frac{1}{3}\right)^2 dx$$

10. 用自动折半步长梯形法、Romberg 积分法求如下积分会出现什么现象？

$$\int_0^1 \left[\prod_{i=0}^{8}(x-\frac{i}{8})\right]^2 \mathrm{d}x$$

11. 对积分$\int_0^{\pi} \sin^2 x \,\mathrm{d}x$ 如果利用梯形值序列进行外推，外推结果会更好吗？

12. 用 Gauss-Chebyshev 公式计算积分

$$I(f)=\int_{-1}^{1} \frac{\mathrm{e}^x}{\sqrt{1-x^2}}\mathrm{d}x$$

的近似值，问使用几点的公式可使它具有10^{-6}的精度。

13. 地球卫星轨道是一个椭圆，其周长计算公式为

$$L=4a\int_0^{2\pi}\sqrt{1-\left(\frac{c}{a}\right)^2\sin^2\theta}\,\mathrm{d}\theta$$

这里 a 是椭圆的半长轴，c 是地球中心与轨道中心（椭圆中心）的距离，记 h 为近地点距离，H 为远地点距离，$R=6\ 371$ km 为地球半径，则

$$a=(2R+H+h)/2, c=(H-h)/2$$

我国第一颗人造地球卫星近地点距离 $h=439$ km，远地点距离 $H=2\ 384$ km，试求卫星轨道的周长。

第 8 章　非线性方程(组)的数值解法

非线性方程 $f(x)=0$ 的求解，是科学工程与计算研究中最基本问题之一。若存在 x^* 使得 $f(x^*)=0$，则称 x^* 为方程的根，或函数 $f(x)$ 的零点。对于许多非线性方程无法求出其精确解，例如，一般的五次或五次以上的代数方程，根本没有求根公式。再如，超越方程，也无法求出其精确解，著名的开普勒(Kepler)方程 $y-x-\varepsilon\sin y=0(0<\varepsilon<1)$，可以证明对任意给定的 $x\in R$ 都有唯一的解 y，却不能求出 y 的解析表达式。在实际问题中，欲求方程的根时，不一定需要得到根的准确值，只要求得满足一定精度要求的近似根就可以了。本章主要介绍求非线性方程的近似根的几种方法。

第 1 节　二　分　法

8.1.1　根的隔离

求解方程 $f(x)=0$ 的根，首先要确定根所在的大致区间 $[a,b]$(称为有根区间)，这一过程称为根的隔离。根的隔离主要依靠下面定理：

定理 8.1　若 $f(x)$ 在闭区间 $[a,b]$ 上连续，严格单调，且 $f(a)f(b)<0$，则 $f(x)=0$ 在 (a,b) 内有且仅有一个根。即存在 $x^*\in(a,b)$，使得 $f(x^*)=0$。

根据定理 8.1，我们可以采用如下方法求隔根区间。

(1) 作 $y=f(x)$ 的草图，由 $f(x)$ 与横轴交点的大致位置来确定隔根区间；

(2) 将 $f(x)=0$ 在求根区间内改写成等价形式 $f_1(x)=f_2(x)$，则可根据函数 $f_1(x)$ 和 $f_2(x)$ 交点横坐标的大致位置来确定隔根区间；

(3) 逐步搜索法，从区间 $[a,b]$ 的左端点 a 出发，按选定的步长 h 一步步向右搜索，观察 $f(x)$ 在这些点处的符号变化情况，当出现两个相邻点的函数值异号时，则在此区间内至少有一个根。

例 8.1　求方程 $f(x)=x^3-x-1=0$ 的隔根区间。

解　法一　注意到 $f(0)<0$，$f(+\infty)>0$，知 $f(x)$ 至少有一个正的实根。

设从 $x=0$ 出发，取 $h=0.5$ 为步长向右进行根的搜索，各个结点上函数值的符号见表 8.1，结果显示区间(1,1.5)内必有实根，可以作为隔根区间，因此可取 $x_0=1$ 或 $x_0=1.5$ 作为根的初始近似值。

表 8.1　例 8.1 的函数符号

x	0	0.5	1.0	1.5
$f(x)$的符号	−	−	−	+

法二 将方程变形为 $x^3=x+1$，绘制曲线 $y=x^3$ 和 $y=x+1$，如图 8.1 所示。可知方程只有一个实根 $x^*\in(1,1.5)$，所以(1,1.5)即为隔根区间。

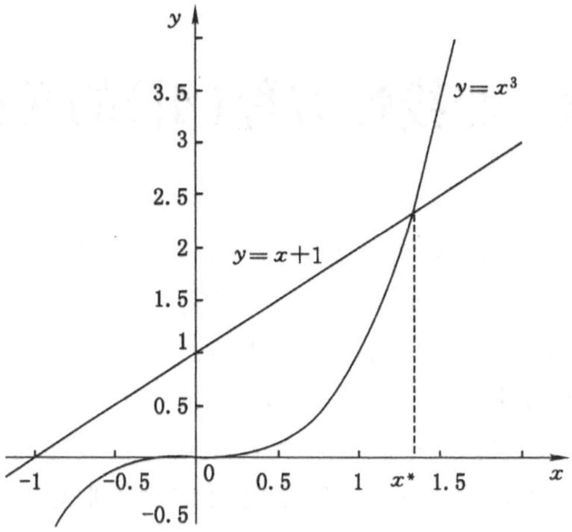

图 8.1 例 8.1 法二的曲线图

在具体运用逐步搜索法时，步长的选择是个关键。若步长 h 足够小，可求得任意精度的根的近似值；但 h 过小，在区间长度大时，会增大计算量，h 过大，又可能出现漏根的现象。但通过调整步长，总可找到所有隔根区间。

8.1.2 二分法

在求方程近似根的方法中，最直观、最简单的求根方法是二分法。二分法的基本思想是用对分区间的方法，根据分点处函数 $f(x)$ 值的符号逐步将隔根区间缩小，使在足够小的区间内方程有且仅有 1 个根。

二分法的步骤如下：

假设 $f(x)$ 在 $[a_0,b_0]$ 上连续，且 $f(a_0)f(b_0)<0$，令 $k=0$：

(1) 取 $x_k=\dfrac{a_k+b_k}{2}$，并计算函数值 $f(x_k)$；

(2) 如果 x_k 达到精度要求，则停止；

(3) 判别符号：

如果 $f(a_k)f(x_k)<0$，则说明 (a_k,x_k) 内有根，令 $[a_{k+1},b_{k+1}]=[a_k,x_k]$；

如果 $f(x_k)f(b_k)<0$，则说明 (x_k,b_k) 内有根，令 $[a_{k+1},b_{k+1}]=[x_k,b_k]$；

(4) 转步骤(1)，重复以上步骤。

显然，二分法迭代 n 次后，近似根 x_n 与精确根 x^* 的误差为

$$|x_n-x^*|\leqslant\frac{b_0-a_0}{2^{n+1}}\equiv h \tag{8.1}$$

故以上算法的终止标准可选为

$$h\leqslant\varepsilon \text{ 或 } |f(x_n)|\leqslant\delta \tag{8.2}$$

其中，ε 与 δ 是事先给定的较小正数。值得注意的是，在特殊情况下，h 很小并不能保证 $|f(c)|$ 很小，反之也是如此。必要时两者可以结合使用。

例 8.2　求方程

$$f(x)=x^3-x-1=0$$

在区间[1,1.5]内根 x^* 的近似值 $\tilde{x}$，要求误差 $|\tilde{x}-x^*|\leqslant 0.5\times 10^{-2}$，用二分法至少需要迭代多少步？

解　易验证 $f(1)<0, f(1.5)>0$，又 $f'(x)=3x^2-1>0(x\in[1,1.5])$，所以 $f(x)$ 在[1,1.5]严格单增，说明 $f(x)$ 在(1,1.5)内有唯一的根。为达到误差要求，根据式(8.1)，只需

$$|\tilde{x}-x^*|\leqslant \frac{1.5-1}{2^{n+1}}\leqslant 0.5\times 10^{-2}$$

解得 $n\geqslant 6$，即至少需要迭代 6 次(表 8.2)。

表 8.2　例 8.3 二分法的计算结果

k	a_k	b_k	x_k	$f(x_k)$的符号
0	1	1.5	1.25	−
1	1.25	1.5	1.375	+
2	1.25	1.375	1.312 5	−
3	1.312 5	1.375	1.343 8	+
4	1.312 5	1.343 8	1.328 1	+
5	1.312 5	1.328 1	1.320 3	−
6	1.320 3	1.328 1	1.324 2	−

二分法的优点是：算法简单，且总是收敛的，能够根据误差要求控制迭代步数，可为其他算法提供初始近似值；缺点是：不能求偶重根和复数根，而且收敛速度太慢。

第 2 节　迭代法及其收敛性

迭代法是数值计算中普遍使用的典型方法，其基本思想是一种逐次逼近的方法，首先给定一个初始值，然后使用迭代公式反复矫正这个初值，直到满足预先给定的精度要求为止。下面要解决的问题是：如何构造迭代公式？迭代公式是否收敛？

8.2.1　不动点迭代法

将方程 $f(x)=0$ 转化为等价方程

$$x=\varphi(x) \tag{8.3}$$

如果有 x^* 满足 $x^*=\varphi(x^*)$，则称 x^* 是函数 $\varphi(x)$ 的不动点。因此，$f(x)=0$ 求根问题等价于 $\varphi(x)$ 求不动点问题。以后总假设 $\varphi(x)$ 是连续函数。

由式(8.3)构造**迭代格式**

$$x_{k+1}=\varphi(x_k)\quad (k=0,1,2,\cdots) \tag{8.4}$$

$\varphi(x)$ 称为**迭代函数**。如果给定任何初值 $x_0\in[a,b]$，由迭代格式(8.4)产生的 $\{x_k\}$ 称为**迭代**

序列。若迭代序列$\{x_k\}$收敛于x^*，即

$$\lim_{k\to\infty} x_k = x^*$$

则x^*就是方程$f(x)=0$的根。

事实上

$$\lim_{k\to\infty} x_k = \lim_{k\to\infty} \varphi(x_{k-1}) = \varphi(\lim_{k\to\infty} x_{k-1}) = \varphi(x^*)$$

即

$$x^* = \varphi(x^*) \text{ 或 } f(x^*) = 0$$

所以，如果迭代序列$\{x_k\}$收敛，总能收敛于原方程$f(x)=0$的根x^*，称迭代格式收敛；否则称迭代格式发散。用迭代格式(8.4)求方程近似根的方法称为**不动点迭代法**，也简称为**迭代法**。

例 8.3 用不动点迭代法求$f(x)=x^4+2x^2-x-3=0$在$[1,1.2]$内的实根。

对方程进行如下三种等价变形

$$x=\varphi_1(x)=(3+x-2x^2)^{\frac{1}{4}}$$

$$x=\varphi_2(x)=\sqrt{\sqrt{x+4}-1}$$

$$x=\varphi_3(x)=x^4+2x^2-3$$

取初值$x_0=1$，分别建立三种迭代格式，其计算结果如下

$$x_{k+1}=\varphi_1(x_k)=(3+x_k-2x_k^2)^{\frac{1}{4}}, x_{25}=x_{26}=1.124\ 123$$

$$x_{k+1}=\varphi_2(x_k)=\sqrt{\sqrt{x_k+4}-1}, x_6=x_7=1.124\ 123$$

$$x_{k+1}=\varphi_3(x_k)=x_k^4+2x_k^2-3, x_3=96, x_4=84\ 953\ 085$$

而方程的准确根$x^*=1.124\ 123\ 029$。

由例 8.3 可见，迭代格式不同，收敛情况不同。第一种格式和第二种格式都收敛，但第二种格式比第一种格式收敛快，而第三种格式不收敛。

那么，如何构造收敛速度较快的迭代格式呢？$\varphi(x)$满足什么条件，才能保证迭代格式(8.4)收敛？下面我们将讨论这个问题。

8.2.2 迭代格式的收敛性

为了认识迭代过程的收敛性，我们先看迭代的几何过程。$\varphi(x)$的不动点x^*是直线$y=x$与曲线$y=\varphi(x)$的交点，图 8.2 是迭代过程$x_{k+1}=\varphi(x_k)$的示意图。其中，图(a)由于$y=\varphi(x)$在点x^*附近$|\varphi'(x)|<1$，迭代序列收敛；而图(b)由于$y=\varphi(x)$在点x^*附近$|\varphi'(x)|\geqslant 1$，迭代序列发散。

定理 8.2 若迭代函数$\varphi(x)$满足如下两个条件：

(1) 对$\forall x\in[a,b]$，有$a\leqslant\varphi(x)\leqslant b$；

(2) $\varphi(x)$在$[a,b]$可导，且存在正数$L<1$，使得对$\forall x\in[a,b]$，有$|\varphi'(x)|\leqslant L$。

则

① $\varphi(x)$在$[a,b]$上有唯一的不动点x^*，即$x^*=\varphi(x^*)$；

② 对任意初值$x_0\in[a,b]$，迭代序列$\{x_k\}$都收敛于$\varphi(x)$的不动点x^*，并有下列两个误差估计式

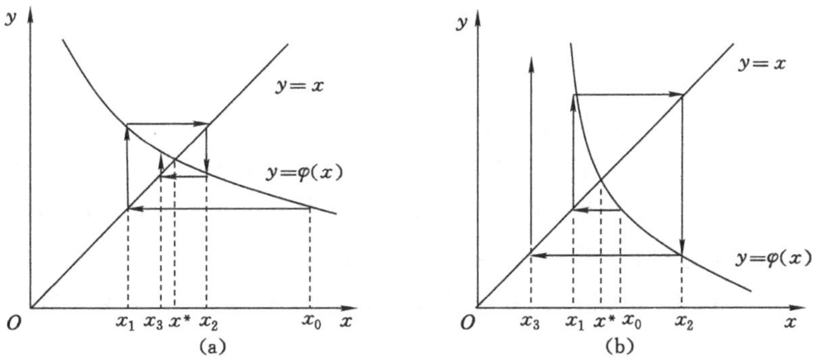

图 8.2　不动点迭代法示意图

$$|x^* - x_k| \leqslant \frac{L}{1-L}|x_k - x_{k-1}| \tag{8.5}$$

$$|x^* - x_k| \leqslant \frac{L^k}{1-L}|x_1 - x_0| \tag{8.6}$$

证明　① 存在性：令 $f(x)=\varphi(x)-x$，则 $f(x)\in C[a,b]$，且 $f(a)\geqslant 0, f(b)\leqslant 0$。由定理 8.1 知，至少存在一点 $x^*\in[a,b]$，使 $f(x^*)=\varphi(x^*)-x^*=0$。

唯一性：假设 $\varphi(x)$ 有两个不动点 $x_1^*, x_2^*\in[a,b]$，由微分中值定理得

$$|x_1^* - x_2^*| = |\varphi(x_1^*) - \varphi(x_2^*)| = |\varphi'(\xi)||x_1^* - x_2^*| \leqslant L|x_1^* - x_2^*| < |x_1^* - x_2^*|$$

矛盾，所以 $x_1^* = x_2^*$。

② 由微分中值定理得

$$|x^* - x_k| = |\varphi(x^*) - \varphi(x_{k-1})| \leqslant L|x^* - x_{k-1}| \leqslant \cdots \leqslant L^k|x^* - x_0|$$

因为 $L<1$，故当 $k\to\infty$ 时，$L^k\to 0$，$x_k\to x^*$，即 $\lim\limits_{k\to\infty} x_k = x^*$。

$$|x_k - x^*| = |\varphi(x_{k-1}) - \varphi(x^*)| \leqslant L|x_{k-1} - x^*| \leqslant L(|x_k - x^*| + |x_k - x_{k-1}|)$$

上式移项，即得 $|x^* - x_k| \leqslant \frac{L}{1-L}|x_k - x_{k-1}|$。

将 $|x_k - x_{k-1}| = |\varphi(x_{k-1}) - \varphi(x_{k-2})| \leqslant L|x_{k-1} - x_{k-2}| \leqslant \cdots \leqslant L^{k-1}|x_1 - x_0|$

代入式(8.5)，即得 $|x^* - x_k| \leqslant \frac{L^k}{1-L}|x_1 - x_0|$。

证毕。

注 1　由式(8.6)知，当常数 L 越接近零，迭代法收敛越快，例如在例 8.3 中的三种迭代公式，在隔根区间[1,1.2]内，有

$$|\varphi_1'(x)| = \left|\frac{x-0.25}{(3+x-2x^2)^{3/4}}\right| < \frac{1.2-0.25}{(3+1-2\times 1.2^2)^{3/4}} < 0.87 = L_1 < 1$$

$$|\varphi_2'(x)| = \left(4\sqrt{\sqrt{x+4}-1}\,\sqrt{x+4}\right)^{-1} < 4\sqrt{\sqrt{5}-1}\sqrt{5} < 0.11 = L_2 < 1$$

$$|\varphi_3'(x)| = |4x^3 + 4x| > 8$$

所以前两个迭代公式收敛，第三个迭代公式不收敛，且第二个迭代公式收敛的速度最快。

注 2　由式(8.6)知，当 $L<1$ 时，相邻两步迭代之差的大小可以反映当前迭代值与方程根的近似程度，即当 $|x_k - x_{k-1}|$ 很小时，必然 $|x^* - x_k|$ 很小，因此，可根据相邻两次迭代结果的

误差来制定迭代终止标准

$$|x_k - x_{k-1}| \leqslant \varepsilon_1 \text{ 或 } \frac{|x_k - x_{k-1}|}{|x_k|} \leqslant \varepsilon_2 \tag{8.7}$$

如果满足定理 8.2 的条件，则迭代格式(8.4)对任意初值 $x_0 \in [a,b]$ 都收敛，这种情况称之为**全局收敛**。但在实际问题中，这些条件很难得到满足。如果存在 x^* 的一个邻域 U，使得对任意初值 $x_0 \in U$，有 $\{x_k\} \subset U$ 且 $\lim\limits_{k \to \infty} x_k = x^*$，则称迭代格式(8.4)是**局部收敛**的。

定理 8.3(局部收敛定理) 设 x^* 是 $\varphi(x)$ 的不动点，如果 $\varphi(x)$ 在 x^* 的某邻域连续可微，而且 $|\varphi'(x^*)| \leqslant L < 1$，则迭代格式(8.4)局部收敛。如果 $|\varphi'(x^*)| \geqslant 1$，则迭代格式(8.4)发散。

证明 因为 $|\varphi'(x^*)| \leqslant L < 1$，又 $\varphi'(x)$ 在 x^* 的邻近连续，故存在 x^* 的某一邻域 R：$|x - x^*| < \delta$，使对任意 $x \in R$，有 $|\varphi'(x)| \leqslant L < 1$；又对任意 $x \in R$，有

$$|\varphi(x) - x^*| = |\varphi(x) - \varphi(x^*)| \leqslant L|x - x^*| < |x - x^*| < \delta$$

即对任意 $x \in R$，有 $\varphi(x) \in R$。由定理 8.2 知，$x_{k+1} = \varphi(x_k)$ 局部收敛。

证毕。

例 8.4 验证函数 $\varphi(x) = e^{-x}$ 在 $[a,b] = [0.5, \ln 2]$ 上满足定理 8.2 的条件，取初值 $x_0 = 0.5$，用不动点迭代法求方程 $x = e^{-x}$ 的近似根，要求误差 $|x_k - x^*| \leqslant 10^{-6}$，至少要迭代多少步？

解 显然 $\varphi(x)$ 严格递减，故在 $[a,b] = [0.5, \ln 2]$ 上

$$0.5 = e^{-\ln 2} \leqslant \varphi(x) = e^{-x} \leqslant e^{-0.5} < \ln 2$$

即 $a \leqslant \varphi(x) \leqslant b \ (x \in [a,b])$，又

$$|\varphi'(x)| = |-e^{-x}| = e^{-x} \leqslant e^{-0.5} \equiv L$$

$$L \approx 0.606\ 530\ 6 < 1$$

综上，$\varphi(x)$ 在 $[a,b]$ 上满足定理 8.2 的条件。

$x_1 = \varphi(x_0) = e^{-0.5} = 0.606\ 530\ 6$，由误差估计式(8.6)，要 $|x_k - x^*| \leqslant 10^{-6}$，只需

$$\frac{L^k}{1-L}|x_1 - x_0| \leqslant 10^{-6}$$

解得 $k \geqslant 25$。表 8.3 是迭代的部分结果。

表 8.3 例 8.4 的迭代结果

k	x_k	k	x_k
20	0.567 142 478	25	0.567 143 338
21	0.567 143 751	26	0.567 143 263
22	0.567 143 029	27	0.567 143 306
23	0.567 143 439	28	0.567 143 282
24	0.567 143 206	29	0.567 143 295

8.2.3 迭代格式的收敛速度

为刻画迭代收敛的快慢，引入收敛阶的定义，它是衡量迭代格式收敛速度快慢的重要指标

之一。

定义 8.1　记 $e_k=x_k-x^*$，如果

$$\lim_{k\to\infty}\frac{|x_{k+1}-x^*|}{|x_k-x^*|^p}=\lim_{k\to\infty}\frac{|e_{k+1}|}{|e_k|^p}=c\neq 0\ (c\ 为一常数) \tag{8.8}$$

则称迭代格式 $x_{k+1}=\varphi(x_k)$ 是 **p 阶收敛**的。当 $p=1$ 时，称为**线性收敛**；当 $p=2$ 时，称为**平方收敛**；当 $p>1$ 时，称为**超线性收敛**。

定理 8.4　若 $\varphi^{(p)}(x)$ 在 x^* 的附近连续，且

$$\varphi'(x^*)=\varphi''(x^*)=\cdots=\varphi^{(p-1)}(x^*)=0,\varphi^{(p)}(x^*)\neq 0\quad (p\geqslant 2)$$

则迭代格式 $x_{k+1}=\varphi(x_k)$ 在 x^* 的附近是 p 阶收敛的。

证明　首先由 $\varphi'(x^*)=0$ 知，迭代过程 $x_{k+1}=\varphi(x_k)$ 具有局部收敛性。其次，将 $\varphi(x_k)$ 在 x^* 点作 Taylor 展开

$$\begin{aligned}\varphi(x_k)&=\varphi(x^*)+\varphi'(x^*)(x_k-x^*)+\frac{\varphi''(x^*)}{2!}(x_k-x^*)^2+\cdots+\\&\quad\frac{\varphi^{(p-1)}(x^*)}{(p-1)!}(x_k-x^*)^{p-1}+\frac{\varphi^{(p)}(\xi)}{p!}(x_k-x^*)^p\\&=\varphi(x^*)+\frac{\varphi^{(p)}(\xi)}{p!}(x_k-x^*)^p\end{aligned}$$

其中，ξ 在 x_k 与 x^* 之间。从而

$$x_{k+1}-x^*=\varphi(x_k)-\varphi(x^*)=\frac{\varphi^{(p)}(\xi)}{p!}(x_k-x^*)^p$$

所以

$$\lim_{k\to\infty}\frac{|x_{k+1}-x^*|}{|x_k-x^*|^p}=\lim_{k\to\infty}\frac{|\varphi^{(p)}(\xi)|}{p!}=\frac{|\varphi^{(p)}(x^*)|}{p!}\neq 0$$

根据定义 8.1，迭代是局部 p 阶收敛的。

证毕。

在定理 8.3 的条件下，迭代格式至少是线性收敛的。这是因为，如果 $\varphi'(x^*)\neq 0$ ($|\varphi'(x^*)|<1$)，则收敛速度是线性的；如果 $\varphi'(x^*)=0$，则收敛的阶还要更高。

例 8.5　证明迭代公式 $x_{k+1}=\dfrac{x_k(x_k^2+3a)}{3x_k^2+a}$ 是求 $\sqrt{a}\ (a>0)$ 的三阶方法。

解　因为迭代函数为 $\varphi(x)=\dfrac{x(x^2+3a)}{3x^2+a}$，显然 $\varphi(\sqrt{a})=\sqrt{a}$，即 $\sqrt{a}$ 为 $x=\varphi(x)$ 的根。

为了便于应用定理 8.4，将 $\varphi(x)$ 看作由下述方程确定的隐函数

$$(3x^2+a)\varphi(x)-x(x^2+3a)=0$$

方程两边对 x 求导得

$$(3x^2+a)\varphi'(x)+6x\varphi(x)-3x^2-3a=0$$

令 $x=\sqrt{a}$，可得 $\varphi'(\sqrt{a})=0$，上式两边再对 x 求导得

$$(3x^2+a)\varphi''(x)+12x\varphi'(x)+6\varphi(x)-6x=0$$

令 $x=\sqrt{a}$，可得 $\varphi''(\sqrt{a})=0$，上式两边再对 x 求导得

$$(3x^2+a)\varphi'''(x)+18x\varphi''(x)+18\varphi'(x)-6=0$$

令 $x=\sqrt{a}$，可得 $\varphi'''(\sqrt{a})=\dfrac{3}{2a}\neq 0$。根据定理 8.4，所给迭代格式为三阶收敛。

8.2.4 Aitken 迭代加速法

对于收敛速度慢的迭代格式，如何提高其收敛速度？下面介绍一种简单易行而又能提高收敛速度的方法。

设 $x_{k+1}^{(1)}=\varphi(x_k)$，$x_{k+1}^{(2)}=\varphi(x_{k+1}^{(1)})$，由微分中值定理得

$$x_{k+1}^{(1)}-x^*=\varphi'(\xi)(x_k-x^*) \quad (\xi \text{ 介于 } x_k \text{ 与 } x^* \text{ 之间})$$

$$x_{k+1}^{(2)}-x^*=\varphi'(\eta)(x_{k+1}^{(1)}-x^*) \quad (\eta \text{ 介于 } x_{k+1}^{(1)} \text{ 与 } x^* \text{ 之间})$$

如果 $\varphi(x)$ 在根的附近变化不大，则有

$$\frac{x_{k+1}^{(1)}-x^*}{x_{k+1}^{(2)}-x^*}\approx\frac{x_k-x^*}{x_{k+1}^{(1)}-x^*}$$

由此解出

$$x^*\approx x_{k+1}^{(2)}-\frac{(x_{k+1}^{(2)}-x_{k+1}^{(1)})^2}{x_k-2x_{k+1}^{(1)}+x_{k+1}^{(2)}}$$

记

$$\bar{x}=x_{k+1}^{(2)}-\frac{(x_{k+1}^{(2)}-x_{k+1}^{(1)})^2}{x_k-2x_{k+1}^{(1)}+x_{k+1}^{(2)}} \tag{8.9}$$

令 $x_{k+1}=\bar{x}$ 进行循环，就得到 Aitken 加速法。

如图 8.3 所示，$x_1=\varphi(x_0)$，$x_2=\varphi(x_1)$，下一个近似值

$$\bar{x}=x_2-\frac{(x_2-x_1)^2}{x_0-2x_1+x_2}\equiv x_2+d$$

即为直线 $\overline{P_0P_1}$ 与 $y=x$ 的交点的横坐标。这里 $d=-\dfrac{(x_2-x_1)^2}{x_0-2x_1+x_2}$ 可看作对 x_2 一个校正量。如果校正量 $|d|<\varepsilon$，则停止迭代。

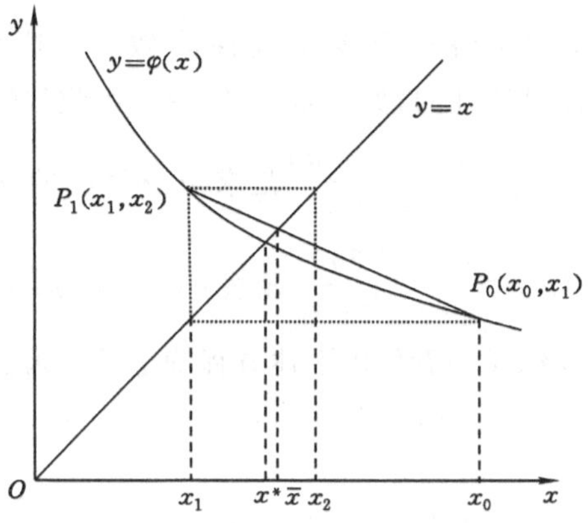

图 8.3 Aitken 加速法示意图

关于 Aitken 加速法的收敛速度，可以证明：若 $x_{k+1}=\varphi(x_k)$ 为线性收敛，则 Aitken 方法为平方收敛；若 $x_{k+1}=\varphi(x_k)$ 为 $p(p>1)$ 阶收敛，$\varphi(x)$ 的 p 阶导数连续，则 Aitken 方法为 $2p-1$ 阶收敛（见参考文献[24]）。

例 8.6　用 Aitken 加速法求方程 $3x-\sin x-\cos x=0$ 的根,初值取 $x_0=0.5$,精确到 4 位有效数字。

解　选取迭代格式

$$x_{k+1}=\frac{\sqrt{2}}{3}\sin\left(x_k+\frac{\pi}{4}\right),\text{即 }\varphi(x)=\frac{\sqrt{2}}{3}\sin\left(x+\frac{\pi}{4}\right)$$

由于 $\varphi'(x)=\frac{\sqrt{2}}{3}\cos\left(x+\frac{\pi}{4}\right)$得 $|\varphi'(0.5)|=0.132\ 719$,故此迭代格式是局部线性收敛。

Aitken 加速法又可写为

$$\bar{x}_k=x_k-\frac{(x_{k+1}-x_k)^2}{x_k-2x_{k+1}+x_{k+2}}$$

如果记

$$\psi(x)=\varphi(x)-\frac{[\varphi(x)-x]^2}{x-2\varphi(x)+\varphi[\varphi(x)]}$$

则 Aitken 加速法为

$$x_{k+1}=\psi(x_k)$$

计算结果列于表 8.4。

表 8.4　例 8.5 的计算结果

k	x_k	$\varphi(x_k)$	$\varphi[\varphi(x_k)]$
0	0.5	0.452 336	0.445 499
1	0.444 354	0.444 254	0.444 239
2	0.444 236	0.444 236	

所以 $x^*\approx 0.444\ 2$。由表 8.4 可以看出,用 Aitken 加速法迭代,迭代两步即可得到有 6 位有效数字的近似根。

第 3 节　Newton 迭代法

8.3.1　Newton 迭代法及其收敛性

对于方程 $f(x)=0$,函数 $f(x)$连续可微,x^* 为方程 $f(x)=0$ 的实根,x_k 是其近似根。将 $f(x)$在 x_k 点作 Taylor 展开,有

$$f(x)\approx f(x_k)+f'(x_k)(x-x_k)$$

于是方程 $f(x)=0$ 可近似地表示为

$$f(x_k)+f'(x_k)(x-x_k)=0 \tag{8.10}$$

其根记为

$$x_{k+1}=x_k-\frac{f(x_k)}{f'(x_k)}\quad(k=0,1,2,\cdots) \tag{8.11}$$

称迭代公式(8.11)为 Newton 迭代公式。

Newton 法的几何解释是:过曲线 $y=f(x)$ 的点 $P_k(x_k,f(x_k))$ 引切线 $y=f(x_k)+f'(x_k)(x-x_k)$,切线与 x 轴交点的横坐标即为 Newton 迭代公式(8.11)求得的 x_{k+1}(见图 8.4)。故 Newton 迭代法也称 Newton 切线法。

例 8.7 用 Newton 迭代法求方程 $xe^x-1=0$ 在 $x_0=0.5$ 附近的根,精确至 4 位有效数字。

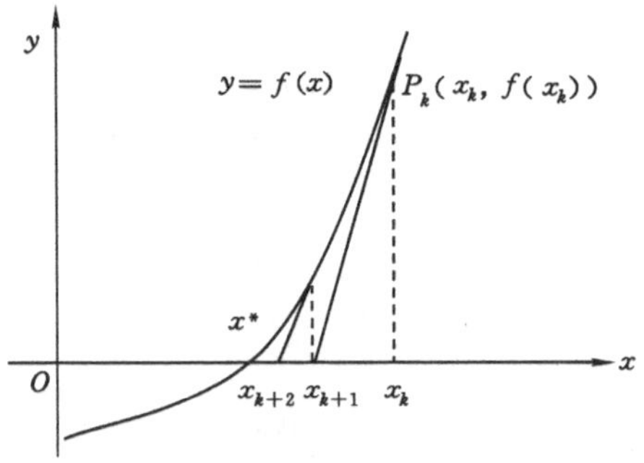

图 8.4　Newton 迭代法的几何表示

解　令 $f(x)=xe^x-1$,则 $f'(x)=e^x+xe^x$,Newton 法迭代公式为

$$x_{k+1}=x_k-\frac{x_k e^{xk}-1}{e^{xk}+xe^{xk}}$$

取 $x_0=0.5$,迭代各步的结果见表 8.5。

表 8.5　例 8.6 的计算结果

x_0	0.5
x_1	0.571 02
x_2	0.567 16
x_3	0.567 14

Newton 迭代法的迭代函数为

$$\varphi(x)=x-\frac{f(x)}{f'(x)} \tag{8.12}$$

当 x^* 为方程 $f(x)=0$ 的单根时,即 $f(x^*)=0,f'(x^*)\neq 0$,且 $f''(x)$ 在 x^* 附近连续,则

$$\varphi'(x^*)=\frac{f(x^*)f''(x^*)}{[f'(x^*)]^2}=0,\varphi''(x^*)=\frac{f''(x^*)}{f'(x^*)}$$

$\varphi''(x^*)$不一定为零,根据定理 8.4 知,Newton 迭代法至少是平方收敛的。

如果 x^* 为 $f(x)=0$ 的 $m(m\geqslant 2)$重根,即

$$f(x)=(x-x^*)^m g(x)\quad (g(x^*)\neq 0) \tag{8.13}$$

可以证明,此时 Newton 迭代法的收敛速度降为线性收敛(见参考文献[12])。

为了提高求根的收敛速度,将 Newton 迭代法改为(假设事先知道根的重数 m)

$$x_{k+1}=x_k-m\frac{f(x_k)}{f'(x_k)}\quad (k=0,1,2,\cdots) \tag{8.14}$$

则可以证明它是求 m 重根 x^* 的平方收敛的迭代格式。

8.3.2　Newton 法的变形

Newton 迭代法每步迭代除需计算 $f(x_k)$的值外,还要计算导数值 $f'(x_k)$,实际应用中有时 $f'(x_k)$的值计算较为困难。为了避免求导数,下面介绍两种 Newton 法的变形方法。

(1) 简化 Newton 法

在 Newton 迭代公式(8.13)中,取常数 M 替代导数 $f'(x_k)$,得

$$x_{k+1}=x_k-\frac{f(x_k)}{M}\quad (k=0,1,2,\cdots) \tag{8.15}$$

称为**简化 Newton 迭代公式**,也称为**平行弦法**。其几何意义是用平行线代替 Newton 法中的切线。这种方法能节省计算量,只要 M 选择得当,式(8.15)总是收敛的,但其收敛速度为线性收敛。

(2) 割线法

考虑用差商代替导数 $f'(x_k)$,利用相邻两次迭代点 x_{k-1},x_k 做差商,得

$$f'(x_k)\approx\frac{f(x_k)-f(x_{k-1})}{x_k-x_{k-1}}$$

将上式带入 Newton 迭代公式(8.11),可得

$$x_{k+1}=x_k-\frac{x_k-x_{k-1}}{f(x_k)-f(x_{k-1})}f(x_k)\quad (k=1,2,3,\cdots) \tag{8.16}$$

称为**割线法**或**弦截法**。

割线法实际上是用连接两点 $A(x_{k-1},f(x_{k-1}))$与 $B(x_k,f(x_k))$的割线与 x 轴交点的横坐标作为曲线 $y=f(x)$与 x 轴交点横坐标的近似,如图 8.5 所示。

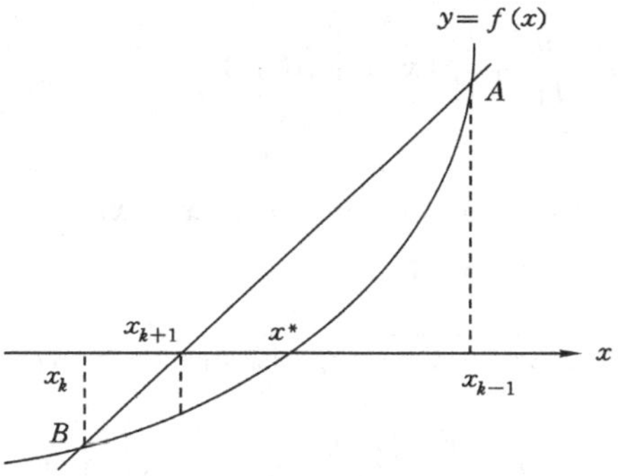

图 8.5　弦截法示意图

可以证明,如果 $f(x)$在根 x^* 的邻域 U 内具有二阶连续导数,且 $f'(x)\neq 0(x\in U)$,初值 x_0,$x_1\in U$,则当 U 充分小时,式(8.16)收敛到 x^*,且收敛阶为 $p=\frac{1+\sqrt{5}}{2}\approx 1.618$。

割线法的收敛阶虽比 Newton 法稍低,但它不用计算导数,计算量少,因此,它是一个收敛

效率较高且适于在计算机上求根的方法。使用割线法求根 x^* 时，需要提供两个迭代初始点 x_0 和 x_1，它是两步法。

第 4 节　非线性方程组的求解方法

8.4.1　非线性方程组

考虑非线性方程组

$$\begin{cases} f_1(x_1,x_2,\cdots,x_n)=0 \\ f_2(x_1,x_2,\cdots,x_n)=0 \\ \cdots\cdots \\ f_n(x_1,x_2,\cdots,x_n)=0 \end{cases} \tag{8.17}$$

其中，$n\geqslant 2$；$f_i(i=1,2,\cdots,n)$是定义在开域 $D\subset R^n$ 上的实函数，至少有一个是非线性函数。若采用向量记号 $\boldsymbol{x}=(x_1,x_2,\cdots x_n)^{\mathrm{T}}$，$\boldsymbol{F}=(f_1,f_2,\cdots f_n)^{\mathrm{T}}$，则方程组(8.17)可写成

$$\boldsymbol{F}(\boldsymbol{x})=\boldsymbol{0} \tag{8.18}$$

$\boldsymbol{F}$ 是 $D\subset R^n \to R^n$ 的非线性映射(向量值函数)。如果存在$\boldsymbol{x}^*\in D$，使得 $\boldsymbol{F}(\boldsymbol{x}^*)=\boldsymbol{0}$，则称 $\boldsymbol{x}^*$ 是方程(8.18)的解。

非线性方程组的求解无论在理论上或实际解法上均比单个方程求解要复杂，它可能无解，也可能有一个解或多个解。

定理 8.5(多元 Taylor 展开公式)　(仅以二元函数为例给出，n 元函数类似)

设 $f:R^2\to R$ 在$\boldsymbol{x}_0=(x_1^0,x_2^0)^{\mathrm{T}}$ 的某邻域 $U(\boldsymbol{x}_0)$有直到 m 阶的连续偏导数，则对任一点 $\boldsymbol{x}=(x_1,x_2)^{\mathrm{T}}\in U(\boldsymbol{x}_0)$有

$$f(\boldsymbol{x})=f(\boldsymbol{x}_0)+\left(\Delta x_1\frac{\partial}{\partial x_1}+\Delta x_2\frac{\partial}{\partial x_2}\right)f(\boldsymbol{x}_0)+\frac{1}{2!}\left(\Delta x_1\frac{\partial}{\partial x_1}+\Delta x_2\frac{\partial}{\partial x_2}\right)^2 f(\boldsymbol{x}_0)+\cdots+ \frac{1}{m!}\left(\Delta x_1\frac{\partial}{\partial x_1}+\Delta x_2\frac{\partial}{\partial x_2}\right)^m f(\boldsymbol{x}_0)+o(\rho^k) \tag{8.19}$$

其中

$$(\Delta x_1,\Delta x_2)^{\mathrm{T}}=(x_1-x_1^0,x_2-x_2^0)^{\mathrm{T}}=\boldsymbol{x}-\boldsymbol{x}_0$$

$$\rho=\|\boldsymbol{x}-\boldsymbol{x}_0\|$$

$$=\sqrt{\Delta x_1^2+\Delta x_2^2}\ \frac{1}{k!}\left(\Delta x_1\frac{\partial}{\partial x_1}+\Delta x_2\frac{\partial}{\partial x_2}\right)^k f(x_0)$$

$$=\sum_{i=0}^{k}C_k^i\frac{\partial^k f(x_0)}{\partial x_1^i\partial x_2^{k-i}}(\Delta x_1)^i(\Delta x_2)^{k-i}$$

展开式(8.19)最常用的是一阶展开和二阶展开。一阶展开为

$$f(\boldsymbol{x})=f(\boldsymbol{x}_0)+f'(\boldsymbol{x}_0)(\boldsymbol{x}-\boldsymbol{x}_0)+o(\|\boldsymbol{x}-\boldsymbol{x}_0\|) \tag{8.20}$$

其中

$$f'(\boldsymbol{x})\equiv\left[\frac{\partial f}{\partial x_1},\frac{\partial f}{\partial x_2}\right] \tag{8.21}$$

称为 f 的 **Jacobi 矩阵**($f'(\boldsymbol{x})^{\mathrm{T}}$ 即为梯度)。二阶展开为

$$f(\boldsymbol{x})=f(\boldsymbol{x}_0)+f'(\boldsymbol{x}_0)(\boldsymbol{x}-\boldsymbol{x}_0)+\frac{1}{2}(\boldsymbol{x}-\boldsymbol{x}_0)^{\mathrm{T}}f''(\boldsymbol{x}_0)(\boldsymbol{x}-\boldsymbol{x}_0)+o(\|\boldsymbol{x}-\boldsymbol{x}_0\|^2) \tag{8.22}$$

其中

$$f''(\boldsymbol{x})\equiv\begin{bmatrix}\dfrac{\partial^2 f}{\partial^2 x_1} & \dfrac{\partial^2 f}{\partial x_1\partial x_2}\\ \dfrac{\partial^2 f}{\partial x_2\partial x_1} & \dfrac{\partial^2 f}{\partial^2 x_2}\end{bmatrix} \tag{8.23}$$

称为 f 的 **Hesse 矩阵**。

对于向量值函数 $\boldsymbol{F}:D\subset R^n\to R^n$，根据式(8.22)，其一阶 Taylor 展开式为

$$\boldsymbol{F}(\boldsymbol{x})=\boldsymbol{F}(\boldsymbol{x}_0)+\boldsymbol{F}'(\boldsymbol{x}_0)(\boldsymbol{x}-\boldsymbol{x}_0)+o(\|\boldsymbol{x}-\boldsymbol{x}_0\|) \tag{8.24}$$

其中

$$\boldsymbol{F}'(\boldsymbol{x})=\begin{bmatrix}\dfrac{\partial f_1}{\partial x_1} & \cdots & \dfrac{\partial f_1}{\partial x_n}\\ \vdots & & \vdots\\ \dfrac{\partial f_n}{\partial x_1} & \cdots & \dfrac{\partial f_n}{\partial x_n}\end{bmatrix} \tag{8.25}$$

称为 $\boldsymbol{F}$ 的 **Jacobi 矩阵**。

8.4.2　非线性方程组的 Newton 迭代法

完全类似于一个方程的情况，对方程组可建立不动点迭代法以及收敛阶的概念。非线性方程组的 Newton 法是一种特殊的不动点的迭代，是一个方程 Newton 法的推广。

设x_k 是方程组 $\boldsymbol{F}(\boldsymbol{x})=0$ 的一个近似解，由 Taylor 展开公式(8.24)有

$$\boldsymbol{F}(\boldsymbol{x})=\boldsymbol{F}(\boldsymbol{x}_k)+\boldsymbol{F}'(\boldsymbol{x}_k)(\boldsymbol{x}-\boldsymbol{x}_k)+o(\|\boldsymbol{x}-\boldsymbol{x}_k\|)$$

得 $\boldsymbol{F}(\boldsymbol{x})=0$ 的近似方程组(线性方程组)为

$$\boldsymbol{F}(\boldsymbol{x}_k)+\boldsymbol{F}'(\boldsymbol{x}_k)(\boldsymbol{x}-\boldsymbol{x}_k)=0 \tag{8.26}$$

如果 $\boldsymbol{F}'(\boldsymbol{x}_k)$可逆，则线性方程组(8.26)有唯一解，记为

$$\boldsymbol{x}_{k+1}=\boldsymbol{x}_k-[\boldsymbol{F}'(\boldsymbol{x}_k)]^{-1}\boldsymbol{F}(\boldsymbol{x}_k) \tag{8.27}$$

迭代法(8.27)就是**求解非线性方程组的 Newton 迭代法**。

例 8.8　用 Newton 法求解方程组的解

$$\begin{cases}f_1(x_1,x_2)=4x_1^2+x_2^2+2x_1x_2-x_2-2=0\\ f_2(x_1,x_2)=2x_1^2+3x_1x_2+x_2^2-3=0\end{cases}$$

解　用 Matlab 函数 ezplot 作图，如图 8.6 所示。

观察知，方程组在$(0.4,0.9)^{\mathrm{T}}$ 和$(-0.5,2.5)^{\mathrm{T}}$ 附近有根。

(1) 取初值$\boldsymbol{x}_0=(0.4,0.9)^{\mathrm{T}}$

$$\boldsymbol{F}(\boldsymbol{x})=\begin{bmatrix}4x_1^2+x_2^2+2x_1x_2-x_2-2\\ 2x_1^2+3x_1x_2+x_2^2-3\end{bmatrix}$$

$$\boldsymbol{F}'(\boldsymbol{x})=\begin{bmatrix}8x_1+2x_2 & 2x_1+2x_2-1\\ 4x_1+3x_2 & 3x_1+2x_2\end{bmatrix}$$

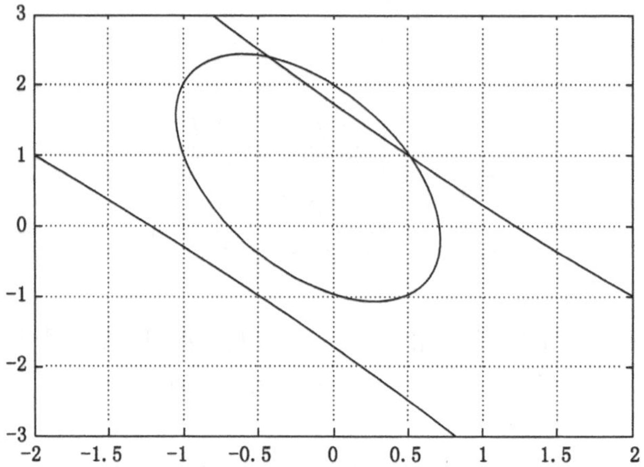

图 8.6　例 8.7 的函数图

记 $\Delta \boldsymbol{x}_k \equiv -[\boldsymbol{F}'(\boldsymbol{x}_k)]^{-1}\boldsymbol{F}(\boldsymbol{x}_k)$，则$\boldsymbol{x}_{k+1}=\boldsymbol{x}_k+\Delta \boldsymbol{x}_k$，下面是迭代三次的结果

$$\boldsymbol{F}'(\boldsymbol{x}_0)=\begin{bmatrix}5.000\ 0 & 1.600\ 0\\ 4.300\ 0 & 3.000\ 0\end{bmatrix},\Delta\boldsymbol{x}_0=\begin{bmatrix}0.114\ 0\\ 0.099\ 9\end{bmatrix},\ \boldsymbol{x}_1=\begin{bmatrix}0.514\ 0\\ 0.999\ 9\end{bmatrix},\boldsymbol{F}(\boldsymbol{x}_1)=\begin{bmatrix}0.084\ 8\\ 0.070\ 2\end{bmatrix},$$

$$\boldsymbol{F}'(\boldsymbol{x}_1)=\begin{bmatrix}6.112\ 1 & 2.027\ 8\\ 5.055\ 8 & 3.541\ 9\end{bmatrix},\Delta\boldsymbol{x}_1=\begin{bmatrix}-0.013\ 9\\ -0.000\ 0\end{bmatrix},\boldsymbol{x}_2=\begin{bmatrix}0.500\ 2\\ 0.999\ 9\end{bmatrix},\boldsymbol{F}(\boldsymbol{x}_2)=\begin{bmatrix}0.769\ 4\times 10^{-3}\\ 0.385\ 1\times 10^{-3}\end{bmatrix},$$

$$\boldsymbol{F}'(\boldsymbol{x}_2)=\begin{bmatrix}6.001\ 1 & 2.000\ 1\\ 5.000\ 3 & 3.500\ 2\end{bmatrix},\Delta\boldsymbol{x}_2=\begin{bmatrix}-0.174\ 7\times 10^{-3}\\ 0.139\ 6\times 10^{-3}\end{bmatrix},\boldsymbol{x}_3=\begin{bmatrix}0.500\ 0\\ 1.000\ 0\end{bmatrix},$$

$$\boldsymbol{F}(\boldsymbol{x}_3)=\begin{bmatrix}0.928\ 2\times 10^{-7}\\ 0.073\ 8\times 10^{-7}\end{bmatrix}$$

(2) 取初值$\boldsymbol{x}_0=(-0.5,2.5)^{\mathrm{T}}$，迭代三次的结果

$$\boldsymbol{x}_3=\begin{bmatrix}-0.427\ 7\\ 2.386\ 8\end{bmatrix},\boldsymbol{F}(\boldsymbol{x}_3)=\begin{bmatrix}0.224\ 8\times 10^{-8}\\ -0.017\ 3\times 10^{-8}\end{bmatrix}$$

Newton 法有如下局部收敛定理。

定理 8.6　设 $\boldsymbol{F}:D\subset R^n\to R^n$，$\boldsymbol{x}^*$ 满足 $\boldsymbol{F}(\boldsymbol{x}^*)=0$，$\boldsymbol{F}$ 在$\boldsymbol{x}^*$ 的开邻域 $S_0\subset D$ 上可导，且 $\boldsymbol{F}'(\boldsymbol{x})$连续，$\boldsymbol{F}'(\boldsymbol{x}^*)$非奇异，则存在闭球 $S\subset S_0$，使得映射 $\Phi(\boldsymbol{x})=\boldsymbol{x}-\boldsymbol{F}'(\boldsymbol{x})^{-1}\boldsymbol{F}(\boldsymbol{x})$有意义，且 Newton 迭代序列超线性收敛于$\boldsymbol{x}^*$。若还存在常数 $L>0$，使得

$$\|\boldsymbol{F}'(\boldsymbol{x})-\boldsymbol{F}'(\boldsymbol{x}^*)\|\leqslant L\|\boldsymbol{x}-\boldsymbol{x}^*\|\quad(\forall \boldsymbol{x}\in S)\tag{8.28}$$

则 Newton 迭代序列至少平方收敛于$\boldsymbol{x}^*$。

8.4.3　Broyden 算法

式(8.27)每步计算都需要 Jacobi 矩阵 $\boldsymbol{F}'(\boldsymbol{x}_k)$及其逆矩阵 $\boldsymbol{F}'(\boldsymbol{x}_k)^{-1}$，计算量较大。为克服这一缺点，Broyden 算法对其做了重要改进，在迭代开始计算 $\boldsymbol{F}'(\boldsymbol{x}_0)$和 $\boldsymbol{F}'(\boldsymbol{x}_0)^{-1}$，以后用矩阵 $\boldsymbol{A}_k$ 近似代替 $\boldsymbol{F}'(\boldsymbol{x}_k)$，而且$\boldsymbol{A}_k^{-1}$ 能够通过$\boldsymbol{A}_{k-1}^{-1}$方便地求出(只用到矩阵与向量相乘)。下面推

导其公式。

将 $\boldsymbol{F}(\boldsymbol{x})$ 在点 $\boldsymbol{x}_k$ 进行 Taylor 展开,得

$$\boldsymbol{F}(\boldsymbol{x}_{k-1}) \approx \boldsymbol{F}(\boldsymbol{x}_k) + \boldsymbol{F}'(\boldsymbol{x}_k)(\boldsymbol{x}_{k-1} - \boldsymbol{x}_k)$$

即

$$\boldsymbol{F}'(\boldsymbol{x}_k)(\boldsymbol{x}_k - \boldsymbol{x}_{k-1}) \approx \boldsymbol{F}(\boldsymbol{x}_k) - \boldsymbol{F}(\boldsymbol{x}_{k-1})$$

因此,要求 $\boldsymbol{A}_k$ 满足

$$\boldsymbol{A}_k(\boldsymbol{x}_k - \boldsymbol{x}_{k-1}) = \boldsymbol{F}(\boldsymbol{x}_k) - \boldsymbol{F}(\boldsymbol{x}_{k-1}) \tag{8.29}$$

记

$$\boldsymbol{s}_{k-1} = \boldsymbol{x}_k - \boldsymbol{x}_{k-1}, \boldsymbol{y}_{k-1} = \boldsymbol{F}(\boldsymbol{x}_k) - \boldsymbol{F}(\boldsymbol{x}_{k-1}) \tag{8.30}$$

则式(8.29)就是

$$\boldsymbol{A}_k \boldsymbol{s}_{k-1} = \boldsymbol{y}_{k-1} \tag{8.31}$$

希望 $\boldsymbol{A}_k$ 能通过对 $\boldsymbol{A}_{k-1}$ 的某种修正得到,最简单的是秩 1 修正,设

$$\boldsymbol{A}_k = \boldsymbol{A}_{k-1} + \boldsymbol{u}_{k-1} \boldsymbol{s}_{k-1}^{\mathrm{T}} \tag{8.32}$$

其中,$\boldsymbol{u}_{k-1} \in \boldsymbol{R}^n$ 待定。将式(8.32)代入式(8.31),得

$$\boldsymbol{u}_{k-1} = \frac{1}{\boldsymbol{s}_{k-1}^{\mathrm{T}} \boldsymbol{s}_{k-1}}(\boldsymbol{y}_{k-1} - \boldsymbol{A}_{k-1}\boldsymbol{s}_{k-1})$$

将上式再代入式(8.32),得

$$\boldsymbol{A}_k = \boldsymbol{A}_{k-1} + \frac{1}{\boldsymbol{s}_{k-1}^{\mathrm{T}} \boldsymbol{s}_{k-1}}(\boldsymbol{y}_{k-1} - \boldsymbol{A}_{k-1}\boldsymbol{s}_{k-1})\boldsymbol{s}_{k-1}^{\mathrm{T}} \tag{8.33}$$

根据下面引理 8.1,可由 $\boldsymbol{A}_{k-1}^{-1}$ 方便地计算出 $\boldsymbol{A}_k^{-1}$。

引理 8.1　若矩阵 $\boldsymbol{A}$ 可逆,则 $\boldsymbol{A} + \boldsymbol{u}\boldsymbol{v}^{\mathrm{T}}(\boldsymbol{u}, \boldsymbol{v} \in \boldsymbol{R}^n)$ 可逆的充要条件是 $1 + \boldsymbol{v}^{\mathrm{T}}\boldsymbol{A}^{-1}\boldsymbol{u} \neq 0$。且当 $\boldsymbol{A} + \boldsymbol{u}\boldsymbol{v}^{\mathrm{T}}$ 可逆时,有

$$(\boldsymbol{A} + \boldsymbol{u}\boldsymbol{v}^{\mathrm{T}})^{-1} = \boldsymbol{A}^{-1} - \frac{\boldsymbol{A}^{-1}\boldsymbol{u}\boldsymbol{v}^{\mathrm{T}}\boldsymbol{A}^{-1}}{1 + \boldsymbol{v}^{\mathrm{T}}\boldsymbol{A}^{-1}\boldsymbol{u}} \tag{8.34}$$

该引理的证明作为习题。

由式(8.34)得

$$\boldsymbol{A}_k^{-1} = \boldsymbol{A}_{k-1}^{-1} - \frac{(\boldsymbol{A}_{k-1}^{-1}\boldsymbol{y}_{k-1} - \boldsymbol{s}_{k-1})\boldsymbol{s}_{k-1}^{\mathrm{T}}\boldsymbol{A}_{k-1}^{-1}}{\boldsymbol{s}_{k-1}^{\mathrm{T}}\boldsymbol{A}_{k-1}^{-1}\boldsymbol{y}_{k-1}} \tag{8.35}$$

公式(8.35)只用到矩阵与向量的乘法。

综上讨论,可得如下 Broyden 秩 1 算法:

算法 8.1(Broyden 算法)

取初值 $\boldsymbol{x}_0$,计算 $\boldsymbol{A}_0^{-1} = \boldsymbol{F}'(\boldsymbol{x}_0)^{-1}$ 和 $\boldsymbol{x}^1 = \boldsymbol{x}^0 - \boldsymbol{A}_0^{-1}\boldsymbol{F}(\boldsymbol{x}_0)$

for　$k = 1, 2\cdots$

　　计算 $\boldsymbol{s}_{k-1} = \boldsymbol{x}_k - \boldsymbol{x}_{k-1}, \boldsymbol{y}_{k-1} = \boldsymbol{F}(\boldsymbol{x}_k) - \boldsymbol{F}(\boldsymbol{x}_{k-1})$

　　用公式(8.35)计算 $\boldsymbol{A}_k^{-1}$

　　$\boldsymbol{x}_{k+1} = \boldsymbol{x}_k - \boldsymbol{A}_k^{-1}\boldsymbol{F}(\boldsymbol{x}_k)$

　　如果 $\|\boldsymbol{F}(\boldsymbol{x}_{k+1})\|_2 < \varepsilon$,则令 $\boldsymbol{x}^* \approx \boldsymbol{x}_k$,停止

end

例 8.9 求解 $\boldsymbol{F}(\boldsymbol{x})=0$,其中

$$\boldsymbol{F}(\boldsymbol{x})=\begin{bmatrix}3x_1-\cos(x_2x_3)-0.5\\x_1^2-81(x_2+0.1)^2+\sin x_3+1.06\\e^{-x1x2}+20x_3+(10\pi-3)/3\end{bmatrix}$$

取初值 $\boldsymbol{x}_0=(0.1,0.1,-0.1)^{\mathrm{T}}$,$\varepsilon=10^{-8}$。

用 Broyden 秩 1 方法迭代 6 次收敛,结果如下

$$\boldsymbol{x}_6=(0.500\ 000\ 00,0.000\ 000\ 00,-0.523\ 598\ 7\cdots)^{\mathrm{T}}$$

$$\|\boldsymbol{F}(\boldsymbol{x}_6)\|_2=0.512\ 522\ 0\cdots\times10^{-9}$$

用 Newton 迭代法迭代 5 次收敛,结果如下

$$\boldsymbol{x}_5=(0.500\ 000\ 00,0.000\ 000\ 00,-0.523\ 598\ 7\cdots)^{\mathrm{T}}$$

$$\|\boldsymbol{F}(\boldsymbol{x}_5)\|_2=0.177\ 635\ 6\cdots\times10^{-14}$$

应用案例——高温炉的温度计算

机电工程中常需要制造半导体装置,如太阳能电池、集成电路等,这中间需要对一些材料进行高温热处理。典型的高温炉由加热元件及炉墙构成。设 x 表示高温炉内的温度,T 表示炉外周围环境的温度。由于热量的对流和辐射,炉内温度将变化,已知温度的变化率与炉内和炉外的温差成比率。根据实验观察,温度变化过程可处理为如下的模型

$$\frac{dx}{dt}=\alpha(T-x)+\beta(T^4-x^4)+\gamma u^2$$

其中,α,β 和 γ 是正常数,依赖于高温炉的保温能力;$\alpha(T-x)$表示对流散热;$\beta(T^4-x^4)$表示辐射散热;u 表示加热元件的电流。

在许多热处理过程中,温度的控制极为重要。设加热元件的电流 u 是常数,为得到稳定状态的温度 x,令$\dfrac{\mathrm{d}x}{\mathrm{d}t}=0$,上述微分方程转化为非线性方程

$$\alpha(T-x)+\beta(T^4-x^4)+\gamma u^2=0$$

问题归结为求解非线性方程的根的问题。现取数据如下

$$u=21\ \mathrm{A},T=20\ ℃=293.15\ \mathrm{K},\alpha=50\ \mathrm{min}^{-1}$$

$$\beta=2\times10^{-7}\ \mathrm{min}^{-1}-\mathrm{K}^{-3},\ \lambda=800\ \mathrm{K/min}-\mathrm{A}^2$$

代入方程得

$$f(x)=3.689\times10^5-50x-2\times10^{-7}x^4=0$$

此求根问题可直接调用 Matlab 中的多项式求根函数 roots( )。设多项式的系数向量

$$\boldsymbol{c}=[-0.000\ 000\ 2\quad 0\quad 0\quad -50\quad 368\ 900]$$

调用函数 roots(c),即得方程的四个根

$$\boldsymbol{x}=\begin{bmatrix}-1\ 210.5\\46.02+1.166\ 3i\\46.02-1.166\ 3i\\1\ 118.5\end{bmatrix}$$

显然前三个根没有物理意义,故当加热元件的电流为 $u=21$ A 时,相应的稳定状态温度

为 $x_4=1\ 118.5$ K。

也可采用 Newton 迭代法求解此非线性方程，取迭代初值 $x_0=1\ 000$，误差精度为 $\varepsilon=10^{-6}$ 开始计算，迭代到第 6 步，得到结果 $x=1\ 118.460\ 370\ 0$ K。

程序如下：

```
function newton %用牛顿法计算 f 的根
maxit=100;        %最大迭代次数
tol=1e-6;          %误差限
x(1)=1 000;       %迭代初值
for k=1:maxit
    x(k+1)=x(k)-(-0.000 000 2*x(k)^4-50*x(k)+368 900)/(-0.000 000 8
*x(k)^3-50);
    if abs(x(k+1)-x(k))<=tol
        break;
    end
end
k=k+1;
clc% 清命令窗
fprintf('\n                迭代 1 结果')
for k1 = 1:k
    fprintf('\n x(%2.0f)   %17.7f',k1,x(k1))
end
```

小　　结

求方程的解是科学计算中最基本的问题之一。本章的学习目标是了解非线性方程(组) $f(x)=0$ 的数值解法以及其实际应用意义。其中，重点掌握根的隔离法、不动点迭代法及其收敛性的判断、牛顿迭代法及其收敛性、割线法、非线性方程组的迭代法。

对于局部收敛的迭代格式(如牛顿迭代法)，迭代初值的选取特别重要。二分法既可用于根的搜索，又可用于根的精确化，尽管其收敛速度不太快，因其简单，也是一种常用的方法。在选择和使用各种迭代格式中，最重要的是判断其收敛性及了解其收敛速度。在实际计算中，不一定都要先判断迭代格式的收敛性才予使用，也可以根据对问题解的了解及获得的迭代序列来判断是否收敛于所要的根。

数 值 实 验

实验一　学习 Matlab 求根函数

(1) 非线性方程 $f(x)=0$ 求解函数 fzero。

作图观察下面两个方程根的大致位置

$$f_1(x)=\cos(x)-x=0, f_2(x)=x-e^{-x}=0$$

用 fzero 函数求更精确的根。

(2) 非线性方程组 $F(X)=0$ 求解函数 fsolve。

作图观察方程组

$$\begin{cases} y=7x^3-10x-1 \\ x=-8y^3+11y+1 \end{cases}$$

所有 9 个根的大致位置,用 fsolve 函数求更精确的根。

(3) 求多项式全部根函数 roots。

用 roots 函数求多项式

$$P(x)=2x^3+x^2+1$$

全部 3 个零点。

实验二 迭代法的收敛性和收敛速度的比较

用下列迭代法分别求方程 $f_1(x)=x^3-x-1=0$ 和 $f_2(x)=x^3-\sin x-12x+1=0$ 的根,并列表比较各算法的收敛性和收敛速度。

(1) 二分法;

(2) 不动点迭代法;

(3) 对(2)用 Aitken 加速法;

(4) 牛顿迭代法。

实验三 Newton 法与 Broyden 秩 1 法

分别用 Newton 法和 Broyden 秩 1 法求解下面方程组,比较两种方法的优劣。

(1) $\begin{cases} 12x_1-x_2^2-4x_3-7=0 \\ x_1^2+10x_2-x_3-11=0, \boldsymbol{x}_0=(1,1,1)^T \\ x_2^3+10x_3-8=0 \end{cases}$

(2) $\begin{cases} 3x_1-\cos(x_2x_3)-0.5=0 \\ x_1^2-81(x_2+0.1)^2+\sin x_3+1.06=0, \boldsymbol{x}_0=(0,0,0)^T \\ e^{-x_1x_2}+20x_3+\dfrac{1}{3}(10\pi-3)=0 \end{cases}$

习 题 八

1. 用二分法求 $x^3-2=0$ 在(1,2)内的根,要求误差不超过10^{-4}。

2. 下列方程有几个实根,并求出其隔根区间。

(1) $x^4+4x^3+2x^2+1=0$;(2) $\sin x-\dfrac{x}{2}+1=0$

3. 已知方程 $x^3-x^2-1=0$ 的隔根区间,试判断下列迭代格式在初值 x_0 附近的收敛性,并选取一种公式求出具有四位有效数字的近似根。

(1) $x_{k+1}=1+\dfrac{1}{x_k^2}$;(2) $x_{k+1}=\sqrt[3]{1+x_k^2}$;(3) $x_{k+1}=\dfrac{1}{\sqrt{x_k-1}}$

4. 用 Aitken 加速法计算第 3 题中(2)、(3)的近似值,精确到10^{-5}。

5. 求解方程 $12-3x+2\cos x=0$ 的一种迭代法为 $x_{k+1}=4+\frac{2}{3}\cos x_k$:(1) 证明它对于任意初值 x_0 均线性收敛;(2) 取初始值 $x_0=0.4$,求误差不超过10^{-3}的近似根。

6. 将牛顿法用于方程 $x^3-a=0$,导出求$\sqrt[3]{a}$的迭代公式,并计算$\sqrt[3]{3}$的近似值,要求误差不超过10^{-5}。

7. 证明如下迭代公式是求$\sqrt{a}$ $(a>0)$的三阶收敛的方法

$$x_{n+1}=\frac{x_n(x_n^2+3a)}{3x_n^2+a}\quad (n=0,1,2,\cdots)$$

假设初值 x_0 充分靠近 x^*,求$\lim\limits_{k\to\infty}\frac{\sqrt{a}-x_{k+1}}{(\sqrt{a}-x_k)^3}$。

8. 如果方程 $f(x)=0$ 有 m 重根 a,试证明牛顿迭代法求根 a 是线性收敛的,而迭代格式

$$x_{k+1}=x_k-m\frac{f(x_k)}{f'(x_k)}\quad (k\geqslant 0)$$

是局部平方收敛的。

9. 考虑下列修正的 Newton 公式

$$x_{k+1}=x_k-\frac{f^2(x_k)}{f[x_k+f(x_k)]-f(x_k)}$$

设 $f(x)$有二阶连续导数,$f(x^*)=0$,$f'(x^*)\neq 0$,试证明该方法是二阶收敛的。

10. 用牛顿法解方程组$\begin{cases}x_1x_2-x_3^2-1=0\\ x_1x_2x_3+x_2^2-x_1^2-2=0\\ e^{x_1}-e^{x_2}+x_3-3=0\end{cases}$。

第9章　常微分方程的差分方法

第1节　引　言

自然科学、社会科学中的事物和物体运动、演化与变化规律都可以用常微分方程的定解问题来描述，主要分为初值问题和边值问题两大类。比如：

(1) 描述电容器充电过程的数学模型为

$$\begin{cases} \dfrac{dQ}{dx} = E - \dfrac{1}{RC}Q \\ Q(x_0) = Q_0 \end{cases}$$

其中，$Q(x)$是 x 时刻电容器上的带电量；C 为电容；R 为电阻；E 为电源的电动势。

(2) 描述物种增长的数学模型为

$$\begin{cases} \dfrac{dN}{dx} = \alpha N - \beta N^2 \\ N(x_0) = N_0 \end{cases}$$

其中，$N(x)$是 x 时刻物种的数量；α 为物种的出生率与死亡率之差；β 为生物的食物供给及它们所占空间的限制。

另外，积分问题 $I = \int_a^b f(x)dx$ 也可以直接转化为常微分方程

$$\begin{cases} y' = f(x) \\ y(a) = 0 \end{cases}, I = y(b)$$

然而很少的微分方程可以用初等方法求出解析解，有的解析解即使得到了，但是往往因计算量太大而不实用，因此，研究微分方程数值解法具有重要的意义。

本章主要讨论下面一阶微分方程初值问题的数值求解算法及相关理论

$$\begin{cases} \dfrac{dy}{dx} = f(x,y) \quad (x \in [a,b]) \\ y(a) = y_0 \end{cases} \tag{9.1}$$

在此基础上进一步给出一阶微分方程组、高阶微分方程的初值问题求解算法。所谓的数值解就是将微分方程离散化，从初值出发，寻求精确解 $y=y(x)$在离散点 $x_n(n=1,2,\cdots,N)$上的近似值 $y_n \approx y(x_n)(n=1,2,\cdots,N)$。本章介绍的差分格式都是对区间$[a,b]$做 N 等分，$h=(b-a)/N$ 称为步长，等距节点 $x_n = a+nh(n=0,1,\cdots,N)$。

定理 9.1　如果函数 $f(x,y)$在区域

$$\Omega = \{(x,y) \mid x \in [a,b], y \in (-\infty, +\infty)\}$$

有定义且连续，关于 y 满足 Lipschitz 条件，即存在常数 L（称为 Lipschitz 常数），使得对任意 $x\in[a,b]$，对任意的 $y_1,y_2\in(-\infty,+\infty)$，都有

$$|f(x,y_1)-f(x,y_2)|\leqslant L|y_1-y_2| \tag{9.2}$$

则问题有唯一解 $y=y(x)\in C^1[a,b]$。

下面给出微分方程的解对初值的敏感性的结论。

考虑如下扰动问题

$$\begin{cases}\dfrac{\mathrm{d}\gamma}{\mathrm{d}x}=f(x,\gamma) \quad (x\in[a,b])\\ \gamma(a)=\tilde{y}_0\end{cases}$$

定义 9.1　如果存在常数 M,ε，使得当 $|y_0-\tilde{y}_0|<\varepsilon,a\leqslant t\leqslant b,y\in(-\infty,+\infty)$ 时，原问题的解 $y(t)$ 与扰动问题的解 $\gamma(t)$ 满足

$$|y(t)-\gamma(t)|\leqslant M\varepsilon$$

称初值问题对初始条件是连续依赖的。

定理 9.2　如果 $f(x,y)$ 在区域 Ω 上连续且关于 y 满足 Lipschitz 条件，则

$$|y(t)-\gamma(t)|\leqslant \mathrm{e}^{L(x-a)}|y_0-\tilde{y}_0|$$

注　该定理表明，解对初值依赖的敏感性与右端函数 $f(x,y)$ 有关，当其 Lipschitz 常数较小时，解对初值和 $f(x,y)$ 相对不敏感，即在实际建立模型以及测定初值时，即使存在一些小的扰动，也不会对解产生太大的影响，所以 L 较小可以看成是好的条件，而 L 较大可以认为是病态的问题。

如果光滑性较好，有一阶连续导数，则由中值定理可得

$$|f(x,y_1)-f(x,y_2)|=\left|\frac{\partial f(x,y)}{\partial y}\bigg|_{y=\xi}\right||y_1-y_2|$$

如果对任意 $(x,y)\in\Omega$，$\left|\dfrac{\partial f(x,y)}{\partial y}\right|\leqslant L$，则说明 $f(x,y)$ 在区域 Ω 上关于 y 满足 Lipschitz 条件，即 $f(x,y)$ 关于 y 变化的快慢是刻画初值问题是否是病态的问题。

为了以后理论分析的需要，我们总假设 $f(x,y)$ 满足定理 9.1 的条件，还假设解 $y=y(x)$ 在区间 $[a,b]$ 上足够光滑，$f(x,y)$ 在区域 Ω 上也足够光滑。

第 2 节　简单的差分方法

9.2.1　Euler 公式与后退的 Euler 公式

将 $y(x_{n+1})$ 在节点 x_n 作 Taylor 展开

$$y(x_{n+1})=y(x_n+h)=y(x_n)+hy'(x_n)+\frac{h^2}{2}y''(\xi_n) \quad (\xi_n\in[x_n,x_{n+1}]) \tag{9.3}$$

舍去最后 h 的高阶项 $\dfrac{h^2}{2}y''(\xi_n)$，并代入 $y'(x_n)=f[x_n,y(x_n)]$ 可得

$$y(x_{n+1})\approx y(x_n)+hf[x_n,y(x_n)] \tag{9.4}$$

则

$$y(x_1) \approx y(x_0) + hf[x_0, y(x_0)] = y_0 + hf(x_0, y_0) \equiv y_1$$
$$y(x_2) \approx y(x_1) + hf[x_1, y(x_1)] \approx y_1 + hf(x_1, y_1) \equiv y_2$$
$$\cdots\cdots$$

由此构造递推公式

$$y_{n+1} = y_n + hf(x_n, y_n) \quad (n = 0, 1, \cdots, N-1) \tag{9.5}$$

该公式称为 Euler 公式。

例 9.1 用 Euler 公式求解(步长取 $h=0.1$)

$$\begin{cases} \dfrac{dy}{dx} = y - \dfrac{2x}{y} \quad (0 \leqslant x \leqslant 1) \\ y(0) = 1 \end{cases} \tag{9.6}$$

解 $f(x,y) = y - \dfrac{2x}{y}$,利用 Euler 公式可得

$$y_0 = 1, y_{n+1} = y_n + h\left(y_n - \frac{2x_n}{y_n}\right) \quad (n = 0, 1, 2, \cdots, N-1)$$

表 9.1 是计算的部分结果,并与精确解 $y(x) = \sqrt{1+2x}$ 进行比较。

表 9.1 例 9.1 的数值计算结果

x_n	数值解 y_n	精确解 $y(x_n)$	误差 $\|y(x_n) - y_n\|$
0.2	1.191 8	1.183 2	0.008 6
0.4	1.358 2	1.341 6	0.016 6
0.6	1.509 0	1.483 2	0.025 7
0.8	1.649 8	1.612 5	0.037 3
1.0	1.784 8	1.732 1	0.052 7

从表 9.1 可以看出,y_n 是 $y(x_n)$的近似值,但精度并不高,利用 Euler 公式计算时非常简单,由 y_0 即可以得到 y_1,由 y_1 即可以得到 y_2,依次类推,不需要求解任何方程,这样的公式称为显示格式。

在几何上,初值问题的解是平面上经过点(x_0, y_0)的一条曲线(见图 9.1),过点(x_0, y_0)的切线方程为 $y = y_0 + y'(x_0)(x - x_0) = y_0 + f(x_0, y_0)(x - x_0)$,它与直线 $x = x_1$ 交点的纵坐标正好是由 Euler 公式计算的 $y_1 = y_0 + hf(x_0, y_0)$,过点(x_1, y_1)以 $f(x_1, y_1)$为斜率的直线方程为 $y = y_1 + f(x_1, y_1)(x - x_1)$,它与直线 $x = x_2$ 交点的纵坐标正好是 Euler 公式计算的 $y_2 = y_1 + hf(x_1, y_1)$,如此继续下去,若连接点(x_0, y_0),(x_1, y_1),$\cdots$,(x_N, y_N),得到一条折线,Euler 公式的几何意义就是用这条折线近似地代替解曲线。

从数值公式的构造过程可知,问题的精确解 $y(x_n)$一般是得不到的,另外计算机采用差分格式计算过程中,由于有限位的运算,y_n 的精确值往往也是得不到的,得到的是 Euler 公式的近似解 $\tilde{y}_n$,从而 $\tilde{y}_n$ 的误差可表示为

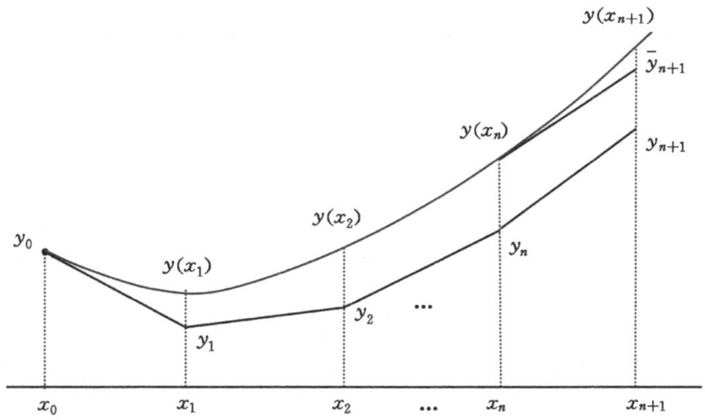

图 9.1　Euler 公式的几何意义

$$\tilde{y}_n - y(x_n) = (\tilde{y}_n - y_n) + [y_n - y(x_n)] \tag{9.7}$$

可见，要使得 $\tilde{y}_n$ 是 $y(x_n)$好的近似，我们要求

(1) Euler 方法的精确解 y_n 是微分方程精确解 $y(x_n)$的很好近似，那么要求当步长 $h\to 0$ 时，$y_n \to y(x_n)$，这就涉及方法的收敛性。

(2) $\tilde{y}_n$ 是 y_n 好的近似。在利用 Euler 公式计算的过程中，舍入误差会不断产生，因此 $\tilde{y}_n - y_n$ 的分析相当复杂，这属于方法的稳定性。最简单的情况是假设在 Euler 公式计算过程中没有任何误差，所以$|\tilde{y}_n - y_n|$的值完全依赖于$|\tilde{y}_0 - y_0|$。

方法的收敛性和稳定性是研究微分方程数值解最基本的理论研究内容，只有既收敛又稳定的格式才是有用的格式。

9.2.2　Euler 方法的收敛性和对初值的稳定性

定义 9.2　设 $y(x_{n+1})$是解在点 x_{n+1}的精确值，y_{n+1}是用 Euler 方法计算的近似值(假设没有舍入误差)，称

$$e_{n+1} = y(x_{n+1}) - y_{n+1} \tag{9.8}$$

为 Euler 方法在点 x_{n+1}的整体截断误差。

这里，y_{n+1}由 Euler 公式计算得到，那么 y_{n+1}的误差 e_{n+1}会与 y_n 的误差 e_n 有关，依次类推，也会与 $e_{n-1},\cdots,e_0$ 有关，所以计算是相当复杂的。

定义 9.3　如果对任意的初值 y_0 和任意固定的点 $x_n = x_0 + nh \in [a,b]$，都有

$$\lim_{\substack{h\to 0\\(n\to\infty)}} y_n = y(x) \tag{9.9}$$

其中，$y(x)$是精确解；y_n 是 Euler 公式的计算值(假设没有舍入误差)，则称 Euler 方法是收敛的。

显然，收敛性等价于整体截断误差满足 $\lim\limits_{\substack{h\to 0\\(n\to\infty)}} e_n = 0$。

例 9.2　对问题(9.6)，讨论 Euler 方法在点 $x=1$ 的收敛性。

表 9.2 是取不同步长的计算结果，并与精确解 $y(1)=\sqrt{3}\approx 1.732\ 050\ 807\ 568\ 88$ 比较。

表 9.2

步长 $h=0.1$	数值解 y_n	误差 $\|y_n-\sqrt{3}\|$
h	1.784 770 832 497 982	5.272 0e-002
$h/4$	1.746 503 633 087 410	1.445 3e-002
$h/16$	1.735 757 020 959 667	3.706 2e-003
$h/64$	1.732 983 428 303 584	9.326 2e-004

从计算结果看，Euler 方法是收敛的，但收敛速度相当慢。

在前面的讨论中可知，估计整体截断误差是复杂的，为此引入局部截断误差的概念和方法的精度。

定义 9.4 称

$$T_{n+1}=y(x_{n+1})-[y(x_n)+hf(x_n,y(x_n))] \tag{9.10}$$

为 Euler 公式在点 x_{n+1} 的局部截断误差。如果 $T_{n+1}=O(h^{p+1})$，称该方法是 p 阶精度。

局部截断误差的含义是：假设第 n 步没有误差[即 $y_n=y(x_n)$]，用 Euler 公式计算一步得到 $y(x_n)+hf[x_n,y(x_n)]\equiv\bar{y}_{n+1}$，局部截断误差就是 $y(x_{n+1})-\bar{y}_{n+1}$（见图 9.1）。

由 Taylor 展开式知，Euler 方法的局部截断误差正好是舍去的项，即

$$T_{n+1}=\frac{y''(\xi_n)}{2}h^2 \tag{9.11}$$

从而

$$|T_{n+1}|\leqslant\frac{1}{2}Mh^2,M=\max_{x\in[a,b]}|y''(x)| \tag{9.12}$$

以后将上式简单地记为

$$T_{n+1}=O(h^2) \tag{9.13}$$

表示局部截断误差与 h^2 同阶，且由定义可知，Euler 方法是一阶精度。

根据局部截断误差的定义和估计式，可以对整体截断误差进行估计

$$\begin{aligned}e_{n+1}&=y(x_{n+1})-y_{n+1}=y(x_n)+hf(x_n,y(x_n))+T_{n+1}-[y_n+hf(x_n,y_n)]\\&=[y(x_n)-y_n]+h[f(x_n,y(x_n))-f(x_n,y_n)]+T_{n+1}\\&=e_n+h[f(x_n,y(x_n))-f(x_n,y_n)]+T_{n+1}\end{aligned} \tag{9.14}$$

由假设 $f(x,y)$ 关于 y 满足 Lipschitz 条件，得

$$|f(x_n,y(x_n))-f(x_n,y_n)|\leqslant L|y(x_n)-y_n|=L|e_n|$$

从而可得

$$|e_{n+1}|\leqslant|e_n|+hL|e_n|+|T_{n+1}|\leqslant(1+hL)|e_n|+T$$

其中，$T=\frac{1}{2}Mh^2$。根据上式不断递推得

$$|e_{n+1}|\leqslant(1+hL)^{n+1}|e_0|+T\sum_{k=0}^{n}(1+hL)^k=(1+hL)^{n+1}|e_0|+\frac{T}{hL}[(1+hL)^{n+1}-1]$$

即有

$$|e_n|\leqslant(1+hL)^n|e_0|+\frac{T}{hL}[(1+hL)^n-1] \tag{9.15}$$

由于 $h=\frac{b-a}{N}$，所以

$$(1+hL)^n=\left(1+\frac{L(b-a)}{N}\right)^n \leqslant \left(1+\frac{L(b-a)}{N}\right)^N \leqslant e^{L(b-a)}$$

从而可得

$$|e_n| \leqslant e^{L(b-a)}|e_0|+\frac{T}{Lh}(e^{L(b-a)}-1)$$

通过上面讨论，可得局部截断误差与整体误差的估计。

定理 9.3　设 $y=y(x)\in C^2[a,b]$，则 Euler 方法的局部截断误差满足

$$|T_{n+1}| \leqslant \frac{1}{2}Mh^2, M=\max_{x\in[a,b]}|y''(x)|$$

定理 9.4　设 $f(x,y)$关于 y 满足 Lipschitz 条件，则 $y=y(x)\in C^2[a,b]$，整体误差满足

$$|e_n| \leqslant e^{L(b-a)}|e_0|+\frac{Mh}{2L}(e^{L(b-a)}-1) \tag{9.16}$$

若初始没有误差(即 $e_0=0$)，整体截断误差为

$$|e_n| \leqslant \frac{Mh}{2L}(e^{L(b-a)}-1)$$

即 $e_n=O(h)$，这说明 Euler 方法是收敛的(而且是关于 $x\in[a,b]$一致收敛)。

由于整体截断误差与 h 同阶(注意它比局部截断误差低了一阶)，故称 Euler 方法是一阶方法(与上述定义 9.4 中从局部截断误差角度定义的精度阶数保持一致)。

需要指出的是，在一定条件下，本课程所介绍的方法(包括后面的 R-K 法)，如果方法是 $p(p\geqslant 1)$阶的[即局部截断误差为 $T_{n+1}=O(h^{p+1})$]，则整体截断误差为 $e_{n+1}=O(h^p)$(该结论在第 3 节介绍)，因此，方法都是收敛的。这也告诉我们，如果要构造高精度的方法，可以从局部截断误差入手，使局部截断误差的阶尽可能地高。

由前面讨论，在有舍入误差情况下，由 Euler 公式计算的近似值 $\tilde{y}_n$ 所满足的误差公式(9.7)中，$y(x_n)-y_n$ 即为上面定义的整体误差，定理 9.4 给出了其上界估计，那么第二个问题需要讨论 $\tilde{y}_n-y_n$，即方法的稳定性。首先给出一种特殊的稳定性概念——对初值的稳定性。

定义 9.5　如果存在常数 c 和 h_0，使得对任意初始值 y_0, z_0，利用 Euler 公式

$$\begin{cases} y_{n+1}=y_n+hf(x_n,y_n) \\ y(x_0)=y_0 \end{cases} \text{与} \begin{cases} z_{n+1}=z_n+hf(x_n,z_n) \\ z(x_0)=z_0 \end{cases}$$

计算所得 y_n, z_n 满足

$$|y_n-z_n| \leqslant c|y_0-z_0| \quad (n=1,2,\cdots,N;0<h<h_0)$$

则称 Euler 方法是稳定的。

这里的 y_n, z_n 是指在没有舍入误差的情况下利用 Euler 公式计算得到的精确值，因此，这个稳定性是指对初值的稳定性。

定理 9.5　如果 $f(x,y)$关于 y 满足 Lipschitz 条件，则 Euler 方法对初值是稳定的。

证明　因为 $y_{n+1}=y_n+hf(x_n,y_n)$，$z_{n+1}=z_n+hf(x_n,z_n)$，令 $e_{n+1}=y_{n+1}-z_{n+1}$，则有

$$|e_{n+1}|=|y_{n+1}-z_{n+1}|\leqslant|y_n-z_n|+h|f(x_n,y_n)-f(x_n,z_n)|$$
$$\leqslant|e_n|+hL|y_n-z_n|=(1+hL)|e_n|$$
$$\leqslant(1+hL)^2|e_{n-1}|\leqslant\cdots\leqslant(1+hL)^{n+1}|e_0|$$

即有 $|e_n|\leqslant(1+hL)^n|e_0|$，所以当 $0<h<h_0$ 时，$|e_n|\leqslant e^{Lh_0N}|e_0|\equiv c|e_0|$，所以 Euler 方法对初值是稳定的。

关于稳定性更详细的讨论，我们将在后面逐步给出。

9.2.3 Euler 方法的变形

如果把 $y(x_n)$ 在 x_{n+1} 点作 Taylor 展开

$$y(x_n)=y(x_{n+1}-h)$$
$$=y(x_{n+1})-hy'(x_{n+1})+\frac{h^2}{2}y''(\xi_n)\quad(\xi_n\in[x_n,x_{n+1}])$$

即

$$y(x_{n+1})=y(x_n)+hy'(x_{n+1})-\frac{h^2}{2}y''(\xi_n)\tag{9.17}$$

舍去 $-\frac{h^2}{2}y''(\xi_n)$ 项，用类似于构造 Euler 公式的方法，可构造如下后退的 Euler 公式

$$y_{n+1}=y_n+hf(x_{n+1},y_{n+1})\tag{9.18}$$

后退的 Euler 公式与 Euler 公式有一个显著的区别，就是 Euler 公式右边不含 y_{n+1}，把 y_n 直接代入公式的右边即可求得 y_{n+1}；而后退的 Euler 公式的右边 f 中含有 y_{n+1}，一般要通过解非线性方程才能得到 y_{n+1}。因此，后退的 Euler 公式也称隐式 Euler 公式，一般在考虑数值稳定性因素时，往往构造隐式公式。

Euler 公式与后退的 Euler 公式还可以由数值积分的思想得到。

对微分方程 $y'(x)=f(x,y(x))$ 两边在区间 $[x_n,x_{n+1}]$ 上积分，得

$$y(x_{n+1})-y(x_n)=\int_{x_n}^{x_{n+1}}f(x,y(x))\mathrm{d}x\tag{9.19}$$

如果式右边的积分利用数值积分方法求解，就可以相应构造初值问题的数值方法。例如 Euler 公式和后退的 Euler 公式即为积分用左矩阵形公式和右矩阵形公式近似代替积分得到。那么把式右边的积分用梯形公式近似代替便得

$$y(x_{n+1})-y(x_n)\approx\frac{h}{2}[f(x_n,y(x_n))+f(x_{n+1},y(x_{n+1}))]$$

由此构造的公式称为梯形公式

$$y_{n+1}=y_n+\frac{h}{2}[f(x_n,y_n)+f(x_{n+1},y_{n+1})]\tag{9.20}$$

显然，梯形公式也是隐式公式。

类似 Euler 公式，后退 Euler 公式和梯形公式可讨论它们的局部截断误差、收敛性、稳定性。比如对于梯形公式，利用局部截断误差的定义可得

$$T_{n+1}=y(x_{n+1})-\left[y(x_n)+\frac{h}{2}(f(x_n,y(x_n))+f(x_{n+1},y(x_{n+1})))\right]$$
$$=y(x_{n+1})-\left[y(x_n)+\frac{h}{2}(y'(x_n)+y'(x_{n+1}))\right]$$

$$=y(x_n)+hy'(x_n)+\frac{h^2}{2}y''(x_n)+\frac{h^3}{6}y'''(x_n)+\cdots-$$

$$\left[y(x_n)+\frac{h}{2}(y'(x_n)+y'(x_n)+hy''(x_n)+\frac{h^2}{2}y'''(x_n)+\cdots)\right]$$

$$=-\frac{h^3}{12}y'''(x_n)+\cdots=O(h^3)$$

所以梯形公式具有二阶精度，比 Euler 方法高一阶。

对于隐式公式，由 y_n 计算 y_{n+1} 时需要解非线性方程，使用起来不方便，我们可以通过建立迭代格式进行求解。迭代初值通常由一个显式公式得到（如显式 Euler 公式），再利用隐式公式迭代求解。对梯形公式，可采用下面公式迭代求解

$$\begin{cases}y_{n+1}^{(0)}=y_n+hf(x_n,y_n)\\ y_{n+1}^{(k+1)}=y_n+\dfrac{h}{2}[f(x_n,y_n)+f(x_{n+1},y_{n+1}^{(k)})]\end{cases}\quad(k=0,1,\cdots)\tag{9.21}$$

因为

$$|y_{n+1}^{(k+1)}-y_{n+1}|=\frac{h}{2}|f(x_{n+1},y_{n+1}^{(k)})-f(x_{n+1},y_{n+1})|$$

$$\leqslant\frac{hL}{2}|y_{n+1}^{(k)}-y_{n+1}|\leqslant\cdots\left(\frac{hL}{2}\right)^{(k+1)}|y_{n+1}^{(0)}-y_{n+1}|$$

其中，L 为 Lipschitz 常数。那么当 $\frac{hL}{2}<1$ 时（步长足够小），$\lim\limits_{k\to\infty}|y_{n+1}^{(k+1)}-y_{n+1}|=0$，即迭代格式是收敛的。因为显式 Euler 公式已经能求出较好的近似值，所以我们经常采用如下的预测-校正公式

$$\begin{cases}\bar{y}_{n+1}=y_n+hf(x_n,y_n)\\ y_{n+1}=y_n+\dfrac{h}{2}[f(x_n,y_n)+f(x_{n+1},\bar{y}_{n+1})]\end{cases}\tag{9.22}$$

公式(9.22)的第一步先用显式 Euler 公式求 $y(x_{n+1})$ 的近似值 $\bar{y}_{n+1}$（称为预测），然后再用隐式梯形公式迭代一次（称为校正）。公式(9.22)实质上是显式的，两步合并写为

$$y_{n+1}=y_n+\frac{h}{2}[f(x_n,y_n)+f(x_{n+1},y_n+hf(x_n,y_n))]\tag{9.23}$$

公式(9.22)又可变形为下面等价形式

$$\begin{cases}k_1=f(x_n,y_n)\\ k_2=f(x_n+h,y_n+hk_1)\\ y_{n+1}=y_n+\dfrac{h}{2}(k_1+k_2)\end{cases}\tag{9.24}$$

称公式(9.22)或式(9.23)或式(9.24)为改进的 Euler 方法。

下面例 9.3 的数值算例说明了改进的 Euler 方法要比 Euler 方法的精度高。

例 9.3　用改进的 Euler 法求解问题(9.6)，步长取 $h=0.1$。

表 9.3 列出了部分求解结果（记为 y_n），表中 $\tilde{y}_n$ 是 Euler 法的求解结果（见例 9.1）。

表 9.3

x_n	y_n	$\lvert y(x_n)-y_n \rvert$	$\lvert y(x_n)-\tilde{y}_n \rvert$
0.2	1.184 1	0.000 9	0.008 6
0.4	1.343 4	0.001 7	0.016 6
0.6	1.486 0	0.002 7	0.025 7
0.8	1.616 5	0.004 0	0.037 3
1.0	1.737 9	0.005 8	0.052 7

第 3 节　一般单步法和 Runge-Kutta 法

9.3.1　一般单步法

第 2 节介绍的 4 个公式(Euler 公式、后退的 Euler 公式、梯形公式和改进的 Euler 公式)有着共同特点,就是在计算 y_{n+1}时,只需用到前一步 y_n 的值,称这类方法为单步法。单步法的一般形式为

$$y_{n+1}=y_n+h\varphi(x_n,x_{n+1},y_n,y_{n+1},h) \tag{9.25}$$

其中,φ 与 f 有关。如果 φ 含有 y_{n+1},则称该单步法是隐式的,否则称为显式的。显示的单步法一般形式为

$$y_{n+1}=y_n+h\varphi(x_n,y_n,h)$$

其中,$\varphi(x,y,h)$称为增量函数。

类似于 Euler 法,可定义单步法(9.25)的局部截断误差 $T_{n+1}=y(x_{n+1})-y_{n+1}$,其中 $y_{n+1}=y(x_n)+h\varphi(x_n,x_{n+1},y(x_n),y(x_{n+1}),h)$。利用泰勒公式展开,我们可以得到一般显式单步法的构造方法——泰勒级数法。

设问题的解 $y(x)$足够光滑,将 $y(x)$在 x_n 作泰勒展开,有

$$y(x_{n+1})=y(x_n+h)=y(x_n)+hy'(x_n)+\frac{h^2}{2}y''(x_n)+\cdots+\frac{h^q}{q!}y^{(q)}(x_n)+O(h^{q+1})$$

利用方程 $y'(x)=f(x,y)$可得

$$\begin{aligned}y''(x)&=f'(x,y)=f_x'(x,y)+f_y'(x,y)y'\\ y'''(x)&=f''(x,y)=(f_x'(x,y)+f_y'(x,y)y')'\\ &=f''_{xx}+2f''_{xy}y'+f''_{yy}(y')^2+f_y'(f_x'+y'f_y')\end{aligned}$$

若记

$$\varphi(x_n,y(x_n),h)=\left(\sum_{j=1}^{q}\frac{1}{j!}h^{j-1}\frac{d^{j-1}}{dx^{j-1}}f(x,y(x))\right)\Big|_{(x_n,y(x_n))} \tag{9.26}$$

则有

$$y(x_{n+1})=y(x_n)+h\varphi(x_n,y(x_n),h)+O(h^{q+1})$$

局部截断误差 $T=y(x_{n+1})-y_{n+1}=O(h^{q+1})$,此时泰勒级数法得到的单步法是 q 阶方法。由此可见,泰勒级数方法是提高单步法阶数的有效方法,但是由上述可知,其计算复杂且量大,不实用。如二阶泰勒级数法得到的公式为

$$y_{n+1}=y_n+hf(x_n,y_n)+\frac{h^2}{2}(f_x'(x_n,y_n)+f_y'(x_n,y_n)f(x_n,y_n))$$

与梯形方法比较可知,在精度相同的情况下,该公式要计算 $f(x,y)$ 的偏导数,计算量明显大。所以我们提出这样一个问题,是否可以通过 $f(x,y)$ 在一些点上的函数值构造高阶的单步法呢?答案是肯定的,即为下面介绍的 Runge-Kutta 法(简称显式 R-K 法)。

9.3.2 显式 Runge-Kutta 法

在区间 $[x_n,x_{n+1}]$ 上,由微分中值定理可知

$$y(x_{n+1})=y(x_n)+hy'(\xi_n)=y(x_n)+hf(\xi_n,y(\xi_n))\quad(\xi_n\in[x_n,x_{n+1}])$$

这里 ξ_n 具体是多少未知,如果把 $y'(\xi_n)=f(\xi_n,y(\xi_n))$ 看作 $y(x)$ 在区间 $[x_n,x_{n+1}]$ 上的平均斜率,则可以利用 f 在区间上某个点或若干个点的函数值(也是这些点处的斜率)的线性组合来近似平均斜率,比如 Euler 方法是用左端点的斜率 $y'(x_n)$ 近似代替 $y'(\xi_n)$ 得到,后退的 Euler 方法是用右端点的斜率 $y'(x_{n+1})$ 近似代替 $y'(\xi_n)$ 得到,而改进的 Euler 公式是用左端点的斜率 $y'(x_n)$ 与右端点的斜率 $y'(x_{n+1})$ 进行算术平均来近似代替 $y'(\xi_n)$ 而得到的方法,而且精度是二阶的。

那么在区间 $[x_n,x_{n+1}]$ 内多取几个点,如取 m 个点 $x_n,x_n+a_2h,\cdots,x_n+a_mh$,用这些点的近似斜率进行加权平均来近似代替 $y'(\xi_n)$,如何构造精度更高的方法呢?

对于 m 个点的公式我们称为 m 级显式 R-K 法,形式为

$$\begin{cases}k_1=f(x_n,y_n)\\k_2=f(x_n+a_2h,y_n+hb_{21}k_1)\\k_3=f(x_n+a_3h,y_n+h(b_{31}k_1+b_{32}k_2))\\\quad\cdots\cdots\\k_m=f(x_n+a_mh,y_n+h(b_{m1}k_1+\cdots+b_{m,m-1}k_{m-1}))\\y_{n+1}=y_n+h(c_1k_1+c_2k_2+\cdots+c_mk_m)\end{cases}\tag{9.27}$$

该方法又可用下面简单直观的 Butcher 矩阵来表示

$$\begin{array}{c|ccccc}0&&&&&\\a_2&b_{21}&&&&\\a_3&b_{31}&b_{32}&&&\\\vdots&\vdots&\vdots&&&\\a_m&b_{m1}&b_{m2}&\cdots&b_{m,m-1}&\\\hline&c_1&c_2&\cdots&c_{m-1}&c_m\end{array}$$

要确定公式,即要确定 $a_i,b_{ij}(i=2,\cdots,m,j=1,\cdots,m-1),c_i(i=1,\cdots,m)$。下面以 $m=2$ 为例,利用局部截断误差尽可能多的项为零来推导显式 R-K 法。设

$$\begin{cases}k_1=f(x_n,y_n)\\k_2=f(x_n+a_2h,y_n+hb_{21}k_1)\\y_{n+1}=y_n+h(c_1k_1+c_2k_2)\end{cases}$$

对 $k_i(i=1,2)$ 和 $y(x_{n+1})$ 在点 x_n 进行 Taylor 展开

$$k_1=f(x_n,y(x_n))\equiv f$$

$$k_2=f+h[a_2f_x+b_{21}f\cdot f_y]+O(h^2)$$

其中，$f_x=f_x(x_n,y(x_n))$，$f_y=f_y(x_n,y(x_n))$。

$$
\begin{aligned}
y(x_{n+1}) &= y(x_n)+hy'(x_n)+\frac{h^2}{2}y''(x_n)+O(h^3)\\
&= y(x_n)+hf+\frac{h^2}{2}[f_x+f\cdot f_y]+O(h^3)
\end{aligned}
$$

则局部截断误差

$$
\begin{aligned}
T_{n+1} &= y(x_{n+1})-y(x_n)-h(c_1k_1+c_2k_2)\\
&= (1-c_1-c_2)f\cdot h+\left(\frac{1}{2}-c_2a_2\right)f_x\cdot h^2+\left(\frac{1}{2}-c_2b_{21}\right)f\cdot f_x\cdot h^2+O(h^3)
\end{aligned}
$$

为了精度达到三阶，令

$$
\begin{cases}
1-c_1-c_2=0\\
\dfrac{1}{2}-c_2a_2=0\\
\dfrac{1}{2}-c_2b_{21}=0
\end{cases}
\Leftrightarrow
\begin{cases}
c_1+c_2=1\\
c_2a_2=\dfrac{1}{2}\\
c_2b_{21}=\dfrac{1}{2}
\end{cases}
$$

上面方程组有四个未知数三个方程，有一个自由变量取为 $a_2\neq0$，则解为

$$
\begin{cases}
c_1=1-\dfrac{1}{2a_2}\\
c_2=\dfrac{1}{2a_2}\\
a_2=b_{21}
\end{cases}
$$

取不同的 $a_2\neq0$，即可得到不同的二级显式 R-K 法。如果再多展开一项，可知 h^3 的系数必不为零，也就是说二级 R-K 法最高是二阶的。

下面列举几个二级二阶的 R-K 法：

(1) 改进的 Euler 公式($a_2=1$)

$$
\begin{cases}
k_1=f(x_n,y_n)\\
k_2=f(x_n+h,y_n+hk_1)\\
y_{n+1}=y_n+\dfrac{h}{2}(k_1+k_2)
\end{cases}
$$

(2) 中点公式，也称变形的 Euler 公式($a_2=1/2$)

$$
\begin{cases}
k_1=f(x_n,y_n)\\
k_2=f\left(x_n+\dfrac{1}{2}h,y_n+\dfrac{1}{2}hk_1\right)\\
y_{n+1}=y_n+hk_2
\end{cases}
$$

(3) Heun 公式($a_2=2/3$)

$$
\begin{cases}
k_1=f(x_n,y_n)\\
k_2=f\left(x_n+\dfrac{2}{3}h,y_n+\dfrac{2}{3}hk_1\right)\\
y_{n+1}=y_n+h\left(\dfrac{1}{4}k_1+\dfrac{3}{4}k_2\right)
\end{cases}
$$

一般地，为了达到更高的精度，显式 R-K 法的系数满足

$$\sum_{i=1}^{m} c_i = 1, a_i = \sum_{j=1}^{m-1} b_{ij} \quad (i = 2, 3, \cdots, m)$$

对于 $m=3,4$ 可类似推出三级和四级的显式 R-K 法。下面列举几个常用的公式：

(1) 三级三阶的 Kutta 公式

$$\begin{array}{c|ccc} 0 & & & \\ 1/2 & 1/2 & & \\ 1 & -1 & 2 & \\ \hline & 1/6 & 4/6 & 1/6 \end{array}$$

(2) 三级三阶的 Heun 公式

$$\begin{array}{c|ccc} 0 & & & \\ 1/3 & 1/3 & & \\ 2/3 & 0 & 2/3 & \\ \hline & 1/4 & 0 & 3/4 \end{array}$$

(3) 四级四阶的经典 R-K 公式

$$\begin{array}{c|cccc} 0 & & & & \\ 1/2 & 1/2 & & & \\ 1/2 & 0 & 1/2 & & \\ 1 & 0 & 0 & 1 & \\ \hline & 1/6 & 2/6 & 2/6 & 1/6 \end{array} \tag{9.28}$$

(4) 四级四阶的 Kutta 公式

$$\begin{array}{c|cccc} 0 & & & & \\ 1/3 & 1/3 & & & \\ 2/3 & -1/3 & 1 & & \\ 1 & 1 & -1 & 1 & \\ \hline & 1/8 & 3/8 & 3/8 & 1/8 \end{array}$$

(5) 四级四阶的 Gill 公式

$$\begin{array}{c|cccc} 0 & & & & \\ \frac{1}{2} & \frac{1}{2} & & & \\ \frac{1}{2} & \frac{\sqrt{2}-1}{2} & 1-\frac{\sqrt{2}}{2} & & \\ 1 & 0 & -\frac{\sqrt{2}}{2} & 1+\frac{\sqrt{2}}{2} & \\ \hline & \frac{1}{6} & \frac{2-\sqrt{2}}{6} & \frac{2+\sqrt{2}}{6} & \frac{1}{6} \end{array}$$

(6) 六级五阶方法

$$
\begin{array}{c|cccccc}
0 & & & & & & \\
\frac{1}{5} & \frac{1}{5} & & & & & \\
\frac{3}{10} & \frac{3}{40} & \frac{9}{40} & & & & \\
\frac{4}{5} & \frac{44}{45} & -\frac{56}{15} & \frac{32}{9} & & & \\
\frac{8}{9} & \frac{19\,372}{6\,561} & -\frac{25\,360}{2\,187} & \frac{64\,448}{6\,561} & -\frac{212}{729} & & \\
1 & \frac{9\,017}{3\,168} & -\frac{355}{33} & \frac{46\,732}{5\,247} & \frac{49}{176} & -\frac{5\,103}{18\,656} & \\
\hline
 & \frac{35}{384} & 0 & \frac{500}{1\,113} & \frac{125}{192} & -\frac{2\,187}{6\,784} & \frac{11}{84}
\end{array}
\tag{9.29}
$$

说明 当 $m=5$ 时，只能构造四阶的显式 R-K 方法，要想构造五阶的方法，必须 $m\geqslant 6$。一般地，设 $p(m)$ 是 m 级显式 R-K 法所能达到的最高阶，可以证明

$$p(5)=4,p(6)=5,p(7)=6,p(8)=6,p(9)=7$$

最常用的是四级四阶的经典 R-K 法。R-K 法的程序见后面算法 9.2。这是对方程组来写的，也适用于一个方程的情况。

例 9.4 取步长 $h=0.1$，分别用四阶经典 R-K 法和五阶 R-K 法求解问题

$$
\begin{cases}
\dfrac{dy}{dx}=x^3-\dfrac{y}{x} \\
y(1)=\dfrac{2}{5}
\end{cases}
$$

并与精确解 $y=\dfrac{x^4}{5}+\dfrac{1}{5x}$ 比较。

表 9.4 是部分计算结果（y_n 表示四阶方法的解，$\bar{y}_n$ 表示五阶方法的解）

表 9.4

x_n	$\lvert y(x_n)-y_n \rvert$	$\lvert y(x_n)-\bar{y}_n \rvert$
1.2	1.388 9e-007	2.220 4e-016
1.4	2.381 0e-007	4.440 9e-016
1.6	3.125 0e-007	2.220 4e-016
1.8	3.703 7e-007	0
2.0	4.166 7e-007	4.440 9e-016

9.3.3 隐式 Runge-Kutta 法

m 级隐式 R-K 法的形式为

$$\begin{cases} k_1 = f(x_n + a_1 h, y_n + h(b_{11}k_1 + b_{12}k_2 + \cdots + b_{1m}k_m)) \\ k_2 = f(x_n + a_2 h, y_n + h(b_{21}k_1 + b_{22}k_2 + \cdots + b_{2m}k_m)) \\ \qquad \cdots\cdots \\ k_m = f(x_n + a_m h, y_n + h(b_{m1}k_1 + b_{m2}k_2 + \cdots + b_{mm}k_m)) \\ y_{n+1} = y_n + h(c_1 k_1 + c_2 k_2 + \cdots + c_m k_m) \end{cases} \tag{9.30}$$

m 级隐式 R-K 法也可用 Butcher 矩阵来表示

$$\begin{array}{c|cccc} a_1 & b_{11} & b_{12} & \cdots & b_{1m} \\ a_2 & b_{21} & b_{22} & \cdots & b_{2m} \\ \vdots & \vdots & \vdots & & \vdots \\ a_m & b_{m1} & b_{m2} & \cdots & b_{mm} \\ \hline & c_1 & c_2 & \cdots & c_m \end{array} \tag{9.31}$$

类似于显式 R-K 法，可以确定隐式 R-K 法的系数。可以证明，对所有的 m 均存在 $2m$ 阶隐式 R-K 法，因此，对同样的级数 m，隐式 R-K 法比显式的精度更高。另外，隐式 R-K 法具有较好的数值稳定性。这些优点对求解刚性方程组(见本章第 9.6.3 节)是非常有用的。但在使用隐式 R-K 法时，由于每个 k_i 的表达式中都含有 $k_1, k_2, \cdots, k_m$，一般每推进一步就要解一次 m 维非线性方程组，这也给计算带来很大的不便。

下面列举几个隐式 R-K 公式：

(1) 一级二阶隐式 R-K 法

$$\begin{array}{c|c} \frac{1}{2} & \frac{1}{2} \\ \hline & 1 \end{array}$$

(2) 二级四阶隐式 R-K 法

$$\begin{array}{c|cc} \frac{3-\sqrt{3}}{6} & \frac{1}{4} & \frac{3-2\sqrt{3}}{12} \\ \frac{3+\sqrt{3}}{6} & \frac{3+2\sqrt{3}}{12} & \frac{1}{4} \\ \hline & \frac{1}{2} & \frac{1}{2} \end{array} \tag{9.32}$$

(3) 三级六阶隐式 R-K 法

$$\begin{array}{c|ccc} \frac{5-\sqrt{15}}{10} & \frac{5}{36} & \frac{10-3\sqrt{15}}{45} & \frac{25-6\sqrt{15}}{180} \\ \frac{1}{2} & \frac{10+3\sqrt{15}}{72} & \frac{2}{9} & \frac{10-3\sqrt{15}}{72} \\ \frac{5+\sqrt{15}}{10} & \frac{25+6\sqrt{15}}{180} & \frac{10+3\sqrt{15}}{45} & \frac{5}{36} \\ \hline & \frac{5}{18} & \frac{4}{9} & \frac{5}{18} \end{array}$$

例 9.5　取步长 $h=0.1$，用隐式 R-K 公式求解

$$\begin{cases} y' = y \\ y(0) = 1 \end{cases}$$

并与精确解 $y = e^x$ 比较。

表 9.5 是部分计算结果。

表 9.5

x_n	数值解 y_n	精确解 $y(x_n)$	$\lvert y(x_n) - y_n \rvert$
0.2	1.221 402 724 212 121	1.221 402 758 160 170	3.394 8e-008
0.4	1.491 824 614 712 790	1.491 824 697 641 270	8.292 8e-008
0.6	1.822 118 648 456 899	1.822 118 800 390 509	1.519 3e-007
0.8	2.225 540 681 062 964	2.225 540 928 492 468	2.474 3e-007
1.0	2.718 281 450 695 203	2.718 281 828 459 046	3.777 6e-007

第 4 节　单步法的收敛性和绝对稳定性

微分方程数值解法的基本思想是通过某种思想，将问题离散化，构造差分格式进行计算。例如单步法

$$y_{n+1} = y_n + h\varphi(x_n, y_n, h) \tag{9.33}$$

其中，y_n 为初值问题在 x_n 处的近似解，记 $y(x)$为精确解。

当我们利用计算机对数值公式计算时，由于有限位的运算，差分格式的精确值 y_n 往往也是得不到的，得到的是其近似解 $\tilde{y}_n$，那么 $\tilde{y}_n$ 的误差应满足

$$\tilde{y}_n - y(x_n) = (\tilde{y}_n - y_n) + (y_n - y(x_n))$$

要使得 $\tilde{y}_n$ 是 $y(x_n)$好的近似，我们希望当步长 $h \to 0$ 时，$y_n \to y(x_n)$，这就是涉及方法的收敛性；其次，$\tilde{y}_n$ 是 y_n 好的近似，这属于方法的稳定性。下面我们首先讨论收敛性问题。

9.4.1　单步法的收敛性

定义 9.6　如果对任意初值 y_0 和任意固定的 $x = x_n = x_0 + nh \in [a, b]$，都有

$$\lim_{\substack{h \to 0 \\ (n \to \infty)}} y_n = y(x)$$

则称该单步法是收敛的。

从定义可知，收敛性即讨论方法当 $n \to \infty (h \to 0)$的整体误差 $e_n = y(x_n) - y_n \to 0$ 的问题。在前面数值算法介绍中可知，公式的局部截断误差易求，而整体误差求解是复杂的，下面定理给出了在一定条件下一般单步法局部截断误差与整体误差的关系，从而得到了收敛性定理。

定理 9.6　若初值问题用单步法计算的局部截断误差为 $O(h^{p+1})(p \geq 1)$，且增量函数 $\varphi(x, y, h)$关于 y 满足 Lipschitz 条件，即存在常数 $L > 0$，使得

$$\lvert \varphi(x, y_1, h) - \varphi(x, y_2, h) \rvert \leq L \lvert y_1 - y_2 \rvert$$

则当 $e_0 = y(x_0) - y_0 = 0$ 时，整体误差 $e_n = O(h^p)$，此时单步法是收敛的。

证明　设 $\bar{y}_{n+1}$ 为 $y_n=y(x_n)$ 利用公式计算得到的结果，即

$$\bar{y}_{n+1}=y(x_n)+h\varphi(x_n,y(x_n),h) \tag{9.34}$$

由条件可知，存在常数 $C>0$ 使得局部截断误差

$$|T_{n+1}|=|y(x_{n+1})-\bar{y}_{n+1}|\leqslant Ch^{p+1}$$

结合式(9.33)与式(9.34)以及增量函数满足 Lipschitz 条件，整体误差 $e_{n+1}=y(x_{n+1})-y_{n+1}$ 满足

$$\begin{aligned}|e_{n+1}|&\leqslant |y(x_{n+1})-\bar{y}_{n+1}|+|\bar{y}_{n+1}-y_{n+1}|\\&\leqslant Ch^{p+1}+|\bar{y}_{n+1}-y_{n+1}|\\&\leqslant Ch^{p+1}+|y(x_n)-y_n|+h|\varphi(x_n,y(x_n),h)-\varphi(x_n,y_n,h)|\\&\leqslant Ch^{p+1}+(1+hL)|y(x_n)-y_n|\end{aligned}$$

即对整体误差满足递推关系式

$$|e_{n+1}|\leqslant Ch^{p+1}+(1+hL)|e_n|$$

反复递推可得

$$\begin{aligned}|e_{n+1}|&\leqslant (1+(1+hL)+(1+hL)^2+\cdots(1+hL)^n)Ch^{p+1}+(1+hL)^{n+1}|e_0|\\&\leqslant \frac{Ch^p}{L}((1+hL)^{n+1}-1)+(1+hL)^{n+1}|e_0|\end{aligned}$$

从而有

$$|e_n|\leqslant \frac{Ch^p}{L}(\mathrm{e}^{L(b-a)}-1)+\mathrm{e}^{L(b-a)}|e_0|$$

所以当 $e_0=0$ 时，整体误差 $e_n=O(h^p)$，单步法收敛。

对于 Euler 公式，其增量函数 $\varphi(x,y,h)\equiv f(x,y)$，所以当 $f(x,y)$ 满足 Liptchitz 条件时 Euler 方法是收敛的。再考察改进的 Euler 公式，其增量函数为

$$\varphi(x,y,h)=\frac{1}{2}[f(x,y)+f(x+h,y+hf(x,y))]$$

当 $f(x,y)$ 满足 Liptchitz 条件时，有

$$\begin{aligned}|\varphi(x,y_1,h)-\varphi(x,y_2,h)|&\leqslant\frac{1}{2}|f(x,y_1)-f(x,y_2)|+\\&\quad\frac{1}{2}|f(x+h,y_1+hf(x,y_1))-f(x+h,y_2+hf(x,y_2))|\\&\leqslant\frac{L}{2}|y_1-y_2|+\frac{L}{2}|y_1-y_2+h(f(x,y_1)-f(x,y_2))|\\&\leqslant\frac{L}{2}|y_1-y_2|+\frac{L}{2}(1+hL)|y_1-y_2|\\&\leqslant\left(1+\frac{hL}{2}\right)L|y_1-y_2|\end{aligned}$$

若 $h\leqslant h_0$（h_0 为常数），那么 $\varphi(x,y,h)$ 满足 Liptchitz 条件，Liptchitz 常数为 $\left(1+\frac{h_0L}{2}\right)L$，所以改进的 Euler 公式也是收敛的。类似可证前面介绍的数值方法的收敛性。

定理 9.6 告诉我们，当初始值没有误差时，如果具有 $p(p\geqslant1)$ 阶精度，那么方法是收敛的。

此时局部截断误差有如下展开

$$\begin{aligned}T_{n+1}&=y(x_{n+1})-y(x_n)-h\varphi(x_n,y(x_n),h)\\&=y'(x_n)h+\frac{1}{2}y''(x_n)h^2+\cdots-h\left[\varphi(x_n,y(x_n),0)+h\varphi'_x(x_n,y(x_n),0)+\cdots\right]\\&=(y'(x_n)-\varphi(x_n,y(x_n),0))h+O(h^2)\end{aligned}$$

又因为 $y'(x)=f(x,y)$，所以 $p\geqslant 1$ 的充要条件是 $y'(x)=\varphi(x,y(x),0)$。

定义 9.7 如果增量函数 $\varphi(x,y,h)$ 满足 $\varphi(x,y(x),0)=f(x,y)$，则称单步法与初值问题是相容的。

相容性是指数值方法是逼近微分方程的。

9.4.2 单步法的稳定性

收敛性是在没有舍入误差的假设下提出的，整体误差 $e_n=y(x_n)-y_n$ 中的数值解 y_n 是差分格式的真解，但实际计算时通常都会有舍入误差，因此必须考虑舍入误差的积累是否能得到控制，即要考虑数值稳定性的问题。在第 2 节讨论 Euler 方法时，假设在利用数值公式计算时没有舍入误差情况下，给出了数值方法对初值的稳定性概念，给出了 Euler 方法对初值的稳定性结论(定理 9.5)，该定理刻画的是当步长趋于零时误差的传播情况，然而在计算机上计算时，步长往往是固定的，这就是本节讨论的稳定性问题：给定步长，在有舍入误差情况下，讨论某一步产生扰动后，后面计算过程中该误差是否能被控制甚至是衰减的问题。

定义 9.8 若一种数值方法在节点 y_n 上有个大小为 δ 的扰动，在后面各个节点上产生的偏差都不超过 δ，则称该方法是稳定的。

以 Euler 公式为例来讨论其稳定性。

例 9.6 考察初值问题

$$\begin{cases}y'=-10y\\y(0)=1\end{cases}$$

的稳定性。

解 易得方程的解为 $y=\mathrm{e}^{-10x}$，是按指数衰减的函数。

用 Euler 方法求解的递推公式为 $y_{n+1}=y_n-10hy_n=(1-10h)y_n$，如果取 $h=0.25$，从图 9.2中可见数值解(图中用 # 号标出)在准确解的上下波动，计算结果显然不稳定。

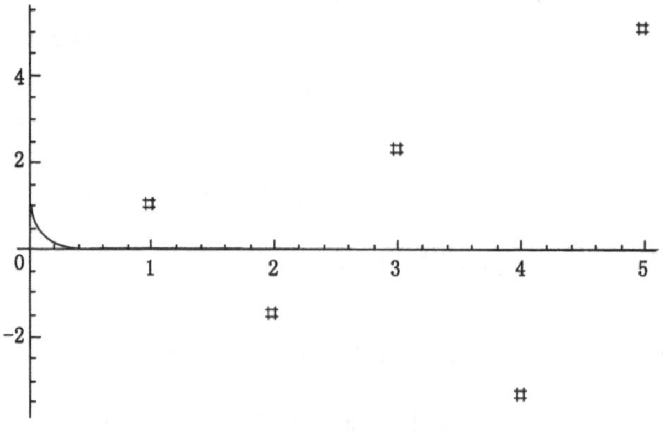

图 9.2 例 9.6 的数值解图示($h=0.25$)

如果取 $h=0.15$，结果如图 9.3 所示，显然是稳定的。

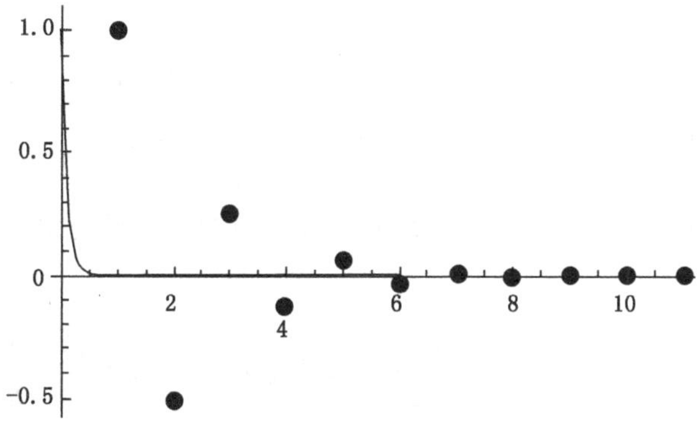

图 9.3　例 9.6 的数值解图示($h=0.15$)

方法的数值稳定性与求解的微分方程有关，与使用的方法和步长也有关系。若只考虑数值方法本身，我们通常检验如下模型方程的稳定性

$$y'=\lambda y \tag{9.35}$$

其中，λ 是复常数。

下面考察 Euler 公式对模型方程(9.35)的数值稳定性。

把 Euler 公式用于模型方程(9.35)，得

$$y_{n+1}=y_n+\lambda h y_n=(1+\bar{h})y_n \tag{9.36}$$

这里 $\bar{h}\equiv\lambda h$。设 y_n 有误差 $e_n=\tilde{y}_n-y_n$，又设 $\tilde{y}_{n+1}$ 是用 $\tilde{y}_n$ 代入公式(9.36)计算的准确值，即

$$\tilde{y}_{n+1}=(1+\bar{h})\tilde{y}_n$$

则由 e_n 引起的 y_{n+1} 的误差

$$e_{n+1}=\tilde{y}_{n+1}-y_{n+1}=(1+\bar{h})e_n \tag{9.37}$$

注意：误差满足的式子(9.37)与式(9.36)的形式是一致的。由式(9.37)递推便得

$$e_{n+1}=(1+\bar{h})^{n+1}e_0$$

显然，要使误差 e_n 不被放大，必须 $|1+\bar{h}|<1$，此时 $\lim\limits_{n\to\infty}e_n=0$。如果 λ 为实数，则必须 $\bar{h}=\lambda h\in(-2,0)$。这意味着，对于模型方程(9.35)，步长 h 必须满足 $0<h<\dfrac{2}{|\lambda|}$ 时，才能保证 Euler公式的数值稳定性。

一般地，把单步法用于模型方程(9.35)，将得到如下递推公式

$$y_{n+1}=E(\bar{h})y_n \tag{9.38}$$

定义 9.9　设某单步法用于模型方程(9.35)得到的递推公式为式(9.38)，如果 $|E(\bar{h})|<1$，则称该单步法是绝对稳定的。变量 $\bar{h}$ 满足 $|E(\bar{h})|<1$ 的区域称为该单步法的绝对稳定区域；绝对稳定区域与实轴的交称为绝对稳定区间。

由上述分析，Euler 公式的绝对稳定区域为：$|\bar{h}+1|<1$，它是以$(-1,0)$为圆心的单位圆的内部，绝对稳定区间是$(-2,0)$。

例 9.7 求后退的 Euler 公式和梯形公式的绝对稳定区域和绝对稳定区间。

解 把后退的 Euler 公式用于模型方程得 $y_{n+1}=\dfrac{1}{1-\bar{h}}y_n$，故绝对稳定域为 $|\bar{h}-1|>1$，它是以$(1,0)$为圆心的单位圆的外部。当 $Re\,\lambda<0$ 时，绝对稳定域为复平面的左半平面，而绝对稳定区间为$(-\infty,0)$。

把梯形公式用于模型方程得 $y_{n+1}=\dfrac{2+\bar{h}}{2-\bar{h}}y_n$，故绝对稳定域为 $\left|\dfrac{2+\bar{h}}{2-\bar{h}}\right|<1$，即复平面的左半平面，绝对稳定区间为$(-\infty,0)$。

这说明，当 $Re\,\lambda<0$ 时，这两个公式从绝对稳定性的角度看，对步长 $h>0$ 没有限制。

例 9.8 求二级二阶显式 R-K 方法的绝对稳定区域和绝对稳定区间。

解 二级二阶的显式 R-K 法为

$$\begin{cases}k_1=f(x_n,y_n)\\k_2=f(x_n+a_2h,y_n+hb_{21}k_1)\\y_{n+1}=y_n+h(c_1k_1+c_2k_2)\end{cases}$$

其系数满足 $c_1+c_2=1, c_2a_2=1/2, c_2b_{21}=1/2$。用于模型方程

$$\begin{aligned}y_{n+1}&=y_n+h[c_1\lambda y_n+c_2\lambda(y_n+hb_{21}\lambda y_n)]\\&=[1+(c_1+c_2)\lambda h+c_2a_2(\lambda h)^2]y_n=\left(1+\bar{h}+\frac{1}{2}\bar{h}^2\right)y_n\end{aligned}$$

故绝对稳定区域为

$$\left|1+\bar{h}+\frac{1}{2}\bar{h}^2\right|<1$$

绝对稳定区间为 $\bar{h}\in(-2,0)$。

图 9.4 是 m 级 m 阶$(m=1,2,3,4)$显式 R-K 法的绝对稳定域($m=1$ 时，即为 Euler 公式)。相应的绝对稳定区间如表 9.6 所列。

表 9.6 显式 R-K 法的绝对稳定区间

阶	绝对稳定区间
1	$(-2,0)$
2	$(-2,0)$
3	$(-2.51,0)$
4	$(-2.78,0)$

当 $Re\,\lambda<0$ 时，所有隐式 R-K 法的绝对稳定域都是复平面的左半平面。

例 9.9 用四级四阶经典 R-K 法求解

$$y'=-20y, y(0)=1$$

步长分别取 $h=0.1$ 和 $h=0.2$。表 9.7 是数值解与精确解 $y(x)=e^{-20x}$ 的误差。

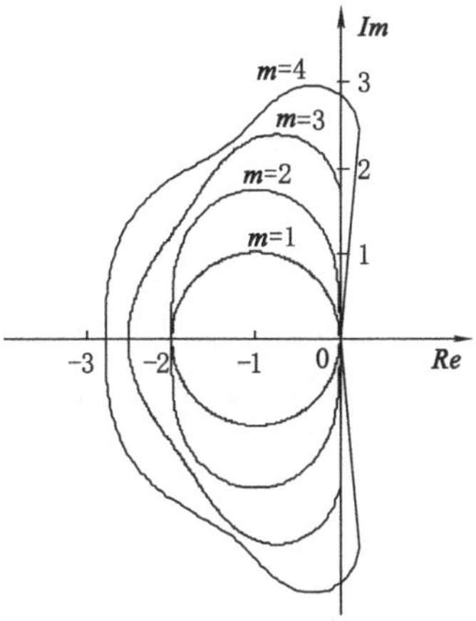

图 9.4　m 阶显示 R-K 法的绝对稳定区域

表 9.7　例 9.9 的数值解与精确解的误差

x_n	$\lvert y(x_n)-y_n \rvert\ (h=0.1)$	$\lvert y(x_n)-y_n \rvert\ (h=0.2)$
0.2	9.279 5e−002	4.981 7e+000
0.4	1.201 0e−002	2.500 0e+001
0.6	1.365 6e−003	1.250 0e+002
0.8	1.523 0e−004	6.250 0e+002
1.0	1.693 3e−005	3.125 0e+003

当 $h=0.1$ 时，$\bar{h}=-2\in(-2.78,0)$，是数值稳定的，因此解的精度较好；而当 $h=0.2$ 时，$\bar{h}=-4\notin(-2.78,0)$，是数值不稳定的，因此解发生了严重失真。

对于一般微分方程 $y'=f(x,y)$，对 $f(x,y)$ 线性化处理可知 $\dfrac{\partial f}{\partial y}$ 相当于模型方程中的 λ。以 Euler 方法为例，设

$$y_{n+1}=y_n+hf(x_n,y_n),\tilde{y}_{n+1}=\tilde{y}_n+hf(x_n,\tilde{y}_n)$$

则由中值定理可知

$$\begin{aligned}e_{n+1}&=\tilde{y}_{n+1}-y_{n+1}=(\tilde{y}_n-y_n)+h[f(x_n,\tilde{y}_n)-f(x_n,y_n)]\\&=e_n+h\frac{\partial f(x_n,\xi_n)}{\partial y}(\tilde{y}_n-y_n)=\left[1+h\frac{\partial f(x_n,\xi_n)}{\partial y}\right]e_n\end{aligned}$$

记 $\lambda=\dfrac{\partial f}{\partial y}$（$\lambda$ 是变化的），只要对所有 λ，都有 $\bar{h}=\lambda h\in(-2,0)$，Euler 方法是绝对稳定的。

例 9.10　用四阶经典 R-K 法求解

$$\frac{\mathrm{d}y}{\mathrm{d}x}=1-\frac{10xy}{1+x^2}(0\leqslant x\leqslant 10),y(0)=0$$

从绝对稳定性考虑，对步长 h 有何限制？

解　$\lambda=\dfrac{\partial f}{\partial y}=-\dfrac{10x}{1+x^2}<0,\max\limits_{0\leqslant x\leqslant 10}|\lambda|=\max\limits_{0\leqslant x\leqslant 10}\dfrac{10x}{1+x^2}=5$，根据 R-K 法的绝对稳定区间，步

长 h 应满足 $-2.78<-5h<0$，即 $0<h<0.556$。

第 5 节　线性多步法

前面介绍的数值算法中，从初值 y_0 出发，利用公式逐步计算出 $y_1,y_2,\cdots,y_n$，在计算 y_{n+1} 时，仅仅利用了前面一步的信息，如果能用之前多步的信息来预测 y_{n+1}，则可能会有更高的精度，这就是构造多步法的基本思想。同单步法构造的思想，多步法构造的函数也可以通过数值积分和泰勒展开的方法得到，本节利用泰勒展开介绍多步法的构造思想。

9.5.1　线性多步法的一般形式

在计算 y_{n+r} 时，用到前面多几步的信息（如 $y_n,y_{n+1},\cdots,y_{n+r-1}$），则称之为多步法。我们只讨论线性多步法，其形式为

$$y_{n+r}=\alpha_0 y_n+\alpha_1 y_{n+1}+\cdots+\alpha_{r-1}y_{n+r-1}+h(\beta_0 f_n+\beta_1 f_{n+1}+\cdots+\beta_r f_{n+r}) \qquad (9.39)$$

其中，α_i,β_i 均为与 f,n 无关的常数；α_0,β_0 不同时为零；$f_i\equiv f(x_i,y_i)(i=n,\cdots,n+r)$。

由于计算 y_{n+r} 用了前面 r 个信息：$y_n,y_{n+1},\cdots,y_{n+r-1}$，故称式(9.39)是 r 步的线性多步法。如果 $\beta_r=0$，则称多步法是显式的，否则称为隐式的。对于隐式的多步法，可采用显式公式先预测，再用隐式公式迭代求解。

类似于单步法，下面给出线性多步法局部截断误差和阶的定义。

定义 9.10　线性多步法的局部截断误差定义为

$$\begin{aligned}T_{n+r}&=y(x_{n+r})-\sum_{i=0}^{r-1}\alpha_i y(x_{n+i})-h\sum_{i=0}^{r}\beta_i f(x_{n+i},y(x_{n+i}))\\&=y(x_{n+r})-\sum_{i=0}^{r-1}\alpha_i y(x_{n+i})-h\sum_{i=0}^{r}\beta_i y'(x_{n+i})\end{aligned} \qquad (9.40)$$

如果

$$T_{n+r}=O(h^{p+1})\quad (p\geqslant 1) \qquad (9.41)$$

则称线性多步法是 p 阶方法。

为了确定一个 p 阶的线性多步法，可借助于 Taylor 展开来求其中的系数。

将 $y(x_n+jh)$ 和 $y'(x_n+jh)$ 在点 x 处 Taylor 展开

$$y(x_n+jh)=y(x_n)+jhy'(x_n)+\sum_{k=2}^{\infty}\frac{1}{k!}(jh)^k y^{(k)}(x_n)$$

$$y'(x_n+jh)=y'(x_n)+\sum_{k=2}^{\infty}\frac{1}{(k-1)!}(jh)^{k-1}y^{(k)}(x_n)$$

代入式(9.40)得

$$T_{n+r}=c_0 y(x_n)+c_1 y'(x_n)h+c_2 y''(x_n)h^2+\cdots+c_k y^{(k)}(x_n)h^k+\cdots$$

其中

$$\begin{cases}c_0=1-(\alpha_0+\alpha_1+\cdots+\alpha_{r-1})\\ c_1=r-[\alpha_1+2\alpha_2+\cdots+(r-1)\alpha_{r-1}]-(\beta_0+\beta_1+\cdots+\beta_r)\\ \qquad\cdots\cdots\\ c_k=\dfrac{1}{k!}\left(r^k-\displaystyle\sum_{j=1}^{r-1}j^k\alpha_j\right)-\dfrac{1}{(k-1)!}\displaystyle\sum_{j=1}^{r}j^{k-1}\beta_j\quad (k=2,3,\cdots)\end{cases} \qquad (9.42)$$

如果有一组系数 α_j,β_j，使得

$$c_0=c_1=\cdots=c_p=0,c_{p+1}\neq 0$$

则

$$T_{n+r}=c_{p+1}y^{(p+1)}(x_n)h^{p+1}+O(h^{p+2})$$

从而由这组系数 α_j,β_j 所确定的线性多步法就是一个 p 阶的方法。

如果微分方程是相容的，即 $p\geqslant 1$，那么 $c_0=c_1=0$，由式(9.42)可得

$$\begin{cases}\alpha_0+\alpha_1+\cdots+\alpha_{r-1}=1\\ \sum\limits_{j=1}^{r-1}j\alpha_j+\sum\limits_{j=0}^{r}\beta_j=r\end{cases}\tag{9.43}$$

例 9.11　试确定下面二步线性多步法

$$y_{n+2}=\alpha_1 y_{n+1}+h(\beta_2 f_{n+2}+\beta_1 f_{n+1}+\beta_0 f_n)$$

中的系数，使其阶数尽可能高，并求局部截断误差和阶数。

解　已知 $\alpha_0=0$，令公式(9.42)中的 $c_0=c_1=c_2=c_3=0$，得线性方程组

$$\begin{cases}1-\alpha_1=0\\ 2-\alpha_1-(\beta_0+\beta_1+\beta_2)=0\\ \dfrac{1}{2}(4-\alpha_1)-(\beta_1+2\beta_2)=0\\ \dfrac{1}{6}(8-\alpha_1)-\dfrac{1}{2}(\beta_1+4\beta_2)=0\end{cases}$$

解得

$$\alpha_1=1,\beta_0=-\frac{1}{12},\beta_1=\frac{8}{12},\beta_2=\frac{5}{12}$$

得到二步方法

$$y_{n+2}=y_{n+1}+\frac{h}{12}(5f_{n+2}+8f_{n+1}-f_n)$$

再按公式(9.42)计算

$$c_4=\frac{1}{24}(\alpha_1+16)-\frac{1}{6}(\beta_1+8\beta_2)=-\frac{1}{24}\neq 0$$

所以局部截断误差为

$$T_{n+2}=-\frac{1}{24}y^{(4)}(x_n)h^{(4)}+O(h^{(5)})$$

由此可知该二步法是三阶的方法。

下面给出几类常用的多步法。

形如

$$y_{n+r}=y_{n+r-1}+h(\beta_0 f_n+\beta_1 f_{n+1}+\cdots+\beta_r f_{n+r})\tag{9.44}$$

的 r 步法，称为阿当姆斯(Adams)方法。

用类似于例 9.11 可求出显式 Adams 公式(表 9.8，$\beta_r=0$)和隐式 Adams 公式(表 9.9，$\beta_r\neq 0$)。

表 9.8　显式 Adams 公式

步 r	阶 p	β_5	β_4	β_3	β_2	β_1	c_{p+1}
1	1	1					$\frac{1}{2}$
2	2	$\frac{3}{2}$	$-\frac{1}{2}$				$\frac{5}{12}$
3	3	$\frac{23}{12}$	$-\frac{16}{12}$	$\frac{5}{12}$			$\frac{3}{8}$
4	4	$\frac{55}{24}$	$-\frac{59}{24}$	$\frac{37}{24}$	$-\frac{9}{24}$		$\frac{251}{720}$
5	5	$\frac{1901}{720}$	$-\frac{2\,774}{720}$	$\frac{2\,616}{720}$	$-\frac{1\,274}{720}$	$\frac{251}{720}$	$\frac{95}{288}$

表 9.8 中，一步一阶的显式 Adams 公式就是 Euler 公式。

表 9.9　隐式 Adams 公式

步 r	阶 p	β_4	β_3	β_2	β_1	β_0	c_{p+2}
0	1	1					$-\frac{1}{2}$
1	2	$\frac{1}{2}$	$\frac{1}{2}$				$-\frac{1}{12}$
2	3	$\frac{5}{12}$	$\frac{8}{12}$	$-\frac{1}{12}$			$-\frac{1}{24}$
3	4	$\frac{9}{24}$	$\frac{19}{24}$	$-\frac{5}{24}$	$\frac{1}{24}$		$-\frac{19}{720}$
4	5	$\frac{251}{720}$	$\frac{646}{720}$	$-\frac{264}{720}$	$\frac{106}{720}$	$-\frac{19}{720}$	$-\frac{3}{160}$

零步一阶隐式 Adams 公式就是后退的 Euler 公式，一步二阶隐式 Adams 公式是梯形公式。

通常把 4 步 4 阶 Adams 显式公式与 3 步 4 阶 Adams 隐式公式联合使用，构成下面预测-校正系统，称为 Adams 预测-校正法。

算法 9.1(Adams **四阶预测-校正法**)

(1) 定义 3 个一维数组 $x=(x_0,x_1,\cdots,x_N)$，$y=(y_0,y_1,\cdots,y_N)$，$F=(F_0,F_1,\cdots,F_N)$ 其中，$F_i=f(x_i,y_i)$；$y_0=$初值；$F_0=f(x_0,y_0)$。

(2) 用四阶 R-K 法求 y_1,y_2,y_3 并计算 $F_i=f(x_i,y_i)(i=1,2,3)$。

(3) for $n = 3 : N-1$

预测 $y_{n+1}=y_n+\frac{h}{24}[55F_n-59F_{n-1}+37F_{n-2}-9F_{n-3}]$

计算 $T=f(x_{n+1},y_{n+1})$

校正 $y_{n+1}=y_n+\frac{h}{24}[9T+19F_n-5F_{n-1}+F_{n-2}]$

计算 $F_{n+1}=f(x_{n+1},y_{n+1})$

end

还有一类重要的线性多步法，称为 Gear 方法。其一般形式为

$$y_{n+r}=\alpha_0 y_n+\alpha_1 y_{n+1}+\cdots+\alpha_{r-1}y_{n+r-1}+h\beta_r f_{n+r} \tag{9.45}$$

例 9.12　构造二步二阶的 Gear 方法

$$y_{n+2}=\alpha_0 y_n+\alpha_1 y_{n+1}+h\beta_2 f_{n+2}$$

解　由公式(9.42)，令

$$\begin{cases}c_0=1-(\alpha_0+\alpha_1)=0\\ c_1=2-\alpha_1-\beta_2=0\\ c_2=\dfrac{1}{2}(4-\alpha_1)-2\beta_2=0\end{cases}$$

解得 $\alpha_0=-\dfrac{1}{3}$，$\alpha_1=\dfrac{4}{3}$，$\beta_2=\dfrac{2}{3}$，又 $c_3=\dfrac{1}{3!}(8-\alpha_1)-\dfrac{1}{2}(4\beta_2)=-\dfrac{2}{9}\neq 0$。所以二步二阶的 Gear 方法为

$$y_{n+2}=\frac{1}{3}y_n-\frac{4}{3}y_{n+1}+\frac{2}{3}hf_{n+2}$$

Milne 公式(四步四阶显公式)

$$y_{n+4}=y_n+\frac{4h}{3}(2f_{n+3}-f_{n+2}+2f_{n+1}) \tag{9.46}$$

其局部截断误差 $T_{n+4}=\dfrac{14}{45}y^{(5)}(x_n)h^5+O(h^6)$。

Hamming 公式(三步四阶隐公式)

$$y_{n+3}=\frac{1}{8}(9y_{n+2}-y_n)+\frac{3h}{8}(f_{n+3}+2f_{n+2}-f_{n+1}) \tag{9.47}$$

其局部截断误差 $T_{n+3}=-\dfrac{1}{40}y^{(5)}(x_n)h^5+O(h^6)$。

通常把式(9.46)和式(9.47)联合使用，构成预测-校正系统，称为 Milne-Hamming 预测-校正法。

9.5.2　线性多步法的收敛性与绝对稳定性

(1) 收敛性

对线性多步法(也称差分方程)引入如下多项式

$$\rho(\mu)=\mu^r-(\alpha_0+\alpha_1\mu+\cdots+\alpha_{r-1}\mu^{r-1}) \tag{9.48}$$

$$\sigma(\mu)=\beta_0+\beta_1\mu+\cdots+\beta_r\mu^r \tag{9.49}$$

分别称为线性多步法的第一特征多项式和第二特征多项式。

定理 9.7　线性多步法与微分方程相容的充要条件是

$$\rho(1)=0,\rho'(1)=\sigma(1) \tag{9.50}$$

此时方法至少是一阶的。条件(9.50)称为相容性条件，该条件等价于公式(9.42)中的 $c_0=c_1=0$。

在讨论收敛性时，因为多步法需要多个初值，所以需要利用单步法先求出这些初值，再利用多步法进行求解，所以相应的收敛性有如下的定义。

定义 9.11　设 $y(x)$ 是问题(9.1)的精确解，称线性多步法(9.39)是收敛的，如果满足下面

两条：

(1) 对单步法计算的其他 $r-1$ 个初值 y_j，有

$$\lim_{h\to 0} y_j = y_0 \quad (j=1,2,\cdots,r-1)$$

(2) 对任意固定的 $x=x_n=x_0+nh\in[a,b]$，都有

$$\lim_{h\to 0} y_n = y(x)$$

定义 9.12 如果第一特征多项式 $\rho(\mu)$ 的零点的模不大于 1，且模等于 1 的零点都是单重零点，则称线性多步法(9.39)满足根条件。

例如，二步二阶的 Gear 公式 $\rho(\mu)=\mu^2-\frac{4}{3}\mu+\frac{1}{3}$，其零点为 $1,\frac{1}{3}$，满足根条件。四步四阶 Milne 公式 $\rho(\mu)=\mu^4-1$，其零点为 $\pm 1,\pm i$，也满足根条件。

定理 9.8 如果线性多步法(9.39)满足相容性条件，则多步法收敛的充要条件是满足根条件。此外，如果多步法是 p 阶的，且提供初值的单步法不低于 p 阶，则该多步法的整体截断误差为 $e_n=O(h^p)$。

前面所推导的线性多步法都是满足相容性条件和根条件的，都是收敛的。

(2) 绝对稳定性

把线性多步法(9.39)用于模型方程 $y'=\lambda y$，得

$$y_{n+r}=\sum_{i=0}^{r-1}\alpha_i y_{n+i}+h\lambda\sum_{i=0}^{r}\beta_i y_{n+i}$$

如果初值 $y_0,y_1,\cdots,y_{r-1}$ 有扰动 $e_0,e_1,\cdots,e_{r-1}$，由它们引起的 $y_n(n\geqslant r)$ 的扰动 e_n 满足如下差分方程

$$e_{n+r}=\sum_{i=0}^{r-1}\alpha_i e_{n+i}+h\lambda\sum_{i=0}^{r}\beta_i e_{n+i} \tag{9.51}$$

差分方程(9.51)的特征方程[也称差分方程(9.39)的特征方程]为

$$\pi(\mu)=\rho(\mu)-\bar{h}\sigma(\mu)=0,\bar{h}=h\lambda \tag{9.52}$$

此式称为线性多步法的稳定性多项式，它是关于 μ 的 r 次多项式。可以证明，如果它的所有零点 $\mu_i(i=1,2,\cdots,r)$ 满足 $|\mu_i|<1$ 时，有 $\lim\limits_{h\to 0} e_n=0$。由此给出如下定义。

定义 9.13 如果稳定多项式(9.52)的根 $\mu_i(i=1,2,\cdots,r)$ 满足 $\max\limits_i|\mu_i|<1$，则称线性多步法是绝对稳定的。使得 $\max\limits_i|\mu_i|<1$ 成立的 $\bar{h}$ 的区域，称为线性多步法的绝对稳定域。绝对稳定区域与实轴的交称为绝对稳定区间。

同单步法一样，对一般的微分方程 $y'=f(x,y)$ 可视 $\lambda=\frac{\partial f}{\partial y}$ 来讨论。

例 9.13 求梯形公式(线性一步法)的绝对稳定区域。

解 梯形公式 $y_{n+1}=y_n+\frac{h}{2}(f_n+f_{n+1})$ 的特征方程为

$$\pi(\mu)=\mu-1-\frac{\bar{h}}{2}(\mu+1)=\left(1-\frac{\bar{h}}{2}\right)\mu-\left(1+\frac{\bar{h}}{2}\right)=0$$

其根为 $\mu=\frac{2+\bar{h}}{2-\bar{h}}$，绝对稳定域为 $\left|\frac{2+\bar{h}}{2-\bar{h}}\right|<1$。

例 9.14　求 Milne 方法的绝对稳定域。

解　该公式的特征方程为

$$\pi(\mu)=\mu^4-\frac{8}{3}\bar{h}\mu^3+\frac{4}{3}\bar{h}\mu^2-\frac{8}{3}\bar{h}\mu-1=0$$

设其四个根为 μ_1,μ_2,μ_3,μ_4，因特征方程的常数项是-1，所以$|\mu_1\mu_2\mu_3\mu_4|=1$，必有某个$|\mu_i|\geqslant 1$。说明 Milne 方法是一个恒不绝对稳定的方法，它不能单独使用。

表 9.10 给出了 Adams 方法的绝对稳定区间(p 为阶数)。

表 9.10　Adams 方法的绝对稳定区间

步	显式 Adams 方法	隐式 Adams 方法
1	$(-2,0)$　$p=1$	$(-\infty,0)$　$p=2$
2	$(-1,0)$　$p=2$	$(-6,0)$　$p=3$
3	$(-0.6,0)$　$p=3$	$(-3,0)$　$p=4$
4	$(-0.3,0)$　$p=4$	$(-2.02,0)$　$p=5$

第 6 节　一阶方程组与高阶方程的初值问题

9.6.1　一阶方程组的初值问题

一阶方程组的初值问题是

$$\begin{cases}y'_1=f_1(x,y_1,y_2,\cdots,y_p), & y_1(x_0)=y_1^0\\ y'_2=f_2(x,y_1,y_2,\cdots,y_p), & y_2(x_0)=y_2^0\\ \cdots\cdots \\ y'_p=f_p(x,y_1,y_2,\cdots,y_p), & y_p(x_0)=y_p^0\end{cases}\tag{9.53}$$

采用向量记号可以把问题写成矩阵的形式。记

$$\boldsymbol{y}=\begin{bmatrix}y_1\\y_2\\ \vdots\\ y_p\end{bmatrix},\boldsymbol{f}=\begin{bmatrix}f_1\\f_2\\ \vdots\\ f_p\end{bmatrix},\boldsymbol{y}^0=\begin{bmatrix}y_1^0\\y_2^0\\ \vdots\\ y_p^0\end{bmatrix}$$

则问题(9.53)可表示为

$$\begin{cases}\boldsymbol{y}'=\boldsymbol{f}(x,\boldsymbol{y})\\ \boldsymbol{y}(x_0)=\boldsymbol{y}^0\end{cases}\tag{9.54}$$

这样，问题(9.54)与问题(9.1)形式完全一致，前面介绍的求解问题(9.1)的各种方法对问题(9.54)均适用，只要把相应的变量改成向量即可。

例如，问题(9.54)的 Euler 公式为

$$\boldsymbol{y}_{n+1}=\boldsymbol{y}_n+h\boldsymbol{f}(x_n,\boldsymbol{y}_n)$$

为了了解具体的计算过程，下面介绍两个方程的情况

$$\begin{cases} u' = f_1(x, u, v) \\ v' = f_2(x, u, v) \end{cases} \tag{9.55}$$

令 $\boldsymbol{y} = (u, v)^{\mathrm{T}}$，$\boldsymbol{f}(x, \boldsymbol{y}) = (f_1(x, u, v), f_2(x, u, v))^{\mathrm{T}}$，则 Euler 公式为

$$\begin{bmatrix} u_{n+1} \\ v_{n+1} \end{bmatrix} = \begin{bmatrix} u_n \\ v_n \end{bmatrix} + h \begin{bmatrix} f_1(x, u_n, v_n) \\ f_2(x, u_n, v_n) \end{bmatrix}$$

写成分量的形式为

$$\begin{cases} u_{n+1} = u_n + hf_1(x, u_n, v_n) \\ v_{n+1} = v_n + hf_2(x, u_n, v_n) \end{cases}$$

再如，问题的改进 Euler 的公式为

$$\begin{cases} \boldsymbol{k}_1 = \boldsymbol{f}(x_n, \boldsymbol{y}_n) \\ \boldsymbol{k}_2 = \boldsymbol{f}(x_n + h, \boldsymbol{y}_n + h\boldsymbol{k}_1) \\ \boldsymbol{y}_{n+1} = \boldsymbol{y}_n + \dfrac{h}{2}(\boldsymbol{k}_1 + \boldsymbol{k}_2) \end{cases}$$

仍以方程组写出分量形式

$$\boldsymbol{k}_1 = \boldsymbol{f}(x_n, \boldsymbol{y}_n) = \begin{bmatrix} f_1(x_n, u_n, v_n) \\ f_2(x_n, u_n, v_n) \end{bmatrix} \equiv \begin{bmatrix} p_1 \\ q_1 \end{bmatrix}$$

$$\boldsymbol{k}_2 = \boldsymbol{f}(x_n + h, \boldsymbol{y}_n + h\boldsymbol{k}_1) = \begin{bmatrix} f_1(x_n + h, u_n + hp_1, v_n + hq_1) \\ f_2(x_n + h, u_n + hp_1, v_n + hq_1) \end{bmatrix} \equiv \begin{bmatrix} p_2 \\ q_2 \end{bmatrix}$$

$$\boldsymbol{y}_{n+1} = \begin{bmatrix} u_{n+1} \\ v_{n+1} \end{bmatrix} = \boldsymbol{y}_n + \frac{h}{2}(\boldsymbol{k}_1 + \boldsymbol{k}_2) = \begin{bmatrix} u_n \\ v_n \end{bmatrix} + \frac{h}{2} \begin{bmatrix} p_1 + p_2 \\ q_1 + q_2 \end{bmatrix}$$

即

$$\begin{cases} u_{n+1} = u_n + \dfrac{h}{2}(p_1 + p_2) \\ v_{n+1} = v_n + \dfrac{h}{2}(q_1 + q_2) \end{cases}$$

Matlab 支持向量运算，不需要写成分量形式来编程，以前的算法可直接使用。如果使用的软件不支持向量运算，则必须按分量形式编程。

下面是用 Matlab 写的 m 级显式 R-K 的通用程序。

算法 9.2(m 级显式 R-K 法)

变量说明：

A, B, C 三个矩阵为 Butcher 矩阵 $\begin{array}{c|c} A_{m\times 1} & B_{m\times m} \\ \hline & C_{1\times m} \end{array}$ 中的三个块矩阵；

m 为 R-K 法的级数；

n 为 $[a, b]$ 等分数；

h 为步长 $h = (b-a)/n$；

X 为 $[a, b]$ 离散值 $X=\mathrm{linspace}(a, b, n+1)'$；

p 为方程的个数；

$Y = \mathrm{zeros}(n+1, p)$存放 p 个方程的数值解；

$K = \mathrm{zeros}(m, p)$存放 p 个方程的 m 个 k_i 的值；

$Y0$ 为初值(行向量)；

f 为自定义函数(行向量)。

程序：

```
A = h * A ; B = h * B ; C = h * C ;  %把三个矩阵先乘以 h
Y(1,:) = Y0 ; % Y 的第一行存初值
for j = 1 : n
  for i = 1 : m
    K(i,:) = f( X(j) + A(i), Y(j,:) + B(i,:) * K ) ;
  end
  Y(j+1,:) = Y(j,:) + C * K ;
end
```

例 9.15　表 9.11 是用经典的四阶 R-K 法求解方程组

$$\begin{cases} y' = z, & y(0) = -1 \\ z' = -y, & z(0) = 1 \end{cases}$$

的部分结果($h=0.1$)，并与精确解 $y=-\cos x, z=\sin x$ 比较。

表 9.11

x_n	y_n	$\lvert y(x_n)-y_n \rvert$	z_n	$\lvert z(x_n)-z_n \rvert$
0.1	−0.995 004 2	1.388 6e-009	0.099 833 3	8.331 3e-008
0.3	−0.955 336 6	5.373 8e-008	0.295 519 9	2.441 3e-007
0.5	−0.877 582 7	1.686 1e-007	0.479 425 2	3.809 8e-007
0.7	−0.764 842 5	3.373 2e-007	0.644 217 2	4.758 4e-007
0.9	−0.621 610 5	5.466 0e-007	0.783 326 4	5.134 4e-007

9.6.2　高阶方程的初值问题

高阶方程的初值问题是

$$\begin{cases} y^{(p)} = f(x, y, y', y'', \cdots, y^{(p-1)}) \\ y(x_0) = y_0^0, y'(x_0) = y_0^1, \cdots, y^{(p-1)}(x_0) = y_0^{p-1} \end{cases} \tag{9.56}$$

问题可转化为一阶方程组的初值问题。引进新的变量

$$y_1 = y, y_2 = y', y_3 = y'', \cdots, y_{p-1} = y^{(p-2)}, y_p = y^{(p-1)}$$

则问题转化为

$$\begin{cases} y'_1 = y_2, & y_1(x_0) = y_0^0 \\ y'_2 = y_3, & y_2(x_0) = y_0^1 \\ \cdots\cdots & \cdots\cdots \\ y'_{p-1} = y_p, & y_{p-1}(x_0) = y_0^{p-2} \\ y'_p = f_p(x, y_1, y_2, \cdots, y_p), & y_p(x_0) = y_0^{p-1} \end{cases} \tag{9.57}$$

例 9.16 利用四阶 R-K 法求解问题

$$\begin{cases} x^2 y'' - 2xy' + 2y = x^3 \ln x \\ y(1) = 1, y'(1) = 0 \end{cases}$$

解 令 $z = y'$,则上面问题转化为

$$\begin{cases} y' = z, & y(1) = 1 \\ z' = x\ln x - \dfrac{2}{x^2}y + \dfrac{2}{x}z, & z(1) = 0 \end{cases}$$

写成向量形式即为 $\boldsymbol{u}' = \boldsymbol{f}(x, \boldsymbol{u})$,其中

$$\boldsymbol{u} = \begin{pmatrix} y \\ z \end{pmatrix}, \boldsymbol{f}(x, \boldsymbol{u}) = \begin{pmatrix} z \\ f(x, y, z) \end{pmatrix} = \begin{bmatrix} z \\ x\ln x - \dfrac{2}{x^2 y} + \dfrac{2}{x}z \end{bmatrix}$$

利用四阶 R-K 公式

$$\begin{cases} y_{n+1} = y_n + \dfrac{h}{6}(K_1 + 2K_2 + 2K_3 + K_4) \\ z_{n+1} = z_n + \dfrac{h}{6}(L_1 + 2L_2 + 2L_3 + L_4) \end{cases}$$

其中

$$\begin{cases} K_1 = z_n, & L_1 = f(x_n, y_n, z_n) \\ K_2 = z_n + \dfrac{h}{2}L_1, & L_2 = f(x_n + \dfrac{h}{2}, y_n + \dfrac{h}{2}K_1, z_n + \dfrac{h}{2}L_1) \\ K_3 = z_n + \dfrac{h}{2}L_2, & L_3 = f(x_n + \dfrac{h}{2}, y_n + \dfrac{h}{2}K_2, z_n + \dfrac{h}{2}L_2) \\ K_4 = z_n + hL_3, & L_4 = f(x_n + h, y_n + hK_3, z_n + hL_3) \end{cases}$$

表 9.12 是例 9.16 求解的部分结果($h = 0.1$),精确解 $y(x) = \dfrac{7}{4}x + \dfrac{x^3}{2}\ln x - \dfrac{3}{4}x^3$。

表 9.12 例 9.16 的部分数值结果($h = 0.1$)

x_n	y_n	z_n	$\lvert y(x_n) - y_n \rvert$
1.1	0.990 2	−0.194 5	7.472 6e-007
1.3	0.915 5	−0.542 4	2.126 6e-006
1.5	0.778 0	−0.819 1	3.401 4e-006
1.7	0.593 7	−1.007 2	4.609 9e-006
1.9	0.382 0	−1.091 9	5.776 4e-006

9.6.3 刚性方程组

在化学反应、电子网络和自动控制等领域经常会遇到一种常微分方程组,其分量数量级差别很大,这种方程组称为刚性(stiff)方程组。数值求解这类方程组一般很困难,常规的方法一般很难得到满意的结果。

考虑线性系统

$$\begin{cases} u' = -1\ 000.25u + 999.75v + 0.5, u(0) = 1 \\ v' = 999.75u - 1\ 000.25v + 0.5, v(0) = -1 \end{cases} \tag{9.58}$$

方程右端系数矩阵

$$\boldsymbol{A} = \begin{pmatrix} -1\ 000.25 & 999.75 \\ 999.75 & -1\ 000.25 \end{pmatrix}$$

的特征值为 $\lambda_1 = -0.5, \lambda_2 = -2\ 000$，线性系统的变化状态(方程组的精确解)为

$$\begin{bmatrix} u(t) \\ v(t) \end{bmatrix} = \begin{bmatrix} -\mathrm{e}^{-0.5t} \\ -\mathrm{e}^{-0.5t} \end{bmatrix} + \begin{bmatrix} \mathrm{e}^{-2\ 000t} \\ -\mathrm{e}^{-2\ 000t} \end{bmatrix} + \begin{bmatrix} 1 \\ 1 \end{bmatrix}$$

当 $t \to \infty$ 时，$[u(t), v(t)]^{\mathrm{T}} \to [1,1]^{\mathrm{T}}$。$[u(t), v(t)]^{\mathrm{T}} = [1,1]^{\mathrm{T}}$ 称为渐近解或稳定状态。从解的结构看，对应于 $\lambda_1 = -0.5$ 的分量 $\mathrm{e}^{-0.5t}$ 随时间衰减得很慢，称为慢变分量。而对应于 $\lambda_2 = -2\ 000$ 的分量 $\mathrm{e}^{-2\ 000t}$ 随时间衰减得很快，称为快变分量。

我们希望得到足够精确的渐近解，则慢变分量必须衰减到足够小，比如衰减到 $\mathrm{e}^{-10} \approx 0$，这就要求时间 $t = 20$。在数值求解时，从数值稳定性考虑，将给选择步长造成困难。比如用四阶显式 R-K 法求解，步长选取要满足 $h < 2.78/|\lambda_i|$，即 $h < 2.78/2\ 000 = 0.001\ 39$，而要计算到稳态状态至少需要计算 14 388 步，这使得计算时间长得无法接受，也使得误差严重累计造成解的失真。

考虑一般的 m 维常系数线性微分方程组

$$\frac{\mathrm{d}\boldsymbol{y}}{\mathrm{d}t} = \boldsymbol{A}\boldsymbol{y}(t) + \boldsymbol{g}(t) \tag{9.59}$$

其中，$\boldsymbol{A}$ 是 $m \times m$ 的矩阵。设 $\boldsymbol{A}$ 的特征值为 $\lambda_j = \alpha_j + i\beta_j (j = 1, 2, \cdots, m, i = \sqrt{-1})$，对应的特征向量为 $\boldsymbol{\xi}_j$，则方程组的解为

$$\boldsymbol{y}(t) = \sum_{j=1}^{m} c_j \mathrm{e}^{\lambda_j t} \boldsymbol{\xi}_j + \boldsymbol{\varphi}(t) \tag{9.60}$$

其中，常数 c_j 由初值决定；$\boldsymbol{\varphi}(t)$ 是特解。

实际问题一般满足 $Re(\lambda_j) < 0$，较大(较小)的 $|Re(\lambda_j)|$ 对应于解的快(慢)分量。

定义 9.14　如果方程组中 $\boldsymbol{A}$ 的特征值 λ_j 满足条件 $Re(\lambda_j) < 0 (j = 1, \cdots, m)$，且

$$s = \max_j |Re(\lambda_j)| / \min_j |Re(\lambda_j)| \gg 1 \tag{9.61}$$

则称方程组为刚性方程组，称 s 为刚性比。

刚性比 $s \gg 1$ 时，$\boldsymbol{A}$ 为病态矩阵，故刚性方程组也称病态方程组。通常 $s \geqslant 10$ 就认为是刚性的，s 越大病态越严重。方程组(9.58)的刚性比 $s = 4\ 000$，故它是刚性的。

对一般的微分方程组，如果 Jacobi 矩阵 $J(t) = \dfrac{\partial \boldsymbol{f}}{\partial \boldsymbol{y}} \in \boldsymbol{R}^{m \times m}$ 的特征值在 $t \in [a, b]$ 上满足定义 9.14 的条件，则称该微分方程组是刚性的。

如果选择的数值求解方法的绝对稳定域包含复平面的左半面，那么对任意步长 $h > 0$ 都是绝对稳定的，只需从截断误差的控制考虑步长的大小。梯形法、隐式 R-K 法以及 Gear 方法都是求解刚性方程组常用的方法(见数值实验三)。

应用案例——传染病的基本数学模型

传染病在人类历史上始终威胁着人类的健康。随着科技的不断发展，在一定程度上控制

了肆虐全球的传染病，然而环境也随着科技的发展而不断恶化，出现了一些变异的、新型的传染病毒。由传染病的类型差异，会表现出不同的传播过程，研究传染病的传播速度、空间范围、传播途径、动力学机理等问题，从而对传染病的有效预防和控制是非常重要的研究课题。常见的传染病模型按照传染病类型分为 SI、SIR、SIRS、SEIR 模型等，下面介绍一下 SI 模型和 SIR 模型，并给出数值算例。

一般把传染病流行范围内的人群分成如下几类：

(1) S 类——易感者(Susceptible)，指未得病者，但缺乏免疫能力，与感染者接触后容易受到感染。

(2) E 类——暴露者(Exposed)，指接触过感染者，但暂无能力传染给其他人的人，对潜伏期长的传染病适用。

(3) I 类——感病者(Infectious)，指染上传染病的人，可以传播给 S 类成员，将其变为 E 类或 I 类成员。

(4) R 类——康复者(Recovered)，指被隔离或因病愈而具有免疫力的人。如免疫期有限，R 类成员可以重新变为 S 类。

下面介绍 SIR 模型(考虑病人的康复过程)。

将人群分为健康者、染病者和康复者，分别记为 $S(t)$、$I(t)$、$R(t)$，设 $u(t)$、$v(t)$、$r(t)$ 分别为健康者、染病者和康复者的比例，建立模型为

$$\begin{cases} N[u(t+\Delta t)-u(t)] = -\beta N u(t)v(t)\Delta t \\ N[v(t+\Delta t)-v(t)] = N(\beta u(t)v(t) - \gamma v(t))\Delta t \\ N[r(t+\Delta t)-r(t)] = N\gamma v(t) \end{cases}$$

其中，β 表示日传染率，并使得接触的人得病；γ 为日治愈率。在传染期内 $S(t)+I(t)+R(t)=N$(总人数)保持不变，则可建立如下微分方程

$$\begin{cases} \dfrac{\mathrm{d}u}{\mathrm{d}t} = -\beta uv \\ \dfrac{\mathrm{d}v}{\mathrm{d}t} = \beta uv - \gamma v \end{cases}$$

取 $\beta=1,\gamma=0.3,N=10\ 000,I(0)=200,S(0)=9\ 800$。通过数值计算可得：

t	0	1	2	3	4	5	6	7	8
$v(t)$	0.020 0	0.039 0	0.073 2	0.128 5	0.203 3	0.279 5	0.331 2	0.344 4	0.324 7
$u(t)$	0.980 0	0.952 5	0.901 9	0.816 9	0.692 7	0.543 8	0.399 5	0.283 9	0.202 7
t	9	10	15	20	25	30	35	40	45
$v(t)$	0.286 3	0.241 8	0.078 7	0.022 3	0.006 1	0.001 7	0.000 5	0.000 1	0
$u(t)$	0.149 3	0.114 5	0.054 3	0.043 4	0.040 8	0.040 1	0.039 9	0.039 9	0.039 8

利用 Mathematica 作图，得到如下关于健康者比例、染病者比例以及这两者的相轨线图，如图 9.5～图 9.7 所示。

由数值计算表和健康比例图可知，当天数达到一定值(近似 45 天)后，健康者比例趋于一个固定数，即疾病不再传染了。

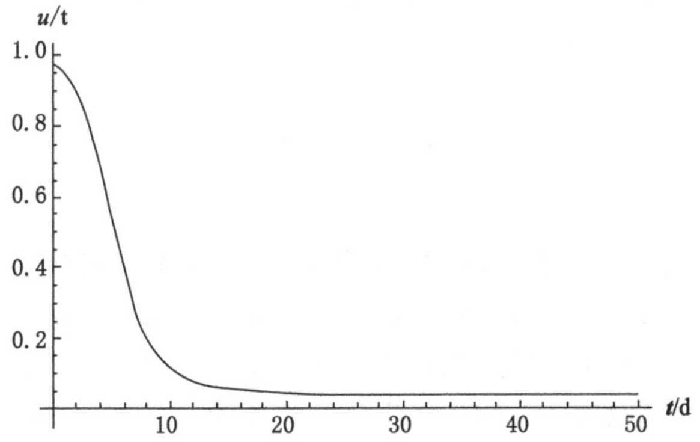

图 9.5　健康者比例图

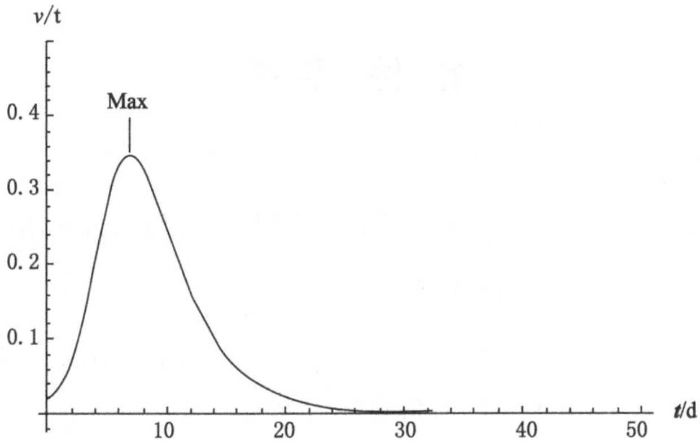

图 9.6　染病者比例图

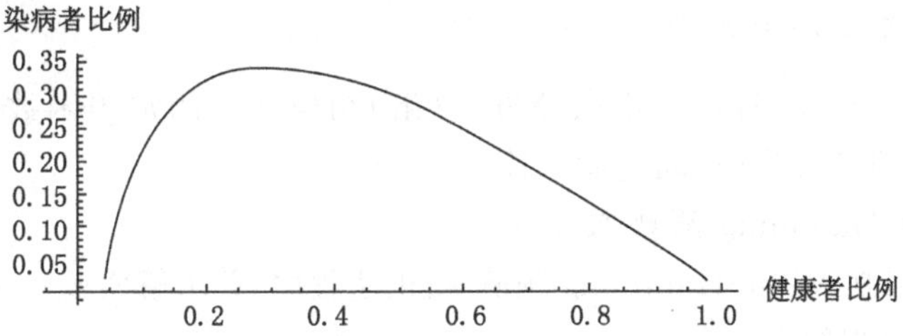

图 9.7　u 和 v 的相轨图

由数值计算表和感染者比例图 9.6 可知，感染者随着时间变化先增后减，在第 7 天传染病患者达到峰值，当天数达到一定值(近似 45 天)后，染病者全部康复。

由 $\frac{\mathrm{d}v}{\mathrm{d}u}=\frac{\gamma}{\beta u}-1=0$ 可知，存在峰值 $\sigma=\gamma/\beta$，结合相轨线图可知，记 $t=0$ 时刻的初始条件为 u_0，若 $u_0\leqslant\sigma$，随着 u 从 u_0 递减时，感染者递减为零；当 $u_0>\sigma$ 时，随着 u 从 u_0 递减时，v 在 σ 达到峰值，然后递减到零。由此可知，预防传染病蔓延的有效方法是提高阈值 σ，即提高治愈

率 γ(提高医疗水平)和降低传染率 β(可采取隔离方法)。另外,由 $u_0+r_0+v_0=1$ 可知,降低 u_0 的方法即提高 r_0,即提高群体免疫力(打疫苗)。

小　　结

本章介绍了常微分方程(组)初值问题的数值解法,基于泰勒展开、数值求积公式以及微分中值定理可构造一系列显式和隐式数值求解公式,其中隐式公式具有更好的数值稳定性,往往通过预测-校正的思想进行求解。四阶龙格库塔法精度高,程序简单且易于改变步长,数值稳定性好,但不足之处是计算量较大。线性多步法和其预测-校正公式通常计算量较小,稳定性也较好,但是不易改变步长,且需要借助四阶龙格库塔公式给出开始值。

微分方程数值解法分析中涉及局部截断误差、整体误差、相容性、收敛性和稳定性,其中绝对稳定性的讨论涉及步长的选取。

数值实验

实验一　显式 R-K 法。

按算法 9.2 编制任意 m 级的显式 R-K 程序,用四阶或五阶的方法求解下面问题:

(1) $y'=\dfrac{2}{x}y+x^2e^x$,$y(1)=0$,精确解 $y=x^2(e^x-e)$

(2) $\begin{cases} y'_1=y_2-y_3+x, & y_1(0)=1 \\ y'_2=3x^2, & y_2(0)=1 \\ y'_3=y_2+e^{-x}, & y_3(0)=-1 \end{cases}$,精确解 $\begin{cases} y_1=-0.05x^5+0.25x^4+x+2-e^{-x} \\ y_2=x^3+1 \\ y_3=0.25x^4+x-e^{-x} \end{cases}$

(3) $\begin{cases} y''-2y^3=0 \\ y(1)=y'(1)=-1 \end{cases}$,精确解 $y=\dfrac{1}{x-2}$

(4) $I(x)=\int_0^x e^{t^2}\,dt$,$x=2$

参考:ode45 是 Matlab 解一阶常微分方程(组)初值问题的常用函数,它基于 4～5 阶的 R-K法,而且是自适应的方法(自动选取步长)。

实验二　Milne-Hamming 预测-校正法。

参考算法 9.1 编制 Milne-Hamming 预测-校正法程序,并求解实验一中的各问题。

实验三　刚性方程组。

用你知道的任一种显式方法(比如四阶显式 R-K 法)求解刚性方程组,步长任意选(比如 $h=0.1,0.01,0.001$),计算到 $t=20$ 看看能否得到满意的结果。改用梯形公式(比如步长取 $h=0.1$)求解,结果又如何?

参考:由于该方程组是常系数线性的,梯形公式可解为如下显式形式

$$\begin{bmatrix} u_{n+1} \\ v_{n+1} \end{bmatrix}=\boldsymbol{B}\begin{bmatrix} u_n \\ v_n \end{bmatrix}+\boldsymbol{b}\text{(}\boldsymbol{B}\text{ 是 }2\times 2\text{ 的常矩阵,}\boldsymbol{b}\text{ 是常向量)}$$

习　题　九

1. 用 Euler 公式和改进的 Euler 公式解如下初值问题(取步长 $h=0.1$)

$$\begin{cases} y'=x^2+100y^2 \quad (0\leqslant x\leqslant 1) \\ y(0)=0 \end{cases}$$

2. 用梯形公式求解 $\begin{cases} y'=y \\ y(0)=1 \end{cases}$,证明其数值解 $y_n=\left(\dfrac{2+h}{2-h}\right)^n$,且 $\lim\limits_{h\to 0} y_n=\mathrm{e}^{x_n}$(即方法是收敛的)。

3. 用数值积分的思想也可导出某些线性多步法。例如,对 $y'(x)=f(x,y(x))$ 两边积分

$$y(x_{n+1})-y(x_n)=\int_{x_n}^{x_{n+1}} f(x,y(x))\mathrm{d}x$$

记 $f_i=f(x_i,y(x_i))$,选择插值点 (x_{n-1},f_{n-1}),(x_n,f_n) 用线性插值多项式近似代替上式右边的 $f(x,y(x))$ 即可导出二步二阶的 Adams 显式公式。请写出计算过程,并求局部截断误差。再用数值积分的思想导出下面 Simpson 3/8 公式,并求局部截断误差。

$$y_{n+1}=y_{n-2}+\frac{3h}{8}(f_{n+1}+3f_n+3f_{n-1}+f_{n-2}),\ f_i=f(x_i,y_i)$$

4. 用四阶经典的龙格库塔法求解下面初值问题(取步长 $h=0.1$)

$$\begin{cases} y'=x+y \quad (0\leqslant x\leqslant 1) \\ y(0)=1 \end{cases}$$

5. 确定三级显式 R-K 法

$$\begin{array}{c|ccc} 0 & & & \\ 1/2 & 1/2 & & \\ 3/4 & 0 & 3/4 & \\ \hline & c_1 & c_2 & c_3 \end{array}$$

中的常数 c_1,c_2,c_3,使其成为三阶的方法。

6. 确定下面隐式单步法的阶

$$y_{n+1}=y_n+\frac{h}{6}(4f_n+2f_{n+1}+hf_n)$$

7. 求一级二阶隐式 R-K 公式

$$y_{n+1}=y_n+hf\left(x_n+\frac{1}{2}h,\frac{1}{2}(y_n+y_{n+1})\right)$$

的阶和绝对稳定区间。

8. 试确定二步法

$$y_{n+1}=\frac{1}{2}(y_n+y_{n-1})+\frac{h}{4}(4f_{n+1}-f_n+3f_{n-1})$$

(1) 局部截断误差;(2) 方法的阶;(3) 绝对稳定区间。

9. 试确定常数 a,使二步法

$$y_{n+1}=ay_n+(1-a)y_{n-1}+\frac{h}{12}[(4+a)f_{n+1}+8(2-a)f_n+(4-5a)f_{n-1}]$$

的阶达到最高。此时,求局部截断误差和绝对稳定区间。

10. 对于初值问题

$$\begin{cases} y' = -100(y - x^2) + 2x \quad (0 \leqslant x \leqslant 1) \\ y(0) = 1 \end{cases}$$

(1) 用 Euler 公式求解时,步长取什么范围的值才能使得计算稳定?

(2) 若用四阶龙格库塔法计算,步长如何选取?

(3) 若用梯形公式计算,步长有无限制?

11. 讨论二步法

$$y_{n+2} = y_{n+1} + \frac{h}{12}(5f_{n+2} + 8f_{n+1} - f_n)$$

的收敛性。

12. 写出下列常微分方程等价的一阶方程组

(1) $y'' = y'(1 - y^2) - y$;

(2) $y''' = y'' - 2y' + y - x + 1$。

第 10 章　数值最优化方法

数值最优化是计算数学领域的一个重要分支，它研究某些数学上定义的问题的最优解。随着现代化生产的发展和科学技术的进步，最优化理论和方法日益受到人们的重视，其应用领域涉及更加广泛，最优化方法已成为许多工程技术人员、管理工作者和研究人员的必备工具。

本章主要介绍求解无约束最优化问题的基本方法。

第 1 节　基本概念

无约束最优化问题的一般形式为

$$\min_{x \in \mathbf{R}^n} f(x) \tag{10.1}$$

其中，f 是定义在 $\mathbf{R}^n$ 上的实值函数，称之为目标函数。

定义 10.1　若存在 $\boldsymbol{x}^*$ 的一个邻域 $U(\boldsymbol{x}^*)=\{\boldsymbol{x}\in \mathbf{R}^n \mid \|\boldsymbol{x}-\boldsymbol{x}^*\|<\delta\}$，使不等式成立

$$f(\boldsymbol{x}^*) \leqslant f(\boldsymbol{x}) \quad (\forall\, \boldsymbol{x} \in U(\boldsymbol{x}^*)) \tag{10.2}$$

则称$\boldsymbol{x}^*$是问题(10.1)的一个局部最优解。若不等式对所有的 $\boldsymbol{x}\in U^\circ(\boldsymbol{x}^*)$严格成立，则称$\boldsymbol{x}^*$是问题(10.1)的一个严格局部最优解。若不等式

$$f(\boldsymbol{x}^*) \leqslant f(\boldsymbol{x}) \quad (\forall\, \boldsymbol{x} \in \mathbf{R}^n) \tag{10.3}$$

成立，则称 $\boldsymbol{x}^*$ 是问题(10.1)的一个全局最优解。若不等式(10.3)对所有的 $\boldsymbol{x}\in R^n\setminus\{\boldsymbol{x}^*\}$严格成立，则称 $\boldsymbol{x}^*$ 是问题(10.1)的一个严格全局最优解。

定理 10.1(一阶必要条件)　设 $f:\mathbf{R}^n\to\mathbf{R}$ 连续可微，$\boldsymbol{x}^*$ 是无约束问题(10.1)的一个局部最优解，则 f 在 $\boldsymbol{x}^*$ 的梯度(Jacobi 矩阵的转置)

$$\nabla f(\boldsymbol{x}^*)=(f'(\boldsymbol{x}^*))^{\mathrm{T}}=\left(\frac{\partial f(\boldsymbol{x}^*)}{\partial x_1},\frac{\partial f(\boldsymbol{x}^*)}{\partial x_2},\cdots,\frac{\partial f(\boldsymbol{x}^*)}{\partial x_n}\right)^{\mathrm{T}}=0 \tag{10.4}$$

称满足式(10.4)的点 $\boldsymbol{x}^*$ 为函数 f 的稳定点。

定理 10.2(二阶必要条件)　设 $f:\mathbf{R}^n\to\mathbf{R}$ 二次连续可微，$\boldsymbol{x}^*$ 是无约束问题(10.1)的一个局部最优解，则 $\boldsymbol{x}^*$ 满足式(10.4)且 Hesse 矩阵

$$\nabla^2 f(\boldsymbol{x}^*)=f''(\boldsymbol{x}^*)=\left(\frac{\partial^2 f(\boldsymbol{x}^*)}{\partial x_i \partial x_j}\right)_{n\times n}$$

是对称半正定矩阵。

定理 10.3(二阶充分条件)　设 $f:\mathbf{R}^n\to\mathbf{R}$ 二次连续可微。若 $\boldsymbol{x}^*$ 满足$\nabla f(\boldsymbol{x}^*)=0$ 和 $\nabla^2 f(\boldsymbol{x}^*)$正定，则 $\boldsymbol{x}^*$ 是无约束问题(10.1)的一个严格局部最优解。

例 10.1　利用极值条件求解下列问题：

$$\min\ f(\boldsymbol{x})=\frac{1}{3}x_1^3+\frac{1}{3}x_2^3-x_1^2-x_2$$

解 直接计算得

$$\nabla f(\boldsymbol{x})=\begin{pmatrix}x_1^2-2x_1\\ x_2^2-1\end{pmatrix},\nabla^2 f(\boldsymbol{x})=\begin{pmatrix}2x_1-2 & 0\\ 0 & 2x_2\end{pmatrix}$$

由一阶必要条件$\nabla f(\boldsymbol{x})=0$得稳定点

$$\boldsymbol{x}^{(1)}=\begin{pmatrix}0\\1\end{pmatrix},\boldsymbol{x}^{(2)}=\begin{pmatrix}0\\-1\end{pmatrix},\boldsymbol{x}^{(3)}=\begin{pmatrix}2\\1\end{pmatrix},\boldsymbol{x}^{(4)}=\begin{pmatrix}2\\-1\end{pmatrix}$$

相应的 Hesse 阵为

$$\nabla^2 f(\boldsymbol{x}^{(1)})=\begin{pmatrix}-2 & 0\\ 0 & 2\end{pmatrix},\nabla^2 f(\boldsymbol{x}^{(2)})=\begin{pmatrix}-2 & 0\\ 0 & -2\end{pmatrix}$$

$$\nabla^2 f(\boldsymbol{x}^{(3)})=\begin{pmatrix}2 & 0\\ 0 & 2\end{pmatrix},\ \nabla^2 f(\boldsymbol{x}^{(4)})=\begin{pmatrix}2 & 0\\ 0 & -2\end{pmatrix}$$

易知，$\nabla^2 f(\boldsymbol{x}^{(3)})$正定，故$\boldsymbol{x}^{(3)}$是问题的一个解，$\nabla^2 f(\boldsymbol{x}^{(1)})$，$\nabla^2 f(\boldsymbol{x}^{(2)})$和$\nabla^2 f(\boldsymbol{x}^{(4)})$都不是半正定的，因而$\boldsymbol{x}^{(1)}$，$\boldsymbol{x}^{(2)}$和$\boldsymbol{x}^{(4)}$都不是问题的极小值点。

例 10.2 设 f 是正定二次函数

$$f(\boldsymbol{x})=\frac{1}{2}\boldsymbol{x}^{\mathrm{T}}\boldsymbol{A}\boldsymbol{x}-\boldsymbol{b}^{\mathrm{T}}\boldsymbol{x}+c\quad(\boldsymbol{x}\in\mathbf{R}^n)\tag{10.5}$$

其中，$\boldsymbol{A}\in\mathbf{R}^{n\times n}$是对称正定矩阵；$\boldsymbol{b}\in\mathbf{R}^n$ 是常向量；c 是常数。则 $\min f(\boldsymbol{x})$有唯一的全局最优解$\boldsymbol{x}^*=\boldsymbol{A}^{-1}\boldsymbol{b}$。

证明 易知$\nabla f(\boldsymbol{x})=\boldsymbol{A}\boldsymbol{x}-\boldsymbol{b}$，$\nabla^2 f(\boldsymbol{x})=\boldsymbol{A}$，由定理 10.3 得证。

求解无约束最优化问题的基本方法是下面算法 10.1 描述的下降算法。首先给出下降方向等概念。

定义 10.2 设 f 在 $\mathbf{R}^n$ 上连续，点 $\boldsymbol{x}\in\mathbf{R}^n$，对于方向 $\boldsymbol{d}\in\mathbf{R}^n$，若存在数 $\delta>0$，使下式成立

$$f(\boldsymbol{x})>f(\boldsymbol{x}+\alpha\boldsymbol{d})\quad(\forall\alpha\in(0,\delta))\tag{10.6}$$

则称 $\boldsymbol{d}$ 为 f 在点 $\boldsymbol{x}$ 处的一个下降方向。$\forall\alpha\in(0,\delta)$称为一个步长因子或步长。

定理 10.4 设 f 在点 $\boldsymbol{x}$ 处连续可微，如果方向 $\boldsymbol{d}$ 满足

$$\nabla f(\boldsymbol{x})^{\mathrm{T}}\boldsymbol{d}<0\tag{10.7}$$

则 $\boldsymbol{d}$ 是 f 在点 $\boldsymbol{x}$ 处的一个下降方向。

这由一阶 Taylor 公式

$$f(\boldsymbol{x}+\alpha\boldsymbol{d})=f(\boldsymbol{x})+\alpha\nabla f(\boldsymbol{x})^{\mathrm{T}}\boldsymbol{d}+o(\|\alpha\boldsymbol{d}\|)$$

易证。

算法 10.1（下降算法）

(1) 给定初始值 $\boldsymbol{x}_0$，容差 $\varepsilon>0$，令 $k=0$；

(2) 选择下降方向 $\boldsymbol{d}_k$ 和步长因子 $\alpha_k>0$，令

$$\boldsymbol{x}_{k+1}=\boldsymbol{x}_k+\alpha_k\boldsymbol{d}_k\tag{10.8}$$

(3) 如果

$$\|\boldsymbol{d}_k\|<\varepsilon\tag{10.9}$$

或

$$\frac{|f(\boldsymbol{x}_{k+1})-f(\boldsymbol{x}_k)|}{1+|f(\boldsymbol{x}_{k+1})|}<\varepsilon\tag{10.10}$$

取 $x^* \approx x_{k+1}$,停止。

(4) 令 $k=k+1$,转(2)。

在下降算法中要解决如下问题:

(1) 如何确定下降方向 d_k?

(2) 如何确定步长因子 α_k?

(2) 迭代序列$\{x_k\}$是否收敛于精确解 x^*?

第 2 节　一维搜索法

在下降算法 10.1 中,如果下降方向d_k 已经确定,记

$$\varphi(\alpha)=f(x_k+\alpha d_k) \tag{10.11}$$

它是关于 α 的一元实值函数。求步长 $\alpha_k>0$,使

$$f(x_{k+1})=\varphi(\alpha_k)<\varphi(0)=f(x_k)$$

的问题就是关于 φ 的一维搜索(也称为线性搜索)问题。一维搜索分为精确线搜索和非精确线搜索。

如果 α_k 是下面一维优化问题的解

$$f(x_k+\alpha_k d_k)=\varphi(\alpha_k)=\min_{\alpha>0}\varphi(\alpha)=\min_{\alpha>0}f(x_k+\alpha d_k)$$

则称为精确一维搜索。如果 α_k 使得目标函数得到可接受的下降量,即下降量

$$\varphi(0)-\varphi(\alpha_k)=f(x_k)-f(x_k+\alpha_k d_k)>0$$

是可接受的,则称为非精确一维搜索。

设 $\varphi(\alpha)$在$[0,+\infty)$连续,α 是它的极小值点,如果区间$[a,b]\subset[0,+\infty)$包含 α 且 φ 在$[a,\alpha)$严格减,在$(\alpha,b]$严格增,则称区间$[a,b]$为 φ 的一个单峰区间。

精确一维搜索算法分成两个阶段。第一阶段是确定单峰搜索区间;第二阶段采用某种分割技术或插值方法来不断缩小这个区间。

确定单峰区间的简单方法是,从零点出发,按一定步长 $h>0$,自左向右搜索,确定出函数值呈现"高—低—高"的三点,即 $\varphi(a)\geqslant\varphi(c)\leqslant\varphi(b)$,这里 $c=a+h,b=c+h$。显然$[a,b]$是一个单峰区间。

算法 10.2(单峰区间搜索法)

```
function [a b] = dfqj (F,  h);
x0 = 0;              y0 = F(x0);
x1 = x0 + h;         y1 = F(x1);
while  (1)
  x2 = x1 +h ;y2 = F(x2);
  if y0 <= y2
      break
  else
      if y1 <= y2
        break
```

```
        else
          x0 = x1; y0 = y1;
          x1 = x2; y1 = y2;
        end
    end
  end
  a= x0; b = x2;
  return
```

确定单峰区间后，可再用一些方法不断缩小单峰区间，直到区间长度小到满足精度为止。常用的有黄金分割法(0.618 法)、Fibonacci 法、二分法、Newton 法和抛物插值法，其中黄金分割法计算量较小，下面重点介绍这一方法。

黄金分割法的基本思想是构造单峰区间序列$\{[a_k,b_k]\}$，满足$[a_{k+1},b_{k+1}]\subset[a_k,b_k]$，且区间的长度按固定比例缩小，即

$$b_{k+1}-a_{k+1}=\lambda(b_k-a_k)\quad(\lambda\in(0,1))$$

该算法的实现过程如下：

在区间$[a_k,b_k]$上对称地取两个试探点$u_k<v_k$，即

$$u_k=b_k-\lambda(b_k-a_k),v_k=a_k+\lambda(b_k-a_k)\tag{10.12}$$

比较$\varphi(u_k)$与$\varphi(v_k)$的大小，有两种情形：

情形 1：如果$\varphi(u_k)\leqslant\varphi(v_k)$，则$\alpha\in[a_k,v_k]$，故令$[a_{k+1},b_{k+1}]=[a_k,v_k]$；

情形 2：如果$\varphi(u_k)>\varphi(v_k)$，则$\alpha\in[u_k,b_k]$，故令$[a_{k+1},b_{k+1}]=[u_k,b_k]$。

对于情形 1，设下面的两个试探点为$u_{k+1}<v_{k+1}$，则由式(2.2)得

$$v_{k+1}=a_{k+1}+\lambda(b_{k+1}-a_{k+1})=a_k+\lambda(v_k-a_k)=a_k+\lambda^2(b_k-a_k)\tag{10.13}$$

如果令$\lambda^2=1-\lambda$，即

$$\lambda=(\sqrt{5}-1)/2\approx0.618\tag{10.14}$$

代入式(10.13)，则

$$v_{k+1}=b_k-\lambda(b_k-a_k)=u_k$$

这样v_{k+1}不需要重新计算，只要取u_k即可。

类似地，对于情形 2，如果λ取式(10.14)的值，则有$u_{k+1}=v_k$，u_{k+1}不需要重新计算，只要取v_k即可。

这样每次按比例λ压缩区间，只需要计算一个试探的函数值，从而节省了计算量，这就是黄金分割法。

算法 10.3(黄金分割法)

用搜索法确定单峰区间$[a,b]$，选择精度$\varepsilon>0$，取$\lambda=0.618$。

```
u=b−λ(b−a),v=a+λ(b−a)
fiu=φ(u),fiv=φ(v)
while  b−a≥ε
        if  fiu≤fiv
        b=v,v=u,fiv=fiu,u=b−λ(b−a),fiu=φ(u)
        else
```

$a=u, u=v, fiu=fiv, v=a+\lambda(b-a), fiv=\varphi(v)$

end

end

$\alpha=(a+b)/2$

例 10.3　用黄金分割法求函数

$$\varphi(\alpha)=3\alpha^4-16\alpha^3+30\alpha^2-24\alpha+8$$

在[0,3]中的极小值。

解　令$[a,b]=[0,3]$，$\varepsilon=1e-3$，计算结果如表 10.1 所示。

表 10.1　例 10.3 黄金分割法计算结果

k	$[a_k, b_k]$	u_k	v_k
0	[0.000,　3.000]	1.146	1.854
1	[1.146,　3.000]	1.854	2.292
2	[1.146,　2.292]	1.584	1.854
3	[1.584,　2.292]	1.854	2.021
4	[1.854,　2.292]	2.021	2.125
5	[1.854,　2.125]	1.957	2.021
…	…	…	…
16	[1.999,　2.000]	2.000	2.000
17	[2.000,　2.000]	2.000	2.000

理论上的精确线搜索步长 α 可由 $\varphi'(\alpha)=12\alpha^3-48\alpha^2+60\alpha-24=0$ 得出 $\alpha=2$。这与采用黄金分割法计算的结果一致。

第 3 节　无约束最优化方法

10.3.1　最速下降法

因为 f 在点 $\boldsymbol{x}_k$ 处局部下降最快的方向是负梯度方向，最速下降法就是以负梯度方向作为下降方向的一种下降算法，即在算法 10.1 中取

$$\boldsymbol{d}_k=-\nabla f(\boldsymbol{x}_k)$$

显然 $\boldsymbol{d}_k$ 满足式(10.7)，即 $\nabla f(\boldsymbol{x}_k)^{\mathrm{T}}\boldsymbol{d}_k=-\nabla f(\boldsymbol{x}_k)^{\mathrm{T}}\nabla f(\boldsymbol{x}_k)<0$，$\boldsymbol{d}_k$ 是 f 在点 $\boldsymbol{x}_k$ 处的一个下降方向。

最速下降法是求解无约束最优化问题最简单的下降方法，它具有程序设计简单、计算工作量小、存储量小、对初始点没有特别要求等优点。但是，负梯度方向只是函数局部下降最快的方向，整体而言，并非“最速下降”。对于一般的问题，这个方法下降非常缓慢。

10.3.2 Newton 法

Newton 法的基本思想是将目标函数 $f(x)$用其二阶 Taylor 展开近似，并将其极小化。设 f 二次连续可微，且对任意 $\boldsymbol{x}\in\mathbf{R}^n$，$\nabla^2 f(\boldsymbol{x})$正定。将 $f(\boldsymbol{x})$在点$\boldsymbol{x}_k$ 处 Taylor 展开

$$f(\boldsymbol{x}_k+\boldsymbol{s})\approx q_k(\boldsymbol{s})=f(\boldsymbol{x}_k)+\nabla f(\boldsymbol{x}_k)^{\mathrm{T}}\boldsymbol{s}+\frac{1}{2}\boldsymbol{s}^{\mathrm{T}}\nabla^2 f(\boldsymbol{x}_k)\boldsymbol{s}$$

将二次函数 $q_k(\boldsymbol{s})$极小化(参见例 10.2)，即令

$$\nabla q_k(\boldsymbol{s})=\nabla^2 f(\boldsymbol{x}_k)\boldsymbol{s}+\nabla f(\boldsymbol{x}_k)=0$$

得

$$\boldsymbol{x}_{k+1}=\boldsymbol{x}_k-[\nabla^2 f(\boldsymbol{x}_k)]^{-1}\nabla f(\boldsymbol{x}_k) \tag{10.15}$$

这就是 Newton 迭代法。记

$$\boldsymbol{G}_k=\nabla^2 f(\boldsymbol{x}_k),\boldsymbol{g}_k=\nabla f(\boldsymbol{x}_k)$$

$$\boldsymbol{d}_k=-\boldsymbol{G}_k^{-1}\boldsymbol{g}_k \tag{10.16}$$

Newton 迭代法又可写成

$$\boldsymbol{x}_{k+1}=\boldsymbol{x}_k+\boldsymbol{d}_k$$

由于$\boldsymbol{G}_k$ 正定，所以

$$\boldsymbol{g}_k^{\mathrm{T}}\boldsymbol{d}_k=-\boldsymbol{g}_k^{\mathrm{T}}\boldsymbol{G}_k^{-1}\boldsymbol{g}_k<0$$

$\boldsymbol{d}_k$ 是一个下降方向(又称为 Newton 方向)。Newton 迭代法是取下降方向为 Newton 方向，步长因子取为 $\alpha_k=1$ 的一种下降算法。

Newton 法对于二次正定目标函数一步即可达到准确解。一般情况下，由于目标函数在极小点附近近似于二次函数，故当初始点靠近极小点时，其收敛速度一般是很快的。但 Newton 法要求对所有的 k，$\nabla^2 f(\boldsymbol{x}_k)$正定。否则，不能保证 Newton 方向 $\boldsymbol{d}_k$ 是 f 在 $\boldsymbol{x}_k$ 处的下降方向，其收敛性没有保证。

10.3.3 拟 Newton 法

Newton 法有收敛快的优点，但又有明显的缺点。其中一个主要缺点就是每步迭代必须计算 Hesse 矩阵，不仅工作量大，而且一旦计算得到的矩阵不正定，就会导致不收敛。为了改进 Newton 法，Davidon 于 1959 年提出了一个设想，其核心是利用每次迭代中得到的梯度信息来近似 Hesse 矩阵。这个设想导致了一类非常成功的算法，称之为拟 Newton 法。这里将介绍 Broyden 族拟 Newton 法中的两个最著名算法——DFP 算法和 BFGS 算法。DFP 算法是 Davidon(1959)提出，后经 Fletcher 和 Powell(1963)做进一步改进形成的算法，这是历史上第一个拟 Newton 法。BFGS 算法是由 Broyden、Fletcher、Goldfarb 和 Shanno 于 1970 年各自独立地从不同角度出发得到的，是无约束最优化最有效的方法之一。

拟 Newton 法的基本思想是在 Newton 法中用$\boldsymbol{G}_k^{-1}$ 的某个近似矩阵 $\boldsymbol{H}_k$ 取代$\boldsymbol{G}_k^{-1}$，以 $\boldsymbol{d}_k=-\boldsymbol{H}_k\boldsymbol{g}_k$ 作为下降方向，并采用一维搜索选取适当的步长。即

$$\boldsymbol{d}_k=-\boldsymbol{H}_k\boldsymbol{g}_k,\boldsymbol{x}_{k+1}=\boldsymbol{x}_k+\alpha_k\boldsymbol{d}_k \tag{10.17}$$

因此对矩阵 $\boldsymbol{H}_k$ 提出下面要求：

(1) 在某种意义下有 $\boldsymbol{H}_k\approx\boldsymbol{G}_k^{-1}$，以保证算法具有较快的收敛速度；

(2) $\boldsymbol{H}_k$ 是对称正定矩阵，以保证 $\boldsymbol{d}_k$ 是一个下降方向；

(3) 矩阵 $\boldsymbol{H}_k$ 容易计算，$\boldsymbol{H}_{k+1}$ 可通过 $\boldsymbol{H}_k$ 的简单修正得到。

记

$$\boldsymbol{s}_k=\boldsymbol{x}_{k+1}-\boldsymbol{x}_k,\boldsymbol{y}_k=\boldsymbol{g}_{k+1}-\boldsymbol{g}_k \tag{10.18}$$

由 Taylor 公式可得

$$\boldsymbol{y}_k\approx\boldsymbol{G}_{k+1}\boldsymbol{s}_k\text{ 或}\boldsymbol{G}_{k+1}^{-1}\boldsymbol{y}_k\approx\boldsymbol{s}_k$$

对于二次目标函数，上式正好为等式，一个合理的要求是 $\boldsymbol{H}_{k+1}$ 要满足

$$\boldsymbol{H}_{k+1}\boldsymbol{y}_k=\boldsymbol{s}_k \tag{10.19}$$

称为拟 Newton 方程。

满足拟 Newton 方程的矩阵 $\boldsymbol{H}_{k+1}$ 有很多，确定 $\boldsymbol{H}_{k+1}$ 的原则之一是使其在计算上容易实现，通常是对 $\boldsymbol{H}_k$ 进行某种低秩修正产生 $\boldsymbol{H}_{k+1}$，即

$$\boldsymbol{H}_{k+1}=\boldsymbol{H}_k+\boldsymbol{\Delta}_k \tag{10.20}$$

其中，矩阵 $\boldsymbol{\Delta}_k$ 是秩为 1 或 2 的矩阵。下面介绍 DFP 算法：

在式(10.20)中取 $\boldsymbol{\Delta}_k$ 为秩 2 的对称矩阵，即令

$$\boldsymbol{\Delta}_k=a_k\boldsymbol{u}_k\boldsymbol{u}_k^{\mathrm{T}}+b_k\boldsymbol{v}_k\boldsymbol{v}_k^{\mathrm{T}}$$

其中，a_k,b_k 为待定系数；$\boldsymbol{u}_k,\boldsymbol{v}_k\in\mathbf{R}^n$ 为待定向量。由拟 Newton 方程得

$$\boldsymbol{H}_k\boldsymbol{y}_k+a_k(\boldsymbol{u}_k^{\mathrm{T}}\boldsymbol{y}_k)\boldsymbol{u}_k+b_k(\boldsymbol{v}_k^{\mathrm{T}}\boldsymbol{y}_k)\boldsymbol{v}_k=\boldsymbol{s}_k \tag{10.21}$$

不难发现，满足上式的向量 $\boldsymbol{u}_k$ 和 $\boldsymbol{v}_k$ 不唯一。一个简单的取法为

$$\boldsymbol{u}_k=\boldsymbol{s}_k,\boldsymbol{v}_k=\boldsymbol{H}_k\boldsymbol{y}_k$$

把上式代入式(10.21)得

$$[a_k(\boldsymbol{s}_k^{\mathrm{T}}\boldsymbol{y}_k)-1]\boldsymbol{u}_k+[b_k(\boldsymbol{y}_k^{\mathrm{T}}\boldsymbol{H}_k\boldsymbol{y}_k)+1]\boldsymbol{v}_k=0$$

取

$$a_k=\frac{1}{\boldsymbol{s}_k^{\mathrm{T}}\boldsymbol{y}_k},b_k=\frac{-1}{\boldsymbol{y}_k^{\mathrm{T}}\boldsymbol{H}_k\boldsymbol{y}_k}$$

得

$$\boldsymbol{H}_{k+1}=\boldsymbol{H}_k-\frac{(\boldsymbol{H}_k\boldsymbol{y}_k)(\boldsymbol{H}_k\boldsymbol{y}_k)^{\mathrm{T}}}{\boldsymbol{y}_k^{\mathrm{T}}\boldsymbol{H}_k\boldsymbol{y}_k}+\frac{\boldsymbol{s}_k\boldsymbol{s}_k^{\mathrm{T}}}{\boldsymbol{s}_k^{\mathrm{T}}\boldsymbol{y}_k} \tag{10.22}$$

公式(10.22)称为 DFP 修正公式。

算法 10.4(DFP 算法)

(1) 给定初始点 $\boldsymbol{x}_0\in\mathbf{R}^n$，取对称正定的初始矩阵 $\boldsymbol{H}_0$(一般取单位矩阵)，给定控制误差 $\varepsilon>0$，计算 $\boldsymbol{g}_0$，令 $k=0$；

(2) 如果 $\|\boldsymbol{g}_k\|\leqslant\varepsilon$，则终止，得近似解 $\boldsymbol{x}_k$；

(3) 计算 $\boldsymbol{d}_k=-\boldsymbol{H}_k\boldsymbol{g}_k$，得搜索方向 $\boldsymbol{d}_k$；

(4) 由一维精确搜索确定步长 α_k；

(5) 令 $\boldsymbol{x}_{k+1}=\boldsymbol{x}_k+\alpha_k\boldsymbol{d}_k$，并计算 $\boldsymbol{g}_{k+1}$；

(6) 令 $\boldsymbol{s}_k=\boldsymbol{x}_{k+1}-\boldsymbol{x}_k,\boldsymbol{y}_k=\boldsymbol{g}_{k+1}-\boldsymbol{g}_k$，由 DFP 修正公式(10.22)得 $\boldsymbol{H}_{k+1}$；

(7) 令 $k=k+1$，转步(2)。

在 DFP 算法中，$\boldsymbol{H}_k$ 的正定性是有保证的。

定理 10.5　当且仅当 $\boldsymbol{s}_k^{\mathrm{T}}\boldsymbol{y}_k>0$，DFP 修正公式(10.22)得到的 H_{k+1} 保持正定性。

该定理的证明留作习题。

定理 10.5 中，$s_k^T y_k>0$ 的条件是有保证的

$$s_k^T y_k = s_k^T g_{k+1} - s_k^T g_k$$

由 $s_k = x_{k+1} - x_k = \alpha_k d_k$ 和 $g_k^T d_k < 0$ 知，$s_k^T g_k < 0$，又因为采用精确一维搜索，此时

$$\varphi'(\alpha_k) = f'(x_k + \alpha_k d_k) d_k = g_{k+1}^T d_k = 0$$

知 $s_k^T g_{k+1} = 0$，所以 $s_k^T y_k > 0$。

综上，DFP 算法只要初始矩阵是正定矩阵且迭代没有终止，则 H_k 为正定矩阵。

例 10.4 用 DFP 算法求解

$$\min f(x) = 2x_1^2 + x_2^2 - 4x_1 + 2, x_0 = \begin{pmatrix} 2 \\ 1 \end{pmatrix}$$

解 取 $H_0 = \begin{pmatrix} 1 & 0 \\ 0 & 1 \end{pmatrix}, g(x) = \begin{pmatrix} 4x_1 - 4 \\ 2x_2 \end{pmatrix}, g_0 = \begin{pmatrix} 4 \\ 2 \end{pmatrix}, d_0 = -H_0 g_0 = \begin{pmatrix} -4 \\ -2 \end{pmatrix}$

(1) 求迭代点 x_1，令 $\varphi_0(\alpha) = f(x_0 + \alpha d_0) = 36\alpha^2 - 20\alpha + 3$，由 $\varphi'(\alpha) = 0$，得 $\alpha_0 = \frac{5}{18}$，于是有

$$x_1 = x_0 + \alpha_0 d_0 = \begin{pmatrix} \frac{8}{9} \\ \frac{4}{9} \end{pmatrix}, g_1 = \begin{pmatrix} -\frac{4}{9} \\ \frac{8}{9} \end{pmatrix}, s_0 = x_1 - x_0 = \begin{pmatrix} -\frac{10}{9} \\ -\frac{5}{9} \end{pmatrix}, y_0 = g_1 - g_0 = \begin{pmatrix} -\frac{40}{9} \\ -\frac{10}{9} \end{pmatrix}$$

由 DFP 修正公式，有

$$H_1 = H_0 - \frac{(H_0 y_0)(H_0 y_0)^T}{y_0^T H_0 y_0} + \frac{s_0 s_0^T}{s_0^T y_0} = \frac{1}{306}\begin{pmatrix} 86 & -38 \\ -38 & 305 \end{pmatrix}$$

下一个搜索方向为 $d_1 = -H_1 g_1 = \frac{1}{17}\begin{pmatrix} 4 \\ -16 \end{pmatrix}$。

(2) 求迭代点 x_2，令 $\varphi_1(\alpha) = f(x_1 + \alpha d_1) = \frac{288}{289}\alpha^2 - \frac{16}{17}\alpha + \frac{2}{9}$，由 $\varphi'(\alpha) = 0$，得 $\alpha_1 = \frac{17}{36}$，于是有

$$x_2 = x_1 + \alpha_1 d_1 = \begin{pmatrix} 1 \\ 0 \end{pmatrix}, g_2 = \begin{pmatrix} 0 \\ 0 \end{pmatrix}$$

得精确解 $x^* = x_2 = \begin{pmatrix} 1 \\ 0 \end{pmatrix}$。

Broyden 于 1967 年提出了另一族修正公式

$$H_{k+1} = H_k - \frac{(H_k y_k)(H_k y_k)^T}{y_k^T H_k y_k} + \frac{s_k s_k^T}{s_k^T y_k} + w_k w_k^T \tag{10.23}$$

如取

$$w_k = \sqrt{y_k^T H_k y_k}\left(\frac{s_k}{s_k^T y_k} - \frac{H_k y_k}{y_k^T H_k y_k}\right)$$

得 BFGS 修正公式(之一)

$$H_{k+1} = \left(I - \frac{s_k y_k^T}{s_k^T y_k}\right) H_k \left(I - \frac{s_k y_k^T}{s_k^T y_k}\right)^T + \frac{s_k s_k^T}{s_k^T y_k} \tag{10.24}$$

用公式(10.24)替换算法 10.4 中第(6)步中 DFP 修正公式(10.22)，即得著名的 BFGS

算法。

在实际计算中，由于舍入误差的影响以及一维搜索的不准确性，DFP 算法的效率受到很大影响，而 BFGS 算法所受影响要小得多。目前 BFGS 算法被公认为最好的拟 Newton 算法。

例 10.5　用 BFGS 算法求解

$$\min F(\boldsymbol{x}_1,\boldsymbol{x}_2)=(\boldsymbol{x}_1-2)^4+(\boldsymbol{x}_1-2)^2\boldsymbol{x}_2^2+(\boldsymbol{x}_2+1)^2$$

$$\boldsymbol{x}_0=\begin{pmatrix}0\\0\end{pmatrix},\boldsymbol{H}_0=\begin{pmatrix}1&0\\0&1\end{pmatrix}$$

计算结果见表 10.2。

表 10.2　例 10.5BFGS 迭代法的计算结果

k	$\boldsymbol{x}_k^{\mathrm{T}}$	$F(\boldsymbol{x}_k)$
1	[2.286 40,−0.142 90]	0.743 0
2	[2.278 82,−0.930 42]	0.078 2
3	[2.001 66,−1.006 15]	4.066 2e-5
4	[2.001 59,−1.000 00]	2.520 3e-6
5	[2.000 00,−1.000 00]	7.668 3e-12
6	[2.000 00,−1.000 00]	1.930 6e-17

第 4 节　非线性最小二乘问题

第 5 章曾讨论了线性最小二乘曲线拟合问题，如果拟合模型

$$y(t)=\varphi(t;x)$$

关于参数 $\boldsymbol{x}=(x_1,x_2,\cdots,x_n)^{\mathrm{T}}$ 是非线性函数，就引出下面非线性最小二乘曲线拟合问题

$$\min f(\boldsymbol{x})=\sum_{i=1}^{m}[\varphi(t_i;x)-y_i]^2$$

其中，$\{(t_i,y_i)\}_{i=1}^{m}$是测量数据($m\geqslant n$)。一般地，非线性最小二乘问题为

$$\min_{\boldsymbol{x}\in\mathbf{R}^n} f(\boldsymbol{x})=\frac{1}{2}\boldsymbol{r}(\boldsymbol{x})^{\mathrm{T}}\boldsymbol{r}(\boldsymbol{x})=\frac{1}{2}\sum_{i=1}^{m}[r_i(\boldsymbol{x})]^2 \tag{10.25}$$

其中，$\boldsymbol{r}(\boldsymbol{x})=(r_1(\boldsymbol{x}),r_2(\boldsymbol{x}),\cdots,r_m(\boldsymbol{x}))^{\mathrm{T}}$ 为 $\boldsymbol{x}\in\mathbf{R}^n$ 的非线性函数，称为残量函数。

非线性最小二乘问题是一个特殊的无约束最优化问题，由于它的特殊结构，我们将寻求更有效的计算方法，即 Gauss-Newton 法。

设 $\boldsymbol{r}(\boldsymbol{x})$的 Jacobi 矩阵为

$$\boldsymbol{r}'(\boldsymbol{x})=\begin{pmatrix}\dfrac{\partial r_1}{\partial x_1}&\cdots&\dfrac{\partial r_1}{\partial x_n}\\ \vdots&&\vdots\\ \dfrac{\partial r_m}{\partial x_1}&\cdots&\dfrac{\partial r_m}{\partial x_n}\end{pmatrix} \tag{10.26}$$

易知 $\boldsymbol{f}(\boldsymbol{x})$的梯度是

$$\nabla f(\boldsymbol{x})=\boldsymbol{r}'(\boldsymbol{x})^{\mathrm{T}}\boldsymbol{r}(\boldsymbol{x}) \tag{10.27}$$

由极值的必要条件,$f(\boldsymbol{x})$的极小点满足梯度方程

$$\nabla f(\boldsymbol{x})=\boldsymbol{r}'(\boldsymbol{x})^{\mathrm{T}}\boldsymbol{r}(\boldsymbol{x})=0 \tag{10.28}$$

为构造求解方程的迭代法,在迭代点 $\boldsymbol{x}_k$ 处,取 $\boldsymbol{r}(\boldsymbol{x})$的一次近似

$$\boldsymbol{r}(\boldsymbol{x})\approx\boldsymbol{r}(\boldsymbol{x}_k)+\boldsymbol{r}'(\boldsymbol{x})(\boldsymbol{x}-\boldsymbol{x}_k)$$

并取 $\boldsymbol{r}'(\boldsymbol{x})\approx\boldsymbol{r}'(\boldsymbol{x}_k)$,代入方程(10.28),得

$$\boldsymbol{r}'(\boldsymbol{x}_k)^{\mathrm{T}}[\boldsymbol{r}(\boldsymbol{x}_k)+\boldsymbol{r}'(\boldsymbol{x}_k)(\boldsymbol{x}-\boldsymbol{x}_k)]=0$$

解出 $\boldsymbol{x}$ 作为下一次的迭代值,即

$$\boldsymbol{x}_{k+1}=\boldsymbol{x}_k-[\boldsymbol{r}'(\boldsymbol{x}_k)^{\mathrm{T}}\boldsymbol{r}'(\boldsymbol{x}_k)]^{-1}\boldsymbol{r}'(\boldsymbol{x}_k)^{\mathrm{T}}\boldsymbol{r}(\boldsymbol{x}_k) \tag{10.29}$$

称之为 Gauss-Newton 法。记

$$\boldsymbol{G}(\boldsymbol{x})=\boldsymbol{r}'(\boldsymbol{x})^{\mathrm{T}}\boldsymbol{r}'(\boldsymbol{x}) \tag{10.30}$$

则式(10.29)又可写成

$$\boldsymbol{x}_{k+1}=\boldsymbol{x}_k-\boldsymbol{G}(\boldsymbol{x}_k)^{-1}\nabla f(\boldsymbol{x}_k) \tag{10.31}$$

它与 Newton 法形式一样,但 $\boldsymbol{G}(\boldsymbol{x})$不是 $f(\boldsymbol{x})$的 Hesse 矩阵,因此它不是 Newton 法。

对于一般的非线性函数 $\boldsymbol{r}(\boldsymbol{x})$,由式(10.30)定义的 $\boldsymbol{G}(\boldsymbol{x})$是对称半正定矩阵(注意:Hesse 矩阵仅是对称)。如果 $\boldsymbol{G}(\boldsymbol{x}_k)$正定(等价于 $\boldsymbol{r}'(\boldsymbol{x}_k)$列满秩),则与 Newton 法一样

$$\boldsymbol{d}_k=-\boldsymbol{G}(\boldsymbol{x}_k)^{-1}\nabla f(\boldsymbol{x}_k)$$

是 $f(\boldsymbol{x})$在点 $\boldsymbol{x}_k$ 的下降方向。

由于最小二乘问题的特殊性,Gauss-Newton 法比 DFP 和 BFGS 的收敛效果要好,但其缺点是收敛域较小。

算法 10.5(Gauss-Newton 法)

(1) 给定初始点$\boldsymbol{x}_0\in\mathbf{R}^n$;

(2) 求解 $\boldsymbol{G}(\boldsymbol{x}_k)\boldsymbol{d}_k=-\nabla f(\boldsymbol{x}_k)$,得 $\boldsymbol{d}_k$(一般采用 QR 分解法);

(3) 如果 $\|\boldsymbol{d}_k\|\leqslant\varepsilon$ 或$\dfrac{|f(\boldsymbol{x}_{k+1})-f(\boldsymbol{x}_k)|}{1+|f(\boldsymbol{x}_{k+1})|}<\varepsilon$,则终止,得近似解 $\boldsymbol{x}_k$;

(4) 令 $k=k+1$,转步(2)。

例 10.6 设测量数据如下

t_i	0.2	1	2	3	5	7	11	16
y_i	5.05	8.88	11.63	12.93	14.15	14.73	15.30	15.60

用模型

$$y(t)=x_1\mathrm{e}^{x2/t}+x_3$$

进行最小二乘曲线拟合。

解 取初值 $\boldsymbol{x}_0=(10,-1,4)^{\mathrm{T}}$,迭代 4 次,$\|\boldsymbol{d}_k\|\leqslant 1\mathrm{e}-6$,

极小点 $\boldsymbol{x}=(11.345\ 72,-1.073\ 00,4.997\ 39)^{\mathrm{T}}$,均方误差 $\|\boldsymbol{r}\|_2=0.014\ 10$,图形如图 10.1所示

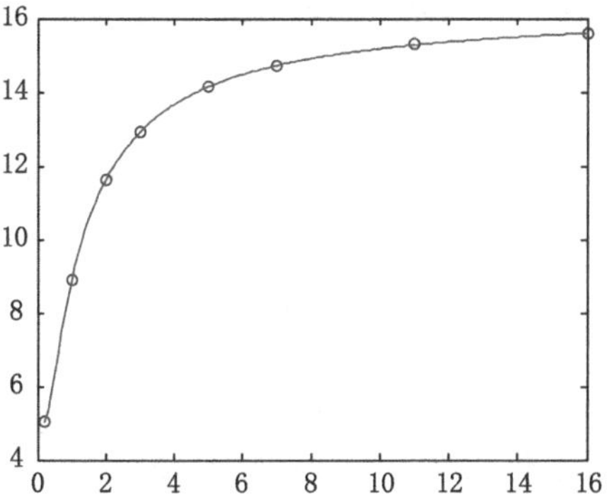

图 10.1　例 10.6 的最小二乘曲线

应用案例——金融决策中的优化模型

20 世纪 50 年代美国学者马考维茨(Markowitz)在 *Journal of Finance* 期刊上发表一篇题目为 *Protfolio Selection* 的文章，这篇文章主张以收益率的方差作为风险的度量，并提出了以极小化风险为目标的均值-方差模型。这个模型及其所蕴含的风险分散化思想成为现代投资理论的基础，至此开创了利用定量分析方法研究现代资产组合投资理论的先河，被誉为金融领域的一场革命。马考维茨因此获得了诺贝尔经济学奖。马考维茨资产组合理论成为帮助投资者如何将资金按照一定的比例投资在不同的证券使得投资收益大而风险小的重要工具。

根据不同风格的投资者需求，按照马考维茨的均值-方差理论可以建立不同的优化模型。设有 n 种证券可供选择投资，记这 i 种证券在 j 期的收益率为 $r_{ij}(i=1,2,\cdots,n;j=1,2,\cdots,m)$，第 i 种证券占总资产的投资比例为 $y_i(i=1,2,\cdots,n)$，第 i 种证券的 m 期平均收益率与收益率的方差分别为

$$\bar{r}_i=\frac{1}{m}\sum_{j=1}^{m}r_{ij},\sigma_i^2=\frac{1}{m}\sum_{j=1}^{m}(r_{ij}-\bar{r}_i)^2$$

第 i 种证券和第 k 证券收益率的协方差为

$$\sigma_{ik}=\frac{1}{m}\sum_{j=1}^{m}(r_{ij}-\bar{r}_i)(r_{kj}-\bar{r}_k)$$

由此则可以定义投资风险为

$$V=\sum_{i=1}^{n}\sigma_i^2y_i^2+2\sum_{i=1}^{n-1}\sum_{j=i+1}^{n}\sigma_{ij}y_iy_j$$

记 $\boldsymbol{y}=(y_1,y_2,\cdots,y_n)^{\mathrm{T}}$ 为投资组合向量，则上述风险 V 可以表示为 $V=\boldsymbol{y}^{\mathrm{T}}\boldsymbol{Q}\boldsymbol{y}$，其中

$$\boldsymbol{Q}=\begin{pmatrix}\sigma_{11} & \sigma_{12} & \cdots & \sigma_{1n}\\ \sigma_{21} & \sigma_{22} & \cdots & \sigma_{2n}\\ \vdots & \vdots & & \vdots\\ \sigma_{n1} & \sigma_{n2} & \cdots & \sigma_{nn}\end{pmatrix},\sigma_{ii}=\sigma_i^2,\sigma_{ik}=\sigma_{ki}\quad(i=1,2,\cdots,n;k=1,2,\cdots,n)$$

是一个对称半正定矩阵。

记收益率向量 $\bar{\boldsymbol{r}}=(\bar{r}_1,\bar{r}_2,\cdots\bar{r}_n)^{\mathrm{T}}$，则投资收益可以表示为

$$R=\sum_{i=1}^{n}\bar{r}_i y_i=\boldsymbol{y}^{\mathrm{T}}\bar{\boldsymbol{r}}$$

在允许短线交易的情况下，如果考虑使风险达到最小化的决策，最小化风险模型如下

$$\min \quad V=\boldsymbol{y}^{\mathrm{T}}\boldsymbol{Q}\boldsymbol{y}$$

$$\text{s.t.} \quad \sum_{i=1}^{n}y_i=1$$

在金融投资组合优化问题中，如果考虑不同的条件，则可得不同的优化模型。比如考虑在固定收益(或固定风险)下的最小化风险(或风险-收益)模型，我们可得到近似的非二次模型

$$\min \quad F=\boldsymbol{y}^{\mathrm{T}}\boldsymbol{Q}\boldsymbol{y}+\frac{\rho}{R_p^2}\left(\sum_{i=1}^{n}\bar{r}_i y_i-R_p\right)^2$$

$$\text{s.t.} \quad \sum_{i=1}^{n}y_i=1$$

在允许卖空条件下，考虑某证券市场上个人投资者投资组合问题，下面是某个人(周 K 线)的八周投资收益情况，如表 10.3 所列。

表 10.3 个人投资者投资组合收益表(%)

证券	一周	二周	三周	四周	五周	六周	七周	八周
证券 1	11.72	−1.62	0.00	3.00	−2.65	18.64	7.46	−0.70
证券 2	1.37	−1.64	1.56	−2.06	6.97	3.60	1.44	−3.31
证券 3	1.60	−3.49	9.96	−2.41	11.99	3.20	9.25	−4.20
证券 4	1.51	11.55	−0.69	−3.03	1.26	13.88	3.72	3.66
证券 5	−2.65	18.64	3.00	7.46	−1.62	−0.70	0.00	11.72
证券 6	−0.28	12.85	−0.87	−4.38	7.00	3.53	−1.91	−1.39
证券 7	9.25	11.99	9.96	−4.20	1.60	−3.49	−2.41	3.20
证券 8	1.26	13.88	1.51	3.72	11.55	3.66	−0.69	−3.03
证券 9	1.56	6.97	1.44	−3.31	1.37	−1.64	−2.06	3.60
证券 10	7.00	−0.87	−1.91	−1.39	−0.28	12.85	−4.38	3.53

表 10.3 中的数据根据相应股票的周 K 线得到，而周 K 线上的时间因为各个证券召开股东大会或特殊事件停牌略有不同，我们这里只以周数进行论述。对表 10.3 的数据经过简单的数值计算，我们可以得到其平均收益率(%)和协方差矩阵(保留小数点后 3 位)为

$$\bar{\boldsymbol{r}}=(4.481\,3 \quad 0.991\,3 \quad 3.237\,5 \quad 3.948\,8 \quad 4.481\,2 \quad 1.818\,8 \quad 3.237\,5 \quad 3.982\,5 \quad 0.991\,2 \quad 1.818\,7)$$

$$Q_{10}=\begin{pmatrix}
49.868 & 1.098 & -4.225 & 10.769 & -16.041 & -13.027 & -30.543 & -10.441 & -16.629 & 13.710 \\
1.098\,0 & 9.744\,2 & 15.632 & 1.919 & -16.629 & 4.392 & -3.021 & 5.599\,0 & -2.416 & -0.112 \\
-4.255 & 15.632 & 36.638 & -7.566 & -30.543 & -0.889 & -4.403 & 1.630 & -6.022 & -13.272 \\
10.769 & 1.919 & -7.566 & 30.473 & 9.272 & 18.902 & 1.881 & 9.349 & 5.744 & 25.327 \\
-16.041 & -16.629 & -30.543 & 9.272 & 49.868 & 13.710 & 14.351 & 11.013 & 13.874 & 10.539 \\
-13.027 & 4.392 & -0.889 & 18.902 & 13.710 & 28.215 & 14.195 & 25.218 & 11.335 & 14.792 \\
30.543 & -3.021 & -4.403 & 1.881 & 14.351 & 14.195 & 36.637 & 8.980 & 15.632 & -0.899 \\
-10.411 & 5.599 & 1.630 & 9.349 & 11.031 & 25.218 & 8.980 & 29.991 & 7.165 & 8.276 \\
-16.629 & -2.416 & -6.022 & 5.744 & 13.874 & 11.335 & 15.632 & 7.165 & 9.744 & 4.391 \\
13.710 & -0.112 & -13.272 & 25.327 & 10.539 & 14.792 & -0.889 & 8.273 & 4.391 & 28.215
\end{pmatrix}$$

根据前面模型，取初始点为 $y_i=\frac{1}{5}(i=1,\cdots,10)$，可得其投资比例为

$y_1=0.232\,926\,240\,867\,79$，　$y_2=-0.032\,939\,011\,875\,482\,7$，

$y_3=-0.058\,581\,473\,597\,43$，　$y_4=-0.073\,752\,219\,292\,105\,2$，

$y_5=0.140\,906\,704\,884\,717$，　$y_6=-0.041\,111\,732\,612\,227\,4$，

$y_7=0.515\,364\,903\,279\,215$，　$y_8=-0.086\,785\,447\,613\,612\,4$，

$y_9=0.572\,195\,578\,518\,466$，　$y_{10}=-0.168\,223\,542\,559\,334$。

其风险 V 约为 1.129 756 891 010 71e−011，此时的收益约为 1.439 404 991 247 64。

从计算结果可知，y_2，y_3，y_4，y_6，y_8，y_{10} 小于 0，即要求我们卖空证券 2、3、4、6、8、10 和持有证券 1、5、7、9。进一步可知，如果不是短线交易，不过分关注风险，在这段时间始终持有证券 3 和 7 可以至少获得 50%的利润。这也说明了在大盘指数震荡盘升的过程中，或者用趋势投资者的说法叫大盘上升趋势时，买入股票并中长期持有，会比短线交易获得更大的利润。

小　　结

数值优化的内容非常多，本章主要对无约束非线性最优化问题的基本理论和算法求解框架进行简单介绍，包括一维搜索法、最速下降法、Newton 法、拟 Newton 法和求解非线性最小二乘问题的 Gauss-Newton 法。

关于无约束和约束优化更详细的讨论可以参阅文献[25]。

数 值 实 验

实验一　解非线性方程与解最优化问题的转化。

1. 求函数 $f(x)=x^2-\sin x$ 在单峰区间[0,1]内的极小值点。

(1) 用割线法求非线性方程 $f'(x)=2x-\cos x=0$；

(2) 用黄金分割法求解；

(3) 调用 Matlab 函数 fminbnd 求解。

2. 把第 8 章例 8.7 求解非线性方程组的问题转化为下面最小二乘问题

$$\min f(\boldsymbol{x})=\frac{1}{2}F(\boldsymbol{x})^{\mathrm{T}}F(\boldsymbol{x})$$

用 Gauss-Newton 法求解。

实验二 BFGS 算法与 DFP 算法。

求解 Rosenbrock 函数的极小化问题

$$\min f(x)=100(x_2-x_1^2)^2+(1-x_1)^2$$

(1) 用 DFP 算法求解;

(2) 用 BFGS 算法求解;

(3) 调用 Matlab 函数 fminunc 求解。

精确解:$\boldsymbol{x}^*=(1,1)^{\mathrm{T}}, f(\boldsymbol{x}^*)=0$。

实验三 非线性最小二乘拟合问题。

(1) 分别用 Gauss-Newton 法与 BFGS 法求解例 4.1 的最小二乘拟合问题。

(2) 用 Gauss-Newton 法求解下面最小二乘拟合问题。

模型为

$$y(\boldsymbol{t})=\varphi(\boldsymbol{t};\boldsymbol{x})=\frac{x_1x_3t_1}{1+x_1t_1+x_2t_2}$$

实验数据见下表。

t_1	1.0	2.0	1.0	2.0	0.1
t_2	1.0	1.0	2.0	2.0	0.0
y	0.126	0.219	0.076	0.126	0.186

取初值$\boldsymbol{x}_0=(1,1,1)^{\mathrm{T}}$。

习 题 十

1. 设 $f(x)=\frac{3}{2}x_1^2+\frac{5}{2}x_2^2-2x_1x_2-x_1$,初始点 $\boldsymbol{x}^{(0)}=(-1,2)^{\mathrm{T}}$。试用最速下降法和 Newton 法极小化 $f(\boldsymbol{x})$。

2. 设:(1) $f(\boldsymbol{x})=\frac{1}{2}(x_1^2+4x_2^2)$;(2) $f(\boldsymbol{x})=\frac{1}{2}(x_1^2+10^3x_2^2)$。试讨论最速下降法的收敛速度。

3. 设 $\boldsymbol{s}\in\mathbf{R}^n, \boldsymbol{s}\neq 0, \boldsymbol{I}$ 是单位矩阵,证明

$$\left\|\boldsymbol{I}-\frac{\boldsymbol{s}\boldsymbol{s}^{\mathrm{T}}}{\boldsymbol{s}^{\mathrm{T}}\boldsymbol{s}}\right\|=1$$

4. 证明:用 Newton 法求解正定二次函数最多经过一步迭代即可达到最小值点。

5. 证明定理 10.5。

参考文献

[1] VARGA R S.Matrix iterative analysis[M].2nd edition.New York:Springer Verlag,2000.
[2] HESTENES M R,STIEFEL E.Methods of conjugate gradients for solving linear systems [J].Journal of Research of the National Bureau of Standards,1952,49(6):409.
[3] SAAD Y.Iterative Methods for Sparse Linear Systems[M].2nd edition.SIAM, Philadelphia,2003.
[4] SAAD Y,SCHULTZ M H.GMRES:a generalized minimal residual algorithm for solving nonsymmetric linear systems[J].SIAM Journal on Scientific and Statistical Computing, 1986,7(3):856-869.
[5] BAI Z Z,GOLUB G H,NG M K.Hermitian and skew-Hermitian splitting methods for non-Hermitian positive definite linear systems[J].SIAM Journal on Matrix Analysis and Applications,2003,24(3):603-626.
[6] BAI Z Z,WU W T.On greedy randomized kaczmarz method for solving large sparse linear systems[J].SIAM Journal on Scientific Computing,2018,40(1):A592-A606.
[7] GOLUB G H,VAN LOAN C F.Matrix computations[M].4th ed.Baltimore:Johns Hopkins University Press,2013.
[8] WILKINSON J H.The algebraic eigenvalue problem[M].Oxford:Clarendon Press,1965.
[9] FRANCIS J G F.The QR Transformation:A Unitary Analogue to the LR Transformation, Parts I and II, Comput.J 4, 265-72, 332-345.
[10] STEWART G W.Matrix Algorithms[M].Volume II:Society for Industrial and Applied Mathematics,2001.
[11] STOER J,BULIRSCH R.Introduction to numerical analysis[M].2nd edition.Spring-Verlag Berlin Heridelberg,1976.
[12] 曹璎珞,曹德欣.计算方法[M].徐州:中国矿业大学出版社,1998.
[13] 陈兴同,王海军,凌思涛.数值数学实验教程[M].南京:南京大学出版社,2020.
[14] 胡建华,陈兴同,曹德欣.数值计算方法[M].徐州:中国矿业大学出版社,2008.
[15] 李庆杨,关治理,白峰杉.数值计算原理[M].北京:清华大学出版社,2009.
[16] 徐树方,高立,张平文.数值线性代数[M].2 版.北京:北京大学出版社,2013.
[17] 魏木生,李莹,赵建立.广义最小二乘问题的理论和计算[M].2 版.北京:科学出版社,2020.
[18] 孙继广.矩阵扰动分析[M].北京:科学出版社,1987.
[19]《现代应用数学手册》编委会.现代应用数学手册:计算与数值分析卷[M].北京:清华大学出版社,2005.

[20] 王仁宏.数值逼近[M].北京:高等教育出版社,1999.
[21] 姜启源,谢金星,叶俊.数学模型[M].3 版.北京:高等教育出版社,2003.
[22] 李庆扬.常微分方程数值解法:刚性问题与边值问题[M].北京:高等教育出版社,1991.
[23] 袁兆鼎,费景高,刘德贵.刚性常微分方程初值问题的数值解法[M].北京:科学出版社,1987.
[24] 冯果忱.非线性方程组迭代解法[M].上海:上海科学技术出版社,1989.
[25] 袁亚湘,孙文瑜.最优化理论与方法[M].北京:科学出版社,1997.
[26] 张忠桢.二次规划:非线性规划与投资组合的算法[M].武汉:武汉大学出版社,2006.